Autodesk 产品设计与制造软件集丛书

Autodesk Inventor 专业模块应用实践

刘雪冬　金禹科　陈　健　编著

机 械 工 业 出 版 社

本书系统全面地介绍了 Autodesk Inventor 专业模块的功能，以典型机械产品设计案例的形式讲解了每个模块的操作步骤和使用窍门。根据编者多年的实践经验，要完成一个优秀而且完整的产品设计，基于多实体和布局的自顶向下设计、钢结构设计、设计自动化（iLogic）、布管布线必不可少，而且仿真分析、排版套料、加工编程也是实现全数字样机应用的关键环节，并且很多企业都在做数字化工厂，基于 3D 的工厂布局和设计也是很多企业需要的，因此本书包含了这些内容以及应用案例。另外，每个专业模块都有专业的背景知识要求，如仿真分析模块需要读者有一定的力学基础，加工编程模块需要读者有一定的数控加工编程基础，工厂布局模块需要读者有一定的工厂布局基础等，因此本书以这些模块的基本知识和应用的掌握和学习为主，希望降低学习难度，让读者可以快速掌握这些模块，以提升产品的设计质量和设计水平。

本书提供了丰富的设计案例，同时附有对应的案例素材和演示视频，适合企业工程设计人员和高等院校、职业院校相关专业的师生使用。

图书在版编目（CIP）数据

Autodesk Inventor 专业模块应用实践 / 刘雪冬，金禹科，陈健编著. -- 北京：机械工业出版社，2024. 9.
（Autodesk 产品设计与制造软件集丛书）. -- ISBN 978-7-111-76473-1

Ⅰ. TH122

中国国家版本馆 CIP 数据核字第 202486538P 号

机械工业出版社（北京市百万庄大街 22 号　邮政编码 100037）
策划编辑：张雁茹　　责任编辑：张雁茹　杨　璇
责任校对：李　杉　李小宝　　封面设计：张　静
责任印制：李　昂
河北环京美印刷有限公司印刷
2024 年 10 月第 1 版第 1 次印刷
184mm × 260mm · 16.75 印张 · 430 千字
标准书号：ISBN 978-7-111-76473-1
定价：65.00 元

电话服务　　网络服务
客服电话：010-88361066　　机　工　官　网：www.cmpbook.com
010-88379833　　机　工　官　博：weibo.com/cmp1952
010-68326294　　金　书　网：www.golden-book.com
封底无防伪标均为盗版
机工教育服务网：www.cmpedu.com

前　言

对于制造业的企业用户来说，在产品开发的过程中通常会用到二维、三维、仿真分析、加工编程、工厂布局等各类CAD/CAE/CAM工具软件。为了让用户使用和购买方便，Autodesk将其核心软件AutoCAD、Autodesk Inventor、Fusion 360以及基于这些软件开发的各种功能模块（电气设计、机械设计、管路设计、线缆设计、分析仿真、加工编程、工厂设计等）进行打包销售。该软件包称为Autodesk产品设计及制造软件集，简称为PDMC。

Autodesk Inventor是PDMC的核心组成部分。它是一款功能强大的三维机械设计平台，包含草图、零件、部件、工程图等标准模块，提供焊接件、钣金件、管路管道、线缆线束、仿真分析、MBD、iLogic、工厂布局、渲染、手册制作等各类特色功能和专业模块，也提供非常丰富的数据接口，能实现与其他各类软件的数据传递和交互。Autodesk Inventor不仅是一款三维设计工具，也可以成为企业进行产品研发、仿真和制造的三维平台。

在2020年出版的《Autodesk Inventor应用设计实践教程》主要介绍了Autodesk Inventor的草图、零件、部件、工程图等基本功能模块和设计方法。该书出版后，有读者反映希望进一步学习Autodesk Inventor专业模块的应用，如钢结构、布管布线、仿真分析、排版套料、加工编程、工厂布局等。因此此次联合了几位有丰富使用、培训和实践经验的专家一起，由浅入深地讲解Autodesk Inventor这些专业模块的应用。这些也是编者多年实践经验的积累和总结，希望为读者学习和使用Autodesk Inventor，完成优秀的产品设计提供帮助。此外，为与软件保持一致，本书中一些名词术语等未与中国国家标准保持一致，请读者使用时注意。

感谢在编写本书的过程中给予帮助和支持的各位朋友、同仁，也对Autodesk公司的罗海涛、张翔以及神州数码公司的赵阳等的支持表示衷心的感谢。最后感谢家人在编写本书期间给予的理解和关怀！

由于编者水平有限，书中难免有疏漏之处，欢迎广大读者批评指正。

编者

扫码看本书视频

目　录

第 1 章

多实体与布局

【学习目标】

1）熟悉多实体的应用方式。

2）掌握以多实体方式为起点的布局模式。

3）了解多实体和草图两种布局方式的使用环境。

1.1 多实体的应用方式

多实体属于零件中的一种状态，在模型浏览器里，多实体会有对应的图标及实体数量显示。图 1-1 所示为普通零件，显示的实体数量为 1；图 1-2 所示为普通零件的多实体状态；图 1-3 所示为钣金零件的多实体状态，其显示的内容只有在实体数量上有所不同。

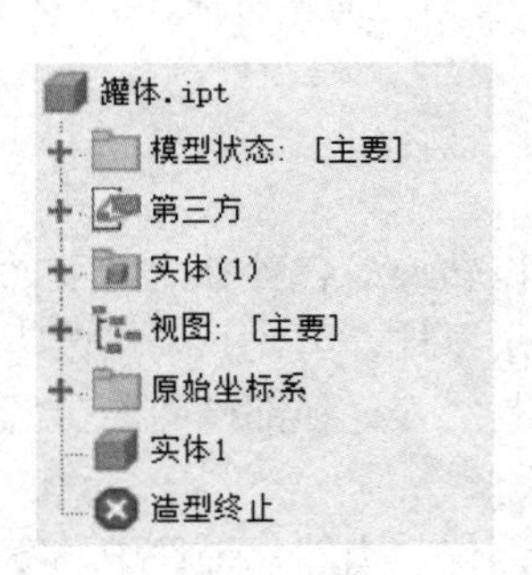

图 1-1 普通零件

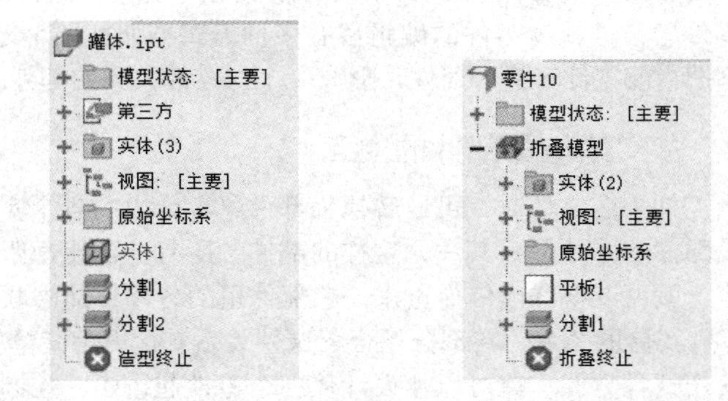

图 1-2 普通零件的多实体状态　图 1-3 钣金零件的多实体状态

当零件文件是以多实体状态存在时，每个实体都为独立整体，这种模式在零件的组合使用中更为方便；当一个零件有多个相类似的部分时，这种设计方式更为简单，这是多实体的使用方式之一。多实体也可以用来转换成部件、各实体转换成零件来实现零件与部件的转换，这种方式可以实现多实体零件和部件的关联，用于设计中的联动修改。前者的目的是让操作更为简单，后者在设计联动及零件定位等方面更为方便。

使用多实体，在新增特征时，需要选择实体来确定对应特征的归属。使用这种方式，可以把特征穿过实体放置到所需的位置上。

1.1.1 多实体的操作命令

由于多实体属于零件的一般状态，因此在各种编辑命令中，都有与多实体相关的使用。

图 1-4 所示为“拉伸”命令，选用新实体，可以按需要把新做的拉伸变成另一个实体；图 1-5 所示为“镜像”命令，可以把现有实体进行镜像，以获取实体；图 1-6 所示为“合并”命令，用于多实体间的布尔操作。

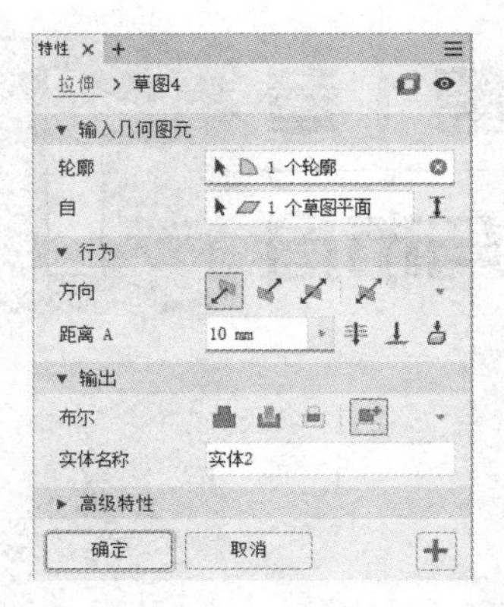

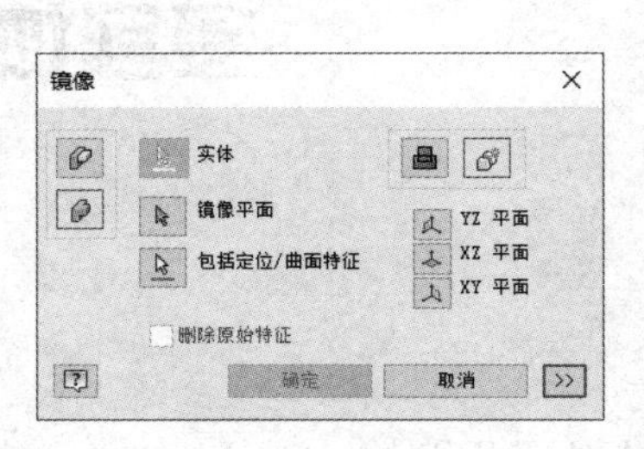

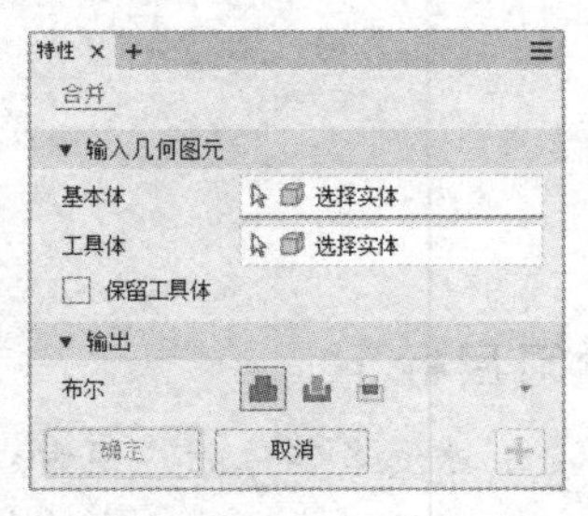

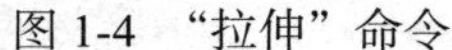
图 1-4 “拉伸”命令　　图 1-5 “镜像”命令　　图 1-6 “合并”命令

另外一些命令用于实体的新增、分割等，这些命令都属于修改命令，如图 1-7 所示。这里的分割、直接等都属于多实体中操作比较频繁的命令。在后续的例子中再介绍各自的使用方法。

图 1-7 修改命令

在使用这些命令时，其主要的目的都是把零件转换成所需要的多个实体，方便局部的编辑及后期修改。可以按一定的想法，把零件组合放置到单独零件里，这就为零件的编辑留有多种方式，如把一个零件插入到当前零件来形成新零件；也可以把当前零件转换为部件，形成一个与零件关联的部件。

1.1.2 多实体与零部件的交互

当零件为多实体时，可以转换为部件，零件内的各个实体可以转换成各种独立的零件。这样生成部件的好处是：其一，这样的部件，所有的变化都跟随那个零件，因此只要修改零件的多实体，就可以把修改传递过来，让部件里的各零件能够联动；其二，这种部件间的位置就转换成零件实体的关系，在部分场合下这种关系变化更为简单。

使用这种方式，就可以让设计从一个零件起，由它控制整个部件，当然，部件中的零件又可以用相同方式来形成下一级的部件。当第一级零件发生修改时，所有相关的变化就会一级级往下传递，形成关键参数的统一修改，这就是自上而下的设计方式。

这种方式的常用命令是“管理”选项卡的“布局”选项组中的“生成零件”命令、“生成零部件”命令以及“插入”选项组中的“衍生”命令，命令的位置如图 1-8 所示。

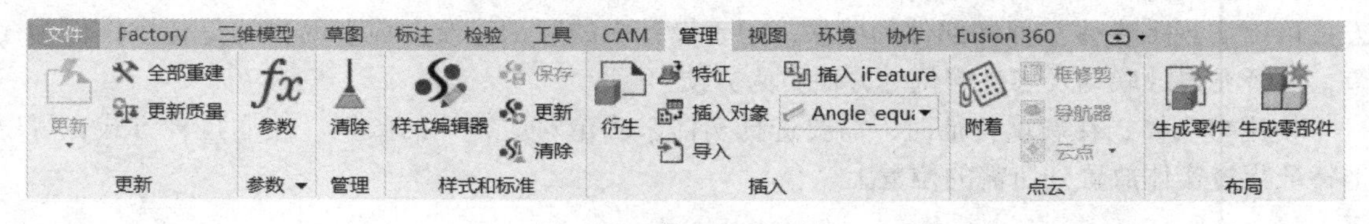

图 1-8 “管理”选项卡

上述几个命令都只存在于零件状态，部件时对应的菜单是没有相关命令的。

1. 生成零件

该命令用于把当前零件的局部或所有，转换成一个新的零件，对话框如图 1-9 所示。该命令在当前零件中进行选择，转换成需要的零件，并按需要把这个零件放置到所对应的部件中。

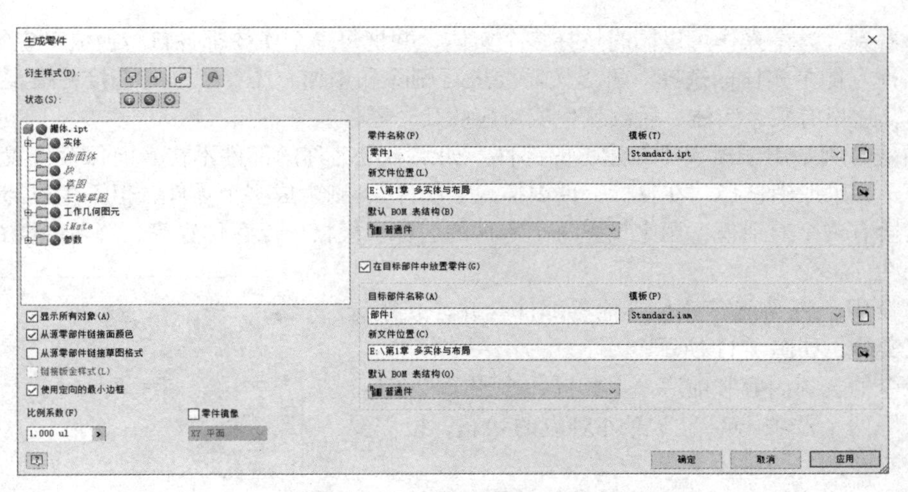

图 1-9 “生成零件”对话框

如图 1-9 所示，左上角的“衍生样式”分为无接缝、有接缝、多实体和曲面四种，分别是把当前零件转换成无接缝的单实体零件、有接缝的单实体零件，保留多实体零件和曲面零件。

- 无接缝时，整体转换成一个实体，所重合的面都会合并成一个。
- 有接缝和无接缝的差别在于面重合部分，如原来两个实体合并后成为一个实体，但实体重合的面属于分开的。
- 多实体会保留多个实体，用当前零件的一个或几个实体来生成新零件，多实体零件部分实体生成新零件可以使用该方式。
- 曲面则会把实体表面以面的格式保存成新零件。由于曲面没有重量，如果不想继承当前零件的实体，又要参考其外壳尺寸，选用这种方式较为合适。

有三种“状态”可选择，分别是留下的、不要的和实体边框。

- 留下的标志是黄色的“+”，选择需要的实体、草图、参数等内容，传递给新零件。
- 不要的标志是灰色的“\”，这个选择表示这些东西不要。可以任何东西的都不要，生成的就是一个空零件。
- 实体边框标志是绿色的“◇”，只能用于实体，表示把该实体以长方体来替代。

对话框右侧为零部件的处理部分。上面为零件，包括生成零件的名称、选用的模板及保存的位置。下面为把生成的零件放置到的部件，可以不选用。选用时，当前保存位置如果有当前名称的部件，就会把该零件插入到对应部件中；如果没有，部件选择的模板就会亮选，新建对应部件，如图 1-9 所示。

2. 生成零部件

该命令用于把当前零件转换为部件，把实体转换为零件，如图 1-10 所示。

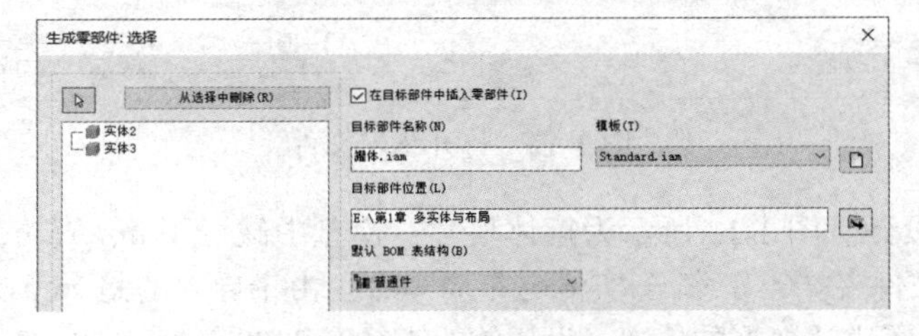

图 1-10 “生成零部件：选择”对话框

可以看到，这个操作可以同时选择多个实体，并把每一个实体都各自转换成对应的零件。

对话框左侧是实体的选择，可以按需要进行删除和添加。需要添加时直接在模型浏览器上单击实体，这里有几个实体，后续就生成对应的几个零件。

对话框右侧是用于插入（新建）的部件。如果对应名称的部件不在当前保存位置，就会新建该部件。如果取消选择“在目标部件中插入零部件”，则生成多个零件，但不生成部件。

后续会有一个对话框，用来设置每个零件的名称、模板、保存位置等，练习中会有介绍。

3. 衍生

该命令用于将当前零件与其他零部件合并，并按选择转换成实体，如图 1-11 所示。

该命令的选择内容和前序基本相同，多出了“表达”和“选项”两个选项卡，在零部件对应的状态，按需要进行选择即可。

上述三个命令都是用于当前零件与其他零部件的交互，在这个过程中，把实体转换成零件，也可以把已有的零部件转换为零件内实体，让零件的多实体结构与零部件结构交互，实现数据间的传递。

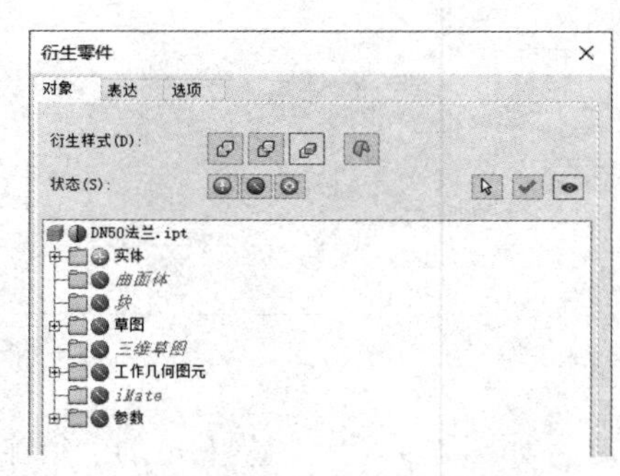

图 1-11 “衍生零件”对话框

1.2 多实体练习

本练习会在零件上操作，把当前的图形做成一个多实体，然后把该零件转换成部件，关联参数并实现部件中数据的合理。

1.2.1 多实体操作

步骤 1：打开练习文件。打开文件“第 1 章 多实体与布局 \ 罐体 .stp”，如图 1-12 所示。单击“打开”后直接单击“确定”来接受导入设置，就可以打开该文件，并保存当前文件。

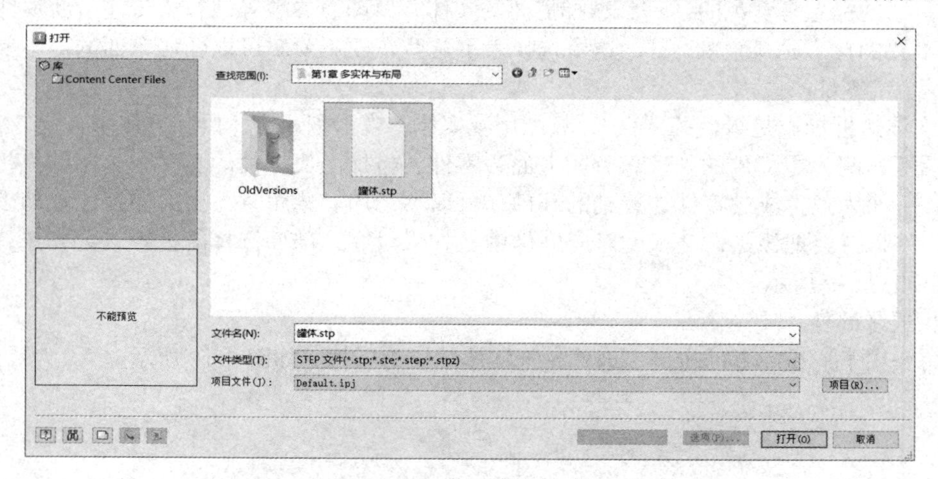

图 1-12 打开练习文件

步骤 2：模型设计。图 1-13 所示为罐体尺寸，模型中缺少了 a、b、c、d、e、f 几个配件，这几个配件保存在文件夹“第 1 章 多实体与布局”中。由于导入的是 step 文件，模型尺寸和几何约束都没有了。为了表达数据的传递，设罐体的直径有 3200mm、3600mm、4000mm 三个型号，其他关系跟随直径尺寸自动调整。这些设置在零件模型中发生修改后，会自动传递给后期的部件，并在 BOM 表中能获得准确的零件数量。

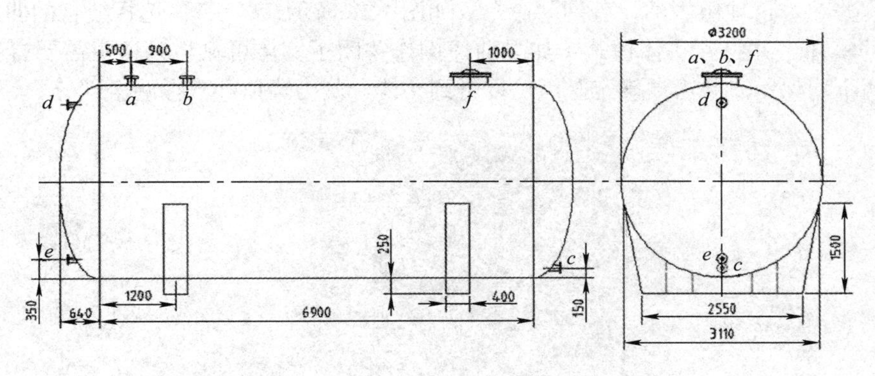

图 1-13　罐体尺寸

步骤 3：分割罐体与支撑。当罐体直径有尺寸变化时，支撑也需要随罐体直径变化自动调整。如果两者是一个整体，直径尺寸和支撑尺寸就没有可控制规则，所以需要把罐体和支撑分成两个实体，各自来处理。单击“加厚 / 偏移”命令，选择曲面方式，偏移对象是罐体外表面，偏移距离为“0”，如图 1-14 所示。

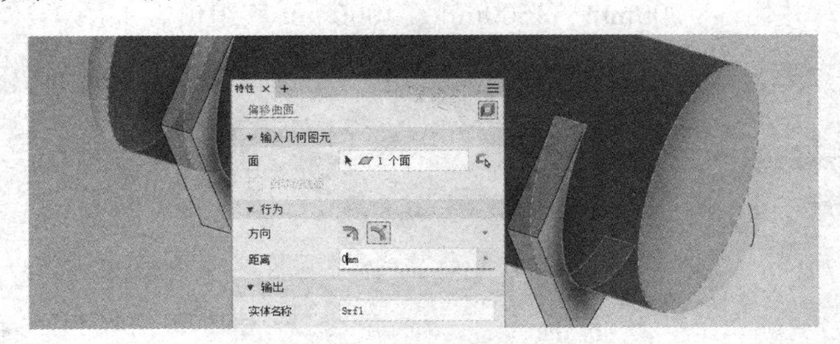

图 1-14　偏移曲面

获取的面如图 1-15 所示，可以看到，在支撑部分面是缺少的（图 1-15 中关闭了实体的可见性），需要把它进行补全。选择“曲面”选项组中的“面片”命令，单击缺少部分的曲线，就可以生成该曲面。把两个缺面都补上后，选择“缝合”命令，把三个面都选上，面就会合并成一个。

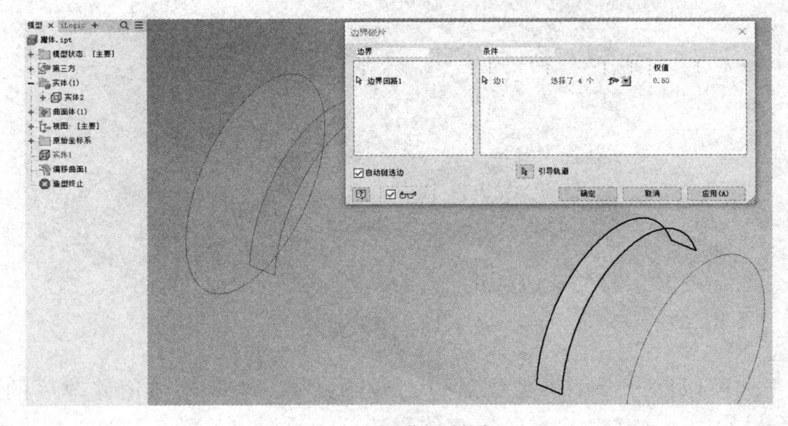

图 1-15　曲面补全

这一步也可以用拉伸或旋转方式来生成曲面，只要是完整的曲面，都可以用来分割。具体使用哪种方式，可以按需要自由选择。

选择“修改”选项组中的“分割”命令。如图 1-16 所示，“工具”选择缝合的曲面；“实体”选择唯一的实体，并打开实体模式（如果前序操作关闭了实体可见性，这里需要打开）；“保留侧”选择两个均保留。单击“确定”后可以看到实体分割为罐体和支撑两个部分。

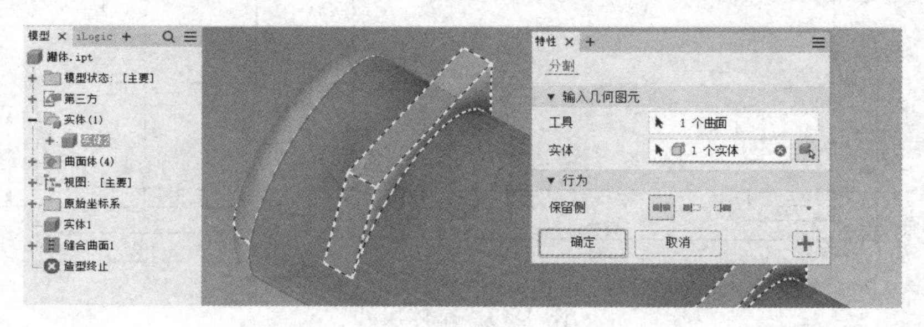

图 1-16　分割实体

步骤 4：罐体尺寸修改。本步骤会把罐体尺寸修改成需要的尺寸，并确保能够在参数中修改。

选择“*fx*”命令，在“参数”对话框中，添加一个用户参数，名称为“罐体直径”，把该参数值改为多值模式，并输入 3200mm、3600mm、4000mm 三组值，如图 1-17 所示。

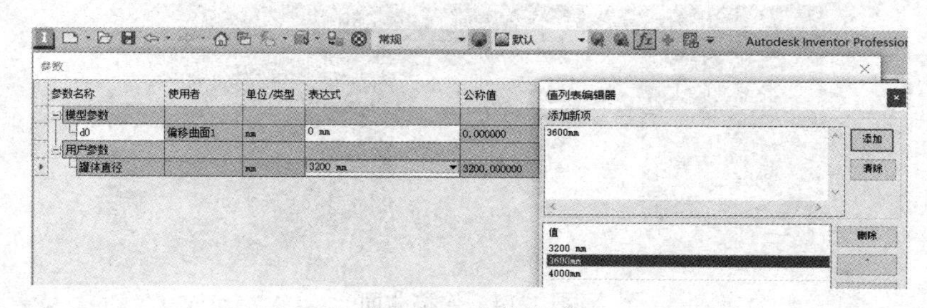

图 1-17　多值模式

选择“直接”命令。如图 1-18 所示，把修改类型改为“大小”，选择罐体外表面，修改的方式改为“直径”，并在直径数值上输入前面定义的用户参数“罐体直径”。

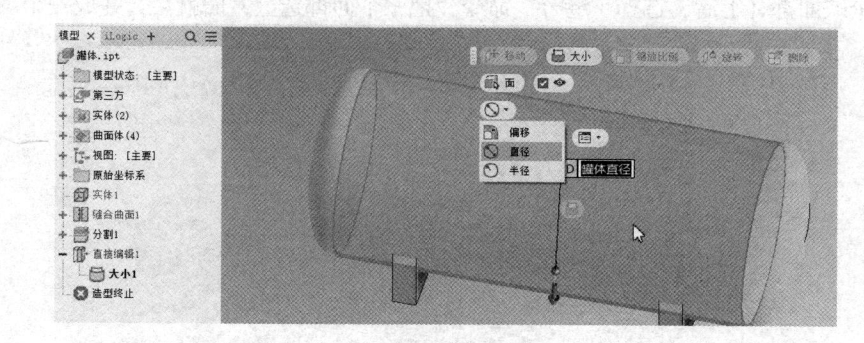

图 1-18　更改直径

完成这一步，可以修改一下参数中对应的罐体直径，来观察数值修改后的结果。可以看到，在更改参数过程中，支撑并没有随着罐体联动。为了形成关联，需要重建支撑。

步骤 5：重建支撑。左右支撑是相同的，绘制一个，另一个可以通过阵列或镜像生成。这些步骤在部件阶段再做，可以确保部件中的数量。

在现有支撑上绘制草图，投影罐体外径，按图中样式进行绘制，如图 1-19 所示。在草图中，支撑底边的中心和罐体投影中心对齐，两侧边与投影相切，给定高度，即定义该草图的所有约束。

完成草图，选择“拉伸”命令，按原支撑厚度绘制模型。在“布尔”中选择新建实体，让新建的部分以独立实体存在，同时给定该实体名称“支撑”，如图 1-20 所示。

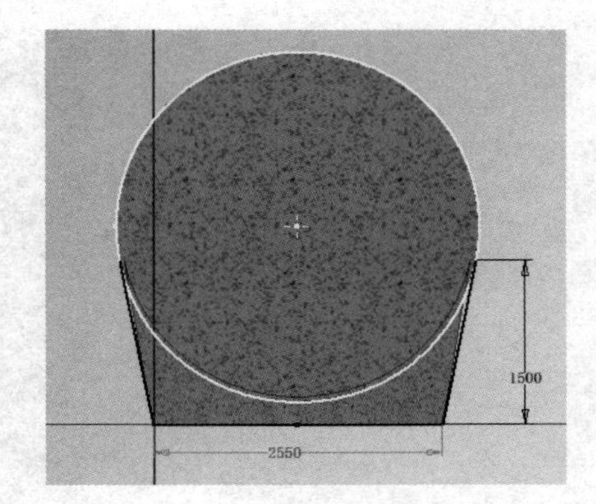

图 1-19　支撑草图

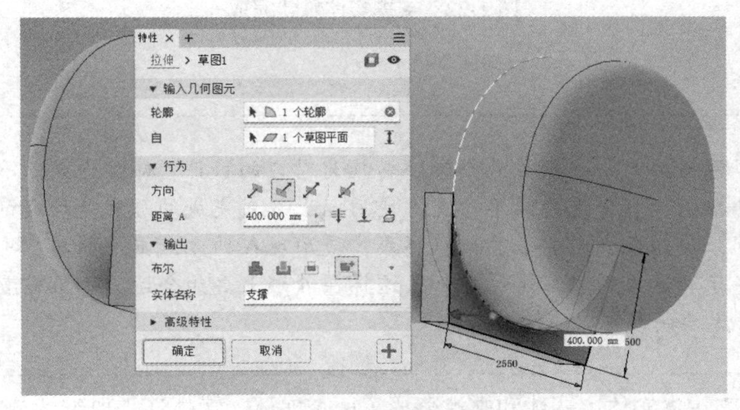

图 1-20　拉伸支撑

步骤 6：将罐体与支撑转换成板件。将罐体与支撑都定为 6mm 的板厚，方便后续过程中的操作。对罐体选择“抽壳”命令，如图 1-21 所示，选择“实体”（不选择“开口面”），给定厚度后，单击“确定”完成罐体操作。

图 1-21　罐体抽壳

关闭罐体实体可见性，选择“删除面”命令，选择支撑的圆弧面，支撑的实体部分会变为曲面实体。选择“加厚”命令，打开“缝合曲面”选项，选择剩下的 5 个面，如图 1-22 所示，选择建立新实体，支撑的实体就重建完成。

图 1-22　支撑实体重建完成

提示

这里用了两种方式，分别把两个部件转换为对应的板件。罐体，是获取一个中空的零件，使用“抽壳”命令更为简单；支撑使用以上方式完成的原因是绘制的支撑有尖角部分，这个部分要转成当前要求的板厚样式，使用现在的方式更为简单，也符合实际中这个板件的样子。这里的板厚是往外加，这样在外形上更为合适，如果需要尺寸上非常精确，可以考虑绘制外形时减除板厚。

步骤 7：分割罐体实体。罐体和支撑分成了两个实体，罐体还需要继续分割，以符合实际需要。罐体端部有两个端盖，一般通过焊接来完成，现在需要把它分开。要分割就需要创建工作平面用于相关操作，下面计划创建两个工作平面。

端盖的分割面会以和 *XZ* 平面平行的方式来创建，两端各需一个面。选择“平面”命令，如图 1-23 所示，选择 *XZ* 平面后，选择一侧端盖所需分割平面位置的点，即可获得该平面。以相同方式完成另一侧分割面。

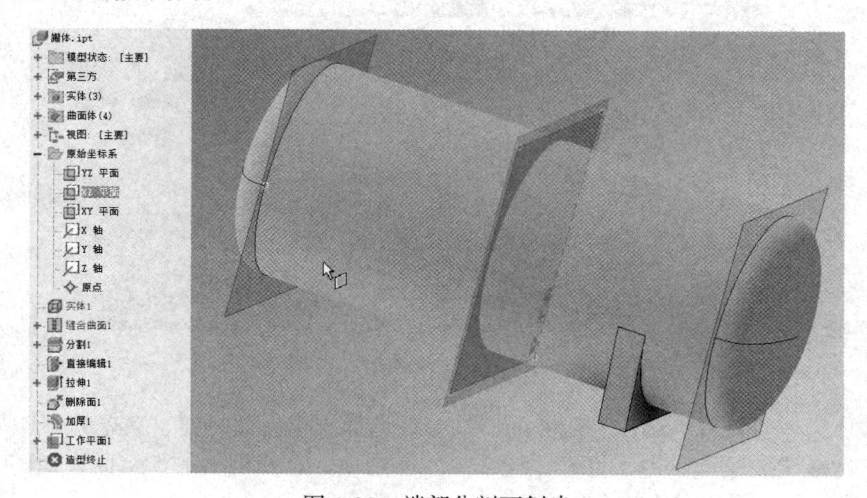

图 1-23　端部分割面创建

如图 1-24 所示，选择“分割”命令来完成实体的分割。依次用新建的“工作平面 1”和“工作平面 2”把罐体分割成 3 个实体。

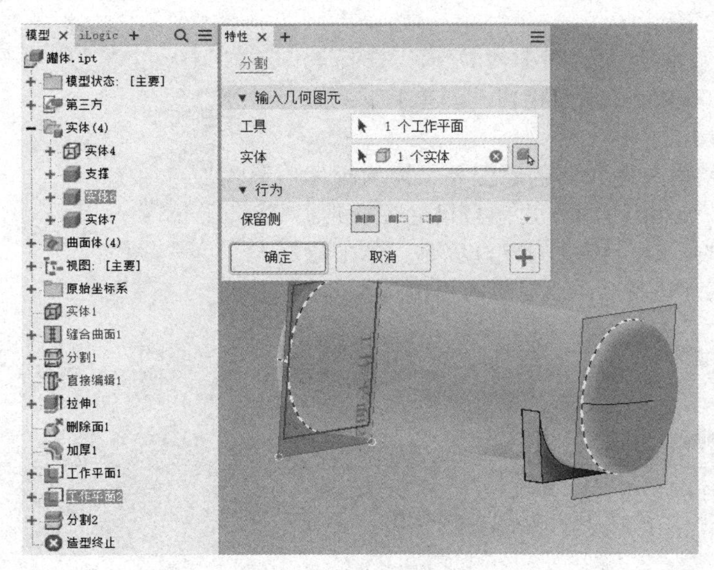

图 1-24　分割端部

步骤 8：插入法兰。这一步属于多实体的插入操作。如图 1-13 所示，设备上有 *a*、*b*、*c*、*d*、*e*、*f* 几处要用法兰连接。其中，*a*、*b*、*c* 属于输入、输出孔，选用 DN100 法兰；*d*、*e* 用于连接玻璃管观察液面，选用 DN50 法兰；*f* 为观察孔，选用 DN500 法兰。

选择“衍生”命令，在“打开”对话框中选择所需法兰，如图 1-25 所示。选择三次该命令，依次把三种法兰放置到当前零件中。

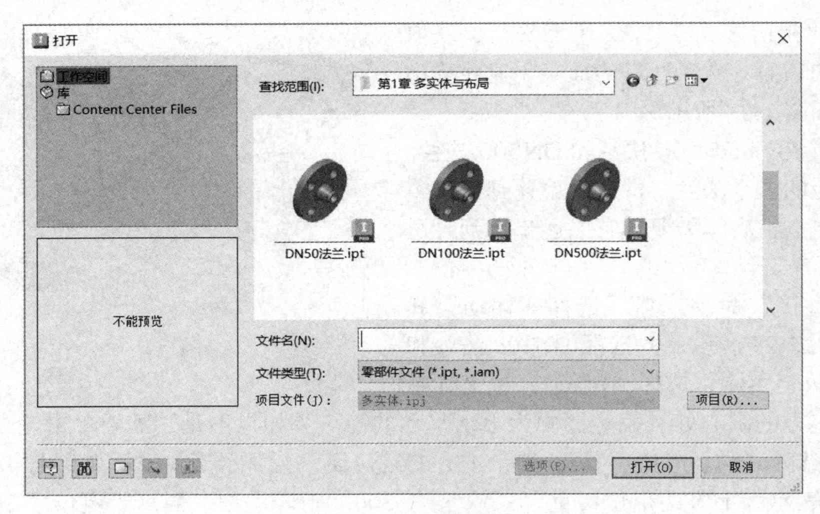

图 1-25　法兰选择

在“衍生零件”对话框中的“衍生样式”里选择“将每个实体保留为单个实体”，让每个法兰零件以单独实体保存至当前零件，如图 1-26 所示。

步骤 9：为法兰创建定位面。由于罐体是圆柱体，不方便作为位置定位来使用，因此本步骤会创建几个面来用于后续的定位。

选择“平面”命令，如图 1-27 所示，选择与 *YZ* 平面平行，和罐体的外圆面相切，创建上下两个平面。

这里选择以相切来创建面的原因是，因为罐体会发生尺寸变化，以相切的方式，当尺寸变化时，定位面会自动更改。定位面的创建过程是，单击罐体外表面，靠近的那边就会生成对应的相切面。

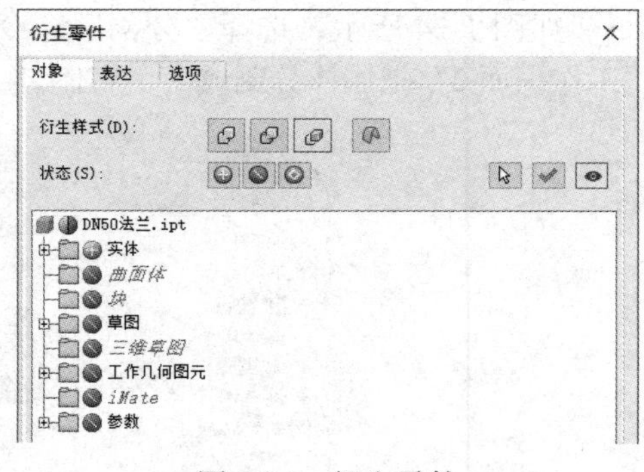

图 1-26　衍生零件

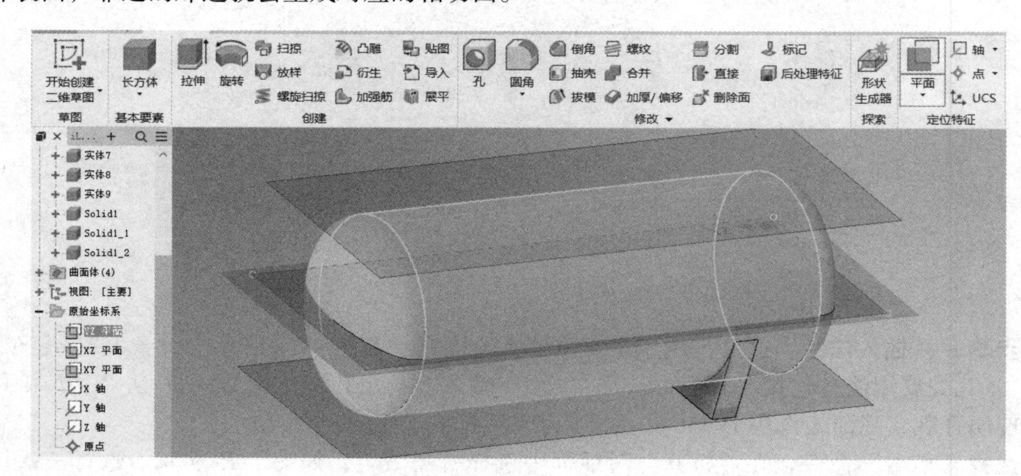

图 1-27　相切面创建

按同样的相切方式，与 *XZ* 平面平行，获取罐体两端的相切面，并以两端的面来创建对称中心面，结果如图 1-28 所示。

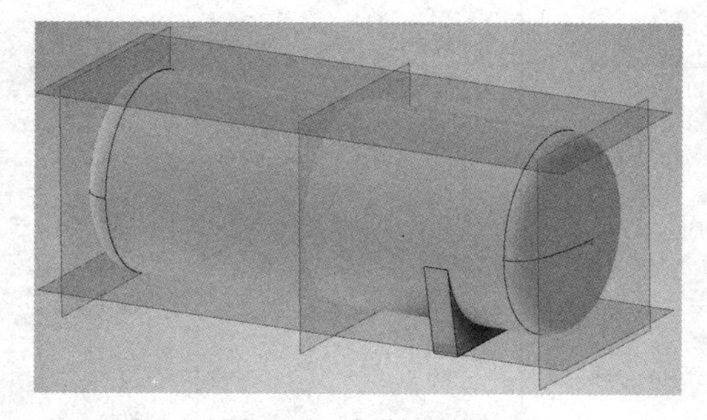

图 1-28　定位面结果

步骤 10：平移 DN100 法兰和 DN500 法兰。上述步骤导入的三个法兰，默认会放置到当前零件的坐标系原点，后续需要把它们逐步移到合适位置。

选择“直接”命令，然后选择“移动”和“实体”，如图 1-29 所示，并选择 DN100 法兰和 DN500 法兰两个实体；选择“定位”，把坐标系放置到法兰上方的圆心处；确定图中为上下移动的箭头（如果不是，需要单击该方向箭头，修改为当前）；选择“测量起始位置”，单击上方的定位面，会显示当前坐标点离上方平面的距离。输入“0”就表示和上方的定位面重合；输入“−200”则表示法兰面高于定位面 200mm，数字的正负与定位坐标的方向有关。

使用相同操作方式，把 DN100 法兰移动到离端面 500mm 的位置；DN500 法兰移动到离另一个端面 1000mm 的位置。在操作过程中，注意观察移动坐标箭头。选择起始面时，为方便选择，可以把两端的端部实体隐藏，如图 1-30 所示。

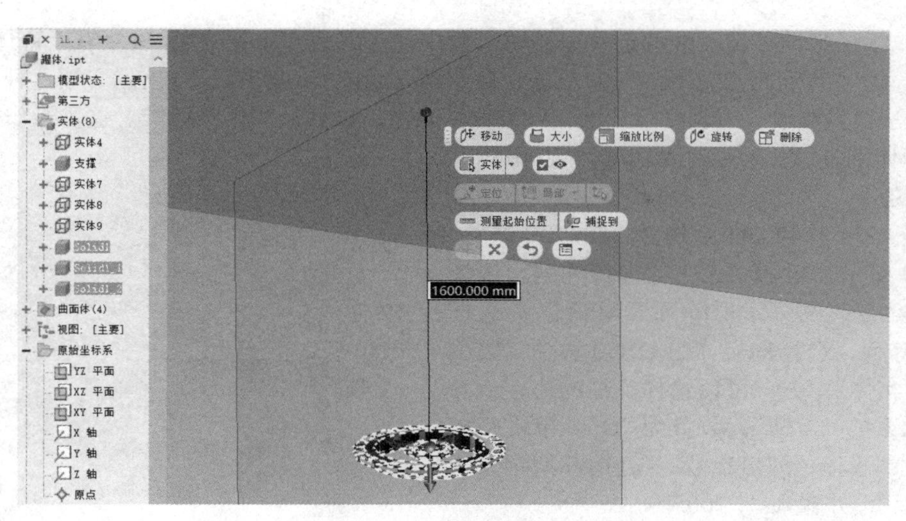

图 1-29　测量起始位置

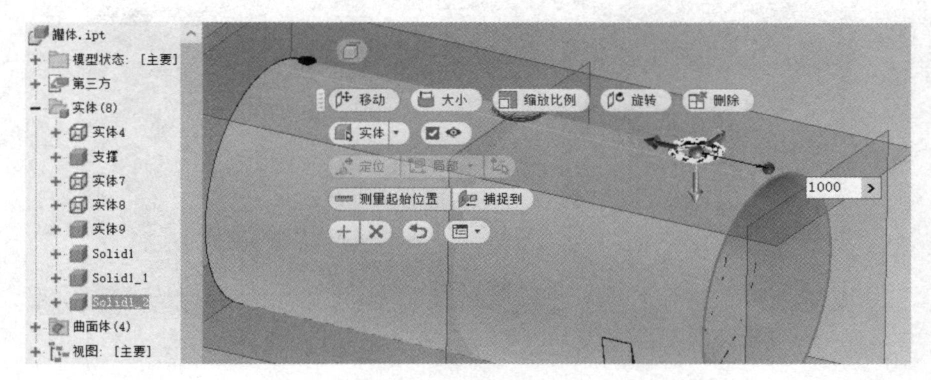

图 1-30　移动法兰

继续选择“直接”命令，把 DN50 法兰做 90° 旋转。如图 1-31 所示，选择“旋转”命令，单击旋转的方向，拖动所需要的角度。

继续选择“直接”里的“移动”命令，把 DN50 法兰移动到端部的定位面处，然后再次移动到离下方定位面 350mm 的位置，如图 1-32 所示。

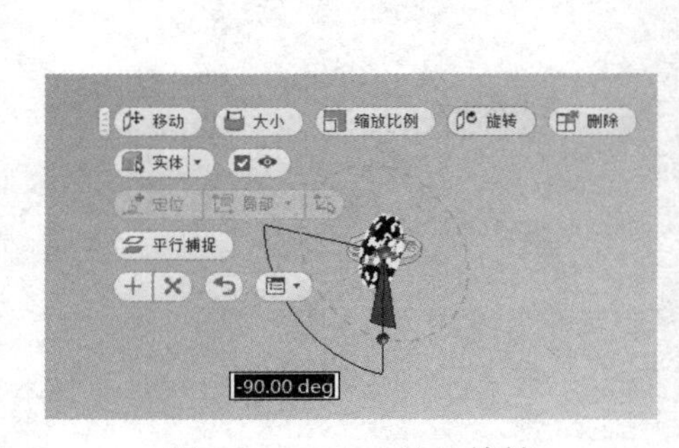

图 1-31　DN50 法兰旋转

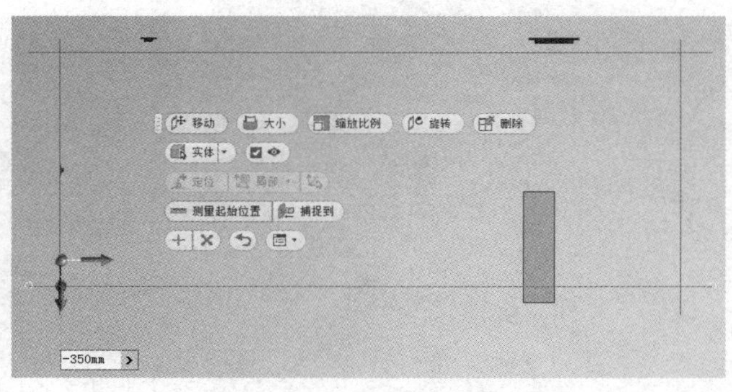

图 1-32　DN50 法兰定位

步骤 11：延伸处理。继续选择“移动”命令，对象为“面”，选择法兰靠近罐体的端面，移动面后，法兰该部分会加长，一直拉长，直至插入罐体内，如图 1-33 所示。按这种方式，依次对三个法兰做修改。在长度尺寸上，可以比较自由，以插入实体为标准。这步操作是为了做法兰与罐体的连接，也为后续步骤中在罐体上开孔做准备。

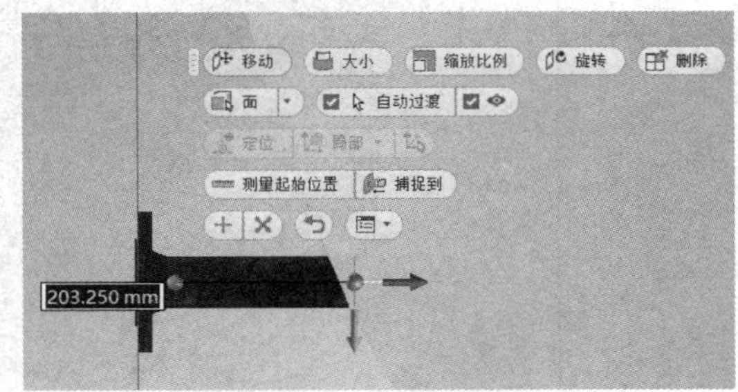

图 1-33　延伸法兰面

步骤 12：阵列 DN50 法兰、DN100 法兰。如图 1-34 所示，对 DN50 法兰进行阵列。选择“阵列”命令，在“矩形阵列”对话框中选择“实体”阵列，选择的实体为 DN50 法兰，输出为“新建实体”。方向可以选择支撑的边，或者选择坐标系的“*X* 轴”，数量为“2”。单击距离右侧箭头，选择“列出参数”，选用前期定义的“罐体直径”，并输入“−700”。

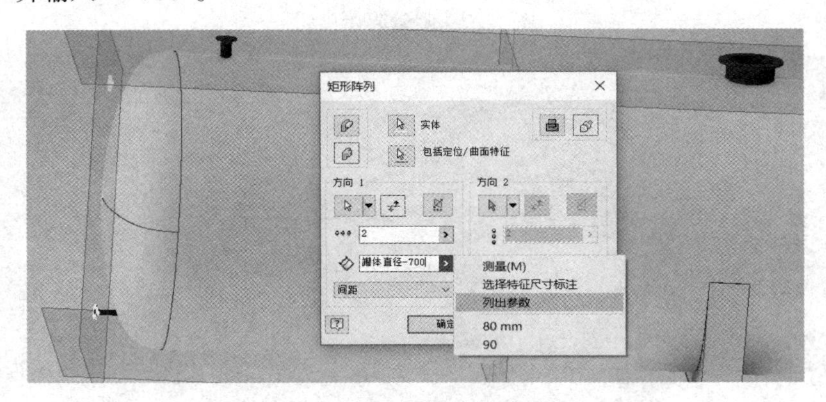

图 1-34　DN50 法兰阵列

考虑到罐体直径变化时，DN50 法兰要保持放置的位置，因此这里的阵列距离关联了“罐体直径”这个参数。输出使用“新建实体”，让上下两个 DN50 法兰作为两个实体分别放置。

再次使用矩形阵列对 DN100 法兰进行阵列，选择的操作选项和上一步相同，选择的实体为 DN100 法兰，方向选择“*Y* 轴”，数量为“3”，距离为“900”，如图 1-35 所示。

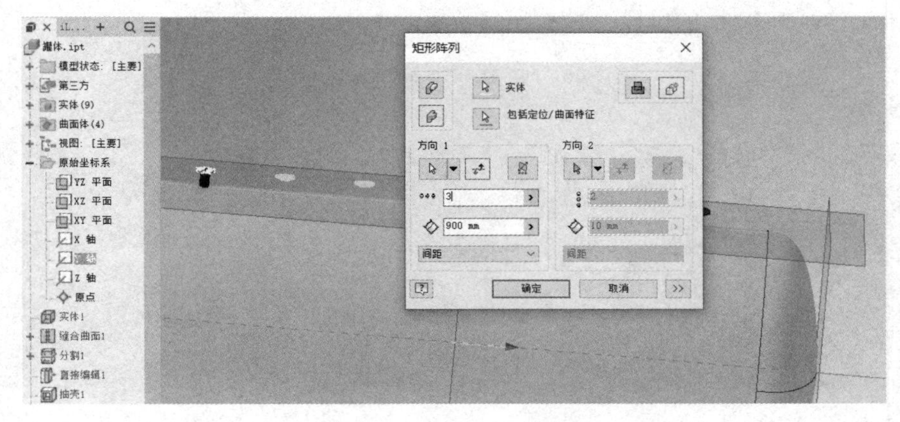

图 1-35　DN100 法兰阵列

步骤 13：DN100 法兰处理。上一步中多阵列了 1 个 DN100 法兰，用于放置到另一端的输出孔处。和前面的操作方式相同，依次使用“旋转”和“移动”，把对应的法兰移动到合适位置，确保离下方平面的距离为 150mm，如图 1-36 所示。

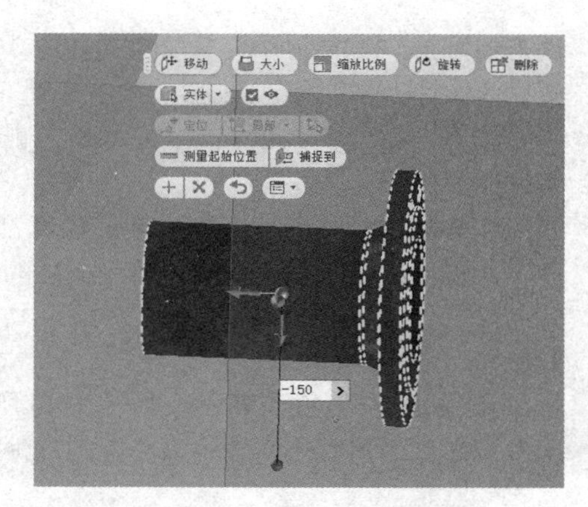

图 1-36　DN100 法兰位置调整

更改“*fx*”中的“罐体直径”参数，观察一下直径变化后的情况，确保罐体、支撑、两侧端盖、6 个法兰孔都为实体，并对相对应的实体进行命名。观察各实体是否都符合对应的位置，包括各法兰孔的位置是否合适、是否都与罐体形成连接，尤其是与罐体相连上，如果长度不够，再次使用移动面来完成。

当前需要的实体已经创建完成，可以按需更新名称，如图 1-37 所示。

图 1-37　实体名称

步骤 14：实体的布尔操作。要在罐体上的各个连接位置开口，因此需要进行实体之间的操作。选择“合并”命令，“基本体”选择“罐中部”，“工具体”选择“输入孔 *a*”“输入孔 *b*”“观察孔 *f*”三个实体，选择“保留工具体”，“布尔”选择“求差”，如图 1-38 所示。

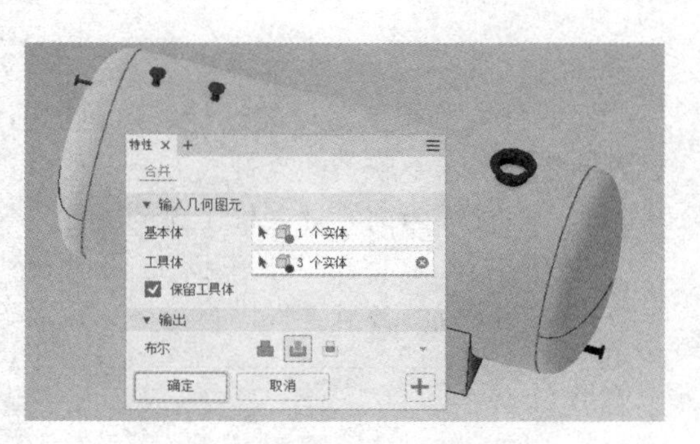

图 1-38　连接位置的布尔操作

使用相同方式完成两个端面的操作。完成后，工具体实体都会关闭可见性，需要找到实体，让它重新可见。

步骤 15：实体的面删除处理。布尔操作完成后，由于创建的孔中间是空心的，在模型上会有一个圆形的余留，为了数据的准确性，需要把这部分删除。

选择“删除面”命令，按图 1-39 所示方式，从左上往右下框选。这种“正选”的方式，全部框选在内的属于选择部分。这样的选择，默

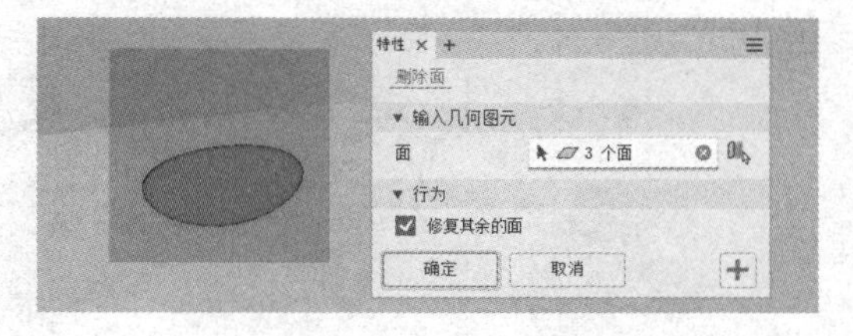

图 1-39　删除孔多余部分

认当前图形应该是 4 个面，分别是中心类圆柱形的 3 个面和这个孔的圆柱面，配合 <Shift> 键，把孔的圆柱面排除掉。

选择“修复其余的面”，该命令在删除孔时，能帮助做实体修复，确保对应的模型保持为实体模型。

按同样的操作方式，把 6 个孔内部都进行删除。到这步，多实体零件相关的操作就已经完成了，再次改变直径大小，查看完成后的结果，确认没有异样和报错。

1.2.2　部件与布局

步骤 16：转换为部件。如图 1-40 所示，在“管理”选项卡中选择“生成零部件”命令，用罐体零件的多实体来转换为对应的部件。

图 1-40　实体选择

对话框左侧用于实体的选择，这里把前面命名过的实体都选中了，未选择的“实体 4”属于最早分割出来不联动的支撑；右侧为生成的部件名称、选择的模板以及部件文件保存的位置。默认部件名称和当前零件名称是相同的。

确认选择后，单击“下一步”，可以看到如图 1-41 所示对话框。在对话框中，主要是将对应的实体转换成的各自零件进行命名，以及选择对应的模板、BOM 表结构和保存的位置。

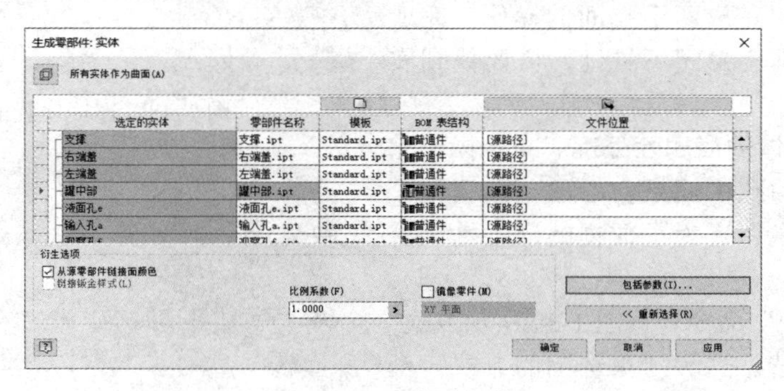

图 1-41　生成零部件

提示

在默认情况下，实体的名称会直接传递给对应的零件，可以按需要更改为想要的名称。如果是钣金件或有特殊设置的模板，可以在“模板”项中进行选择，这里的模板与新建文件的模板一一对应。如果需要把某些零件定义为“标准件”，可以在“BOM 表结构”中选择为“外购件”。如果需要保存至子文件夹，可以更改文件位置，默认会和部件放置到相同位置。单击“包括参数（I）...”可以把零件的参数传递给部件，如部件中要阵列零件，需要用到罐体直径，就可以在这里把该参数获取过来。单击“重新选择”可以回到上一步，重新进行操作。

单击“确定”后，软件会生成该部件，并自动打开，如图 1-42 所示。从左下方可以看到，当前打开了两个窗口，分别是“罐体 .ipt”和“罐体 .iam”，操作时可以在这里进行切换。

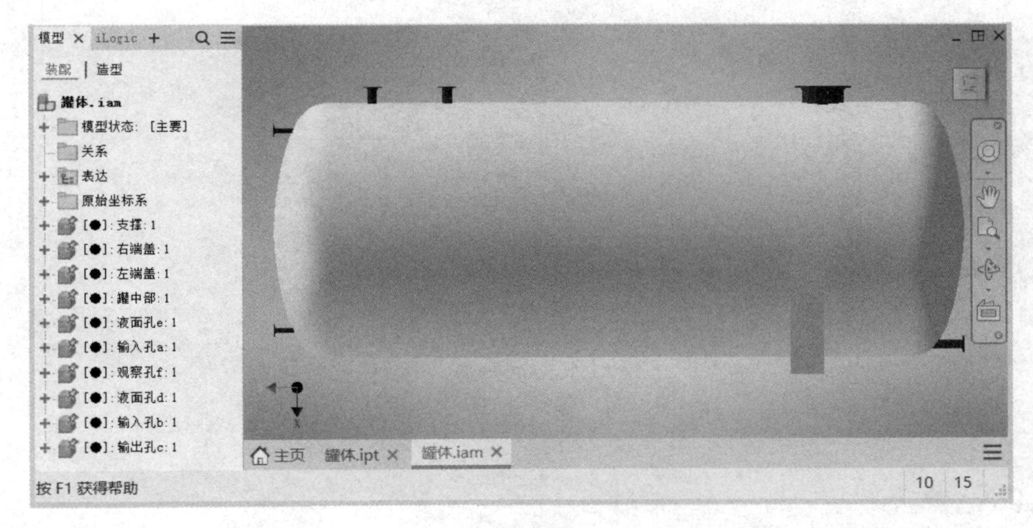

图 1-42　零件与部件

从左侧的结构树中可以看到部件中所包含的各个零件，并且零件都是固定模式的。该结构树是按零件中各实体位置来摆放部件中的零件的，因此，如果需要移动位置，建议回到零件更改对应实体位置。图 1-42 中的部件原始坐标系会和零件对应坐标系重合，来定义空间位置所在。

步骤 17：阵列零件中的实体。在部件中，实体按各自的名称关联到对应的部件上的各个零件。当零件中和部件关联的实体出现调整时，部件将发生对应的关联更新。

回到“罐体 .ipt”进行操作，在“*fx*”中，新建一个名为“支撑间距”、值为“4500”的用户变量，用于阵列支撑。如图 1-43 所示，把支撑进行矩形阵列。操作方式与步骤 12 基本相同，以新实体方式，方向为“*Y* 轴”，间距为新建的用户参数。

按步骤 16 再次操作，这次只选择新建的实体，如图 1-44 所示。可以看到，当前部件的模板不能选择了，说明在当前工作空间下，已经有了对应名称的部件。按默认操作完成，对应的实体就会以“实体 16”（名称可能因操作导致不同）为零件名称，放置到“罐体 .iam”部件下。

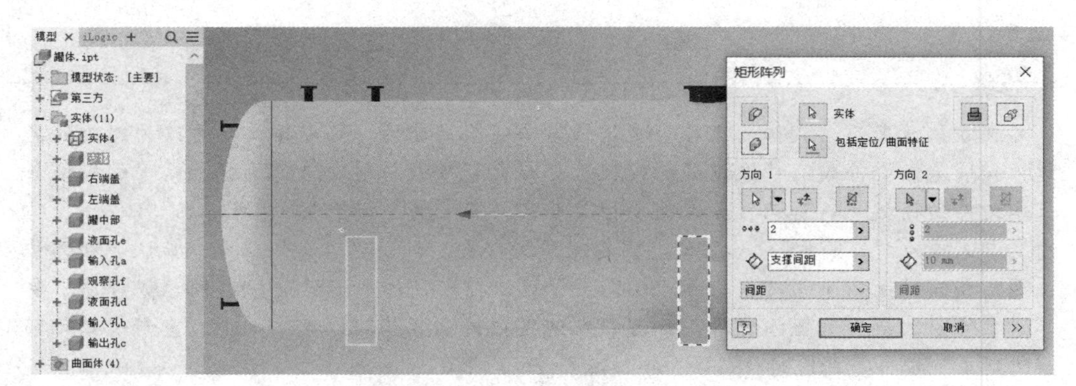

图 1-43　阵列实体

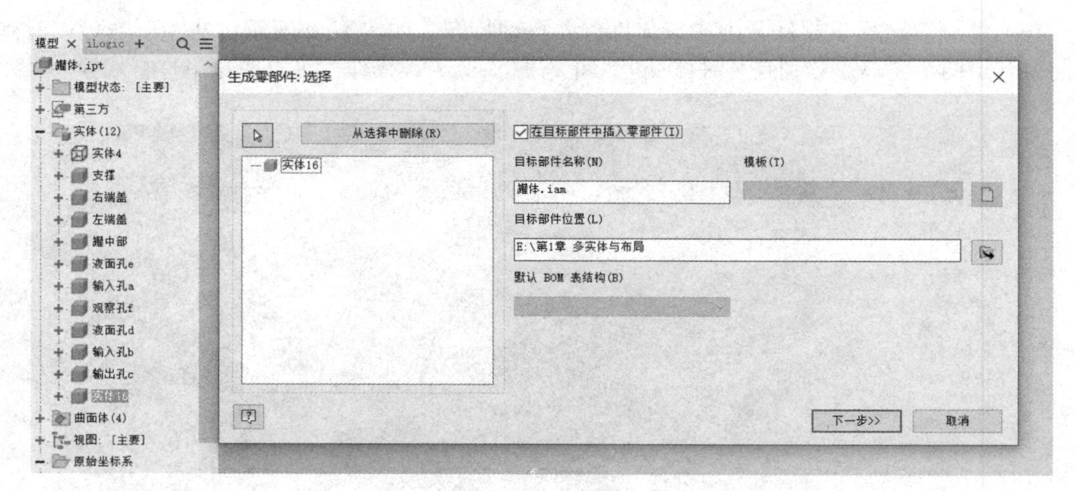

图 1-44　部件增加新实体零件

提示

当零件中的实体发生改变，即对应的实体内容发生了增加、减少及移动，都会更新到部件上。这里的实体是指存在实体，和名称无关，如实体名称发生修改，修改的名称也会关联更新。因此在做实体的布尔操作时，一定要注意哪个实体是基础体。

当零件中有新增实体出现时，要考虑该实体要不要转换成零件，如果需要，就按上述实例操作。

在零件中，会出现转换的零件实体被合并或删除的情况，此时对应实体的零件会没有相关联的实体，该零件会变成一个内容为空的零件。注意，已经生成的零件不会消失，需要在部件中手动进行删除。

步骤 18：支撑的处理。回到“罐体 .iam”部件，如图 1-45 所示，可以看到两个支撑零件分别是“支撑”和“实体 16”。在合适的结构中，这两个零件属于相同零件，并且是几块板拼成的。现在需要调整支撑零件的情况，让它符合实际零部件的结构和数量。

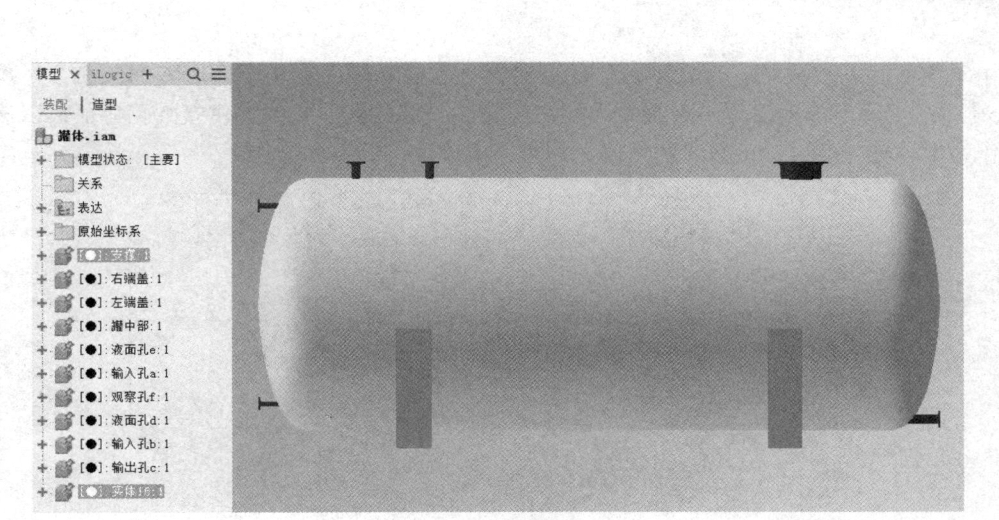

图 1-45　支撑零件情况

选择“实体 16”零件，右击选择“删除”，把该零件删除。选择“支撑”零件，右击选择“打开”，如图 1-46 所示，把支撑零件单独打开。

在支撑零件里可以看到，其由几块相同的板组成。按前面的操作，在支撑零件里用平行面的方式创建几个“0”距离的“工作平面”，用于分割实体，如图 1-47 所示。

图 1-46　支撑零件编辑

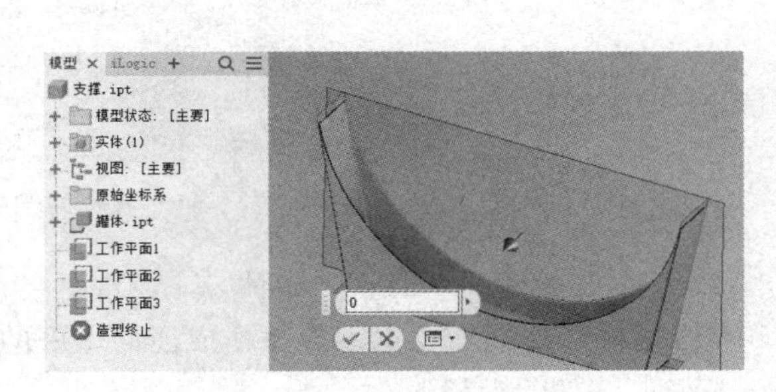

图 1-47　分割实体面

分割后的实体如图 1-48 所示，支撑模型包括一个底面和两边的侧面和立面，侧面和立面都属于重复件，为了让零件的数量及模型的结构都符合实际情况，在多实体中，只完成三个实体，后续在部件中复制相关零件。

完成分割后，按照步骤 16，选择“生成零部件”命令，把支撑零件生成“支撑 .iam”部件。生成的部件包含三个零件，如图 1-49 所示。侧面和立面各选择一个就可以，另一个会使用阵列把它补充上。

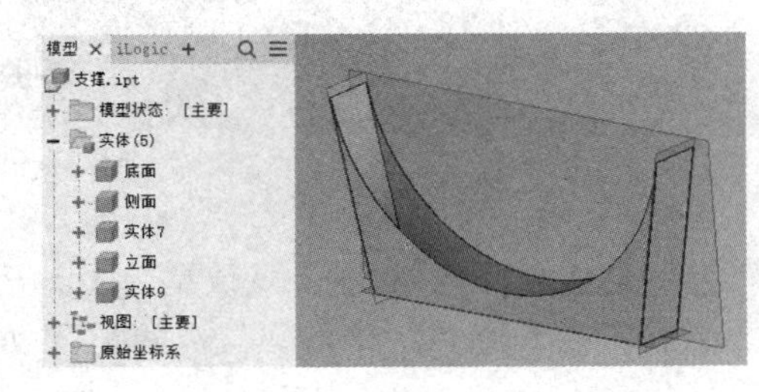

图 1-48　分割后的实体

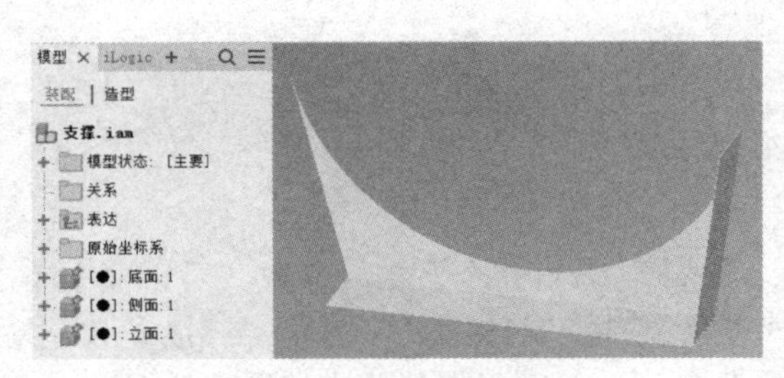

图 1-49　生成部件

由于侧面是斜着放的，考虑到操作的便利性，立面和侧面会用“环形阵列”命令，操作如图 1-50 所示。环形阵列需要中心轴，因此在“底面”零件的中心位置建立圆孔特征，以该圆孔中心作为中心轴，然后给定数量和角度，即可完成该部件的阵列操作。

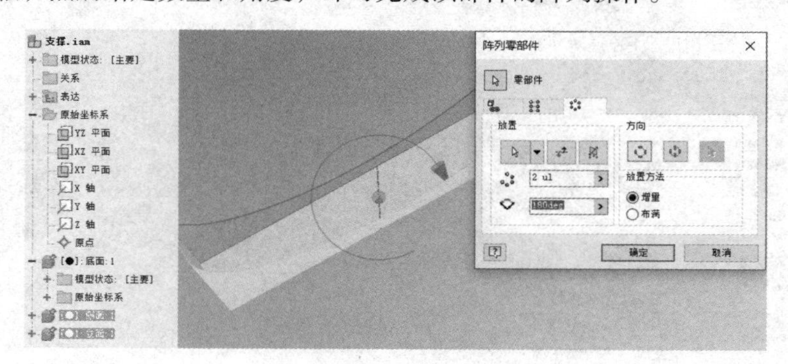

图 1-50　阵列立面和侧面

至此，支撑部件已经完成，打开 BOM 表，如图 1-51 所示，可以查看结构中的零件及数量情况。保存支撑相关的零部件，关闭零件窗口，为后续步骤做准备。

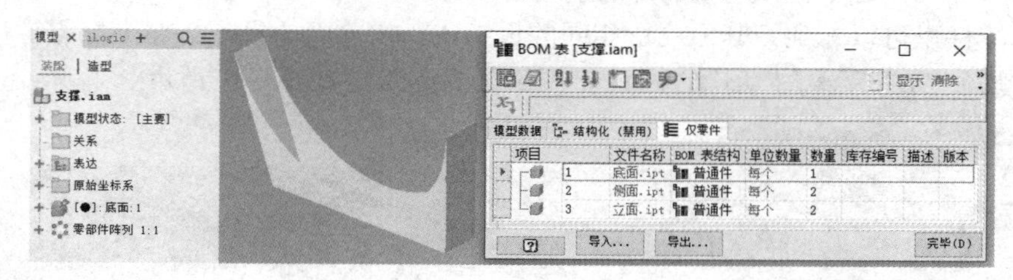

图 1-51　分解后的部件

步骤 19：支撑阵列。回到“罐体 .iam”部件，可以看到该部件中的“支撑”零件更新成了多实体零件。这里需要把零件替换成前面做好的部件。右击“支撑”零件，选择“零部件”→“替换”，如图 1-52 所示。

选择上一步保存的“支撑 .iam”，确认后，就可以看到替换后的结果，如图 1-53 所示。

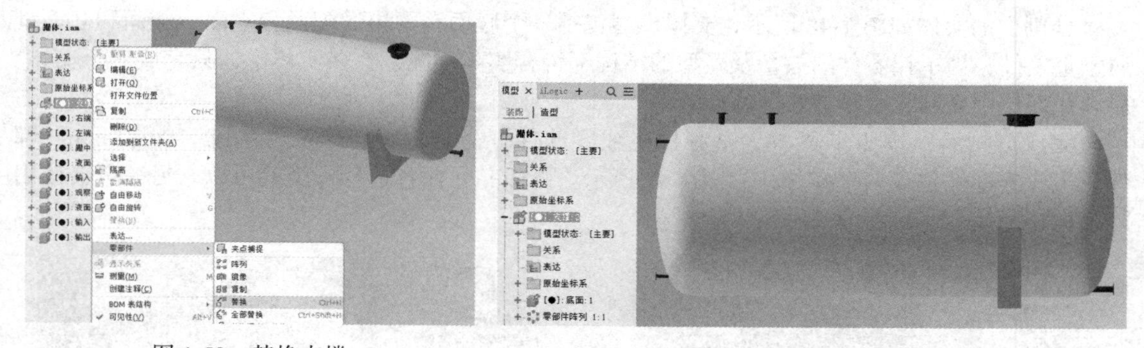

图 1-52　替换支撑

图 1-53　替换后的结果

选择“*fx*”命令，在“参数”对话框中单击“链接”，链接文件选择 .ipt（默认是 .xls），选择零件文件“罐体 .ipt”，弹出“链接参数”对话框，单击“用户参数”中的“支撑间距”，如图 1-54 所示，就可以把该参数导入部件。

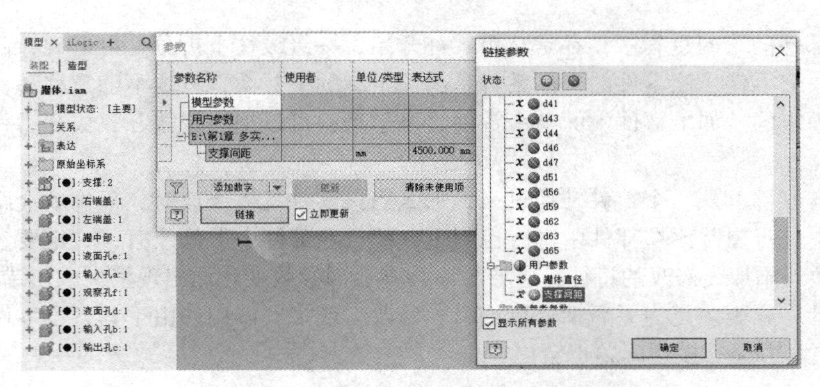

图 1-54　“链接参数”对话框

导入这个参数的目的是让部件中支撑的阵列距离和“罐体 .ipt”零件进行关联。罐体部件中各个零部件的变化都由罐体零件控制，“支撑间距”参数也进行联动，方便在零件中的修改。

单击“阵列”命令，选择“矩形阵列”，阵列对象是支撑部件，方向选择“*Y* 轴”，间距为参数“支撑间距”，如图 1-55 所示。

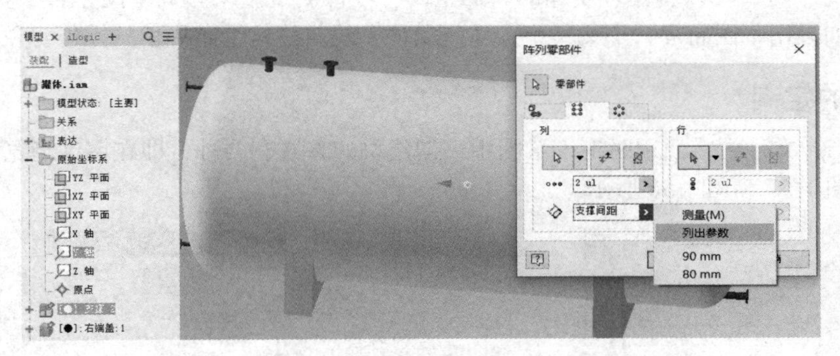

图 1-55　支撑阵列

步骤 20：BOM 应用。图 1-56 所示为完成的罐体部件及 BOM 表，可以看到每个零件及对应的数量。可以更改零件的参数，来查看部件修改后的结果。部件和实体零件同时打开时，需要更新变更。

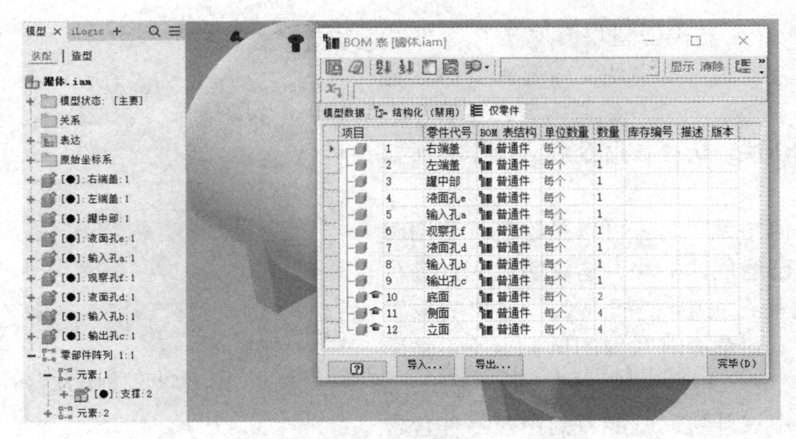

图 1-56　完成的罐体部件及 BOM 表

在整个部件的绘制过程中，都是从单零件开始，一级级往下拆分，可以说，部件中所有的零件都基于一个零件，该零件的坐标系就是部件组装的坐标系，只要不随意移动，各零件的位置关系就是固定的。如果部件中的某个零件需要运动，可以把固定放开，放开后一定要注意该零件的相对位置。

由于所有零件都从一个零件转换过来，那么当该零件发生修改时，部件就会跟随变化，这样在单零件中进行控制比在部件中进行控制更方便。在部件中做修改时，一定要参考已有的参数或模型。额外添加或修改的特征，需要考虑会不会因参数变化而出现消失或出错的问题。

这种设计方式更多是为了后期进行编辑、修改，或多次调用，由于其各个零件之间的关联性，修改时更为方便，模型问题也会更少。

1.3 布局的使用

在 Inventor 中，先绘制整体结构，然后转换对应结构的部件，这种方式都归为布局。在整体结构设计中，可以使用多实体模式，这种模式有利于三维表达；另一种是草图模式，这种模式有利于二维运动等的展示。

前文中的练习，可以看作多实体的布局空间，零件属于整个布局空间，各个实体属于每个单独个体；如果用草图布局，那么每个个体就是块，块就是这个布局里的操作对象。

1.3.1 块的定制

块存在 .ipt 文件内，使用时拖入草图中。创建块的方式有两种，即在零件浏览器和“草图”中创建，如图 1-57 和图 1-58 所示。

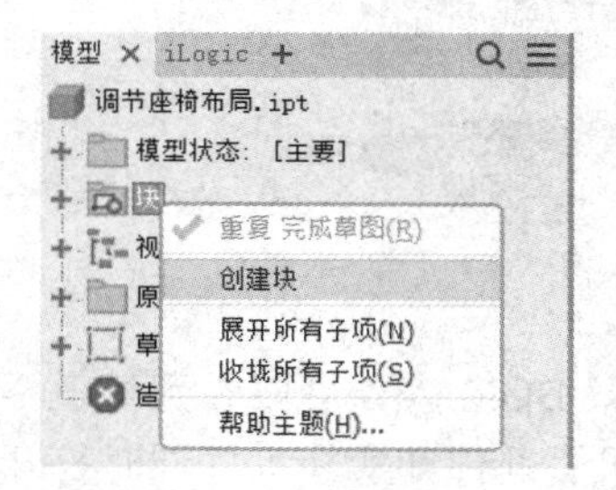

图 1-57　在零件浏览器中创建块

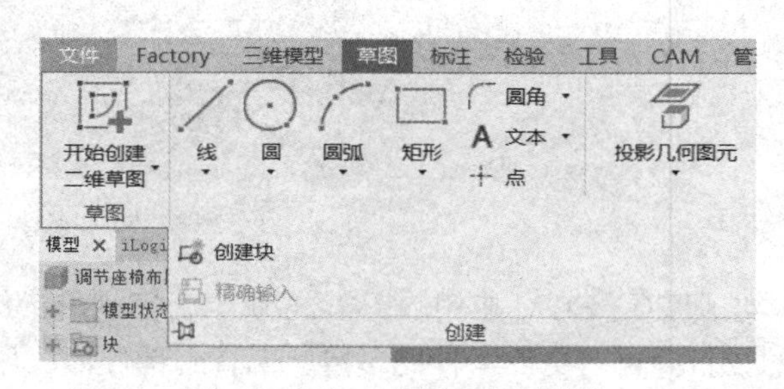

图 1-58　在“草图”中创建块

按图 1-57 所示方式创建块，属于在零件状态下操作，创建的是一个空块，内容需要后续定义；如图 1-58 所示，可以先绘制内容，然后在绘制的内容上创建块，选择该命令后，操作界面如图 1-59 所示。

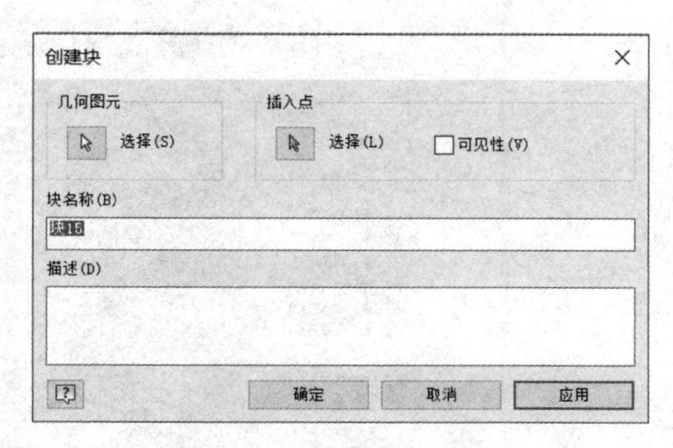

图 1-59　“创建块”对话框

选择“几何图元”时，可以是绘制的草图图元，也可以是已经创建的块，这说明块允许进行嵌套，把块放置到块中。“插入点”是块的放置点，即把块插入到草图时对应的鼠标点（不是原点）。“可见性”可以把该点用点符号进行显示。

在浏览器中展开块，就能看到当前零件包含的所有块。双击对应的块，就可以进入对应块的编辑中，编辑方式和草图操作完全一样。

草图块的作用是在草图中，把对应块中的图元进行独立处理，块部分内容将作为一个整体进行使用，块内图元相互间没有运动关系，这对尺寸和约束的使用数量是很大的优化。由于块功能支持相互嵌套，因此能使用块来表达二维设计中的结构层次。尺寸和约束在使用时，块内和块外的就分开了，两边各自标注尺寸，块内的尺寸对于草图来说只是参考尺寸。

1.3.2　块的练习

本节将通过草图中各个块之间的操作，观察实际的需求；后续将把草图转换成一个部件，以各零件的状态完成对应草图中的各种表达；了解草图块在布局中的使用方式和多实体之间的区别，并分析各自优缺点。

步骤 1：块文件。打开项目内的“调节座椅布局 .ipt”文件，如图 1-60 所示，图中所有内容都以块来呈现。在浏览器中展开“块”，可以看到当前零件中所包含的块。这里的块表示当前文件所包含的块，并不意味着每个块都使用了，如有需要，可以右击块，对块进行删除。如果草图中使用了块，那么该块从草图中删除前不能被删除。

块前面的“+”表示该块还能展开，属于嵌套块，由几个块组合为一个块。在草图中使用块时，也可以把整组调用。

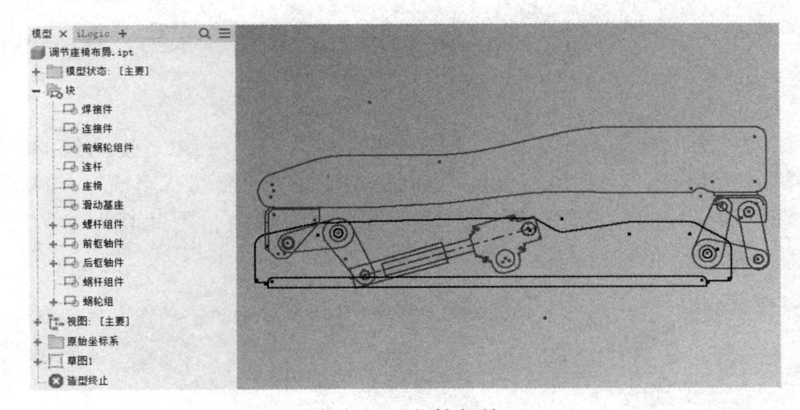

图 1-60　文件与块

步骤 2：进入草图。双击“草图 1”进入草图状态，可以看到当前草图中包含的块，如图 1-61 所示。“前枢轴件”由三个块组成，选择后只显示两个图形，原因是有两个图形在同一位置重叠了。草图是一个方向视图，在这个视图中前后两个相同块重叠了。

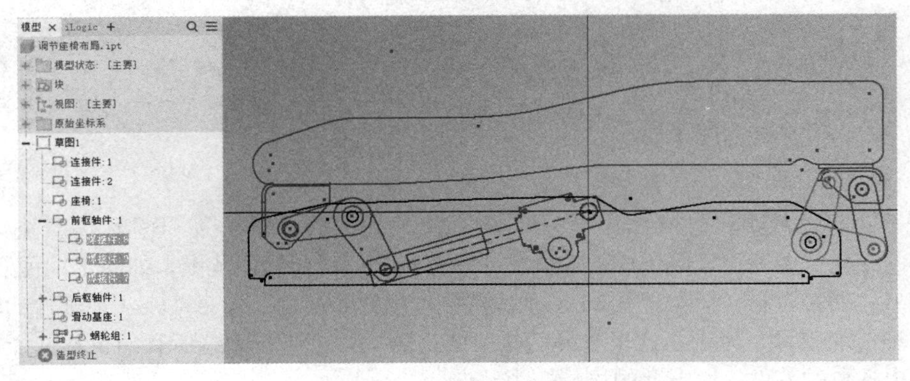

图 1-61　草图环境

步骤 3：放置块。单击“蜗轮组”，将其拖到绘图空间，鼠标指针如图 1-62 所示，释放鼠标，就可以看到所选的块被放置到当前位置。

这里的“蜗轮组”由两个块组成，在实际中以蜗杆蜗轮的运动实现组件长度的变化。由于需要蜗杆蜗轮的运动，可以看到当前的“蜗轮组”前有一个符号，这个符号表示“柔性”打开，当前块允许块内发生运动。新建的“蜗轮组”也需要把这个功能打开。右击“蜗轮组”，选择“柔性”，可以实现该操作。

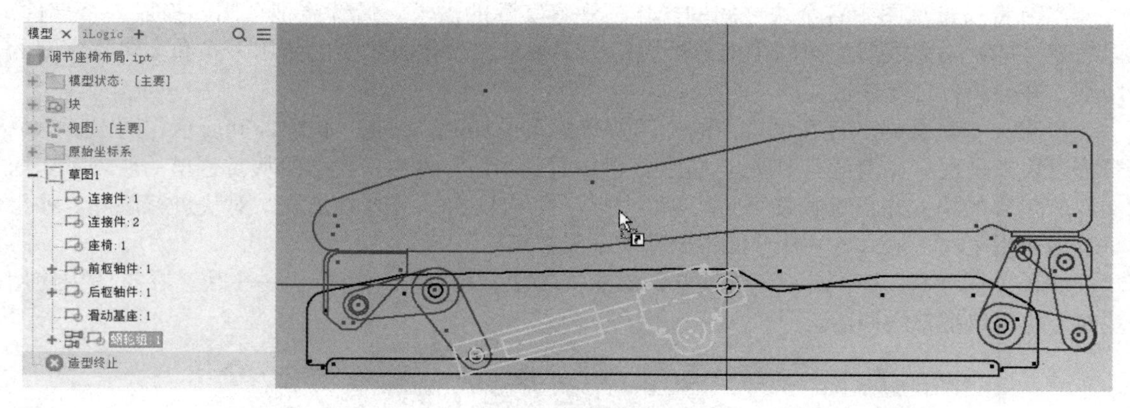

图 1-62　放置块

步骤 4：放置约束。如图 1-63 所示，使用约束中的“重合约束”把新建的蜗轮组放置到合适位置。两边都属于圆心重合，如果位置不利于操作，可以拖动“座椅”块来调整局部位置。标注两个尺寸来显示蜗杆蜗轮变动的距离。由于该尺寸在块内，因此其为参考尺寸。放置的尺寸用于行程观察，确定位置与行程之间的关系。

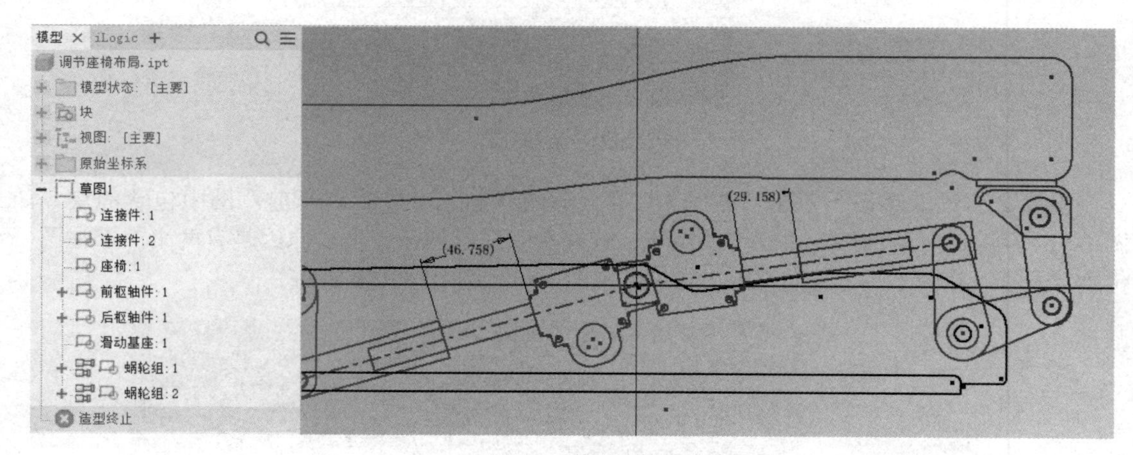

图 1-63　放置约束

步骤 5：行程观察。拖动“座椅”块观察两个蜗轮组的行程。将“座椅”上下拖动，可以看到行程的变化，即两边极限位置的大概尺寸以及各自行程的具体范围，如图 1-64 所示。

步骤 6：转换成部件。如图 1-65 所示，选择“生成零部件”命令，来实现部件的转换。这步的操作和前面很像，区别是这里选择的是草图中的块。可以看到，所有的块都选择后，每个块都转换成各自的零件，而嵌套的块转换为部件。

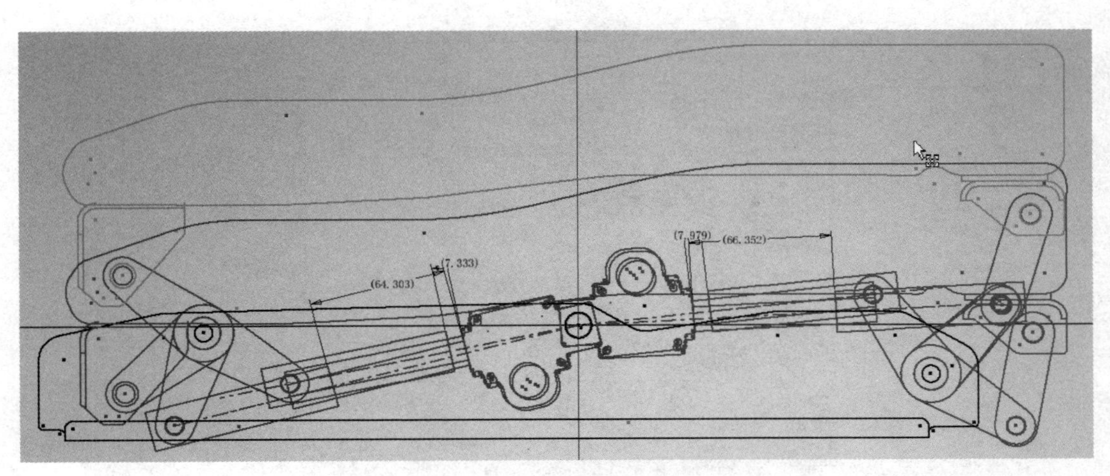

图 1-64　行程观察

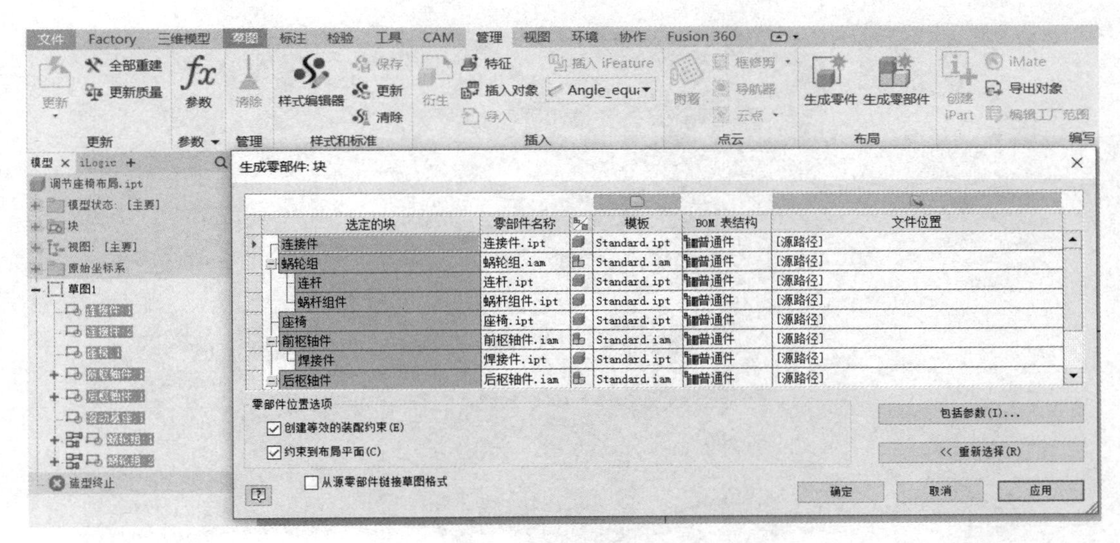

图 1-65　部件的转换

选择“创建等效的装配约束”能够把草图中的约束转换成部件中零件之间的装配约束。由于转换过来的零件都只有一个草图面，选择“约束到布局平面”能够把各个零件约束到同一个面上。

步骤 7：观察部件中的结构。在“调节座椅布局 .iam”中，如图 1-66 所示，可以看到各零部件间都有了现成的约束，拖动模型中的零件可以实现在部件中的运动。如果有需要，可以进入运动仿真模块，来模拟所需的二维运动。

在浏览器中可以看到一个零件的名称为“调节座椅布局”，其处于不可见状态。该零件就是前面草图块的零件。它作为一个基本零件，用于部件中各零件相对位置的控制。打开 BOM 表，能看到各零件对应的数量，这样的布局能够准确地反映零件的数量。

步骤 8：实体处理。双击“前枢轴件”下的“焊接件”，对零件进行拉伸操作，可以看到几个“焊接件”同时会有相同的操作，如图 1-67 所示。按实际需要，逐步把零件实体化，实现二维到三维的转换。

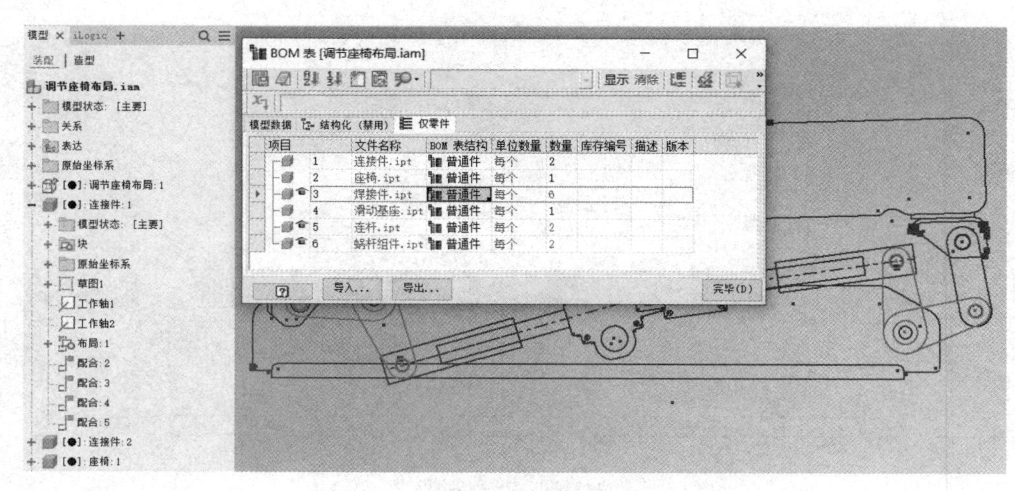

图 1-66　观察部件中的结构

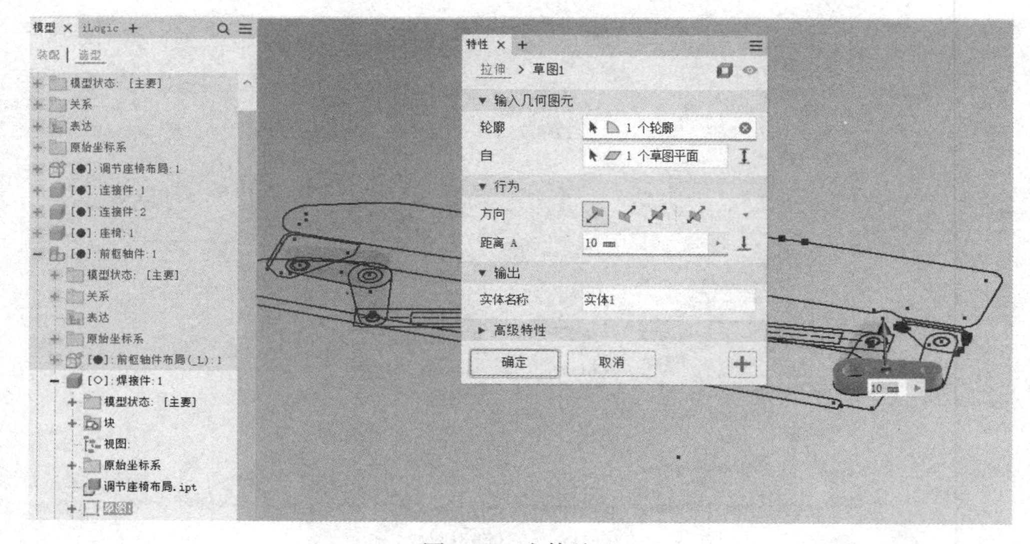

图 1-67　实体处理

提示

由于创建块比较简单，练习中简化了该部分的操作。对于常用的零件截面，都可以用块来实现简化操作，如将绘制的钢结构面保存到块中，可以方便实现操作。草图模型转换成三维后，由于要考虑第三个方向及位置，还有许多操作，但和使用草图布局已经没有太多关系，因此练习中没有继续操作。

使用草图布局，更多的是为了实现草图中位置关系的设置，包括运动的观察；多实体模式更多对应模型的三维表达。块只能表达零件的一个方向，但在设计初期就能够把结构层次表达清楚；多实体的三维模式反而影响了结构层次的表达。选用哪种方式做布局，更多还是和实际中使用的目的相关。

第 2 章

钢结构设计与设计加速器

2

【学习目标】

1）熟悉 Inventor 钢结构设计的工作流程。

2）掌握 Inventor 钢结构设计的端部处理方式。

3）掌握 Inventor 钢结构分析流程。

4）掌握设计加速器中的螺栓联接、轴、齿轮、弹簧等生成器的应用。

2.1 钢结构设计

钢结构通常是指由各种型材以各种连接方法组成的一种整体结构。Inventor 带有结构件设计模块，如图 2-1 所示。

2.1.1 结构的基本操作

对于钢结构设计，通常会先创建对应的骨架模型来确定型材的位置。该骨架模型可以是二维草图、三维草图、曲面或实体模型。图 2-2 所示的骨架模型就是由二维草图和三维草图混合组成的。

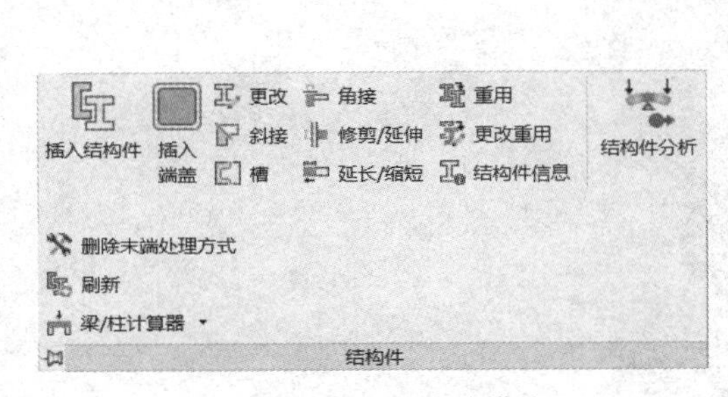

图 2-1　结构件设计模块

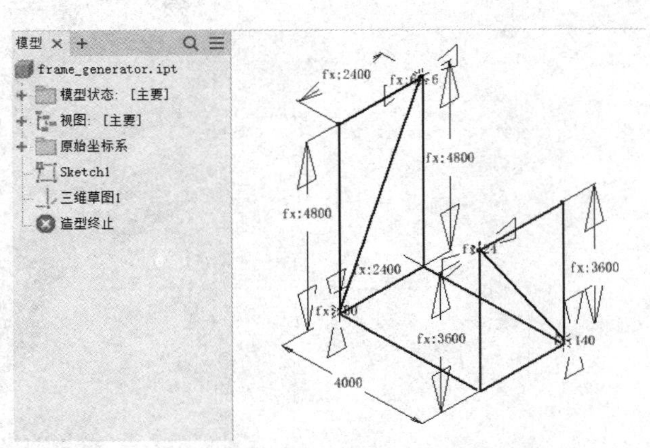

图 2-2　二维草图和三维草图混合组成的骨架模型

图 2-3 所示的骨架模型是由一个实体特征和若干二维、三维草图组成的。在软件中，只要是能选定的草图线或特征边都可以作为骨架使用。具体选择哪种方式来创建对应的骨架模型，更多的是取决于所需绘制骨架模型的复杂程度及使用习惯。例如，绘制一个长方体就可以得到 12 条模型边，如果用草图方式绘制同样的 12 条草图线，就会麻烦很多。

骨架模型创建完成后，就可以从 Inventor 资源中心库中调用标准型材，放置到骨架模型上。如图 2-4 所示，在骨架模型中亮显的蓝色线上放置了一根角钢型材。

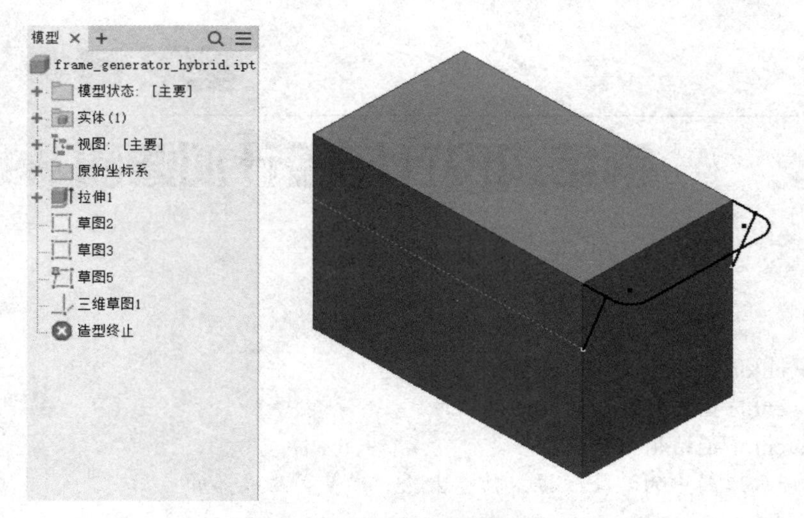

图 2-3　草图和实体组成的骨架模型

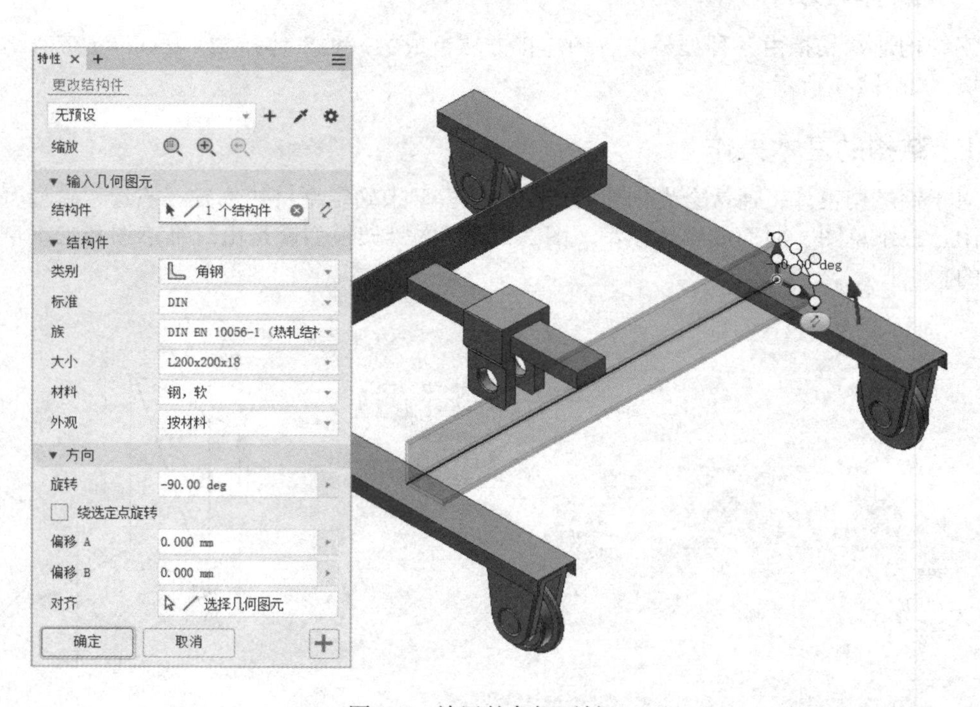

图 2-4　放置的角钢型材

放置好钢结构件后，就会考虑对型材进行各种端部处理，如斜接、开槽、修剪、插入端盖等，使用“结构件”选项组中提供的命令就可以完成。

2.1.2　钢结构练习

骨架模型主要是用来确定结构件的位置和初始长度。当编辑参考的骨架模型后，在骨架模型上插入的结构件会自动更新。

图 2-5 所示的骨架模型，是由若干个二维草图创建完成。具体的创建步骤这里不再赘述。

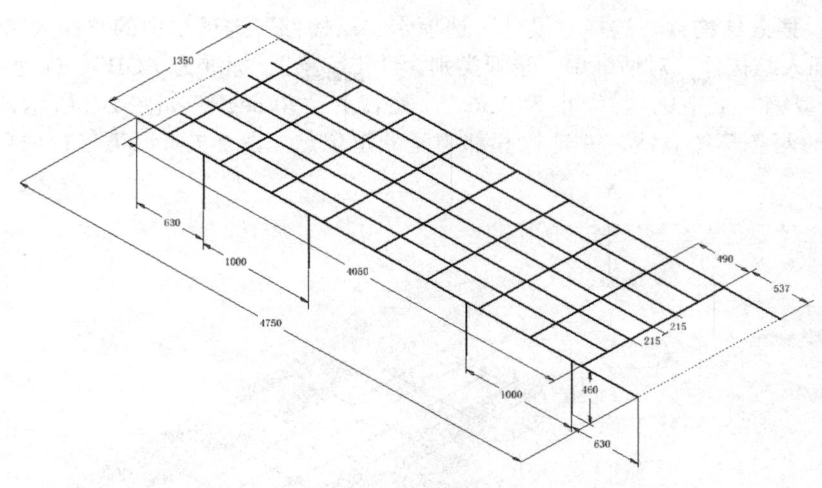

图 2-5 骨架模型

1. 插入结构件

结构件模块必须应用在部件模型中，所以在插入结构件之前，需要先将骨架模型放置到部件中，并保存当前部件。

步骤 1：创建新部件并插入骨架模型零件。使用“Standard.iam”模板创建一个新部件，选择“装配”选项卡“零部件”选项组中的“放置”命令，选择“第 2 章 钢结构设计与设计加速器\骨架草图.ipt”文件，单击“打开”，然后在图形空白区域右击，选择“在原点处固定放置”。完成后，保存当前部件，文件名称为“结构件练习”，如图 2-6 所示。

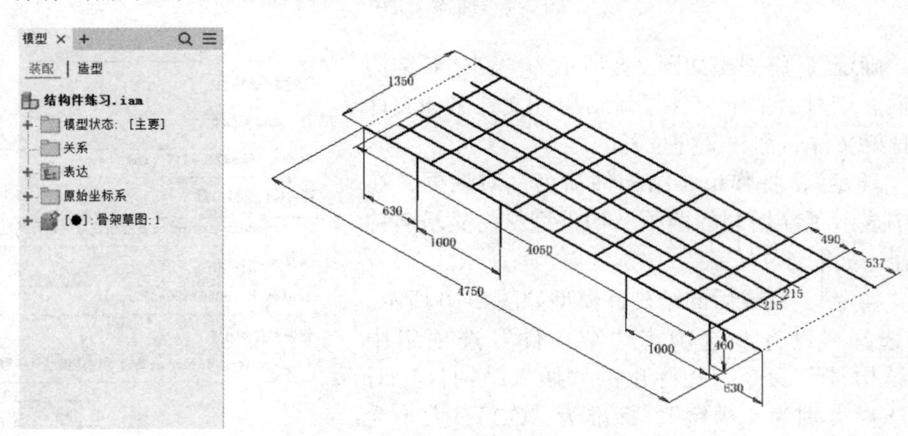

图 2-6 创建新部件

提示

如果放置零部件时，没有选择“在原点处固定放置”，可以选择“装配”选项卡“工具集”选项组，展开下拉列表，选择“坐标系对准”，在弹出的“坐标系对准”对话框中，选择“在原点处固定”，然后选择需要在原点固定的零部件，单击“确定”，将选择的零部件固定到当前部件的原点，此时，零部件的原始坐标系与当前部件的原始坐标系重合。

步骤 2：插入结构件。选择“设计”选项卡“结构件”选项组中的“插入结构件”命令，在弹出的“插入结构件”对话框中，选择类别为“工字梁”、标准为“GB”、族为“工字钢 GB/T 706－热轧型钢－工字钢”、大小为“36a”、旋转为“90 deg”，如图 2-7 所示，分别单击选择图中所示的两条草图直线，并选择底部中间的定位点（图 2-7 所示第三行白色小点中的中间点）。

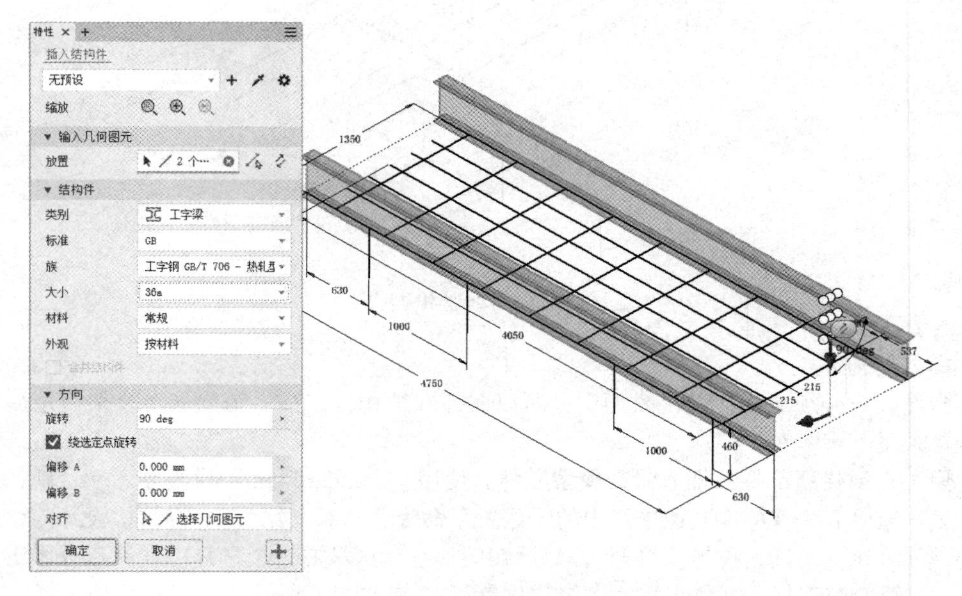

图 2-7　插入工字梁

单击“确定”，将弹出如图 2-8 所示的“创建新结构件”对话框。该对话框中包含了新结构件文件名和文件位置、新骨架文件名称和文件位置。

单击“确定”，将弹出“结构件命名”对话框，在该对话框中显示了新增加的两根结构件型材的显示名称和保存路径，如图 2-9 所示。

单击“确定”，完成后的结构件模型如图 2-10 所示。

再次选择“设计”选项卡“结构件”选项组中的“插入结构件”命令，在弹出的“插入结构件”对话框中，选择类别为“槽钢”、标准为“GB”、大小为“25a”、旋转为“0”、偏移 B 为“180”，如图 2-11 所示，分别选择图中的九条草图直线，并选择居中的定位点。

图 2-8　“创建新结构件”对话框

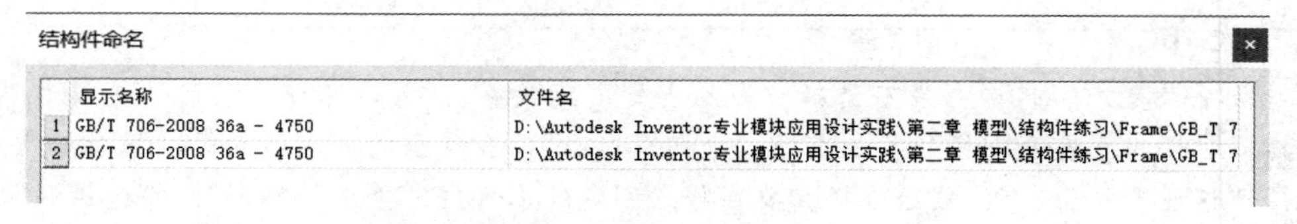

结构件命名

	显示名称	文件名
1	GB/T 706-2008 36a - 4750	D:\Autodesk Inventor专业模块应用设计实践\第二章 模型\结构件练习\Frame\GB_T 7
2	GB/T 706-2008 36a - 4750	D:\Autodesk Inventor专业模块应用设计实践\第二章 模型\结构件练习\Frame\GB_T 7

图 2-9　工字梁结构件名称[㊀]

㊀　此软件中的国家标准未与最新版的中国国家标准一致，请读者使用时注意。——编者注

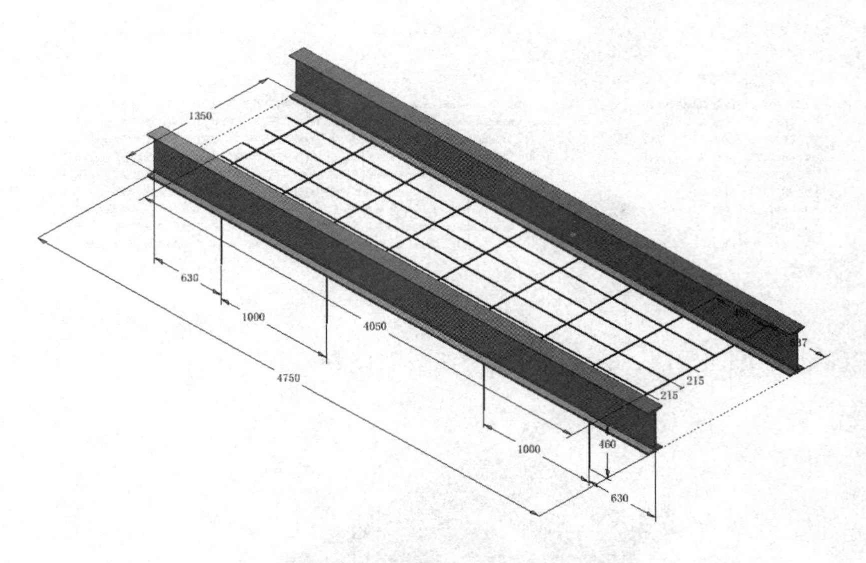

图 2-10　添加了工字梁的模型

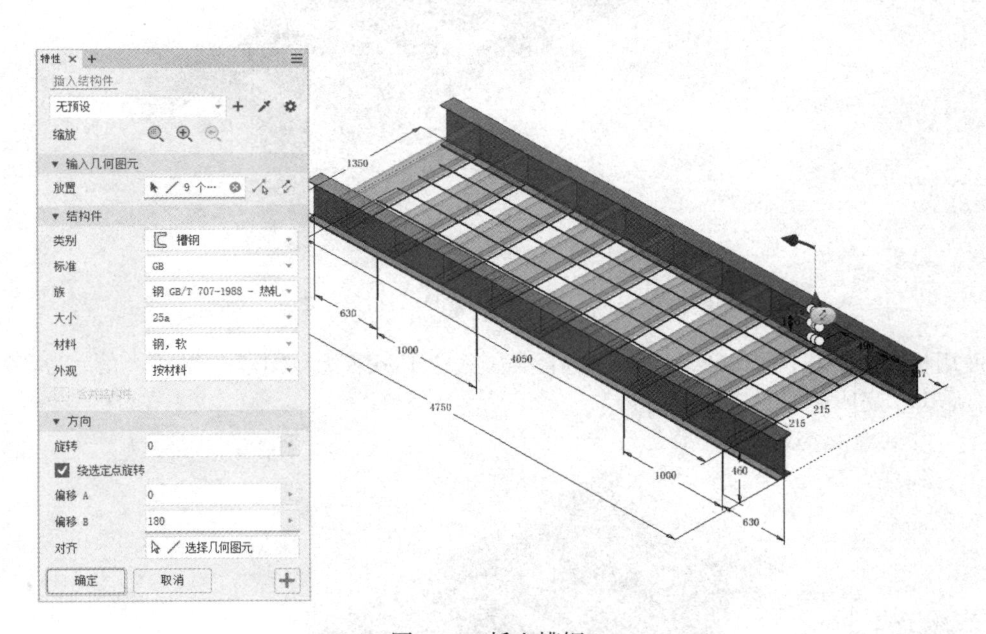

图 2-11　插入槽钢

提示

选择草图线时，可以切换到“前视图”，然后利用与 AutoCAD 一样的反选框来选择所有草图线，需要注意的是避免选择到其他不相关的草图线。

单击“确定”，弹出“结构件命名”对话框，如图 2-12 所示，显示了新增加的九根槽钢型材的名称和保存路径。

结构件命名

	显示名称	文件名
1	GB/T 707-1988 25a - 1350	D:\Autodesk Inventor专业模块应用设计实践\第二章 模型\结构件练习\Frame\GB_T 7
2	GB/T 707-1988 25a - 1350	D:\Autodesk Inventor专业模块应用设计实践\第二章 模型\结构件练习\Frame\GB_T 7
3	GB/T 707-1988 25a - 1350	D:\Autodesk Inventor专业模块应用设计实践\第二章 模型\结构件练习\Frame\GB_T 7
4	GB/T 707-1988 25a - 1350	D:\Autodesk Inventor专业模块应用设计实践\第二章 模型\结构件练习\Frame\GB_T 7
5	GB/T 707-1988 25a - 1350	D:\Autodesk Inventor专业模块应用设计实践\第二章 模型\结构件练习\Frame\GB_T 7
6	GB/T 707-1988 25a - 1350	D:\Autodesk Inventor专业模块应用设计实践\第二章 模型\结构件练习\Frame\GB_T 7
7	GB/T 707-1988 25a - 1350	D:\Autodesk Inventor专业模块应用设计实践\第二章 模型\结构件练习\Frame\GB_T 7
8	GB/T 707-1988 25a - 1350	D:\Autodesk Inventor专业模块应用设计实践\第二章 模型\结构件练习\Frame\GB_T 7
9	GB/T 707-1988 25a - 1350	D:\Autodesk Inventor专业模块应用设计实践\第二章 模型\结构件练习\Frame\GB_T 7

图 2-12　槽钢结构件名称

单击“确定”，添加槽钢后的结构件模型如图 2-13 所示。

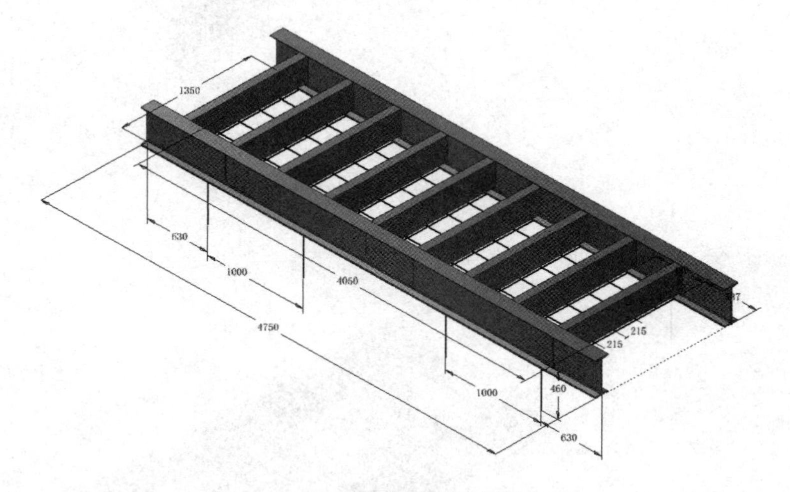

图 2-13　添加槽钢后的结构件模型

使用相同的方法，添加八个支腿，选择类别为“工字梁”、大小为“36a”、角度为“90deg”，定位点居中，完成后如图 2-14 所示。

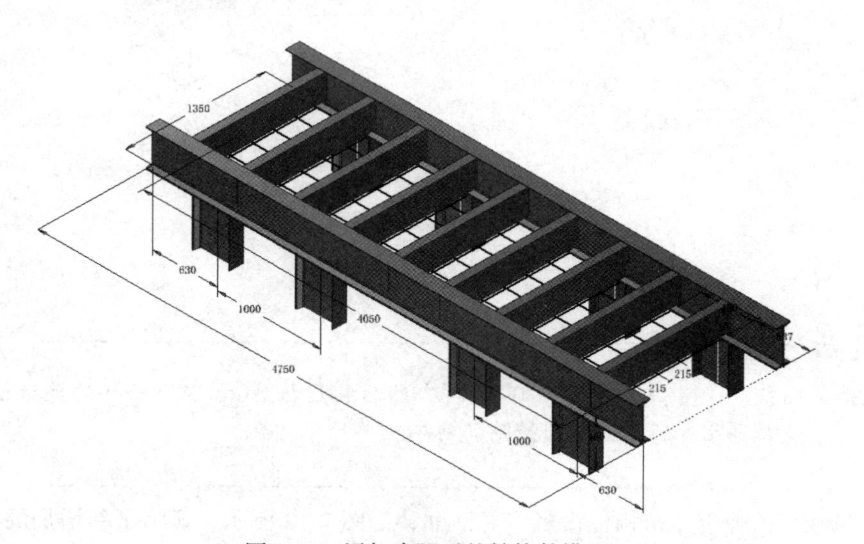

图 2-14　添加支腿后的结构件模型

再次添加如图 2-15 所示的矩形管，选择类别为“方形 / 矩形管”、族为“钢 GB/T 6728—2002 矩形”、大小为“140 × 80 × 4”，旋转为“0”，偏移 A 为“−305”，选择底部中间的定位点。

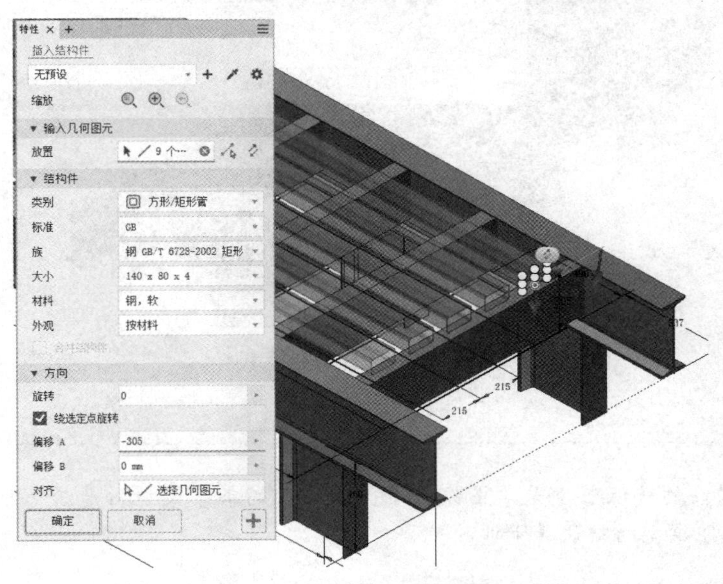

图 2-15　插入矩形管

单击“确定”，然后在“结构件命名”对话框中单击“确定”，在模型浏览器中将“骨架草图”零件设置为不可见，完成后如图 2-16 所示。

图 2-16　添加矩形管后的结构件模型

提示

可以在模型浏览器或图形窗口中选中零件后，按快捷键 <Alt+V> 显示或隐藏零件。

步骤 3：检测干涉。选择“检验”选项卡“干涉”选项组中的“干涉检查”命令，框选所有结构件，然后单击“确定”，软件检测出 18 处干涉，如图 2-17 所示，单击“确定”。

图 2-17　干涉检查结果

提示

由于结构件的默认长度是草图线长度，而之前的工字梁型材是居中放置的，所以，槽钢型材和工字梁型材默认是干涉的。

步骤 4：修剪结构件。选择“设计”选项卡“结构件”选项组中的“修剪 / 延伸”命令，如图 2-18 所示，选择工字梁内侧面以及九个槽钢结构件，然后单击“确定”。

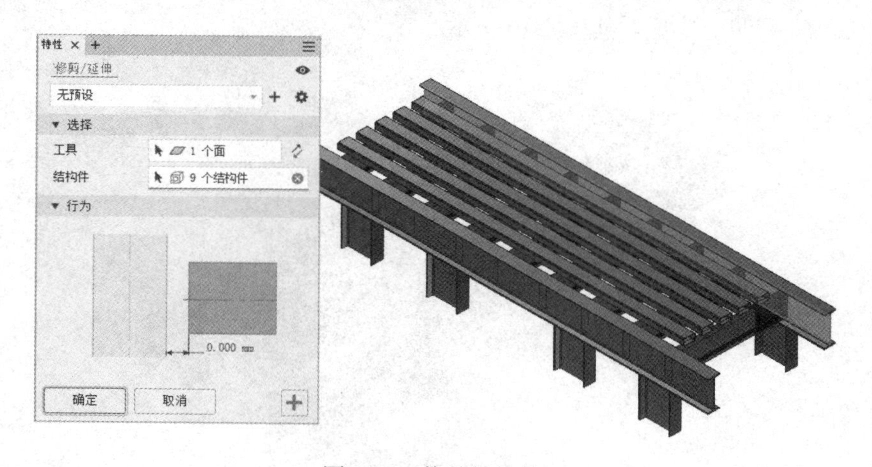

图 2-18　修剪结构件

使用相同的方法，修剪另一侧的九个槽钢，完成后，可以再次进行干涉检查，正确的结果是没有干涉。

提示

也可以使用“结构件”选项组中的“延长 / 缩短”命令，同时缩短槽钢两端的干涉部分，其结果与修剪结构件的结果相同。

2. 编辑结构件

插入结构件后，如果需要编辑结构件，可以在模型浏览器中右击需要编辑的结构件，然后选择“使用结构件生成器进行编辑”，在弹出的对话框中，更改结构件的类别、标准、族、大小、方向、偏移等。

提示

可以在图形窗口空白处同时按 <Shift> 键和鼠标右键，在弹出的快捷菜单中选择“零件优先”，然后在图形窗口中右击需要编辑的结构件，选择“使用结构件生成器进行编辑”。

2.2　钢结构分析

在 Inventor 中，默认会加载结构件分析附加模块，如图 2-19 所示。

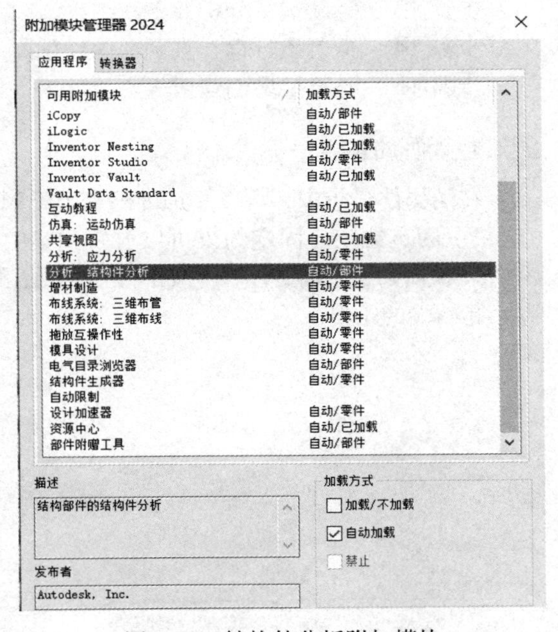

图 2-19　结构件分析附加模块

使用结构件分析，可以了解对给定的结构件添加各种载荷和约束后，结构件变形和应力方面的相关情况。定义相应条件后，可运行分析并查看结果，以便选择合理的设计方案来优化设计。

结构件分析是将结构件转换成线性的“梁单元”来进行分析，目前还不支持弯曲的梁，因此弯曲梁必须分割成小的线性段。每个梁单元的起始端和结束端都有六个自由度（包括三个旋转自由度和三个位置自由度）。

Inventor结构件分析的典型工作流如下（其中，步骤 1~9 为预处理步骤、步骤 10 为求解步骤、步骤 11 为后处理步骤、步骤 12~15 为改进输入步骤）。

步骤 1： 打开包含使用结构件生成器创建的结构件零部件或包含资源中心结构件的部件。

步骤 2： 进入结构件分析环境，选择“环境”选项卡“开始”选项组中的“结构件分析”命令，如图 2-20 所示。

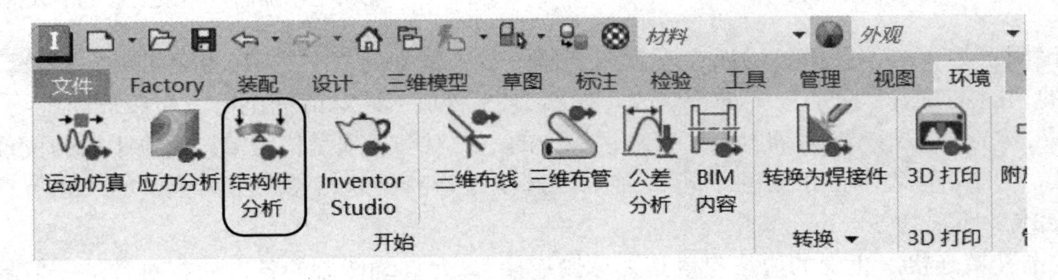

图 2-20　选择“结构件分析”命令

步骤 3： 创建分析，包含两种分析类型，即静态分析和模态分析。

步骤 4： 指定分析特性。结构件将自动转换为理想化的节点和梁单元，在图形窗口中将显示梁、节点和重力图示符。

步骤 5： 在分析中排除不需要的梁和边界条件。

步骤 6： 为参与分析的梁指定材料和物理特性。

步骤 7： 添加约束。

步骤 8： 指定载荷位置和大小。

步骤 9： 根据需要指定梁单元的连接关系。

步骤 10： 运行分析。

步骤 11： 查看结果。

步骤 12： 做出必要的更改以优化部件，可以添加节点、载荷、约束或抑制出现问题的节点、载荷和约束。

步骤 13： 重新运行分析并更新结果。

步骤 14： 重复该过程，直至部件优化。

步骤 15： 基于结果创建报告。

2.2.1 添加约束

在结构件分析中，可以添加的约束类型如图 2-21 所示。

1）固定约束。 固定约束可以放置到梁的某个位置或节点上，用来限制相关自由度。将固定约束放置到梁上时，会弹出如图 2-22 所示的参数输入框，其中偏移参数值是指"固定约束"离梁起始端的距离。

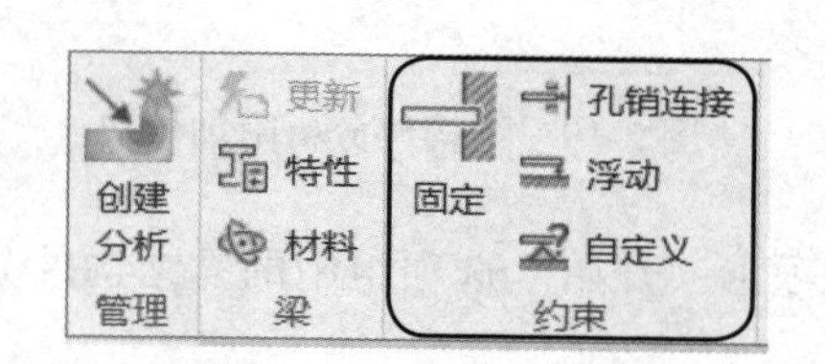

图 2-21 "约束"选项组

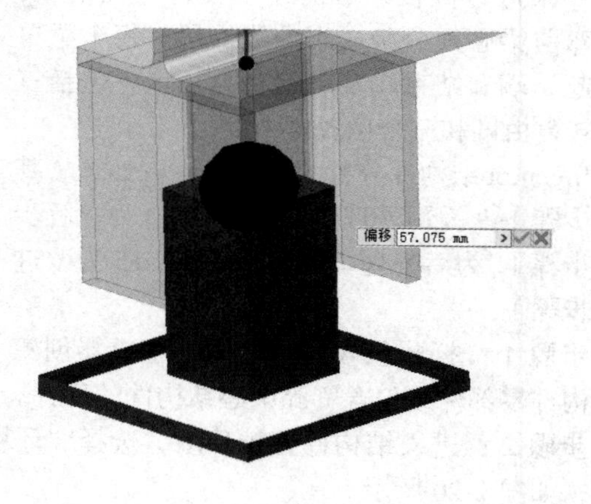

图 2-22 在梁上添加固定约束的参数输入框

该固定约束的偏移值，可以在模型浏览器中右击添加的固定约束，然后选择"编辑"，在弹出的"固定约束"对话框中进行修改，如图 2-23 所示（该对话框也可以在添加固定约束时，右击梁，选择"更多选项"时显示）。对话框中的"相对"选项是指固定约束位于梁的位置百分比，如"0.5 ul"表示位于梁的中间；"绝对"选项是指离梁起始端的距离值，如"50"表示离梁起始端的距离为 50mm。

2）孔销连接。 正确的说法应该是"球铰连接"，允许绕球心的各方向相对转动，但限制所有的相对移动。

3）浮动的孔销连接。当允许梁或节点上有某个平面内的自由旋转和自由移动时，可以应用“浮动的孔销连接”约束，该约束的对话框如图 2-24 所示。

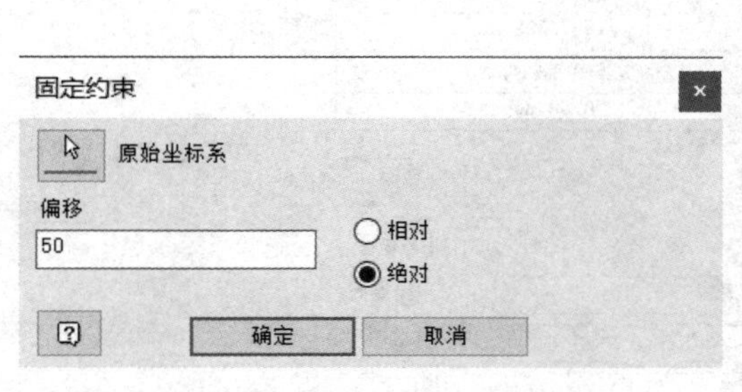

图 2-23　“固定约束”对话框

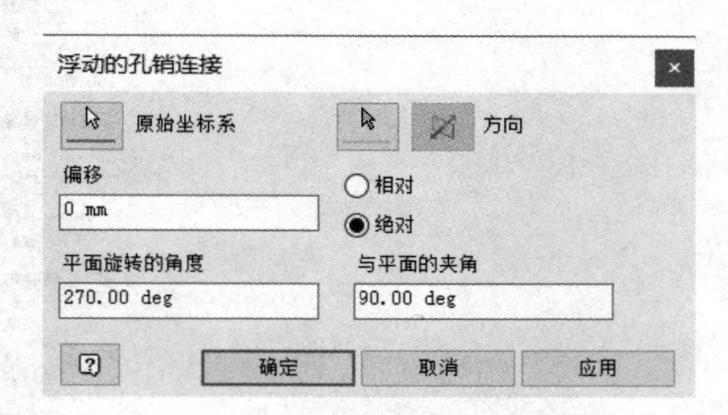

图 2-24　“浮动的孔销连接”对话框

4）自定义约束。用户可以自己选择约束的原始坐标系（即约束点）以及梁和节点上的位移和旋转自由度，如图 2-25 所示。自定义约束是在全局坐标系中定义的。

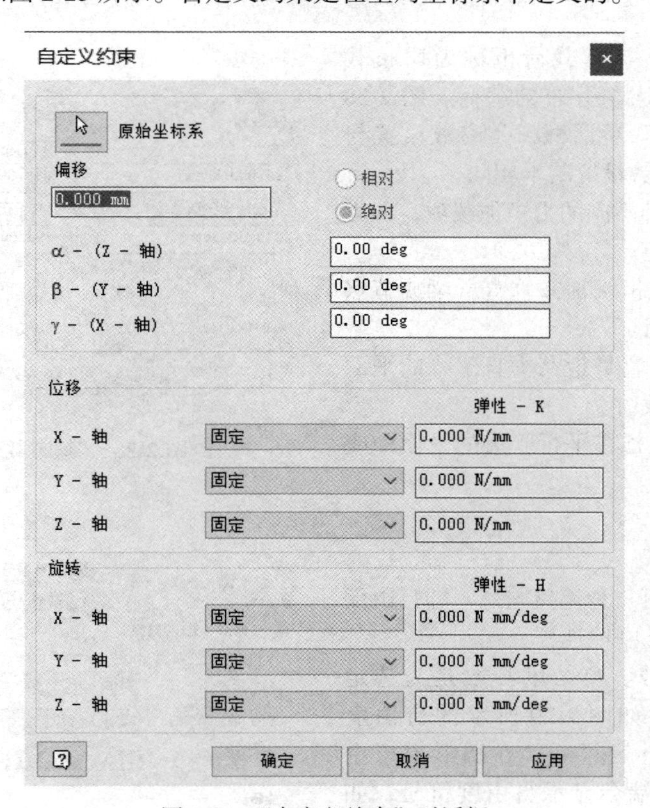

图 2-25　“自定义约束”对话框

2.2.2　添加载荷

在结构件分析中，可以添加的载荷类型如图 2-26 所示。

1）力。定义要施加到选定梁或节点的指定大小的力，如图 2-27 所示“力”对话框。其中，“原始坐标系”指定力的作用点，“方向”指定力的作用方向。

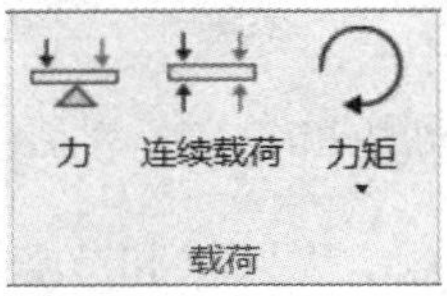

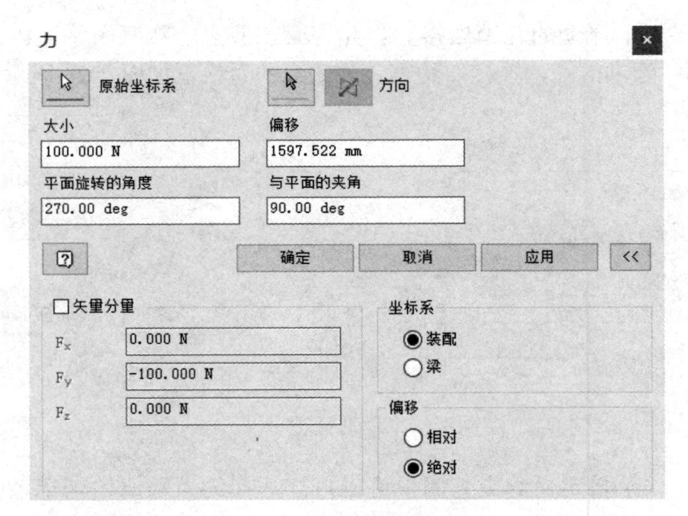

图 2-26 “载荷”选项组

图 2-27 “力”对话框

2）**连续载荷**。连续载荷也称为均布载荷，定义沿选定梁均匀分布的载荷。图 2-28 所示为“均布载荷”对话框，其参数设置与“力”对话框中的参数设置基本相同。

软件提供了三种不同的力矩加载项，即力矩、轴向力矩和弯矩。

3）**力矩**。它是指绕轴并垂直于梁或节点应用指定大小的载荷。

4）**轴向力矩**。它是指在垂直于梁的平面中应用指定大小的载荷。

5）**弯矩**。它是指在平行于梁的平面中应用指定大小的载荷。

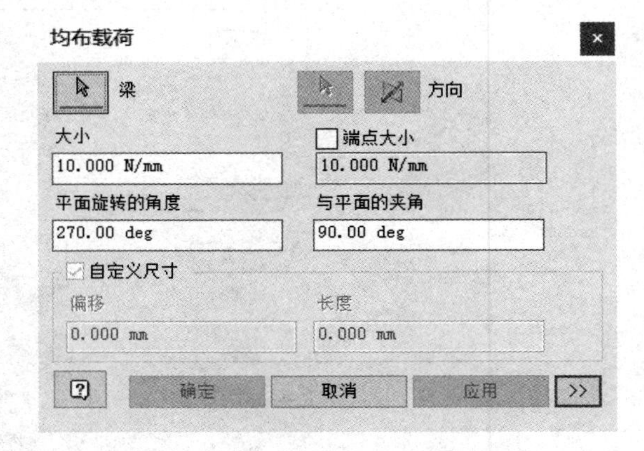

图 2-28 “均布载荷”对话框

2.2.3 连接关系

结构件分析中有三种连接关系，即自由度释放、自定义节点和刚性连杆。

1）**自由度释放**。自由度释放是为选定的梁释放自由度，如图 2-29 所示的自由度“释放”对话框。选定梁后，在图形窗口中梁的起始端和结束端会显示自由度符号，如“xxxfff”。每一个自由度都有四种状态：x 表示固定；f 表示自由浮动；f+ 表示正向浮动；f− 表示负向浮动。

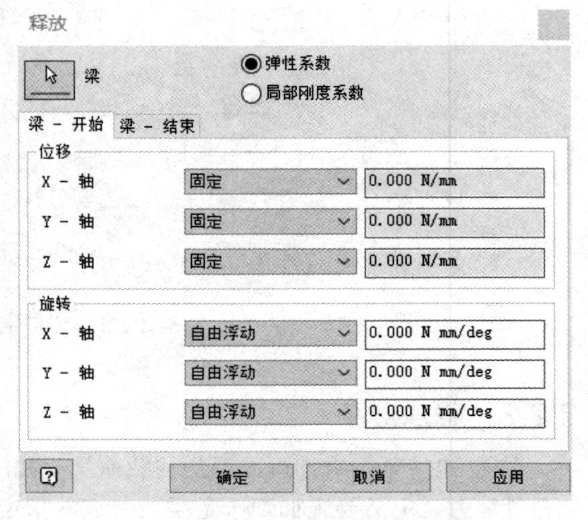

图 2-29 自由度“释放”对话框

2）**自定义节点**。自定义节点是为选定的梁添加节点。在“结构件分析设置”对话框的“常规”选项卡中，可以设置自定义节点的显示颜色，以便和自动创建的节点进行区分。

3）刚性连杆。刚性连杆是在选定的节点之间定义刚性连杆。至少需要两个节点，包括一个“父节点”和一个或多个“子节点”。结构中的刚性连杆作用于节点之间，只能用于使用旋转自由度的结构，在全局坐标系中定义。

2.2.4　结构件分析实例

下面以龙门架为实例，来进行结构件分析应用说明。

步骤 1：打开分析模型。打开“第 2 章 钢结构设计与设计加速器 \ 龙门架 \ 龙门架 .iam”部件文件，如图 2-30 所示。

步骤 2：创建分析。选择“环境”选项卡“开始”选项组中的“结构件分析”命令，进入结构件分析环境。在“结构件分析”选项卡中单击“创建分析”，按默认设置，单击“确定”，完成后如图 2-31 所示。

图 2-30　龙门架模型

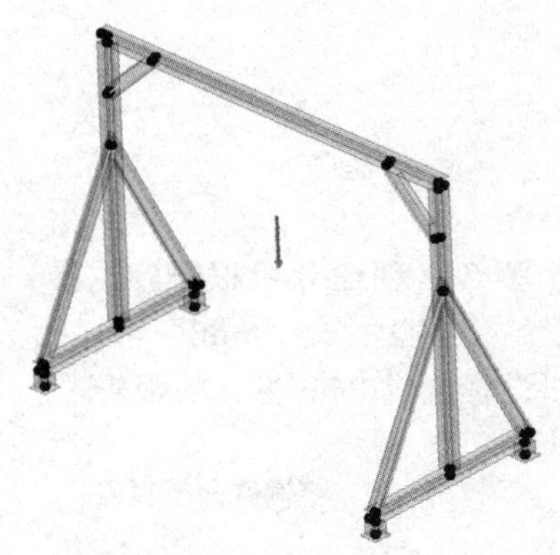

图 2-31　转换为梁单元的结构件模型

步骤 3：添加固定约束。选择“约束”选项组中的“固定”命令，分别选择龙门架底部的四个节点，添加固定约束，完成后如图 2-32 所示。

步骤 4：添加载荷。选择“载荷”选项组中的“力”命令，右击龙门架顶部水平梁选择“更多选项”，按图 2-33 所示进行设置，完成后单击“确定”。

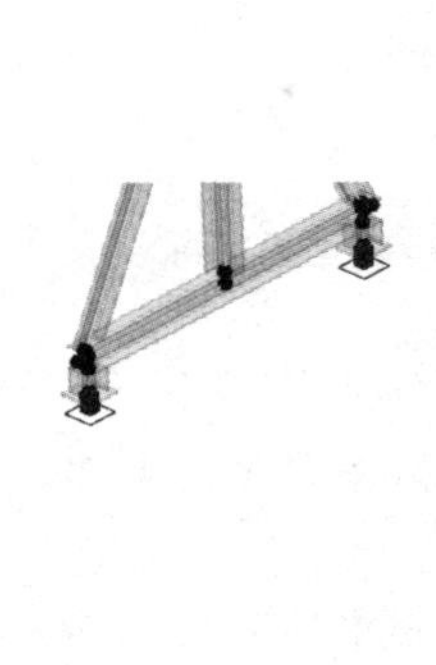

图 2-32　添加固定约束

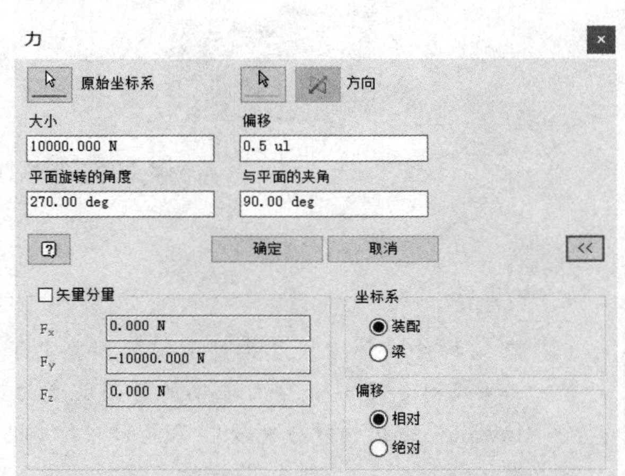

图 2-33　“力”对话框设置

步骤 5：进行分析。选择“求解”选项组中的“分析”命令，分析结果如图 2-34 所示。

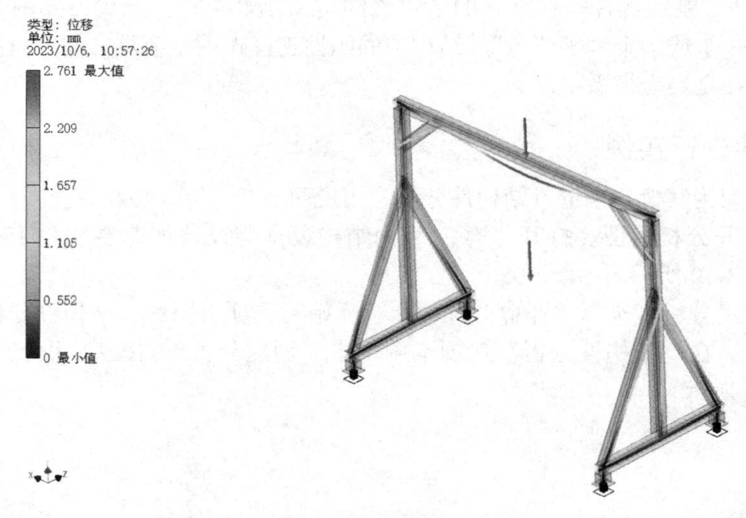

图 2-34　结构件分析结果

步骤 6：创建分析报告。选择“发布”选项组中的“报告”命令，保持默认设置，单击“确定”，将创建一个“html”格式的结构件分析报告，如图 2-35 所示。在创建报告的对话框中，也可以设置生成 PDF 格式的报告。

分析的文件:	龙门架.iam
版本:	2024.1 (Build 281209000, 209)
创建日期:	[illegible]
分析作者:	hp
概要:	

⊟ **分析:1**

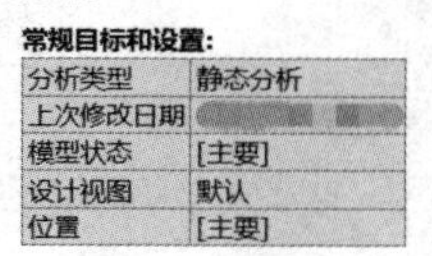

常规目标和设置:

分析类型	静态分析
上次修改日期	[illegible]
模型状态	[主要]
设计视图	默认
位置	[主要]

图 2-35　结构件分析报告

提示

在结构件设计中，结构件骨架模型决定了整个结构件外形，如果结构件需要按需调整，如参数化，创建一个可驱动的骨架就成为钢结构应用中的重点。

Inventor 的结构件分析功能只能针对结构件使用，也就决定了它在设置中的简化（不需要做梁柱定义）。它能辅助设计工程师，用来做一些校核和验证，调整其对应的设计。

2.3　设计加速器

在 Inventor 中，设计加速器工具主要分为三大类，即零部件生成器、机械计算器和工程师手册。下面我们主要介绍零部件生成器中的螺栓联接生成器、轴生成器、正齿轮生成器和 V 型皮带生成器。

2.3.1　螺栓联接生成器

螺栓联接生成器可以在部件模型中快速生成螺栓联接相关零部件，并且可以进行螺栓联接的强度校核。使用螺栓联接生成器可以执行以下操作。

- 从资源中心中选择紧固件并将其插入到部件中。
- 可以在设计中只创建孔而不插入紧固件。
- 将螺栓联接插入到阵列孔中。
- 将螺栓联接插入到草图孔或中心点。
- 将选定的螺栓联接保存到模板库。

螺栓联接生成器的限制如下。

- 螺栓联接生成器创建的孔存在于零件中。
- 不能在由部件特征创建的任意面上创建孔。
- 不能使用螺栓联接生成器向同一个零件的两个实例插入螺栓联接。
- 不能编辑抑制的螺栓联接零部件。

创建螺栓联接的步骤如下。

步骤 1：打开练习部件。打开“第 2 章 钢结构设计与设计加速器 \ 螺栓联接生成器 \ GD850-000-Start.iam”部件，如图 2-36 所示。

步骤 2：创建螺栓联接。选择“设计”选项卡“紧固”选项组中的“螺栓联接”命令，弹出如图 2-37 所示的“螺栓联接零部件生成器”对话框。在默认情况下，对话框右上角的“启用 / 禁用子部件结构”为禁用状态，这时添加的紧固件都是当前部件的子零件；如果启用该选项，则会创建一个名称为“螺栓联接”的子部件，所添加的紧固件都在这个子部件中。

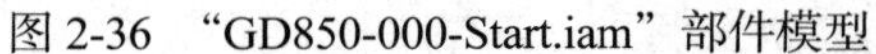
图 2-36　“GD850-000-Start.iam”部件模型

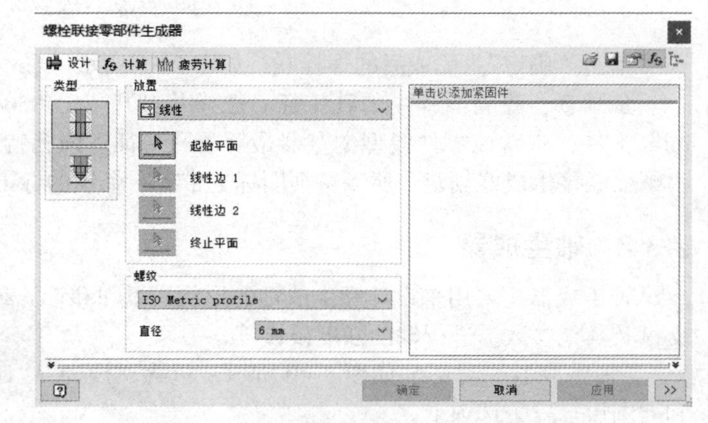

图 2-37　“螺栓联接零部件生成器”对话框

1）“设计”选项卡。此选项卡用于在部件中添加相关的紧固件以及在零件中创建相关孔特征。

2）**“计算”选项卡**。此选项卡可根据给定的边界条件，进行螺栓直径设计、螺栓数量设计、螺栓材料设计及校验计算。

3）**“疲劳计算”选项卡**。在默认情况下“疲劳计算”为禁用状态，可以选择“计算”选项卡右上角的“启用 / 禁用疲劳计算”命令来启用疲劳计算。

如图 2-38 所示，在“类型”区域中选择“盲孔”联接类型，在“放置”下拉列表框中选择“随孔”，单击“遵循阵列”复选按钮，可以一次添加多个螺栓联接零部件。单击对话框右侧的“单击以添加紧固件”，分别添加螺栓、平垫圈和弹簧垫圈；在图形窗口中，拖动红色的双向箭头可以调整螺栓长度、孔深等；单击对话框中“ISO 钻孔”右上角的“...”，在弹出的“修改孔”对话框中修改孔的相关参数，这里将孔深修改为 25mm，螺纹深度修改为 20mm；单击右侧的向下三角箭头，可以选择孔特征所使用的标准。

图 2-38　螺栓联接参数

单击“确定”，完成后的螺栓联接如图 2-39 所示。

步骤 3：查看零件中的孔特征。选择并打开“GD850-001.ipt”文件，查看该零件模型浏览器最后的孔特征。该孔特征是由螺栓联接生成器创建，所以特征图标上带有一个锁的标记。

图 2-39　完成后的螺栓联接

2.3.2　轴生成器

轴生成器主要用来设计和生成轴的形状，添加和计算载荷、支撑及其他参数，进行轴的强度校核等。

“轴生成器”对话框如图 2-40 所示，包含“设计”“计算”和“图形”三个选项卡。

下面我们将通过实例练习，使用轴生成器快速创建一根轴。

步骤 1：打开练习文件。使用软件自带的“Standard.iam”模板创建一个新部件文件，并保存名称为“轴生成器练习 .iam”。

步骤 2：创建各轴段。选择“设计”选项卡“动力传动”选项组中的“轴”命令，弹出“轴生成器”对话框，如图 2-40 所示，同时在图形窗口鼠标位置会有当前参数的轴的预览。

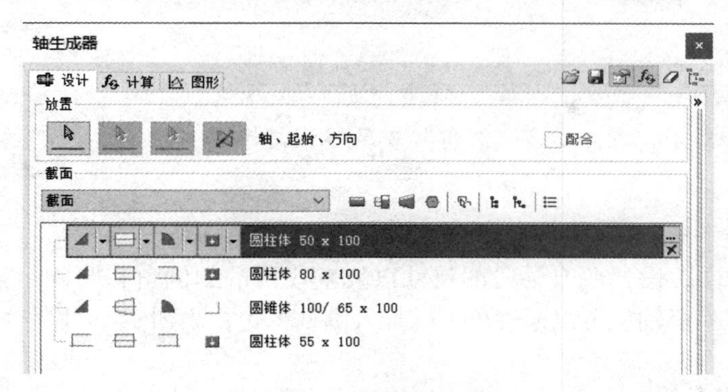

图 2-40　“轴生成器”对话框

提示

在默认情况下，零部件生成器会记录上一次输入的数据，可以按住 <Ctrl> 键的同时选择生成器的命令，用这种方法打开生成器，所有参数都是软件默认的。

在“截面”下拉列表框中，还可以选择“左侧的内孔”或“右侧的内孔”，并选择插入“圆柱内孔”还是“圆锥内孔”。

单击第一行圆柱体右侧的“...”，设置圆柱体的尺寸，如图 2-41 所示。

单击第一行最左侧的下拉按钮，在弹出的下拉列表框中选择“倒角”，在弹出的“倒角”对话框中输入倒角参数，如图 2-42 所示。

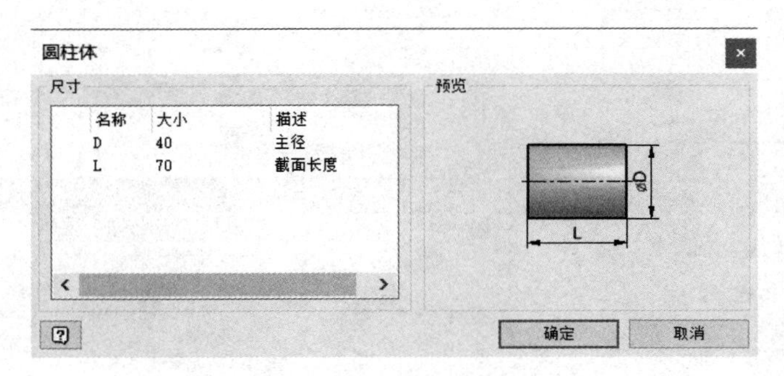

图 2-41　设置圆柱体尺寸

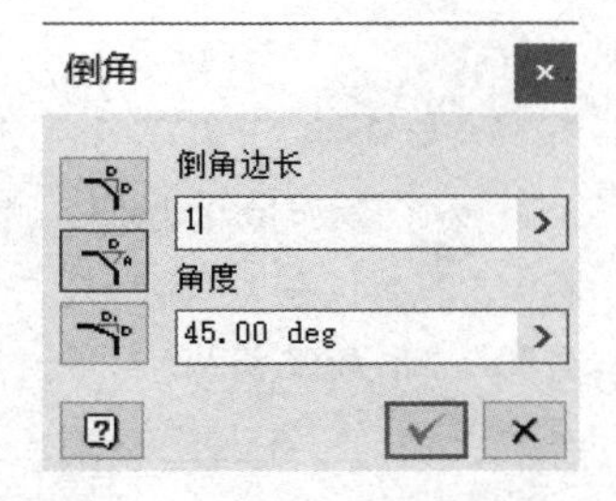

图 2-42　“倒角”对话框

提示

此处还可以选择“无特征”“圆角”“锁紧螺母凹槽”“螺纹”“平头键槽”和“单圆头键槽”。

单击第一行圆柱体右侧的下拉按钮，在弹出的下拉列表框中选择“圆角”，设置半径如图 2-43 所示。

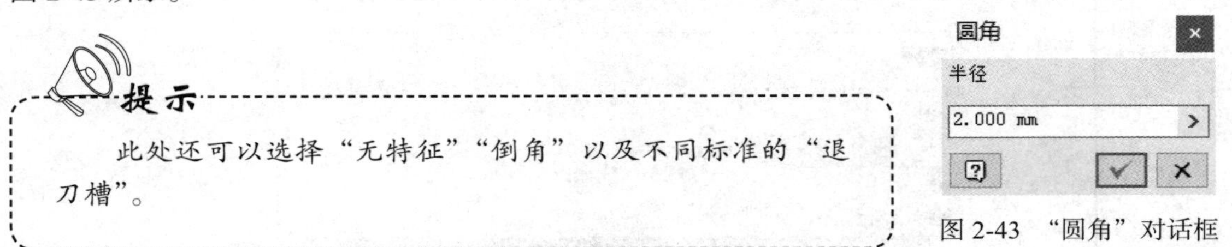

提示

此处还可以选择“无特征”“倒角”以及不同标准的“退刀槽”。

图 2-43 “圆角”对话框

使用相同的方法，设置所有轴段的尺寸以及轴段两端的倒角和圆角，完成后如图 2-44 所示。图 2-44 中最后一段轴，可以通过单击“插入圆柱”进行添加。

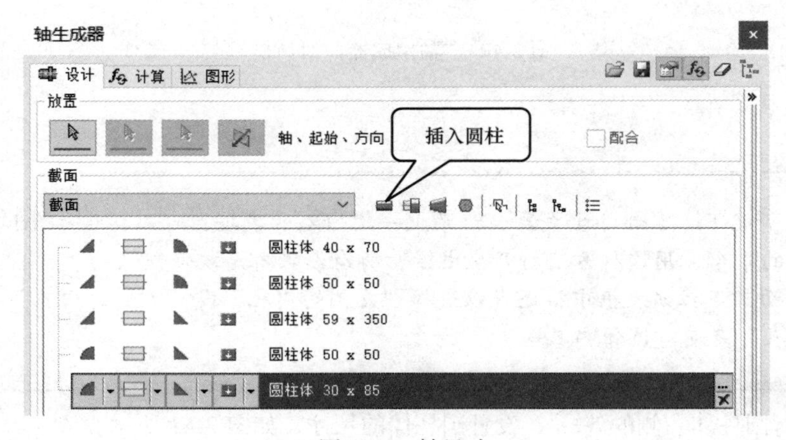

图 2-44 轴尺寸

步骤 3：添加键槽。单击第一段轴右侧下拉按钮，选择“添加键槽”，如图 2-45 所示。

提示

除了添加键槽之外，此处还可以选择“添加挡圈”“添加扳手”“添加退刀槽 -D（SI 单位）”“添加通孔”“添加沉割槽 -A”和“添加沉割槽 -B”。

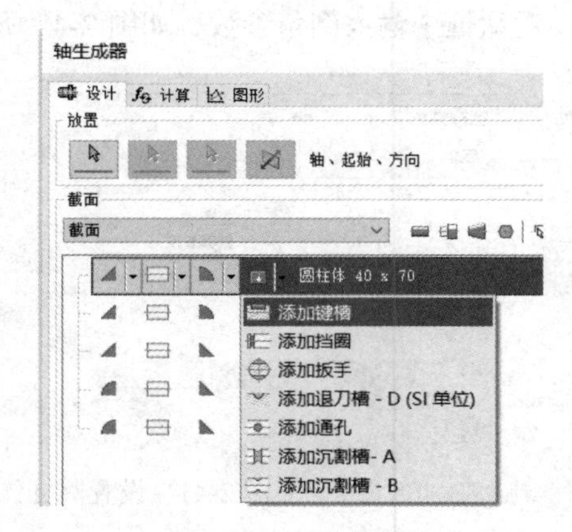

图 2-45 添加键槽

如图 2-46 所示，单击键槽右侧“...”，在弹出的“键槽”对话框中设置相关参数。多次单击“确定”后，可以在部件中放置轴零件。

步骤 4：编辑轴。在模型浏览器轴名称上右击，选择“使用设计加速器进行编辑”，如图 2-47 所示。

步骤 5：添加螺纹。在“轴生成器”对话框中，单击最后一个轴段右侧的下拉按钮，选择“螺纹”，如图 2-48 所示。

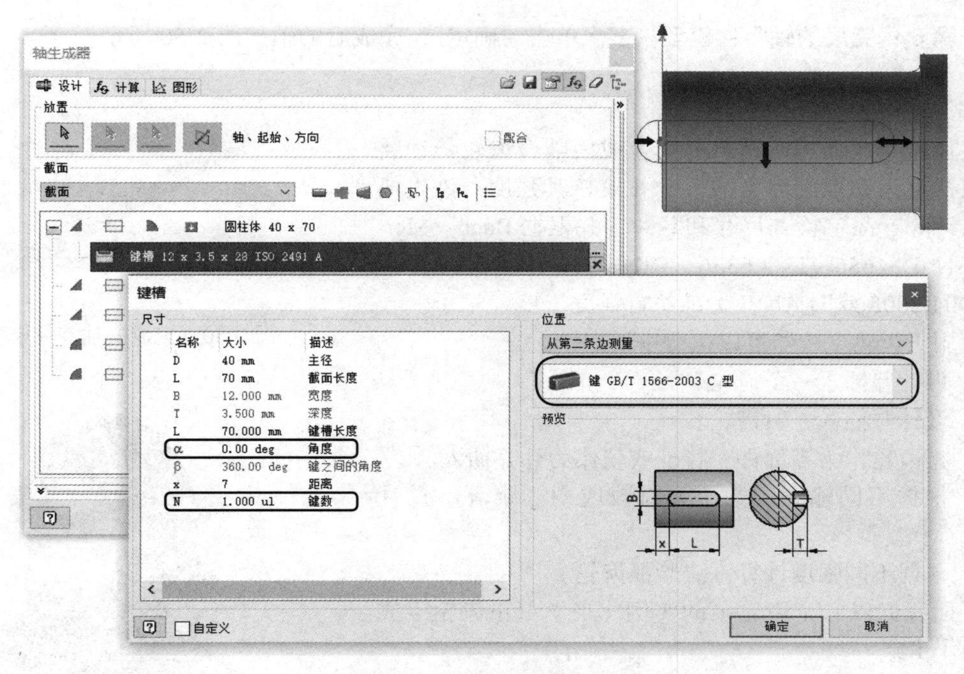

图 2-46　键槽参数设置

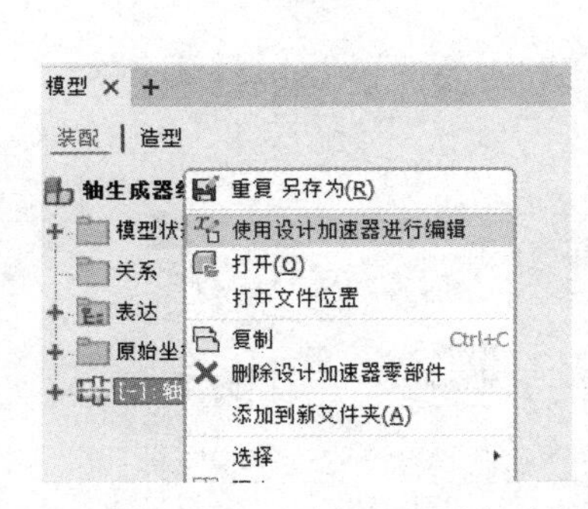

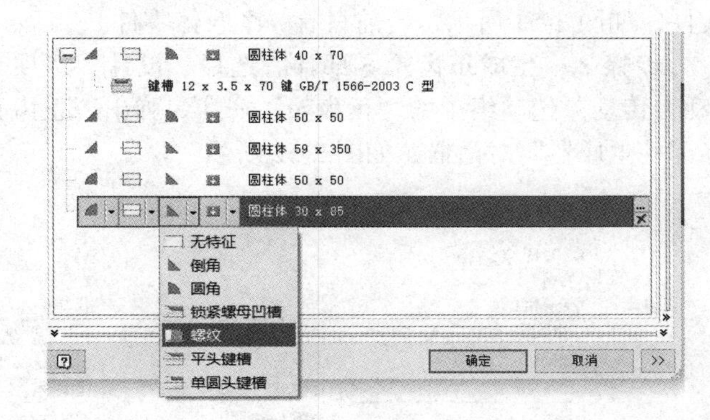

图 2-47　使用设计加速器进行编辑　　　　图 2-48　添加“螺纹”

在弹出的“螺纹”对话框中设置螺纹相关参数，如图 2-49 所示。

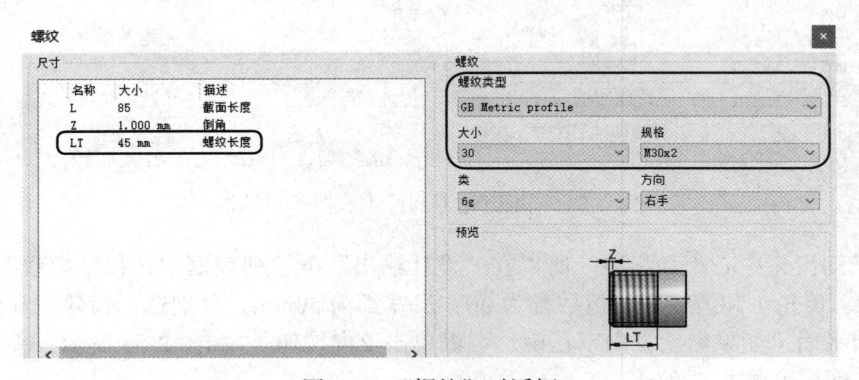

图 2-49　“螺纹”对话框

步骤 6：完成的轴零件模型。多次单击“确定”，完成后的轴如图 2-50 所示。

2.3.3　正齿轮生成器

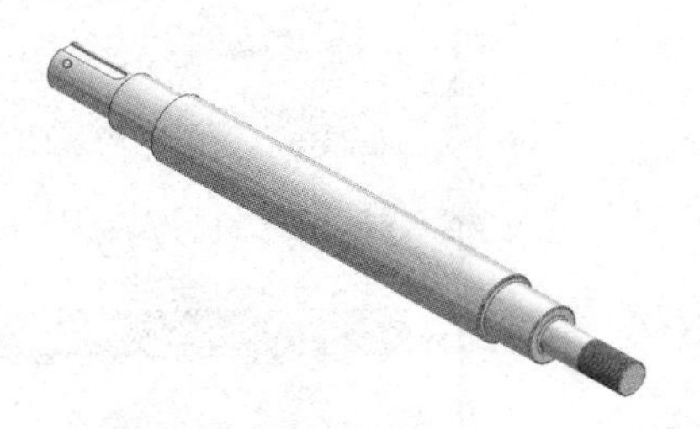

图 2-50　完成的轴零件模型

正齿轮生成器可以计算外啮合或内啮合齿轮传动装置（包括直齿和螺旋齿）的尺寸并校核其强度。该生成器可以计算产品、检查尺寸和载荷，并根据 Bach、Merrit、CSN 01 4686、ISO 6336、DIN 3990、ANSI/AGMA 2001-D04:2005 或旧 ANSI 标准执行强度校核。

使用正齿轮生成器可以执行以下操作。

- 设计并插入一个齿轮。
- 设计并插入一对齿轮。
- 将齿轮作为零部件、特征或仅作为计算插入。
- 根据不同输入参数（如齿数或中心距等）设计齿轮。
- 根据不同强度计算方法验证齿轮。

下面我们以一个齿轮泵的实例，来学习正齿轮生成器的操作步骤。

图 2-51　齿轮泵模型

步骤 1：打开练习模型。打开“齿轮泵 .iam”模型文件，如图 2-51 所示，当前只有一个泵体零件。

步骤 2：生成正齿轮零部件。选择“设计”选项卡“动力传动”选项组中的“正齿轮”命令，弹出“正齿轮零部件生成器”对话框，如图 2-52 所示。

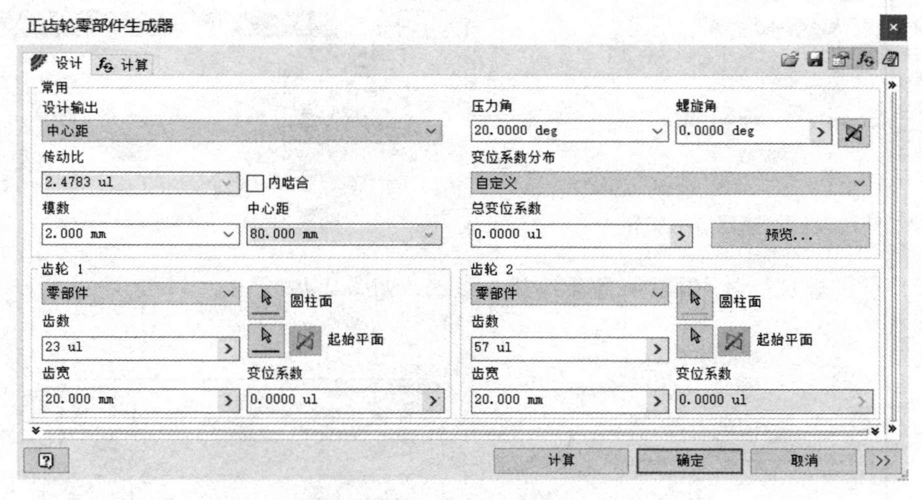

图 2-52　“正齿轮零部件生成器”对话框

因为已知齿轮中心距和齿数，所以在“设计输出”下拉列表框中选择“模数”，输入中心距为 60mm，齿轮 1 和齿轮 2 的齿数都为 30，齿宽都为 50mm，分别选择齿轮 1 和齿轮 2 的圆柱面及起始平面（如果齿轮方向不正确，可以单击反向按钮），如图 2-53 所示，单击“计算”，显示结果正确，再单击“确定”。

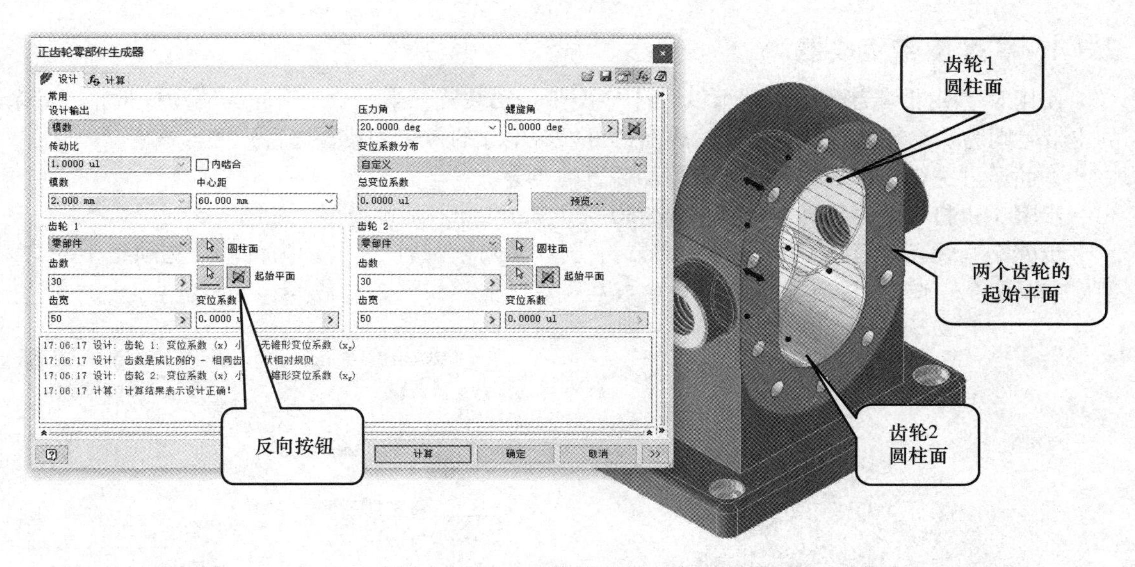

图 2-53　输入齿轮参数并计算结果

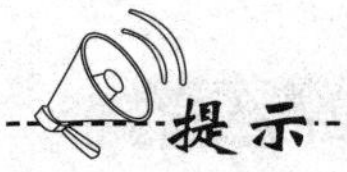

提示

在“设计输出”下拉列表框中，如果选择了“模数和齿数”，则对话框中模数和齿数参数为计算值，需要输入“传动比”“中心距”等参数；如果选择了“齿数”，则齿数参数为计算值，需要输入“传动比”“模数”和“中心距”等参数。其他的设计输出选项与此类似，即设计输出选项的参数值是输入其他参数后计算所得。

在弹出的“文件命名”对话框中，分别双击两个齿轮“显示名”，将两个齿轮重命名为驱动轮和从动轮，如图 2-54 所示。

文件命名

项	显示名	文件名
子部件	正齿轮	D:\Autodesk Inventor专业模块应用设计实践\第二章 模型\齿轮泵\齿轮泵\设计加速器\正齿...
齿轮	驱动轮	D:\Autodesk Inventor专业模块应用设计实践\第二章 模型\齿轮泵\齿轮泵\设计加速器\正齿...
齿轮	从动轮	D:\Autodesk Inventor专业模块应用设计实践\第二章 模型\齿轮泵\齿轮泵\设计加速器\正齿...

图 2-54　“文件命名”对话框

完成后的齿轮如图 2-55 所示。

步骤 3：添加轴特征及键槽。分别编辑驱动轮和从动轮，添加轴特征及键槽，如图 2-56 所示。

图 2-55　完成后的齿轮

图 2-56　添加轴特征及键槽的齿轮

2.3.4 V 型皮带生成器

使用 V 型皮带零部件生成器可以设计 V 型带传动装置，第一个皮带轮为驱动皮带轮，其余的皮带轮则为从动轮或张紧轮。该生成器还可以对生成的带传动装置进行强度校核。

下面通过一个实例来练习添加带传动装置的步骤。

步骤 1：打开练习部件。打开“GZ850-000-Start.iam”部件模型，如图 2-57 所示。

步骤 2：使用 V 型皮带零部件生成器。选择“设计”选项卡“动力传动”选项组中的“V 型皮带”命令，弹出“V 型皮带零部件生成器”对话框，如图 2-58 所示。

图 2-57 “GZ850-000-Start.iam”部件模型

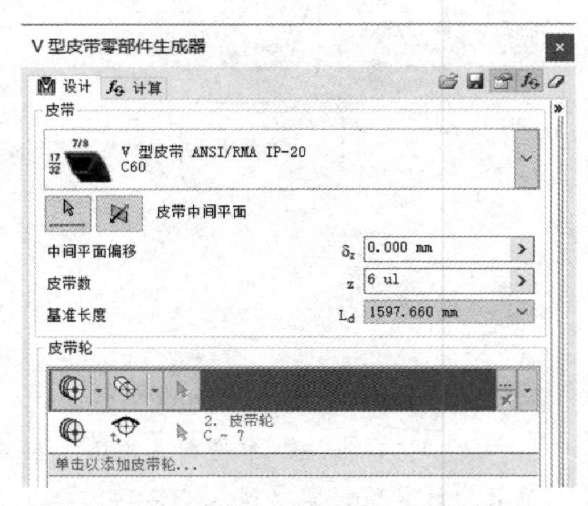

图 2-58 “V 型皮带零部件生成器”对话框

如图 2-59 所示，在“皮带”下拉列表框中选择皮带标准，选择中间平面，输入中间平面偏移距离为 60mm、皮带数为 6、基准长度为 1752mm。

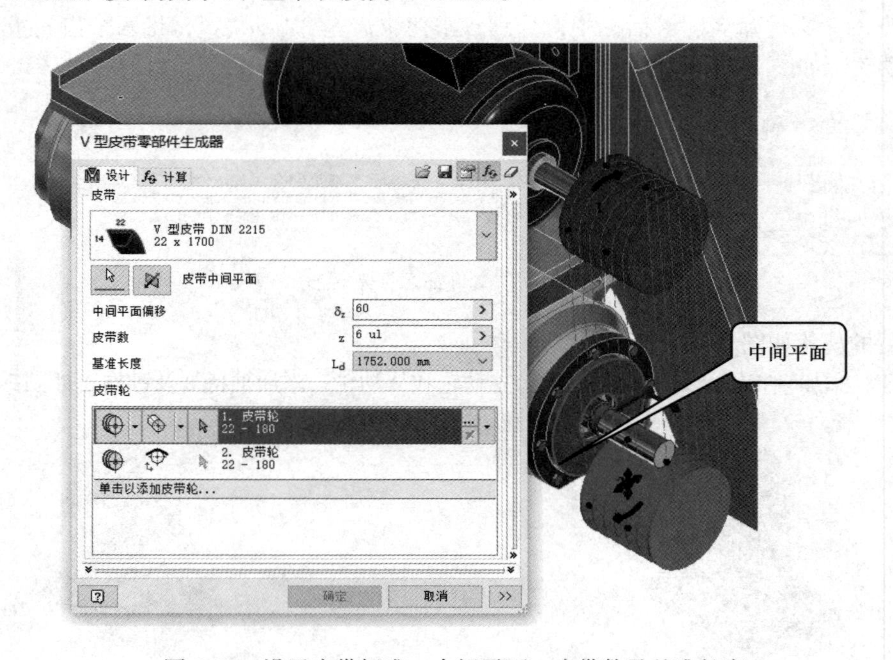

图 2-59 设置皮带标准、中间平面、皮带数及基准长度

第一个皮带轮位置选择“皮带轮放置向导”下拉列表框中的“方向从动滑动位置”，然后选择电动机上的“工作平面 14”；第二个皮带轮位置选择“过选定几何图元的固定位置”，然后选择下方滚筒的伸出轴，完成后如图 2-60 所示。

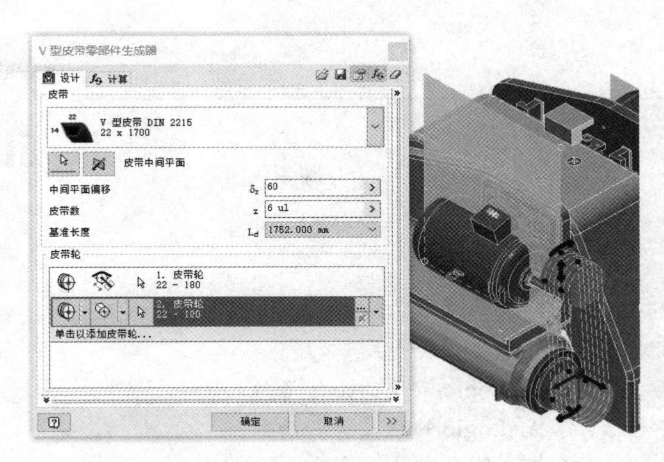

图 2-60　设置皮带轮位置

分别单击两个皮带轮右侧的“...”按钮，修改上方的皮带轮直径为 284.6mm（图 2-61），下方的皮带轮直径为 209.6mm。

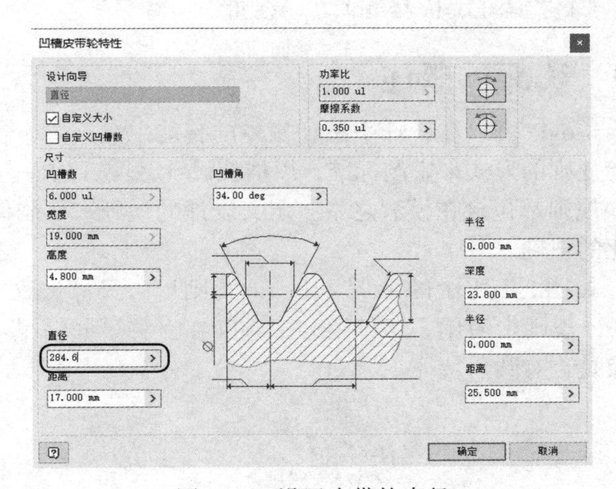

图 2-61　设置皮带轮直径

在“V 型皮带零部件生成器”对话框中，确认皮带的基准长度为 1752 mm（当修改皮带轮直径时，该基准长度可能会变化），单击“确定”。可以根据上方皮带轮的位置，调整电动机的位置，完成后如图 2-62 所示。

步骤 3：皮带轮详细设计。 后续可以分别对两个皮带轮外观进行编辑，以满足最后的设计需求，如图 2-63 所示，在这里不再赘述。

图 2-62　完成的带传动

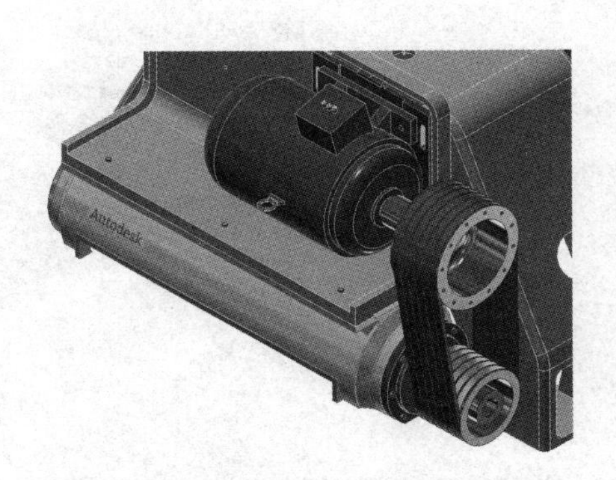

图 2-63　皮带轮最终效果

第 3 章 iLogic 应用

3

【学习目标】

1）掌握参数与表达式。
2）掌握 iLogic 常用的条件语句。
3）掌握 iLogic 的运算符和函数。
4）掌握事件触发器的应用。
5）了解 iLogic 拓展工具的使用。

3.1 iLogic 概述

iLogic 可以在设计中添加额外的智能工具，进一步扩展模型中的参数应用。iLogic 能够以设定规则的形式来定制标准，以捕获设计意图，从而能够重复使用该设计，用于各种设计方案。这些规则都包含在模型之中，定义设计的规则来控制模型及自动化设计的工作流，以确保模型变化的正确。

如图 3-1 所示的示例，iLogic 规则以“尺寸”文本参数来控制支架的长度、颜色等。该 iLogic 规则中使用了条件语句，判断在三种不同情况下，支架的长度、特征“拉伸 4”的颜色以及是否有圆角特征。

```
If 尺寸 = "短" Then
    长度 = 1600mm
    Feature.IsActive("圆角1") = False
    Feature.Color("拉伸4") = "红色"

ElseIf 尺寸 = "标准" Then
    长度 = 2000mm
    Feature.IsActive("圆角1") = True
    Feature.Color("拉伸4") = "蓝色"

ElseIf 尺寸 = "长" Then
    长度 = 2400mm
    Feature.IsActive("圆角1") = True
    Feature.Color("拉伸4") = "绿色"

End If
```

图 3-1　iLogic 示例

使用 iLogic 规则可以完成以下内容。

- 控制模型或用户的参数值，以确保符合规范和标准。支持文本参数、布尔参数（真/假）和数字参数。
- 激活或抑制零部件的特征。
- 在装配中通过添加、删除或抑制来控制所包含的零部件。

- 根据条件语句来控制装配约束或指定装配约束。
- 根据用户输入执行多项操作。
- 对模型中的设计情况进行检查（iProperty、尺寸等）。
- 在模型中更新材料或 iProperty 信息。
- 读取文档信息（文件名、路径、扩展名等）。
- 测量模型中的实体。
- 根据特定条件提供自定义的反馈。
- 驱动 iFeature、iPart、iAssembly 或模型状态配置。
- 将其他规则的执行合并到上级规则中。
- 直接与预定义的列表连接来读写参数值。
- 根据用户输入来控制工程图尺寸、图框和标题栏等信息。
- 在工程图中控制视图位置、大小或是否抑制。

3.2　参数与表达式

在 Inventor 中，充分理解参数（模型参数和用户参数）与表达式，将对编写 iLogic 规则有很大的帮助。

3.2.1　模型参数和用户参数

模型参数是在给模型添加草图尺寸或特征尺寸时自动创建的，默认的模型参数名称（如 d0、d1、d2 等）如图 3-2 所示。模型参数在“参数”对话框中被列出。

参数名称	使用者	单位/类	表达式	公称值	公差	模型数值	关键	导出参	注释
模型参数									
d0	d4, 草图1	mm	20 mm	20.000000	<默认>	20.000000			
d1	d5, 草图1	mm	30 mm	30.000000	<默认>	30.000000			
d2	拉伸1	mm	10 mm	10.000000	<默认>	10.000000			
d3	拉伸1	deg	0.00 deg	0.000000	<默认>	0.000000			
d4	草图2	mm	d0 / 2 ul	10.000000	<默认>	10.000000			
d5	草图2	mm	d1 / 2 ul	15.000000	<默认>	15.000000			
d6	孔1	mm	10 mm	10.000000	<默认>	10.000000			

图 3-2　模型参数

默认的模型参数名称不容易被识别，所以可以对模型参数进行重命名。如图 3-3 所示，可以直接在“参数”对话框的“参数名称”列中，对自动创建的模型参数重命名。重命名完成后，模型中的参数名称会自动更新。

提示

可以选择“工具”选项卡“选项”选项组“文档设置”中的“单位”选项，设置“显示为名称”后，在草图中查看参数名称。

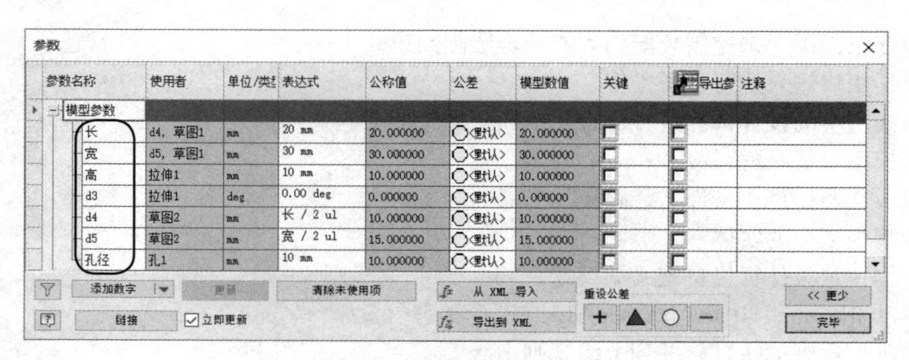

图 3-3　重命名模型参数

在 Inventor 中可以添加三种类型的用户参数（如数字、文本或真 / 假）。要添加一个用户参数，可以在“参数”对话框左下角选择所需要添加的参数类型，如图 3-4 所示。添加完后，参数将会在“参数”对话框的“用户参数”区域显示。

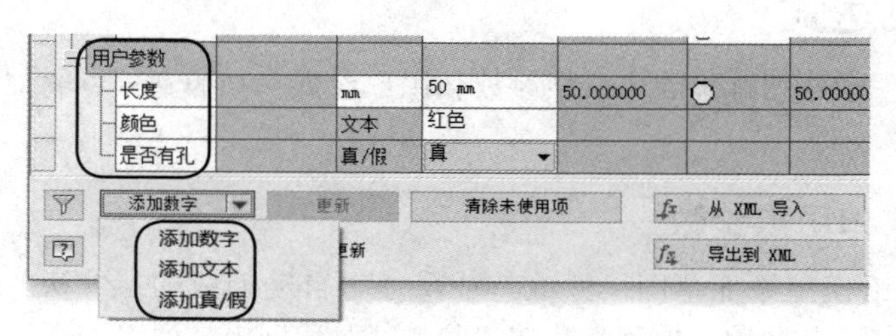

图 3-4　用户参数

1）**参数名称要求**。参数名称必须唯一，并且区分大小写，不能以数字开头，也不能包含空格和字符串运算符。

2）**软件保留的参数名称**。Inventor 软件保留了一些名称，用于特定操作和数学用途（如“PI”数）。如果参数名称不可用，软件会提示无法创建该参数。

3）**文件参数**。文件参数可以是单值参数，也可以是多值参数。要设置多值参数，可以在参数行的任一单元格右击，然后选择“生成多值”，在“值列表编辑器”对话框（图 3-5）中添加多值参数。在对话框的“添加新项”区域输入值（不同的值可以按 <Enter> 键换行），然后单击“添加”，输入的值会在“值列表编辑器”对话框的“值”区域显示。

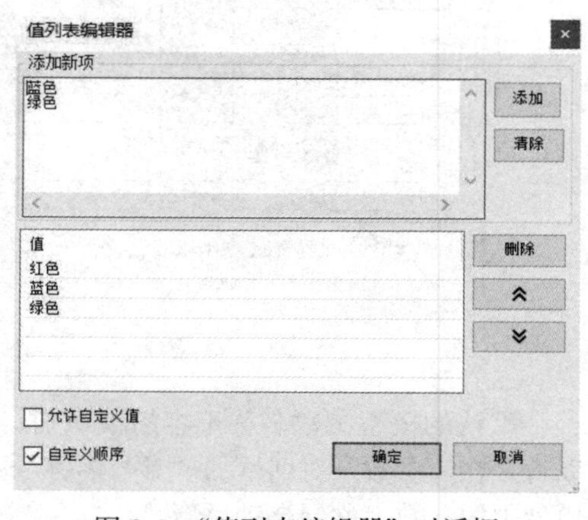

图 3-5　“值列表编辑器”对话框

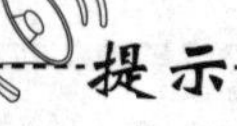

提示

与多值参数类似，“真 / 假”参数也会在表达式列中显示一个下拉列表框，允许选择“真”或“假”。

3.2.2　表达式

在模型中给特征和草图添加尺寸，每个尺寸都有唯一的参数名称。默认的参数名称是以字母“d”开头，后面跟一个数字（如 d0 或 d1）。可以在两个尺寸之间定义关系，能够基于另一个尺寸值的函数控制尺寸，这些关系称为“表达式”。表达式也能包含用户参数。当一个尺寸参考另一个尺寸时，带“fx”前缀的尺寸被认为是计算尺寸，如图 3-6 所示的草图显示了孔的位置是基于一个表达式来定位的。

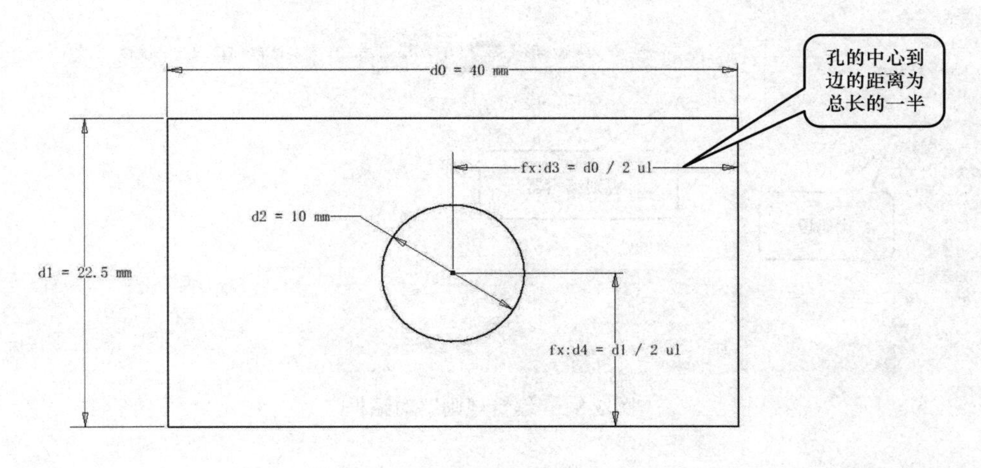

图 3-6　表达式

可以在草图或特征之间创建表达式。

3.3　iLogic 界面与函数概述

由 iLogic 规则驱动的逻辑模型通常使用常规建模技术进行建模，然后使用“编辑规则”对话框在模型中创建规则。

3.3.1　iLogic 界面

所有 iLogic 命令都在“管理”选项卡“iLogic”选项组中，通过单击选项组标题“iLogic”右侧的 ▾（向下三角箭头），可以展开选项组中的其他附加选项，如图 3-7 所示。选择“iLogic 浏览器”命令，将在“模型浏览器”旁边显示“iLogic 浏览器”，默认包含“规则”“表单”“全局表单”和“外部规则”四个选项卡。

图 3-7　“iLogic”选项组

单击“iLogic”选项组中的“添加规则”命令，输入规则名称后，单击“确定”，将弹出“编辑规则”对话框。其中“规则编辑器”是主体，“代码段”和“选项卡”用于查找和协助在规则中创建代码，如图 3-8 所示。

iLogic 规则是由文本组合而成，包括条件语句、参数、函数等，如图 3-9 所示。规则的每个元素都可以通过颜色进行标识。

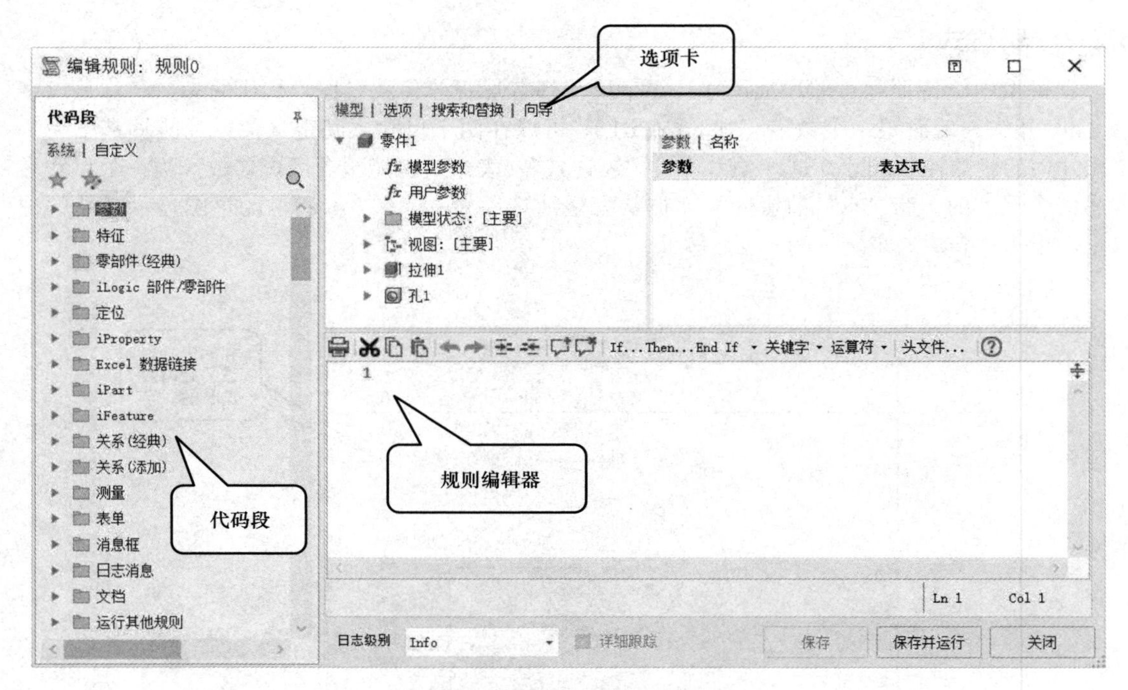

图 3-8 “编辑规则”对话框

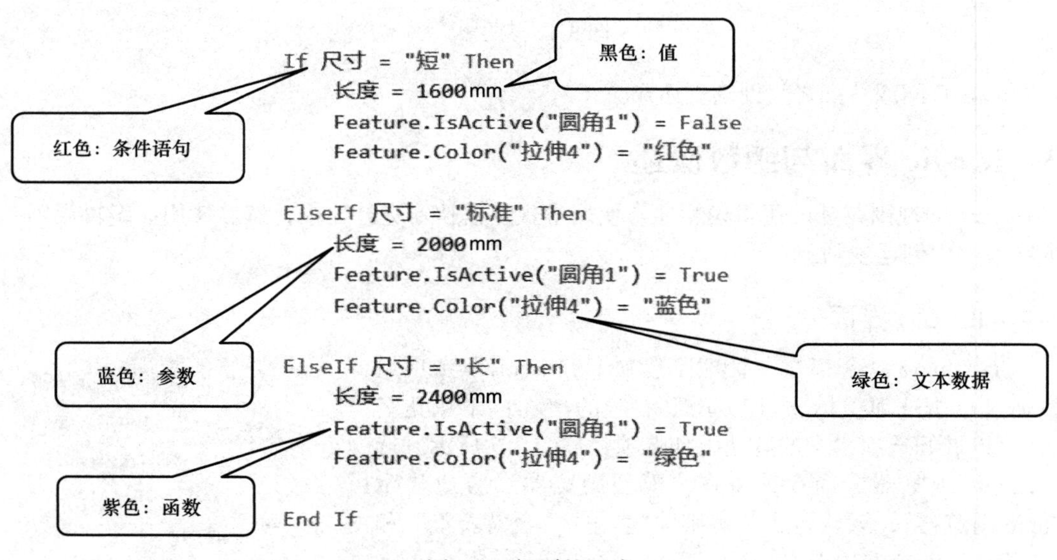

图 3-9 规则的组成

3.3.2 函数概述

所有规则的基础是满足条件时在程序中执行操作。在规则中编写程序的命令称为函数。函数中的代码是与模型交互以读 / 写数据或更改尺寸形状的命令。Autodesk Inventor 软件中提供了大量的函数代码。这些默认的代码在“编辑规则”对话框的“代码段”区域，并按类别进行细分，如图 3-10 所示。

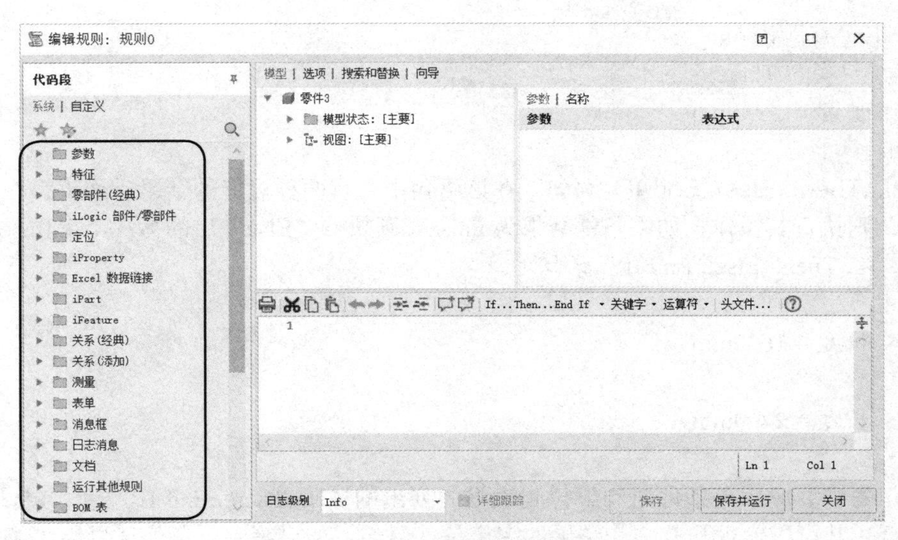

图 3-10　系统代码段

提示

所有的系统代码段都保存在一个“.xml”文件中。默认的文件名称和路径为“C:\Program Files\Autodesk\Inventor 2024\Bin\zh-CN\iLogicSnippets.xml”。不建议直接编辑该文件，如果需要，创建一个副本并编辑它。

3.4　创建规则

规则由条件语句和函数等组成，条件语句将根据条件的判断情况来执行相应的指令。在规则中编程的指令称为函数，函数中的指令是与模型尺寸形状交互的内容。学习规则中可以使用的条件语句和运算符，以及“编辑规则”对话框中提供的各种类型的代码段，来创建正确驱动模型尺寸形状的规则。

3.4.1　条件语句

创建规则时，通常使用条件语句作为规则的基础，常用的条件语句有“If...Then...End If”“Select Case...End Select”，在规则编辑器工具栏的条件语句下拉列表框中包含三个标准条件语句，如图 3-11 所示。

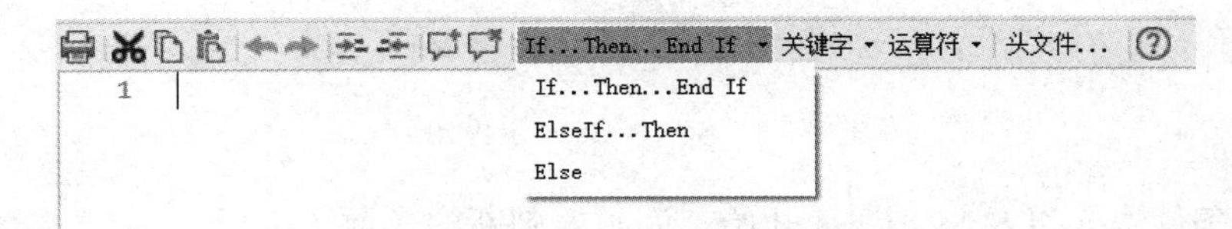

图 3-11　标准条件语句

1）“If...Then...End If”语句。在该语句中，如果条件结果为 True（真），则执行其操作，如果条件结果为 False（假），则完全跳过条件语句，不执行任何操作。下面的示例显示了

“If...Then...End If ” 语句。

```
If 尺寸 = " 短 " Then
        长度 = 1600mm
End If
```

2）“If...Then...Else...End If” 语句。在该语句中，有两种可能的结果。如果第一个条件结果为 True，则执行其操作。如果条件结果为 False，则执行 “Else” 后的另一个操作。下面的例子显示了 “If...Then...Else...End If ” 语句。

```
If 尺寸 = " 短 " Then
        长度 = 1600mm
Else
        长度 = 2400mm
End If
```

If 语句的扩展应用是条件语句下拉列表框中列出的 “If...Then...End If ” 和 “ElseIf...Then” 语句的组合，其可以实现具有多个结果的多个条件语句。如果第一个条件结果为 True，则执行其操作；如果第二个条件结果为 True, 则执行第二个操作，以此类推，如下面例子所示。为了完成该语句，可以使用 Else 语句来考虑条件结果为 False 时执行的操作，或者该语句可以简单地结束，即如果不满足任何条件，则规则不会执行操作。

```
If 尺寸 = " 短 " Then
        长度 = 1600mm
ElseIf 尺寸 = " 标准 " Then
        长度 = 2000mm
ElseIf 尺寸 = " 长 " Then
        长度 = 2400mm
End If
```

If 语句还可以写成单行。在这种情况下，不需要 “End If ” 语句。下面的例子显示了单行 If 语句的用法。

```
If 尺寸 = " 标准 " Then 长度 = 2000mm
```

作为 If 语句的另一种替代方法，可以使用 “Select Case...End Select” 语句来驱动具有两个以上备选方案的规则。该语句的编程元素位于规则编辑器工具栏的 “关键字” 下拉列表框中，如图 3-12 所示。

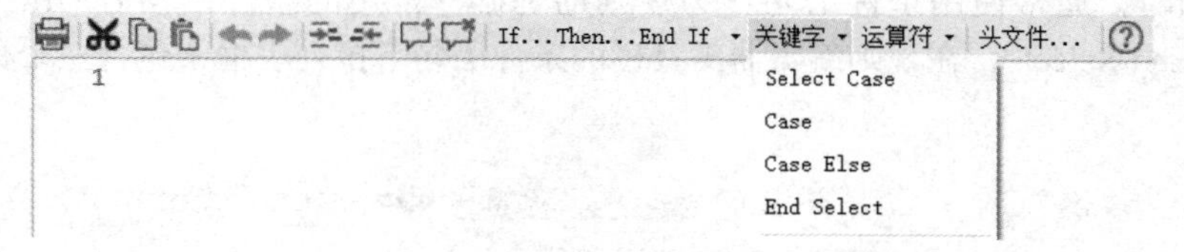

图 3-12　Select Case 条件语句

通常，该条件语句以 Select Case 开始，后跟要判断的参数（变量），如果参数或变量等于定义的值，则添加 Case 语句来描述操作。Case 语句有很多不同的写法，如下所述。

3）多条 Case 语句。编写多条 Case 语句以包含参数的单个必需值，该值包含在引号中。以下例子显示了这种 Select Case 语句。

```
Select Case 尺寸
        Case " 短 "
                长度 = 1600mm
        Case " 标准 "
                长度 = 2000mm
        Case " 长 "
                长度 = 2400mm
End Select
```

4）“Case Else”语句。编写 Case 语句以包含“Case Else”语句，该语句表示如果读取了意外值时执行什么操作。以下例子显示了使用这种类型的 Select Case 语句，判断“尺寸”的值，如果值不是“短”“标准”“长”，则“长度”参数的值将强制为 1600mm。

```
Select Case 尺寸
        Case " 短 "
                长度 = 1600mm
        Case " 标准 "
                长度 = 2000mm
        Case " 长 "
                长度 = 2400mm
        Case Else
                长度 = 1600mm
End Select
```

5）多值“Case”语句。编写包含多个或一系列参数必需值的“Case”语句。下面的例子显示了这种 Select Case 语句的代码写法。

```
Select Case 长度
        Case 1, 2, 3, 4
            宽度 = 4mm
        Case 4 To 10
            宽度 = 10mm
        Case Is > 10
            宽度 = 12mm
End Select
```

下面我们将通过一个练习，来更深入了解条件语句，顺便了解 iLogic 中的参数代码段、特征代码段、iProperty 代码段的实际应用。

步骤 1：打开练习模型。打开“第 3 章 iLogic 应用\支架.ipt”零件模型文件，如图 3-13 所示。

图 3-13　支架零件

步骤 2：查看“参数”对话框。在快速启动工具栏中单击“*fx*”(参数)，弹出“参数”对话框，使用对话框左下角“已重命名”选项过滤参数列表。查看已创建的两个用户参数，其中“尺寸”参数是一个多值文本参数，“圆角”参数是一个“真/假”参数，如图 3-14 所示。单击“完毕”关闭“参数”对话框。

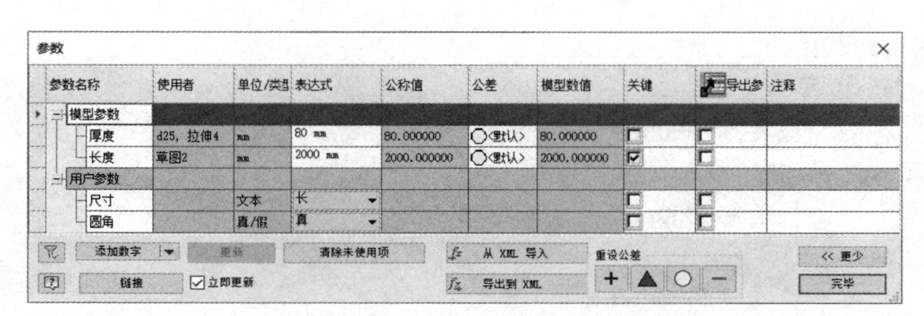

图 3-14　支架零件“参数”对话框

步骤 3：添加规则。选择“管理”选项卡“iLogic”选项组中的“添加规则”命令，在规则名称中输入“尺寸”，单击“确定”，弹出“编辑规则”对话框。在规则编辑器工具栏中单击“If...Then...End If”，添加条件语句，如图 3-15 所示。“If My_Expression Then...End If”语句将自动添加到规则编辑器窗口中。

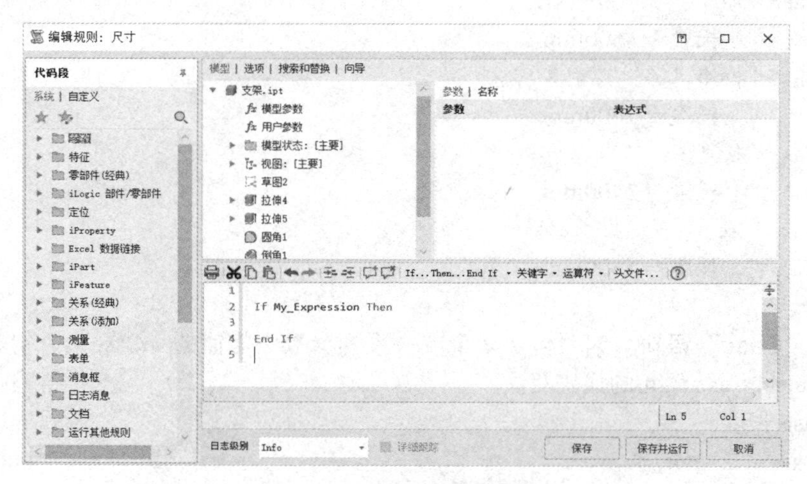

图 3-15　添加条件语句

在“编辑规则”对话框上部“模型”选项卡中，选择“用户参数”，当前零件的所有“用户参数”将在右侧“参数”列表中列出。

在规则编辑器中选中“My_Expression”字段，然后双击“参数”列表中列出的“尺寸”参数，将其添加到规则中（也可以手动输入参数名称），接着输入“=" 短 ""（所有符号应在输入法的英文状态下输入）作为条件，完成后如图 3-16 所示，注意语句的颜色。

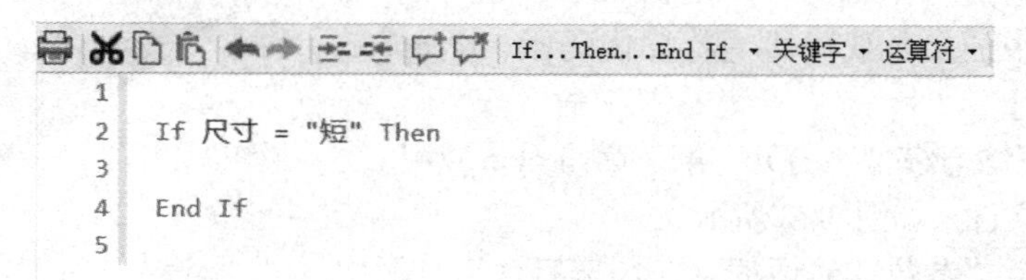

图 3-16　添加参数条件

定位光标到“If ”和“End If ”两行之间，选择“编辑规则”对话框上部“模型”选项卡中的“模型参数”。所有模型参数在右侧的“参数”列表中列出。滚动列表，直到找到“长度”

参数，双击“长度”参数将其添加到规则中，并输入“=1600mm”（单位可以不添加，参数值的单位将与文档单位保持一致），以完成语句。在规则编辑器空白区域右击选择“格式规则”，完成后如图 3-17 所示。

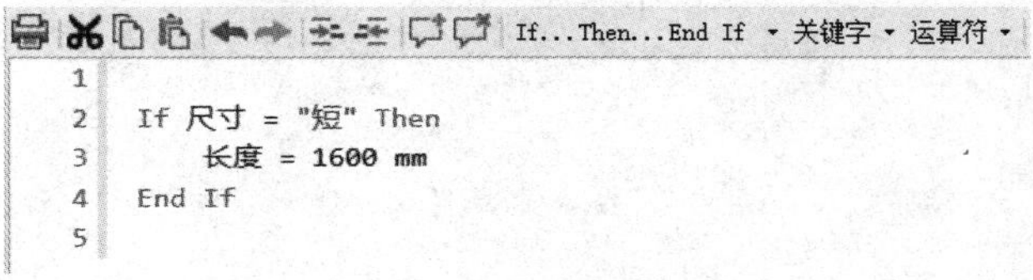

```
1
2  If 尺寸 = "短" Then
3      长度 = 1600 mm
4  End If
5
```

图 3-17　添加执行语句

将光标放在“End If”语句前，按 <Enter> 键添加新行，在“If...Then...End If ”下拉列表框中选择“ElseIf...Then”，复制并粘贴第一个条件并编辑；使用相同的方法添加第二个“ElseIf...Then”语句，代码编辑完成后如图 3-18 所示。

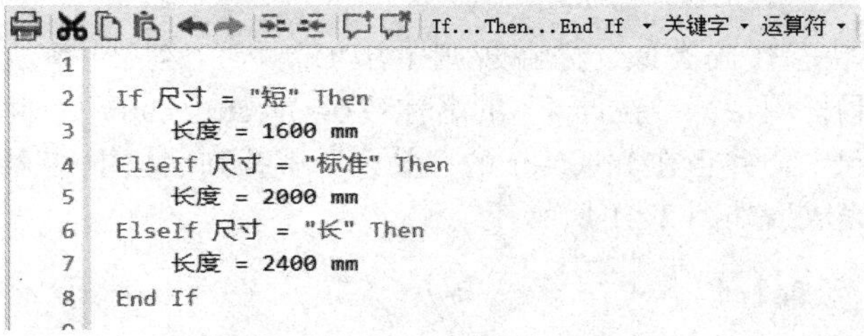

```
1
2  If 尺寸 = "短" Then
3      长度 = 1600 mm
4  ElseIf 尺寸 = "标准" Then
5      长度 = 2000 mm
6  ElseIf 尺寸 = "长" Then
7      长度 = 2400 mm
8  End If
```

图 3-18　完成条件语句

单击“保存”，关闭“编辑规则”对话框。在“参数”对话框中切换尺寸参数的值来测试规则，确认“长度”参数的值是否正确。

步骤 4：编辑规则。在上一步创建的规则中添加控制特征是否抑制的语句。在“iLogic 浏览器”“规则”选项卡中双击“尺寸”规则，弹出“编辑规则”对话框，将光标放在第一个 ElseIf 语句前，按 <Enter> 键添加新行。在“编辑规则”对话框的“系统”代码段中展开“特征”类别，双击“活动状态”，将代码添加到规则中的新行，如图 3-19 所示。

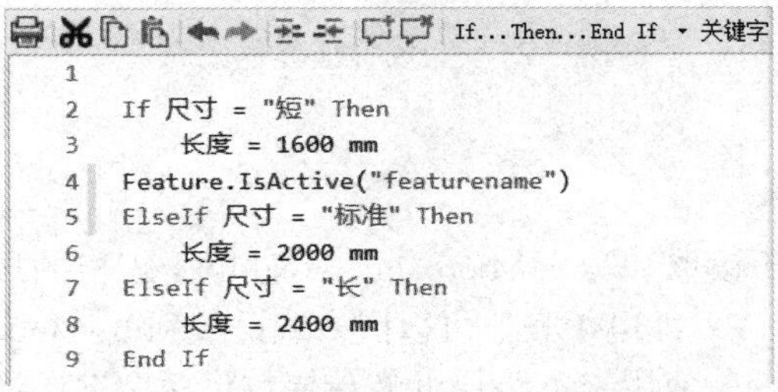

```
1
2  If 尺寸 = "短" Then
3      长度 = 1600 mm
4  Feature.IsActive("featurename")
5  ElseIf 尺寸 = "标准" Then
6      长度 = 2000 mm
7  ElseIf 尺寸 = "长" Then
8      长度 = 2400 mm
9  End If
```

图 3-19　添加特征活动状态代码

选中规则中的“featurename”（注意不要选择引号），在“模型”选项卡中单击“圆角 1”特征，在对话框右侧选择“名称”列表，双击列出的名称“圆角 1”，规则中的“featurename”被替换为“圆角 1”（这样操作可确保输入的特征名称不会出错），输入“= False”。使用相同的方法编辑规则，完成后右击选择“格式规则”，当前规则代码显示如图 3-20 所示。

```
1
2  If 尺寸 = "短" Then
3      长度 = 1600 mm
4      Feature.IsActive("圆角1") = False
5  ElseIf 尺寸 = "标准" Then
6      长度 = 2000 mm
7      Feature.IsActive("圆角1") = True
8  ElseIf 尺寸 = "长" Then
9      长度 = 2400 mm
10     Feature.IsActive("圆角1") = True
11 End If
```

图 3-20　完成特征活动状态代码

保存并运行规则，在“参数”对话框中切换“尺寸”参数，查看模型中“圆角 1”特征的变化。

步骤 5：根据用户参数的值指定特征颜色。在“iLogic 浏览器”中右击“尺寸”规则，选择“编辑规则”。

与添加特征活动状态代码类似，先在规则中添加新行，然后在系统代码段“特征”类别中，双击“颜色”代码，用特征“拉伸 4”的名称替换“featurename”，并输入“=" 红色 "”（颜色必须用英文引号括起来，并且在 Inventor 的“颜色”下拉列表框中有该颜色的名称）。使用相同的方法编辑规则，完成后如图 3-21 所示。

```
1
2  If 尺寸 = "短" Then
3      长度 = 1600 mm
4      Feature.IsActive("圆角1") = False
5      Feature.Color("拉伸4") = "红色"
6  ElseIf 尺寸 = "标准" Then
7      长度 = 2000 mm
8      Feature.IsActive("圆角1") = True
9      Feature.Color("拉伸4") = "蓝色"
10 ElseIf 尺寸 = "长" Then
11     长度 = 2400 mm
12     Feature.IsActive("圆角1") = True
13     Feature.Color("拉伸4") = "绿色"
14 End If
```

图 3-21　完成特征颜色代码

3.4.2　Excel 数据链接

iLogic 提供了一些用于读取和写入 Microsoft Excel 电子表格的规则函数，用于对表格中指定单元格读取和写入数据。Excel 电子表格可以嵌入或链接到 Inventor 文档。链接的电子表格可以指定相对路径或绝对路径（使用绝对路径可能会导致将模型发送给其他计算机上的其他用户时路径出错）。如果未指定路径，iLogic 会假定 Excel 文档位于当前 Inventor 文档所在的文件夹中。iLogic 还会在项目工作空间路径中搜索文件。

iLogic 对 Excel 电子表格的要求如下。

- 表格配置必须是水平的（按行而不是按列定义的配置）。
- 列的第一个单元格必须是标题。
- 查询值可以是数字或文本。

下面做一个简单的 Excel 数据链接练习。

步骤 1：打开 Excel 文件。打开“气缸参数表 .xlsx”，如图 3-22 所示。

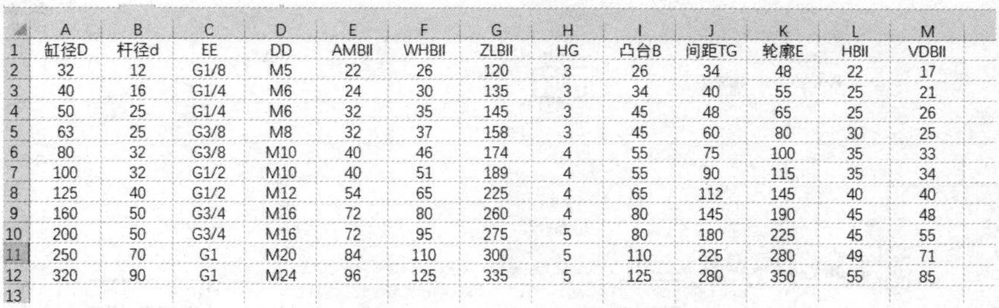

	A	B	C	D	E	F	G	H	I	J	K	L	M
1	缸径D	杆径d	EE	DD	AMBII	WHBII	ZLBII	HG	凸台B	间距TG	轮廓E	HBII	VDBII
2	32	12	G1/8	M5	22	26	120	3	26	34	48	22	17
3	40	16	G1/4	M6	24	30	135	3	34	40	55	25	21
4	50	25	G1/4	M6	32	35	145	3	45	48	65	25	26
5	63	25	G3/8	M8	32	37	158	3	45	60	80	30	25
6	80	32	G3/8	M10	40	46	174	4	55	75	100	35	33
7	100	32	G1/2	M10	40	51	189	4	55	90	115	35	34
8	125	40	G1/2	M12	54	65	225	4	65	112	145	40	40
9	160	50	G3/4	M16	72	80	260	4	80	145	190	45	48
10	200	50	G3/4	M16	72	95	275	5	80	180	225	45	55
11	250	70	G1	M20	84	110	300	5	110	225	280	49	71
12	320	90	G1	M24	96	125	335	5	125	280	350	55	85
13													

图 3-22　气缸参数表

步骤 2：链接 Excel 数据。使用“Standard.ipt”模板创建新零件，然后保存到“第 3 章 iLogic 应用 \ 气缸参数表 .xlsx”文件所在的相同路径中，文件名称为“Excel 数据链接 .ipt”。选择快速启动工具栏中的“*fx*”命令，弹出“参数”对话框，创建如图 3-23 所示的用户参数（包括数字参数和文本参数），单击“完毕”关闭“参数”对话框。

参数

参数名称	使用者	单位/类型	表达式	公称值	公差	模型数值	关键	导出参
模型参数								
用户参数								
缸径D		mm	32 mm	32.000000	○	32.000000	□	□
杆径d		mm	12 mm	12.000000	○	12.000000	□	□
EE		文本	G1/8				□	□
DD		文本	M5				□	□
凸台B		mm	26 mm	26.000000	○	26.000000	□	□
轮廓E		mm	48 mm	48.000000	○	48.000000	□	□
间距TG		mm	34 mm	34.000000	○	34.000000	□	□

图 3-23　用户参数

步骤 3：添加规则。选择“管理”选项卡“iLogic”选项组中的“添加规则”命令，输入规则名称为“Excel 链接”，单击“确定”，将显示“编辑规则”对话框。

在“编辑规则”对话框左侧系统代码段中，展开“Excel 数据链接”类别，双击“多值列表取值于 Excel”，该代码将自动添加到规则编辑器区域。选中代码中的参数“d0”，单击上方模型选项卡中的“用户参数”，然后在右侧“参数”列表中双击参数“缸径 D”，代码中的“d0”被替换成了“缸径 D”。接着输入 Excel 文件名称“气缸参数表 .xlsx”，工作表名称“Sheet1”，以及取值范围“A2”到“A12”，完成后如图 3-24 所示。

步骤 4：运行规则。单击“保存并运行”，然后在“*fx*”参数对话框中单击用户参数“缸径 D”表达式列的下拉列表框，如图 3-25 所示，多值参数已创建成功，关闭参数对话框。

步骤 5：编辑规则。在“iLogic 浏览器”中双击规则名称“Excel 链接”，然后在“编辑规则”对话框中，双击系统代码段“Excle 数据链接”类别中的“查找行”，将代码添加到新行，然后在添加的代码中修改 Excel 文件名称、工作表名称、Excel 中列名称“缸径 D”，等号后面的蓝色文字是通过双击上方参数列表中的“缸径 D”参数而自动添加的，完成后如图 3-26 所示。

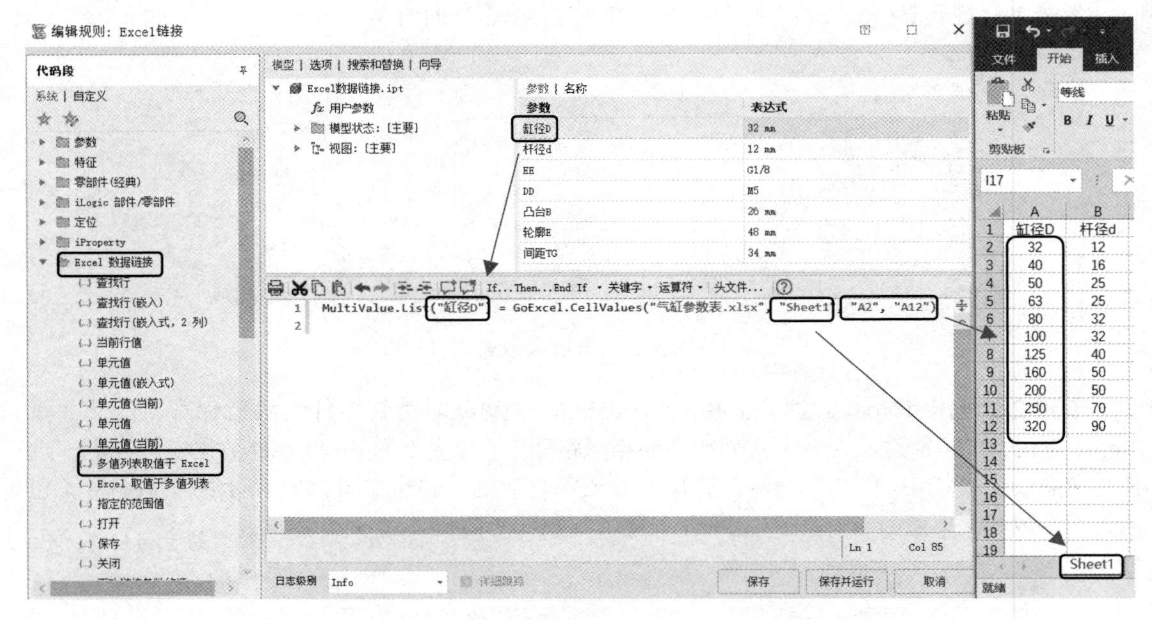

图 3-24 添加“多值列表取值于 Excel”代码

参数名称	使用者	单位/类	表达式	公称值
模型参数				
用户参数				
缸径D		mm	32 mm	32.000000
杆径d		mm		12.000000
EE		文本		
DD		文本		
凸台B		mm		26.000000
轮廓E		mm		48.000000
间距TG		mm		34.000000

32 mm
40
50
63
80
100
125
160
200
250
320

图 3-25 “缸径 D”的多值参数

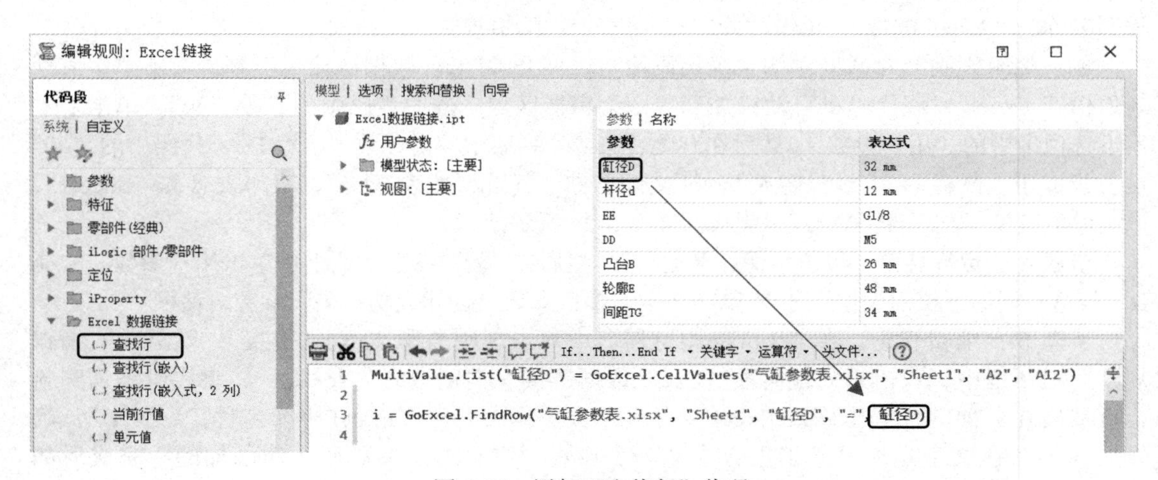

图 3-26 添加“查找行”代码

在代码段“Excel 数据链接”类别中，双击“当前行值”，然后将光标定位到所添加代码的最前方，双击“参数”列表中的参数，并修改代码右侧括号中的列名称，完成后如图 3-27 所示。

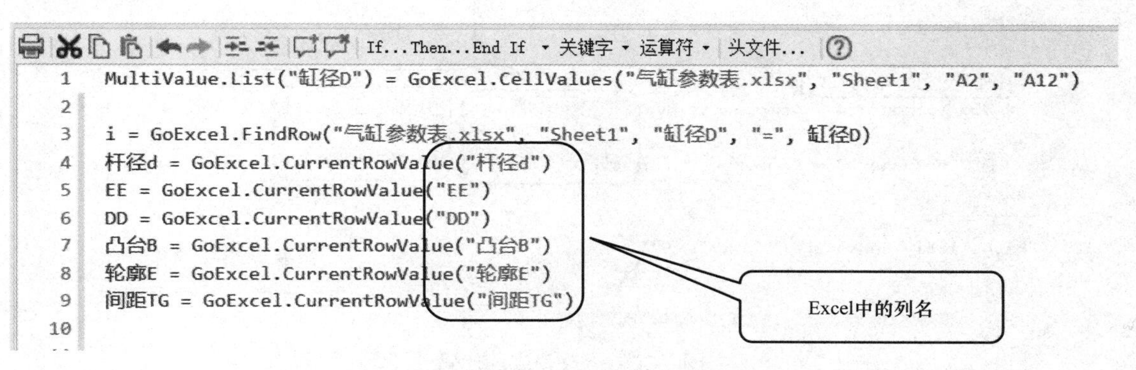

图 3-27　添加“当前行值”代码

步骤 6：验证规则。单击“保存并运行”，然后在“*fx*”参数对话框的“缸径 D”参数的多值列表框中切换不同的值，查看其他参数值的变化。

3.4.3　iLogic 部件 / 零部件

在 iLogic 系统代码段中，提供了“iLogic 部件 / 零部件”类别的相关代码，这些代码可以实现根据给定的条件，添加零部件、添加资源中心零件等。与“关系（添加）”类别中的代码相结合，可以对添加的零部件进行约束，以实现自动装配的过程。

下面以一个平口钳部件的装配为例，学习这些规则的创建。

步骤 1：打开练习文件。打开“第 3 章 iLogic 应用 \ 平口钳 \ 平口钳 - 练习 .iam”文件，选择快速启动工具栏中的“*fx*”命令，在“参数”对话框中添加一个用户文本参数“护口板类型”，并设置多值（标准和加宽），如图 3-28 所示。

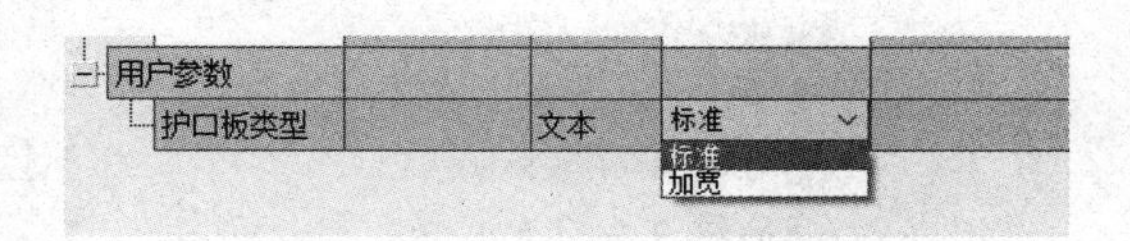

图 3-28　添加“护口板类型”多值参数

步骤 2：添加规则。在“iLogic 浏览器”空白区域右击选择“添加规则”，规则名称为“护口板类型”。

在“编辑规则”对话框中，双击系统代码段“iLogic 部件 / 零部件”类别中“管理零部件”，完成后如图 3-29 所示。

If...Then...End If ▾ 关键字 ▾ 运算符 ▾ 头文件...

```
1  Dim addCompB = True
2  ThisAssembly.BeginManage("Group 1")
3  Dim componentA = Components.Add("a:1", "a.ipt", position := Nothing, grounde
4  If (addCompB)
5      Dim componentB = Components.Add("b:1", "b.ipt", position := Nothing, gro
6  End If
7  ThisAssembly.EndManage("Group 1")
8
```

图 3-29　添加“管理零部件”代码

在规则编辑器中修改规则代码，如图 3-30 所示，然后单击“保存并运行”。

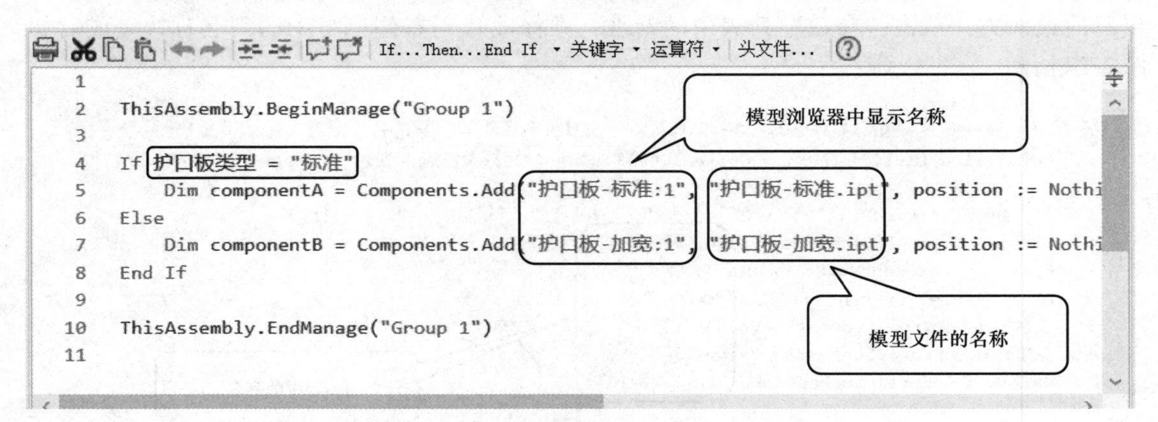

图 3-30　修改完成的代码

提示

“ThisAssembly.BeginManage...ThisAssembly.EndManage”代码中，只有符合条件的零部件才会被添加到装配中。

步骤 3：验证规则。在“*fx*”参数对话框中切换用户参数“护口板类型”的值，查看“模型浏览器”中“护口板”零件的名称变化，如图 3-31 所示。

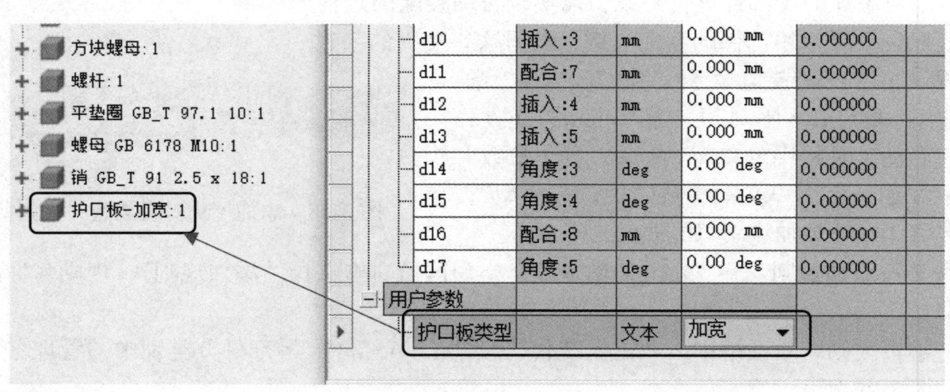

图 3-31　参数测试

步骤 4：指定实体名称。打开“第 3 章 iLogic 应用\平口钳\护口板 - 标准 .ipt”文件，选择如图 3-32 所示的孔边，右击选择“指定实体名称”，接受默认名称“边 0”，单击“确定”。

提示

此处指定实体名称的目的是为了将来使用 iLogic 规则来添加装配约束。

使用相同的方法，指定“边 1”，完成后如图 3-33 所示。

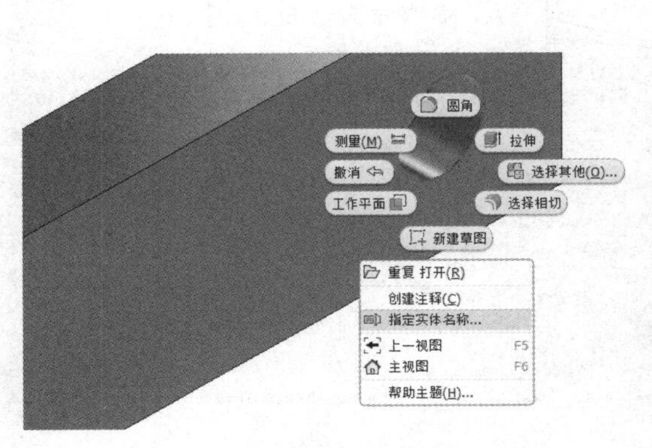

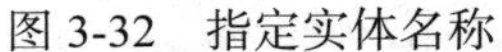

图 3-32　指定实体名称

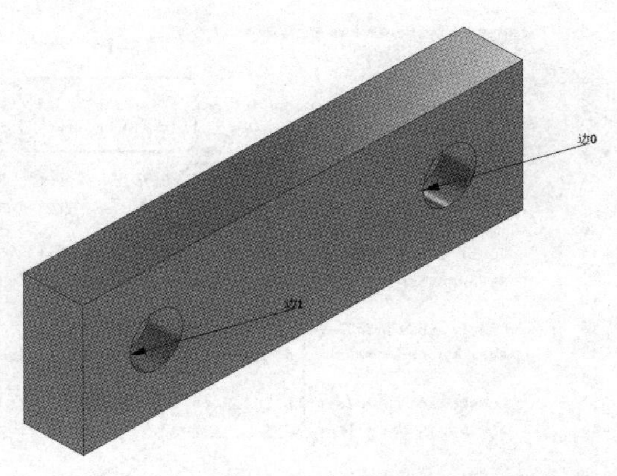

图 3-33　“护口板 - 标准”零件的实体名称

用相同的方法，指定“活动钳口”零件中两个螺纹孔边的实体名称（注意名称的顺序），同时指定“钳座”“护口板 - 加宽”零件中对应的实体名称。

步骤 5：编辑规则。打开“第 3 章 iLogic 应用 \ 平口钳 \ 平口钳 - 练习 .iam”文件，在“iLogic 浏览器”中规则名称上右击选择“编辑规则”。

在“编辑规则”对话框系统代码段“关系（添加）”类别中，双击“添加插入（约束）”，并修改添加的代码，完成后如图 3-34 所示（注意图中的 True 或者 False 可调整插入约束的方向）。单击“保存并运行”，查看部件模型的变化。

```
If...Then...End If ▾ 关键字 ▾ 运算符 ▾ 头文件...
1
2   ThisAssembly.BeginManage("Group 1")
3
4   If 护口板类型 = "标准"
5       Dim componentA = Components.Add("护口板-标准:1", "护口板-标准.ipt", position := Nothing, grounded := False, visib
6       '约束护口板零件
7       Constraints.AddInsert("Insert1", "护口板-标准:1", "边0", "活动钳口:1", "边0",
8       axesOpposed := True, distance := 0.0, lockRotation := False, biasPoint1 := Nothing, biasPoint2 := Nothing)
9
10      Constraints.AddInsert("Insert2", "护口板-标准:1", "边1", "活动钳口:1", "边1",
11      axesOpposed := True, distance := 0.0, lockRotation := False, biasPoint1 := Nothing, biasPoint2 := Nothing)
12
13
```

图 3-34　插入约束代码

继续编辑规则，添加第二块护口板零件，并添加约束，完成后的代码如图 3-35 所示。

提示

同一个零部件的多次引用，一般使用冒号后的数字区分；约束名称必须唯一。

将“Else”语句上面的代码复制粘贴到“Else”下方，修改代码，完成后如图 3-36 所示。

步骤 6：验证规则。单击“保存并运行”，在“*fx*”参数对话框中切换用户参数“护口板类型”的值，查看模型的变化。

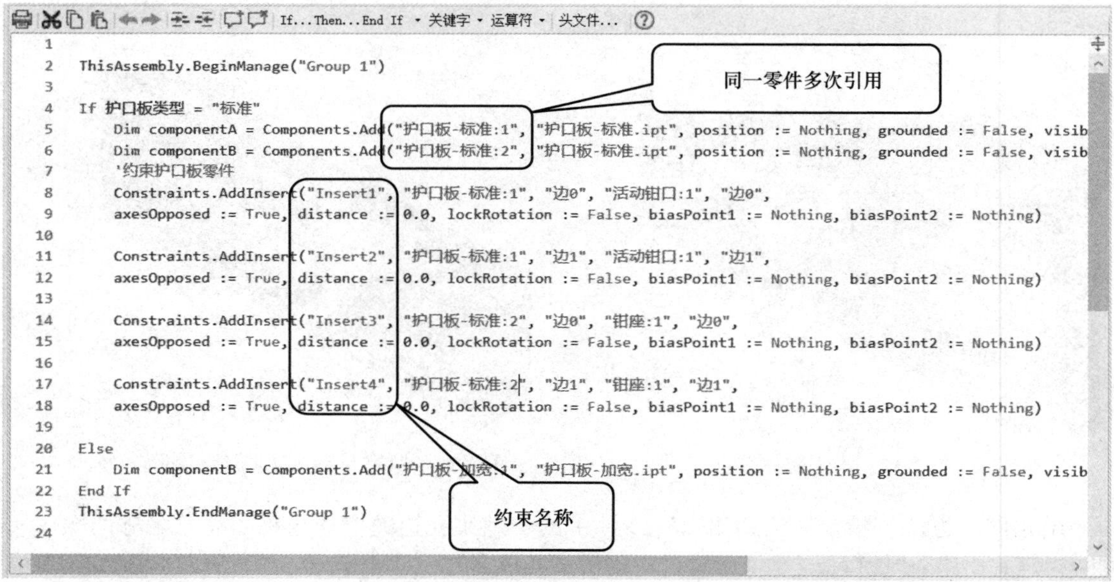

```
If...Then...End If ▾ 关键字 ▾ 运算符 ▾ 头文件...
1
2   ThisAssembly.BeginManage("Group 1")
3
4   If 护口板类型 = "标准"
5       Dim componentA = Components.Add("护口板-标准:1", "护口板-标准.ipt", position := Nothing, grounded := False, visib
6       Dim componentB = Components.Add("护口板-标准:2", "护口板-标准.ipt", position := Nothing, grounded := False, visib
7       '约束护口板零件
8       Constraints.AddInsert("Insert1", "护口板-标准:1", "边0", "活动钳口:1", "边0",
9       axesOpposed := True, distance := 0.0, lockRotation := False, biasPoint1 := Nothing, biasPoint2 := Nothing)
10
11      Constraints.AddInsert("Insert2", "护口板-标准:1", "边1", "活动钳口:1", "边1",
12      axesOpposed := True, distance := 0.0, lockRotation := False, biasPoint1 := Nothing, biasPoint2 := Nothing)
13
14      Constraints.AddInsert("Insert3", "护口板-标准:2", "边0", "钳座:1", "边0",
15      axesOpposed := True, distance := 0.0, lockRotation := False, biasPoint1 := Nothing, biasPoint2 := Nothing)
16
17      Constraints.AddInsert("Insert4", "护口板-标准:2", "边1", "钳座:1", "边1",
18      axesOpposed := True, distance := 0.0, lockRotation := False, biasPoint1 := Nothing, biasPoint2 := Nothing)
19
20  Else
21      Dim componentB = Components.Add("护口板-加宽:1", "护口板-加宽.ipt", position := Nothing, grounded := False, visib
22  End If
23  ThisAssembly.EndManage("Group 1")
24
```

同一零件多次引用

约束名称

图 3-35　完成添加两块“护口板 - 标准”零件代码

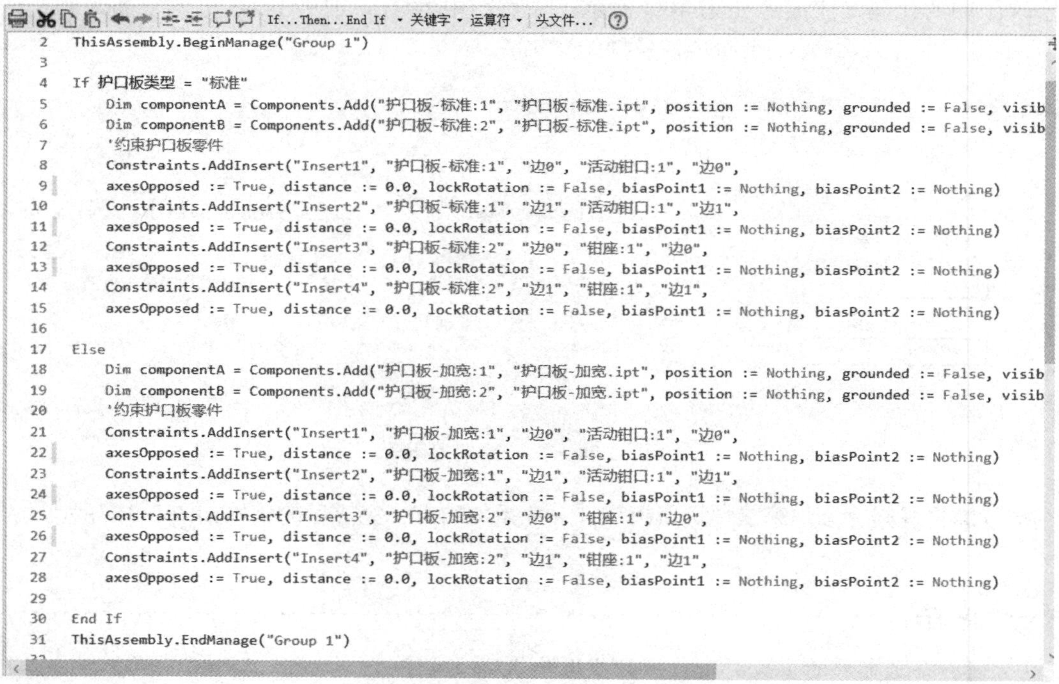

```
If...Then...End If ▾ 关键字 ▾ 运算符 ▾ 头文件...
2   ThisAssembly.BeginManage("Group 1")
3
4   If 护口板类型 = "标准"
5       Dim componentA = Components.Add("护口板-标准:1", "护口板-标准.ipt", position := Nothing, grounded := False, visib
6       Dim componentB = Components.Add("护口板-标准:2", "护口板-标准.ipt", position := Nothing, grounded := False, visib
7       '约束护口板零件
8       Constraints.AddInsert("Insert1", "护口板-标准:1", "边0", "活动钳口:1", "边0",
9       axesOpposed := True, distance := 0.0, lockRotation := False, biasPoint1 := Nothing, biasPoint2 := Nothing)
10      Constraints.AddInsert("Insert2", "护口板-标准:1", "边1", "活动钳口:1", "边1",
11      axesOpposed := True, distance := 0.0, lockRotation := False, biasPoint1 := Nothing, biasPoint2 := Nothing)
12      Constraints.AddInsert("Insert3", "护口板-标准:2", "边0", "钳座:1", "边0",
13      axesOpposed := True, distance := 0.0, lockRotation := False, biasPoint1 := Nothing, biasPoint2 := Nothing)
14      Constraints.AddInsert("Insert4", "护口板-标准:2", "边1", "钳座:1", "边1",
15      axesOpposed := True, distance := 0.0, lockRotation := False, biasPoint1 := Nothing, biasPoint2 := Nothing)
16
17  Else
18      Dim componentA = Components.Add("护口板-加宽:1", "护口板-加宽.ipt", position := Nothing, grounded := False, visib
19      Dim componentB = Components.Add("护口板-加宽:2", "护口板-加宽.ipt", position := Nothing, grounded := False, visib
20      '约束护口板零件
21      Constraints.AddInsert("Insert1", "护口板-加宽:1", "边0", "活动钳口:1", "边0",
22      axesOpposed := True, distance := 0.0, lockRotation := False, biasPoint1 := Nothing, biasPoint2 := Nothing)
23      Constraints.AddInsert("Insert2", "护口板-加宽:1", "边1", "活动钳口:1", "边1",
24      axesOpposed := True, distance := 0.0, lockRotation := False, biasPoint1 := Nothing, biasPoint2 := Nothing)
25      Constraints.AddInsert("Insert3", "护口板-加宽:2", "边0", "钳座:1", "边0",
26      axesOpposed := True, distance := 0.0, lockRotation := False, biasPoint1 := Nothing, biasPoint2 := Nothing)
27      Constraints.AddInsert("Insert4", "护口板-加宽:2", "边1", "钳座:1", "边1",
28      axesOpposed := True, distance := 0.0, lockRotation := False, biasPoint1 := Nothing, biasPoint2 := Nothing)
29
30  End If
31  ThisAssembly.EndManage("Group 1")
```

图 3-36　完成“护口板 - 加宽”零件代码

步骤 7：指定实体名称。打开“护口板 - 加宽 .ipt”零件，在两个孔的中心创建工作轴，指定实体名称“面 0”，如图 3-37 所示。对“护口板 - 标准”零件也做相同的操作。

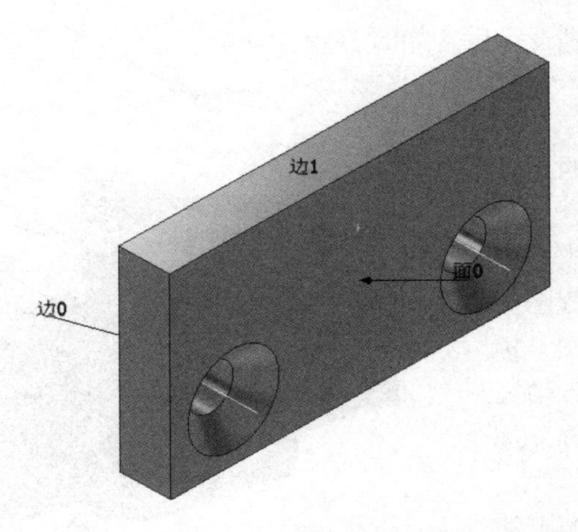

图 3-37　添加工作轴、指定实体名称“面 0”

步骤 8：编辑规则。在原来的规则中分别增加“添加资源中心零件”代码，如图 3-38 所示。

提示

资源中心的类别、族名称、规格名称等可以从资源中心编辑器中复制，以免 iLogic 规则由于这些名称不正确而出错。

```
32
33      '添加资源中心零件
34      Dim ccA = Components.AddContentCenterPart("螺钉M8x20:1", "紧固件:螺栓:开槽沉头", "螺钉 GB/T 70.3-2000",
35      "M8 x 20", position := Nothing, grounded := False,
36      visible := True, appearance := Nothing)
37      Dim ccB = Components.AddContentCenterPart("螺钉M8x20:2", "紧固件:螺栓:开槽沉头", "螺钉 GB/T 70.3-2000",
38      "M8 x 20", position := Nothing, grounded := False,
39      visible := True, appearance := Nothing)
40
41      '约束标准件
42      Constraints.AddMate("Mate1", "螺钉M8x20:1", "YZ 平面", "护口板-加宽:1", "面0",
43      offset := 0.0, e1InferredType := InferredTypeEnum.kNoInference, e2InferredType := InferredTypeEnum.kNoInference
44      solutionType := MateConstraintSolutionTypeEnum.kNoSolutionType,
45      biasPoint1 := Nothing, biasPoint2 := Nothing)
46
47      Constraints.AddMate("Mate2", "螺钉M8x20:1", "X 轴", "护口板-加宽:1", "工作轴1",
48      offset := 0.0, e1InferredType := InferredTypeEnum.kNoInference, e2InferredType := InferredTypeEnum.kNoInference
49      solutionType := MateConstraintSolutionTypeEnum.kNoSolutionType,
50      biasPoint1 := Nothing, biasPoint2 := Nothing)
51
52      Constraints.AddMate("Mate3", "螺钉M8x20:2", "YZ 平面", "护口板-加宽:1", "面0",
53      offset := 0.0, e1InferredType := InferredTypeEnum.kNoInference, e2InferredType := InferredTypeEnum.kNoInference
54      solutionType := MateConstraintSolutionTypeEnum.kNoSolutionType,
55      biasPoint1 := Nothing, biasPoint2 := Nothing)
56
57      Constraints.AddMate("Mate4", "螺钉M8x20:2", "X 轴", "护口板-加宽:1", "工作轴2",
58      offset := 0.0, e1InferredType := InferredTypeEnum.kNoInference, e2InferredType := InferredTypeEnum.kNoInference
59      solutionType := MateConstraintSolutionTypeEnum.kNoSolutionType,
60      biasPoint1 := Nothing, biasPoint2 := Nothing)
61  End If
```

图 3-38　增加“添加资源中心零件”代码

步骤 9：运行规则。规则运行后，如图 3-39 所示。

3.4.4 工程图规则

Autodesk Inventor 软件的参数化行为可确保对模型的更改立即反映在工程图中。但是，由于模型更改，通常需要一些特定于工程图文档的更改（如图样尺寸、视图、标题栏等），但这些更改不会自动完成。在工程图文档中使用 iLogic 规则，可以自动执行许多操作。

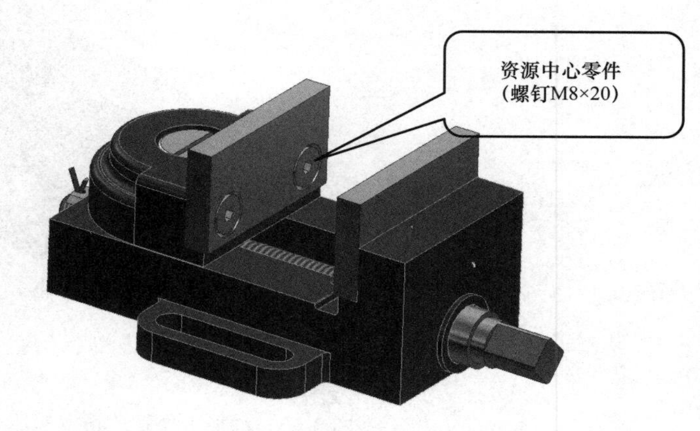

图 3-39 添加资源中心零件后的模型

可以在工程图文档中使用的 iLogic 规则如下。

- 控制激活工程图的尺寸。
- 控制激活工程图的视图位置、尺寸或比例。
- 控制激活工程图的标题栏或图框。
- 将引出序号重新附着到工程图。
- 控制激活工程图中视图的抑制。
- 控制激活工程图中图层的可见性。

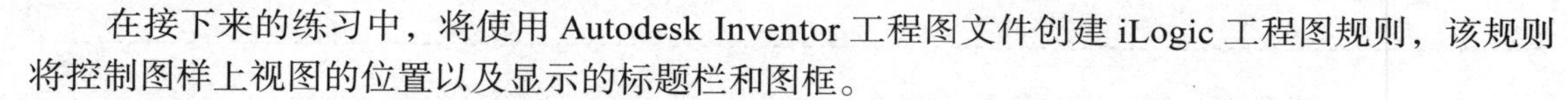

在接下来的练习中，将使用 Autodesk Inventor 工程图文件创建 iLogic 工程图规则，该规则将控制图样上视图的位置以及显示的标题栏和图框。

步骤 1：打开练习模型文件。打开“平口钳”文件夹中的“平口钳 .iam”模型文件，然后在“iLogic 浏览器”中双击“平口钳尺寸”规则，如图 3-40 所示。单击“关闭”，在“*fx*”参数对话框中切换用户参数“平口钳尺寸”，查看模型的变化。

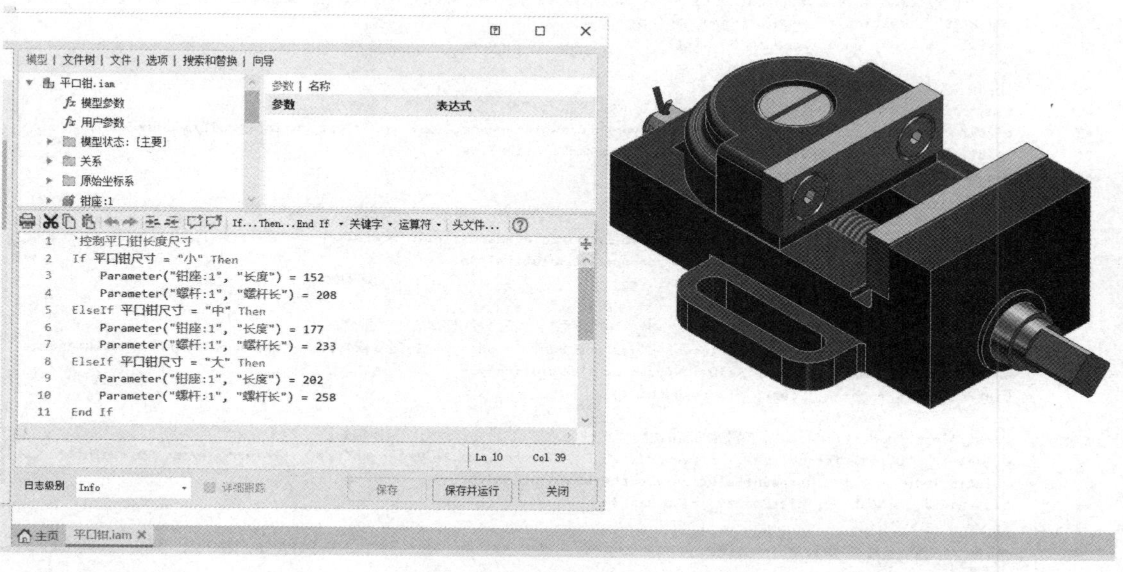

图 3-40 平口钳模型及规则

步骤 2：打开工程图文件。 右击“模型浏览器”根节点的模型名称，选择“打开工程图”，将打开“平口钳 .idw”工程图文件，该工程图文件中包含四个视图。在图形区域下方的“文档”选项卡中单击“平口钳 .iam”，将显示模型文件。按上一步的操作切换“平口钳尺寸”参数，然后再切换到工程图查看。当“平口钳尺寸”设置为“大”时，工程图中的视图与图框有重叠。

步骤 3：添加控制视图位置和比例的规则代码。 在工程图环境中，选择“管理”选项卡“iLogic”选项组中的“添加规则”命令，输入规则名称为“控制视图位置和比例”。在“编辑规则”对话框中，双击系统代码“工程图 (经典)”类别中的“激活图纸”，将代码添加到规则编辑器中，然后修改代码，如图 3-41 所示。

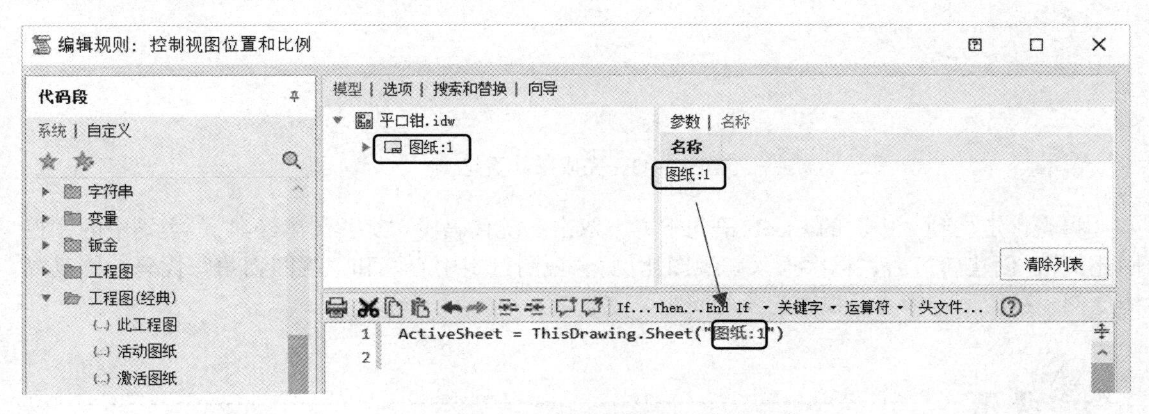

图 3-41　当前激活图纸代码

在新行中插入“If...Then...End If”条件语句，选中“My_Expression”占位符，然后在上方“模型”选项卡中展开“视图 1”节点，选择“平口钳 .iam”节点中的“用户参数”，接着双击右侧“参数”列表中的“平口钳尺寸”，将代码插入规则中，完成后，如图 3-42 所示。

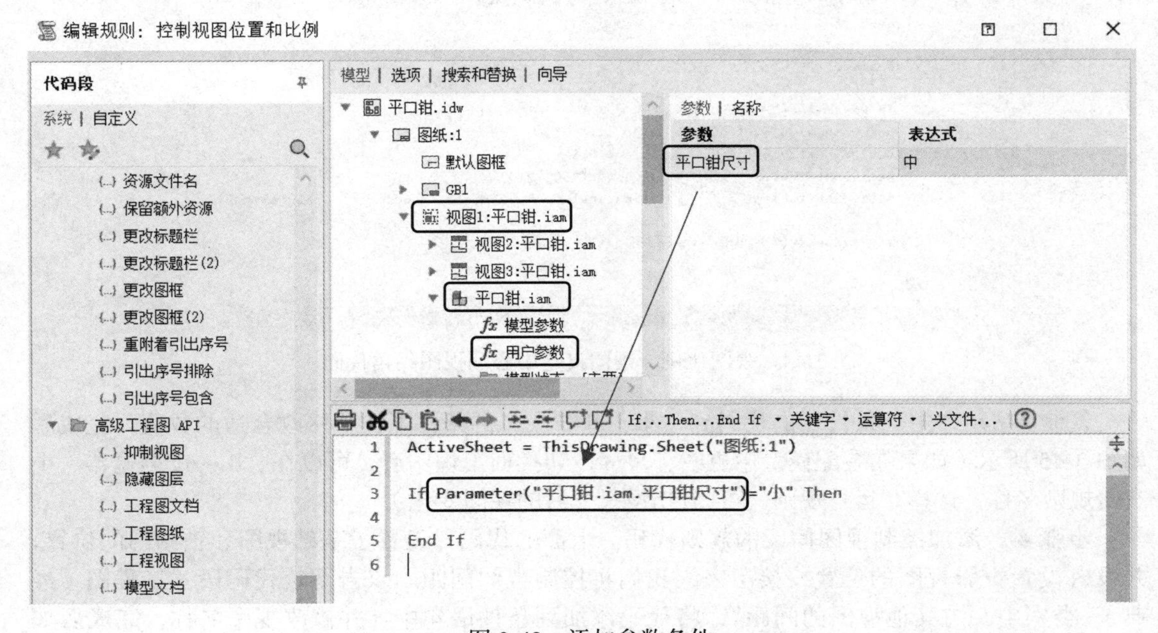

图 3-42　添加参数条件

单击“If... Then...End If”下拉列表框中的“Elself...Then”语句，通过复制 / 粘贴，完成如图 3-43 所示条件语句。

```
1  ActiveSheet = ThisDrawing.Sheet("图纸:1")
2
3  If Parameter("平口钳.iam.平口钳尺寸") = "小" Then
4
5  ElseIf Parameter("平口钳.iam.平口钳尺寸") = "中" Then
6
7  ElseIf Parameter("平口钳.iam.平口钳尺寸") = "大" Then
8
9  End If
10
```

图 3-43　完成条件语句

将光标定位到“中”的 ElseIf 语句下方，双击系统代码段“工程图（经典）”类别中的“视图比例”，创建新行后，再次插入“视图比例”“视图设定中心”和“视图拐角”代码，修改视图比例、视图设定中心及视图拐角的间距，完成后如图 3-44 所示。

提示

具体的数值可以自己调整。对于“*X*, *Y*”的值，可以先设定“0, 0”查看原始位置，然后再调整。设置完成后，可通过单击“保存并运行”进行查看。

```
1  ActiveSheet = ThisDrawing.Sheet("图纸:1")
2
3  If Parameter("平口钳.iam.平口钳尺寸") = "小" Then
4
5  ElseIf Parameter("平口钳.iam.平口钳尺寸") = "中" Then
6      ActiveSheet.View("视图1").Scale = 1 / 1.5
7      ActiveSheet.View("视图4").Scale = 0.5
8      ActiveSheet.View("视图1").SetCenter(150, 210)
9      ActiveSheet.View("视图4").SetSpacingToCorner(30, 70, SheetCorner.BottomRight)
10
11 ElseIf Parameter("平口钳.iam.平口钳尺寸") = "大" Then
12
13 End If
```

图 3-44　视图比例、视图设定中心和视图拐角代码

复制 / 粘贴“中”条件下的代码到“小”和“大”的条件下，并修改合适的数值，完成后如图 3-45 所示（如果在装配模型中更改了尺寸，切换回工程图后，可以在“iLogic 浏览器”中右击规则名称，选择“运行规则”，查看切换尺寸后的视图变化）。

步骤 4：添加控制视图间距的规则代码。上面的代码只设置了基础视图和轴测图的位置，并没有设置投影视图的位置，接下来，我们将控制视图间距。双击系统代码段“工程图（经典）”类别中“与其他视图的间距”，将代码添加到条件语句中，并修改视图名称，完成后如图 3-46 所示。

```
If...Then...End If · 关键字 · 运算符 · 头文件...
1   ActiveSheet = ThisDrawing.Sheet("图纸:1")
2
3   If Parameter("平口钳.iam.平口钳尺寸") = "小" Then
4       ActiveSheet.View("视图1").Scale = 1
5       ActiveSheet.View("视图4").Scale = 1 / 1.5
6       ActiveSheet.View("视图1").SetCenter(150, 210)
7       ActiveSheet.View("视图4").SetSpacingToCorner(30, 70, SheetCorner.BottomRight)
8   ElseIf Parameter("平口钳.iam.平口钳尺寸") = "中" Then
9       ActiveSheet.View("视图1").Scale = 1 / 1.5
10      ActiveSheet.View("视图4").Scale = 0.5
11      ActiveSheet.View("视图1").SetCenter(150, 210)
12      ActiveSheet.View("视图4").SetSpacingToCorner(30, 70, SheetCorner.BottomRight)
13  ElseIf Parameter("平口钳.iam.平口钳尺寸") = "大" Then
14      ActiveSheet.View("视图1").Scale = 1 / 2
15      ActiveSheet.View("视图4").Scale = 0.5
16      ActiveSheet.View("视图1").SetCenter(150, 210)
17      ActiveSheet.View("视图4").SetSpacingToCorner(30, 70, SheetCorner.BottomRight)
18  End If
19
```

图 3-45 完成的视图比例、视图设定中心和视图拐角代码

```
If...Then...End If · 关键字 · 运算符 · 头文件...
1   ActiveSheet = ThisDrawing.Sheet("图纸:1")
2
3   If Parameter("平口钳.iam.平口钳尺寸") = "小" Then
4       ActiveSheet.View("视图1").Scale = 1
5       ActiveSheet.View("视图4").Scale = 1 / 1.5
6       ActiveSheet.View("视图1").SetCenter(150, 210)
7       ActiveSheet.View("视图4").SetSpacingToCorner(30, 70, SheetCorner.BottomRight)
8       ActiveSheet.View("视图2").SpacingBetween("视图1") = 20
9       ActiveSheet.View("视图3").SpacingBetween("视图1") = -20
10  ElseIf Parameter("平口钳.iam.平口钳尺寸") = "中" Then
11      ActiveSheet.View("视图1").Scale = 1 / 1.5
12      ActiveSheet.View("视图4").Scale = 0.5
13      ActiveSheet.View("视图1").SetCenter(150, 210)
14      ActiveSheet.View("视图4").SetSpacingToCorner(30, 70, SheetCorner.BottomRight)
15      ActiveSheet.View("视图2").SpacingBetween("视图1") = 40
16      ActiveSheet.View("视图3").SpacingBetween("视图1") = -40
17  ElseIf Parameter("平口钳.iam.平口钳尺寸") = "大" Then
18      ActiveSheet.View("视图1").Scale = 1 / 2
19      ActiveSheet.View("视图4").Scale = 0.5
20      ActiveSheet.View("视图1").SetCenter(150, 210)
21      ActiveSheet.View("视图4").SetSpacingToCorner(30, 70, SheetCorner.BottomRight)
22      ActiveSheet.View("视图2").SpacingBetween("视图1") = 60
23      ActiveSheet.View("视图3").SpacingBetween("视图1") = -60
24  End If
```


图 3-46 添加“与其他视图的间距”代码

步骤 5：添加资源文件相关规则代码。接下来，将添加根据指定的条件更改图框和标题栏的代码。将光标定位到第 2 行，双击系统代码段“工程图（经典）”类别中“资源文件名”，添加代码后，修改资源文件名称，如图 3-47 所示（该代码的作用是如果当前工程图中找不到图框和标题栏的工程图资源，将从定义的资源文件中去获取）。

```
If...Then...End If · 关键字 · 运算符 ·
1   ActiveSheet = ThisDrawing.Sheet("图纸:1")
2   ThisDrawing.ResourceFileName = "自定义工程图模板.idw"
3
```

图 3-47 添加“资源文件名”代码

将光标定位到第 3 行，双击系统代码段“工程图（经典）”类别中“保留额外资源”，添加后代码如图 3-48 所示（“保留额外资源”代码默认设置为“False”，表示从资源文件中提取的资源只是临时存储在当前图形中，如果该资源没有被使用，则会被自动删除；如果设置为“True”，则提取的资源将保存在当前图形中）。

```
1  ActiveSheet = ThisDrawing.Sheet("图纸:1")
2  ThisDrawing.ResourceFileName = "自定义工程图模板.idw"
3  ThisDrawing.KeepExtraResources = False
```

图 3-48　添加“保留额外资源”代码

分别双击系统代码段“工程图（经典）”类别中“更改标题栏”和“更改图框”，在条件语句中添加代码，完成后如图 3-49 所示。

```
1  ActiveSheet = ThisDrawing.Sheet("图纸:1")
2  ThisDrawing.ResourceFileName = "自定义工程图模板.idw"
3  ThisDrawing.KeepExtraResources = False
4
5  If Parameter("平口钳.iam.平口钳尺寸") = "小" Then
6      ActiveSheet.TitleBlock = "GB1"
7      ActiveSheet.Border = "默认图框"
8      ActiveSheet.View("视图1").Scale = 1
9      ActiveSheet.View("视图4").Scale = 1 / 1.5
10     ActiveSheet.View("视图1").SetCenter(150, 210)
11     ActiveSheet.View("视图4").SetSpacingToCorner(30, 70, SheetCorner.BottomRight)
12     ActiveSheet.View("视图2").SpacingBetween("视图1") = 20
13     ActiveSheet.View("视图3").SpacingBetween("视图1") = -20
14 ElseIf Parameter("平口钳.iam.平口钳尺寸") = "中" Then
15     ActiveSheet.TitleBlock = "GB2"
16     ActiveSheet.Border = "自定义图框"
17     ActiveSheet.View("视图1").Scale = 1 / 1.5
18     ActiveSheet.View("视图4").Scale = 0.5
19     ActiveSheet.View("视图1").SetCenter(150, 210)
20     ActiveSheet.View("视图4").SetSpacingToCorner(30, 70, SheetCorner.BottomRight)
21     ActiveSheet.View("视图2").SpacingBetween("视图1") = 40
22     ActiveSheet.View("视图3").SpacingBetween("视图1") = -40
23 ElseIf Parameter("平口钳.iam.平口钳尺寸") = "大" Then
24     ActiveSheet.TitleBlock = "GB1"
25     ActiveSheet.Border = "默认图框"
26     ActiveSheet.View("视图1").Scale = 1 / 2
27     ActiveSheet.View("视图4").Scale = 0.5
28     ActiveSheet.View("视图1").SetCenter(150, 210)
29     ActiveSheet.View("视图4").SetSpacingToCorner(30, 70, SheetCorner.BottomRight)
30     ActiveSheet.View("视图2").SpacingBetween("视图1") = 60
31     ActiveSheet.View("视图3").SpacingBetween("视图1") = -60
32 End If
```

图 3-49　添加“更改标题栏”和“更改图框”代码

步骤 6：添加尺寸标注规则代码。接下来使用 iLogic 代码添加尺寸标注。在工程图左视图底边上右击选择“iLogic”中的“捕获当前状态”，如图 3-50 所示。单击“确定”，当出现“代码剪贴板”后，单击“确定”关闭对话框。使用相同的方法捕获左视图的左右两条边和最上面的边。

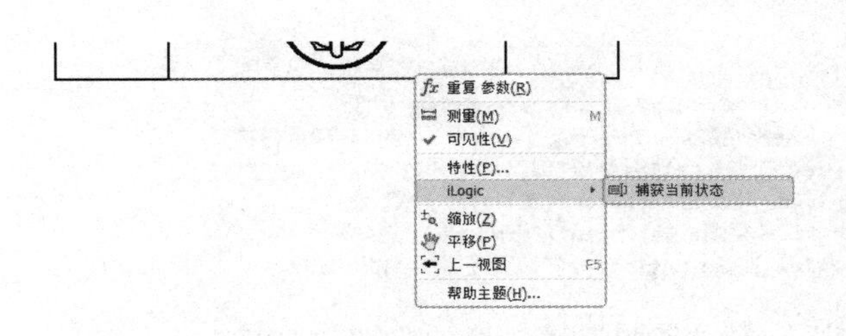

图 3-50　捕获当前状态

在“iLogic 浏览器”中新建“尺寸标注”规则，然后在规则编辑器中粘贴捕获的代码，并修改代码，完成后如图 3-51 所示。

```
If...Then...End If · 关键字 · 运算符 · 头文件...
1    Dim sheet_图纸_1 = ThisDrawing.Sheets.ItemByName("图纸:1")
2    Dim view_视图2 = sheet_图纸_1.DrawingViews.ItemByName("视图2")
3    Dim 钳座底边 = view_视图2.GetIntent("钳座:1", "边2")
4    Dim 钳座左侧边 = view_视图2.GetIntent("钳座:1", "边3")
5    Dim 钳座右侧边 = view_视图2.GetIntent("钳座:1", "边4")
6    Dim 护口板边2 = view_视图2.GetIntent("护口板-标准:1", "边2")
```

图 3-51　粘贴并修改捕获的代码

双击系统代码段“工程图”类别中“线性尺寸”，添加代码后，将前三行与之前粘贴的代码重复的语句删除，然后修改代码如图 3-52 所示。单击“保存并运行”，查看工程图中的尺寸标注。

提 示

“SheetPoint(*X.Y*)”中 (*X.Y*) 为 (0,0) 表示当前视图的左下角，(1,1) 表示当前视图的右上角。

```
If...Then...End If · 关键字 · 运算符 · 头文件...
1    Dim sheet_图纸_1 = ThisDrawing.Sheets.ItemByName("图纸:1")
2    Dim view_视图2 = sheet_图纸_1.DrawingViews.ItemByName("视图2")
3    Dim 钳座底边 = view_视图2.GetIntent("钳座:1", "边2")
4    Dim 钳座左侧边 = view_视图2.GetIntent("钳座:1", "边3")
5    Dim 钳座右侧边 = view_视图2.GetIntent("钳座:1", "边4")
6    Dim 护口板边2 = view_视图2.GetIntent("护口板-标准:1", "边2")
7
8    Dim genDims = sheet_图纸_1.DrawingDimensions.GeneralDimensions
9    Dim linDim1 = genDims.AddLinear("Dimension 1", view_视图2.SheetPoint(1.2, 0.5), 钳座底边, 护口板边2)
```

图 3-52　添加“线性尺寸”代码

复制 / 粘贴上一个线性尺寸代码，修改代码如图 3-53 所示，将在平口钳工程图左视图上标注总宽度尺寸。

1）“抑制视图”代码段。它用于抑制某些工程图模型配置不需要的视图，或特定工程图交付成果可能不需要的视图。此函数的语法如下。

ActiveSheet.View("VIEW2").View.Suppressed = True

在括号中定义要抑制的视图名称，并将函数设置为“True”以抑制它。如果要显示视图，请将函数设置为“False”。

```
1   Dim sheet_图纸_1 = ThisDrawing.Sheets.ItemByName("图纸:1")
2   Dim view_视图2 = sheet_图纸_1.DrawingViews.ItemByName("视图2")
3   Dim 钳座底边 = view_视图2.GetIntent("钳座:1", "边2")
4   Dim 钳座左侧边 = view_视图2.GetIntent("钳座:1", "边3")
5   Dim 钳座右侧边 = view_视图2.GetIntent("钳座:1", "边4")
6   Dim 护口板边2 = view_视图2.GetIntent("护口板-标准:1", "边2")
7
8   Dim genDims = sheet_图纸_1.DrawingDimensions.GeneralDimensions
9   Dim linDim1 = genDims.AddLinear("Dimension 1", view_视图2.SheetPoint(1.2, 0.5), 钳座底边, 护口板边2)
10  Dim linDim2 = genDims.AddLinear("Dimension 2", view_视图2.SheetPoint(0.5, -0.5), 钳座左侧边, 钳座右侧边)
```

图 3-53　总宽度线性尺寸代码

2）“隐藏图层”代码段。它用于隐藏所有工程视图中定义的图层。此函数的语法如下：

ThisDrawing.Document.StylesManager.Layers(" 图层名称 ").Visible = False

代码段的开头部分标识存在于当前工程图文档样式管理器中的图层。在括号区域中，输入在“样式和标准编辑器”中列出的图层名称。在下面的示例中，代码用于隐藏文档中的所有工程图尺寸。将该值设置为“True”时，将显示该图层。

ThisDrawing.Document.StylesManager.Layers(" 默认 (GB)").Visible = False

接下来的练习中，将添加 iLogic 规则，来控制零件图样上的尺寸标注、注释等。

步骤 1：创建工程图，添加零件视图。使用默认模板创建新工程图，将图纸大小调整为 A3，并放置“支架 .ipt”零件，添加如图 3-54 所示视图。

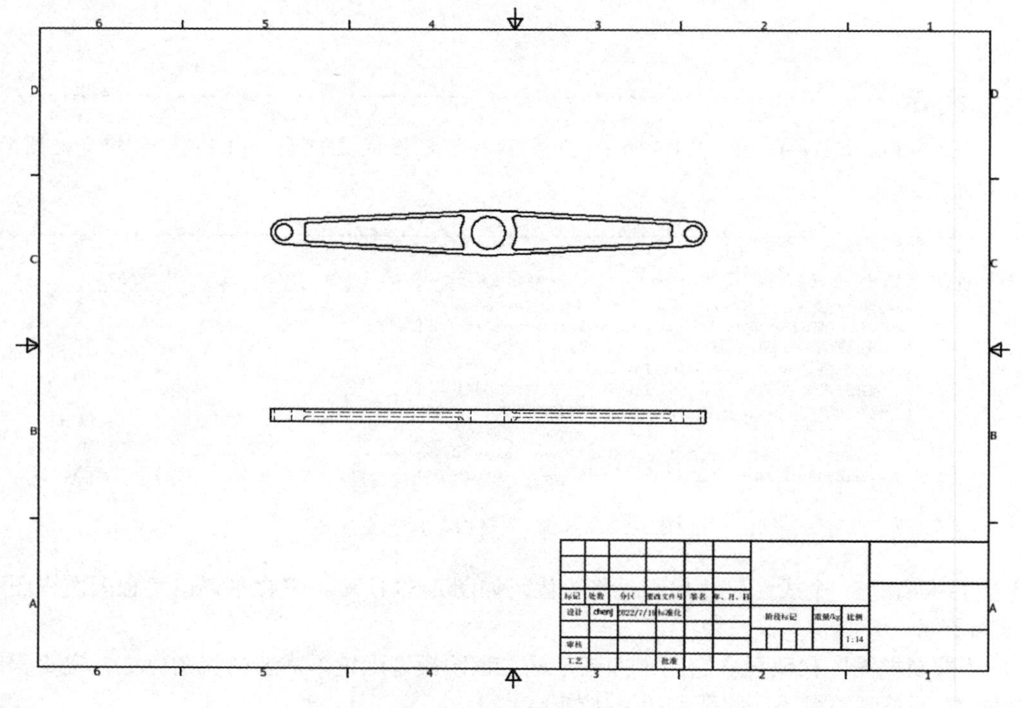

图 3-54　支架零件视图

步骤 2：捕获工程图对象当前状态。在工程图“视图 1”左侧的圆上右击选择“iLogic”→“捕获当前状态”，如图 3-55 所示。

重复 编辑规则(R)
测量(M)
M
可见性(V)
特性(P)...
iLogic
捕获当前状态
缩放(Z)
平移(P)
上一视图
F5
帮助主题(H)...

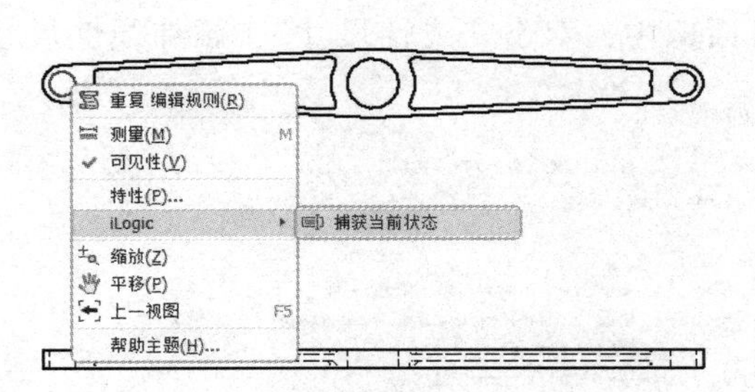

图 3-55　捕获当前状态

软件将自动弹出“已命名实体”对话框，单击“确定”两次，然后在“代码剪贴板”对话框中单击“确定”，用相同的方法捕获右侧圆的当前状态，将在“代码剪贴板”中看到“面 0”和“面 1”两个命名实体，如图 3-56 所示。

步骤 3：添加“真 / 假”参数。选择“管理”选项卡“参数”选项组中的“参数”命令，添加一个“真 / 假”参数，名称为“尺寸标注”，如图 3-57 所示。

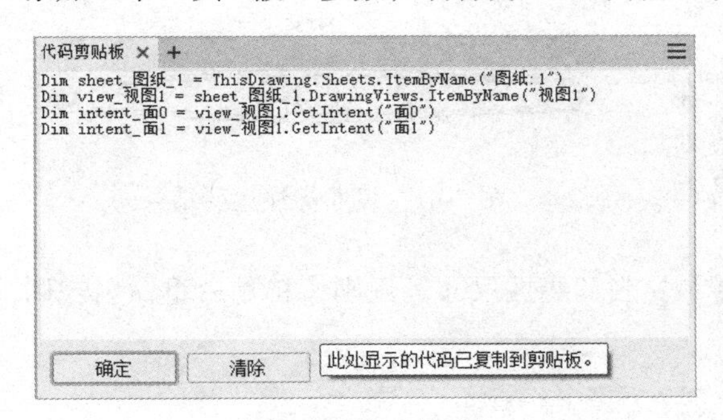

代码剪贴板
Dim sheet_图纸_1 = ThisDrawing.Sheets.ItemByName("图纸:1")
Dim view_视图1 = sheet_图纸_1.DrawingViews.ItemByName("视图1")
Dim intent_面0 = view_视图1.GetIntent("面0")
Dim intent_面1 = view_视图1.GetIntent("面1")
确定
清除
此处显示的代码已复制到剪贴板。

图 3-56　代码剪贴板

标注
草图
工具
管理
视图
环境
Vault
协作
更新复制的特性
参数
样式编辑器
保存
更新
清除
插入对象
导入
图像
替换模型参考
图框
参数
参数名称
使用者
单位/类型
表达式
用户参数
尺寸标注
真/假
真

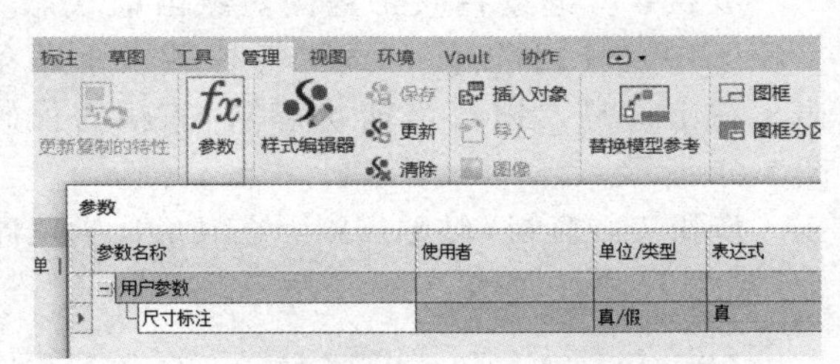

图 3-57　添加“真 / 假”参数

步骤 4：添加规则。在 iLogic 浏览器空白处右击选择“添加规则”，在“规则名称”对话框中输入名称“线性尺寸”，单击“确定”，如图 3-58 所示。

规则名称
名称
线性尺寸
确定
取消

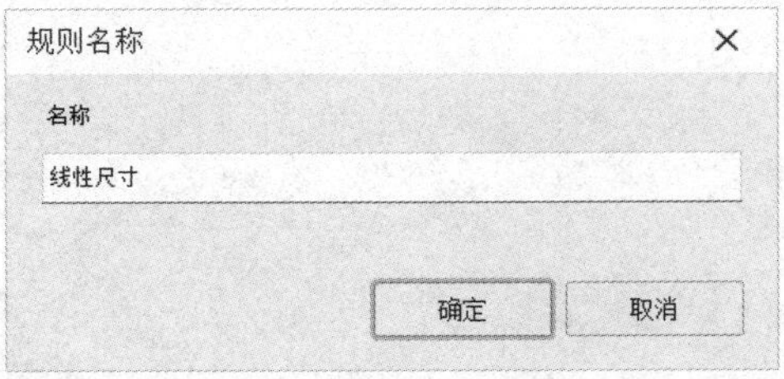

图 3-58　添加“线性尺寸”规则

添加系统代码段“工程图”类别中的“管理项目”代码，如图 3-59 所示，用“ThisDrawing.BeginManage()”和“ThisDrawing.EndManage()”代码段表示，当参数“尺寸标注”值为真时，运行条件语句中的代码，如果值为假时，则不运行。

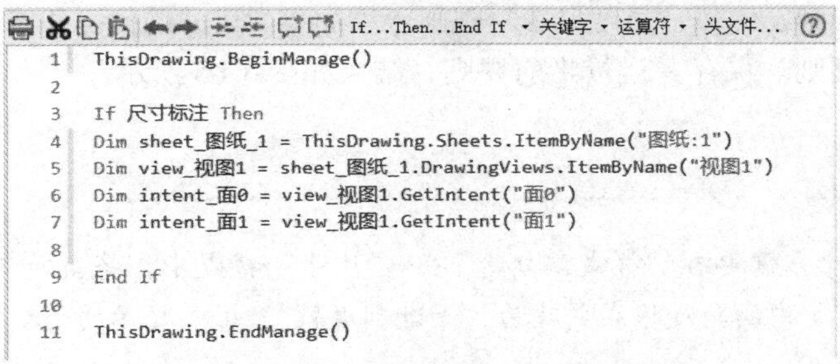

If...Then...End If
关键字
运算符
头文件...
ThisDrawing.BeginManage()
If 尺寸标注 Then
Dim sheet_图纸_1 = ThisDrawing.Sheets.ItemByName("图纸:1")
Dim view_视图1 = sheet_图纸_1.DrawingViews.ItemByName("视图1")
Dim intent_面0 = view_视图1.GetIntent("面0")
Dim intent_面1 = view_视图1.GetIntent("面1")
End If
ThisDrawing.EndManage()

图 3-59　添加“管理项目”代码

在“编辑规则”对话框中，双击“线性尺寸”，添加线性尺寸的代码并修改，如图 3-60 所示。

```
1   ThisDrawing.BeginManage()
2
3   If 尺寸标注 Then
4   Dim sheet_图纸_1 = ThisDrawing.Sheets.ItemByName("图纸:1")
5   Dim view_视图1 = sheet_图纸_1.DrawingViews.ItemByName("视图1")
6   Dim intent_面0 = view_视图1.GetIntent("面0")
7   Dim intent_面1 = view_视图1.GetIntent("面1")
8
9   Dim genDims = sheet_图纸_1.DrawingDimensions.GeneralDimensions
10  Dim linDim1 = genDims.AddLinear("Dimension 1", view_视图1.SheetPoint(0.5, 1.5), intent_面0,intent_面1)
11
12  End If
13
14  ThisDrawing.EndManage()
```

图 3-60　添加“线性尺寸”代码

步骤 5：验证规则。保存并运行当前规则，结果如图 3-61 所示。

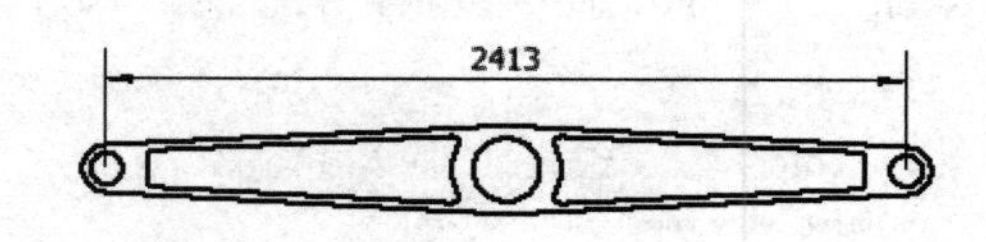

图 3-61　尺寸标注运行结果

步骤 6：继续捕获工程图对象当前状态。在工程图中，分别选择“视图 1”左侧上下两条斜边，右击选择“捕获当前状态”，捕获的代码如图 3-62 所示。

步骤 7：复制 / 粘贴规则。在 iLogic 浏览器中复制“线性尺寸”规则，粘贴后重命名规则为“角度尺寸”，如图 3-63 所示。

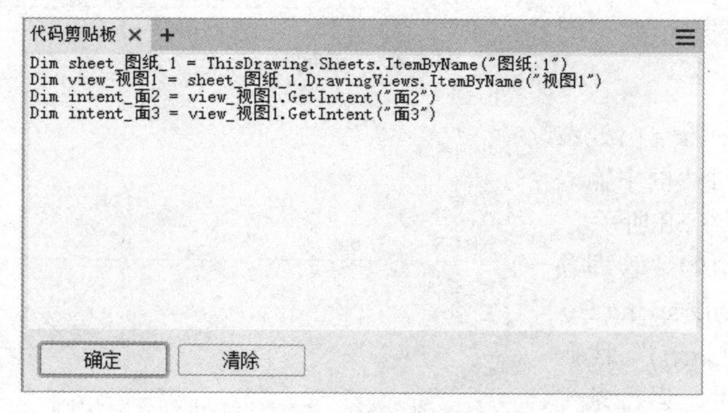

图 3-62　捕获的代码

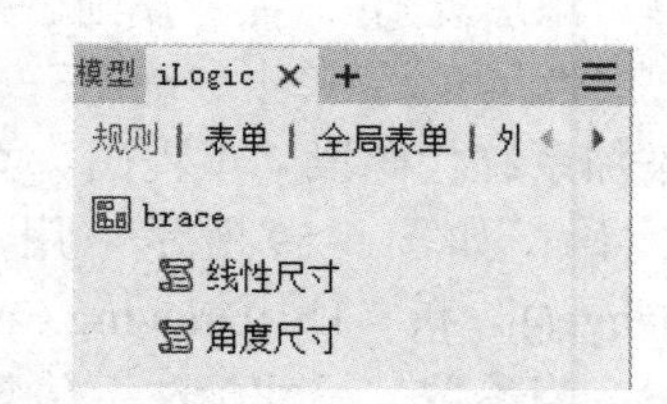

图 3-63　复制生成“角度尺寸”规则

步骤 8：编辑规则。编辑“角度尺寸”规则，添加角度尺寸的代码并修改，如图 3-64 所示。

步骤 9：验证规则。保存并运行当前规则，结果如图 3-65 所示。

提示

对于角度尺寸，需要在“样式编辑器”→“尺寸”样式中，将当前所使用的尺寸样式（如“默认（GB）”）中的角度格式更改为“十进制度数”，否则显示的角度是“度 - 分 - 秒”。

```
ThisDrawing.BeginManage()

If 尺寸标注 Then
Dim sheet_图纸_1 = ThisDrawing.Sheets.ItemByName("图纸:1")
Dim view_视图1 = sheet_图纸_1.DrawingViews.ItemByName("视图1")
Dim intent_面2 = view_视图1.GetIntent("面2")
Dim intent_面3 = view_视图1.GetIntent("面3")

Dim genDims = sheet_图纸_1.DrawingDimensions.GeneralDimensions

Dim angDim1 = genDims.AddAngular("Angular Dim 1",ThisDrawing.Geometry.Point2d(105, 196),intent_面2, intent_面3)

End If

ThisDrawing.EndManage()
```

图 3-64 添加“角度尺寸”代码

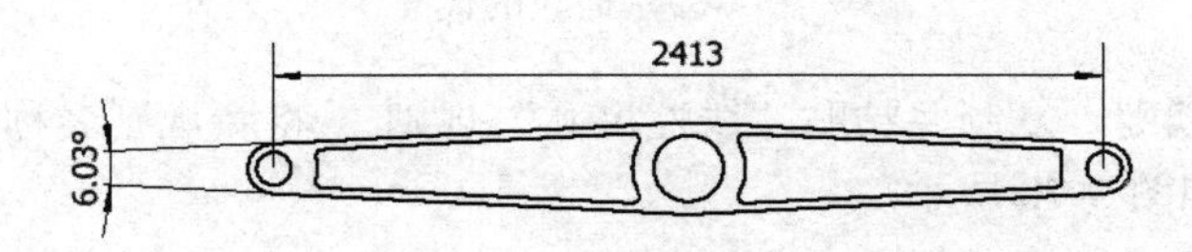

图 3-65 添加“角度尺寸”的结果

步骤 10：捕获右侧当前状态。右击“视图 1”右侧圆弧，选择“捕获当前状态”，捕获的代码如图 3-66 所示。

步骤 11：编辑规则。复制并粘贴“角度尺寸”规则，将新规则名称更改为“半径和直径尺寸”，编辑当前规则，如图 3-67 所示。

步骤 12：验证规则。保存并运行当前规则，结果如图 3-68 所示。

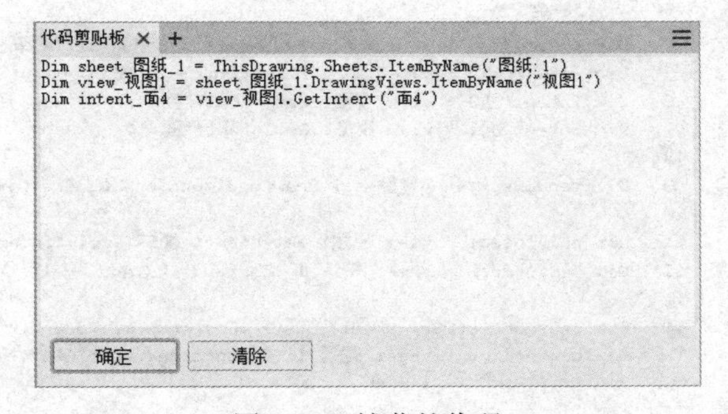

图 3-66 捕获的代码

```
ThisDrawing.BeginManage()

If 尺寸标注 Then
Dim sheet_图纸_1 = ThisDrawing.Sheets.ItemByName("图纸:1")
Dim view_视图1 = sheet_图纸_1.DrawingViews.ItemByName("视图1")
Dim intent_面1 = view_视图1.GetIntent("面1")
Dim intent_面4 = view_视图1.GetIntent("面4")

Dim genDims = sheet_图纸_1.DrawingDimensions.GeneralDimensions

Dim filletDim = genDims.AddRadius("Fillet Radius", view_视图1.SheetPoint(1.1, 1.1), intent_面4)

Dim holeDim = genDims.AddDiameter("Hole Diameter", view_视图1.SheetPoint(1.1, -1.1), intent_面1,
arrowHeadsInside = False, leaderFromCenter = False, singleDimensionLine = True)


End If

ThisDrawing.EndManage()
```

图 3-67 添加“半径和直径尺寸”代码

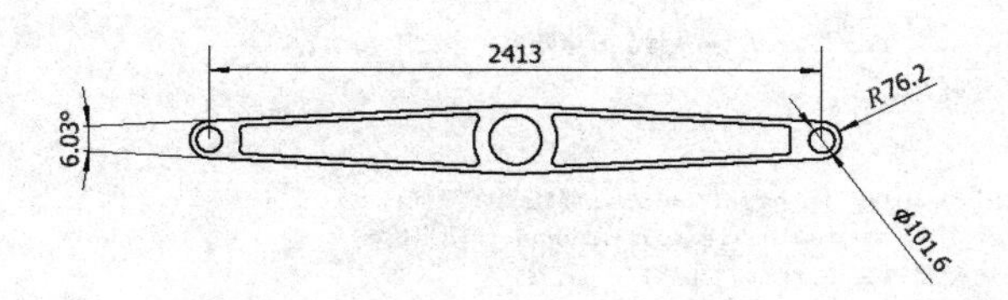

图 3-68　添加“半径和直径尺寸”的结果

步骤 13：捕获工程图对象当前状态。在工程图中，捕获“视图 1”中间的圆，捕获的代码如图 3-69 所示。

```
代码剪贴板
Dim sheet_图纸_1 = ThisDrawing.Sheets.ItemByName("图纸:1")
Dim view_视图1 = sheet_图纸_1.DrawingViews.ItemByName("视图1")
Dim intent_面5 = view_视图1.GetIntent("面5")
```

图 3-69　捕获的代码

步骤 14：编辑规则。复制并粘贴“线性尺寸”规则，将新规则名称更改为“中心标记和中心线”，编辑规则如图 3-70 所示。

```
1   ThisDrawing.BeginManage()
2
3   If 尺寸标注 Then
4   Dim sheet_图纸_1 = ThisDrawing.Sheets.ItemByName("图纸:1")
5   Dim view_视图1 = sheet_图纸_1.DrawingViews.ItemByName("视图1")
6   Dim intent_面0 = view_视图1.GetIntent("面0")
7   Dim intent_面1 = view_视图1.GetIntent("面1")
8
9   Dim genDims = sheet_图纸_1.DrawingDimensions.GeneralDimensions
10
11  Dim holeIntent = view_视图1.GetIntent("面5", PointIntentEnum.kCenterPointIntent)
12  Dim Centermark = sheet_图纸_1 .Centermarks.Add("Hole Centermark", holeIntent)
13
14  Dim centermarkCOG = sheet_图纸_1 .Centermarks.AddByCenterOfGravity("Centermark COG", view_视图1.NativeEntity)
15  Dim centerline = sheet_图纸_1 .Centerlines.Add("Centerline", {intent_面0, intent_面1} )
16
17  End If
18
19  ThisDrawing.EndManage()
```

图 3-70　添加“中心标记和中心线”代码

步骤 15：验证规则。保存并运行当前规则，结果如图 3-71 所示。

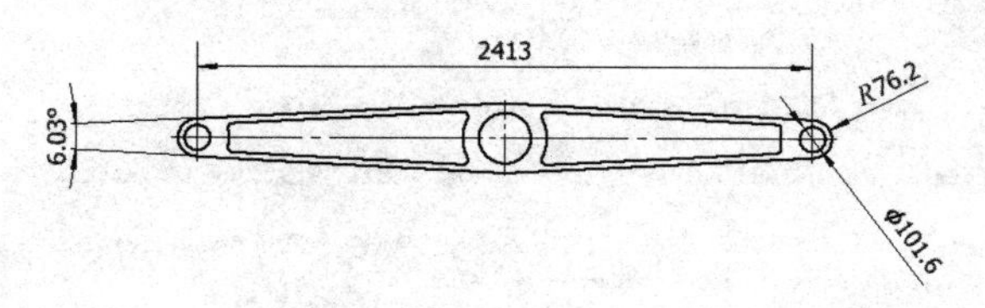

图 3-71　添加“中心线和中心标记”的结果

步骤 16：捕获工程图对象当前状态。在工程图中，捕获“视图 1”中间的圆，捕获的代码如图 3-72 所示。注意，在上面的步骤中，捕获该圆后，命名实体为“面 5”，这次继续捕获后，命名实体名称并没有改变，所以如果知道命名实体名称，可以跳过当前步骤。

```
代码剪贴板 × +
Dim sheet_图纸_1 = ThisDrawing.Sheets.ItemByName("图纸:1")
Dim view_视图1 = sheet_图纸_1.DrawingViews.ItemByName("视图1")
Dim intent_面5 = view_视图1.GetIntent("面5")
```

图 3-72　捕获的代码

步骤 17：编辑规则。复制并粘贴“线性尺寸”规则，将新规则名称更改为“指引线注释和孔尺寸”，编辑规则如图 3-73 所示。

```
If...Then...End If ▾ 关键字 ▾ 运算符 ▾ 头文件...
1   ThisDrawing.BeginManage()
2
3   If 尺寸标注 Then
4   Dim sheet_图纸_1 = ThisDrawing.Sheets.ItemByName("图纸:1")
5   Dim view_视图1 = sheet_图纸_1.DrawingViews.ItemByName("视图1")
6   Dim intent_面5 = view_视图1.GetIntent("面5")
7
8   Dim genDims = sheet_图纸_1.DrawingDimensions.GeneralDimensions
9
10  Dim leaderNotes = sheet_图纸_1.DrawingNotes.LeaderNotes
11  Dim leaderNote1 = leaderNotes.Add("Diamond Knurl Note 1",
12      ThisDrawing.Geometry.Point2dList({{100, 160}, {110, 160}}),
13      view_视图1.GetIntent("面3"), "此面不加工")
14
15  Dim holeThreadNotes = sheet_图纸_1.DrawingNotes.HoleThreadNotes
16  Dim holeNotePt1 = view_视图1.SheetPoint(0.8, -0.8)
17  Dim holeNote1 = holeThreadNotes.Add("Hole Note 1", holeNotePt1, intent_面5)
18
19  End If
20
21  ThisDrawing.EndManage()
```

图 3-73　添加“指引线注释和孔尺寸”代码

步骤 18：验证规则。保存并运行当前规则后，结果如图 3-74 所示。

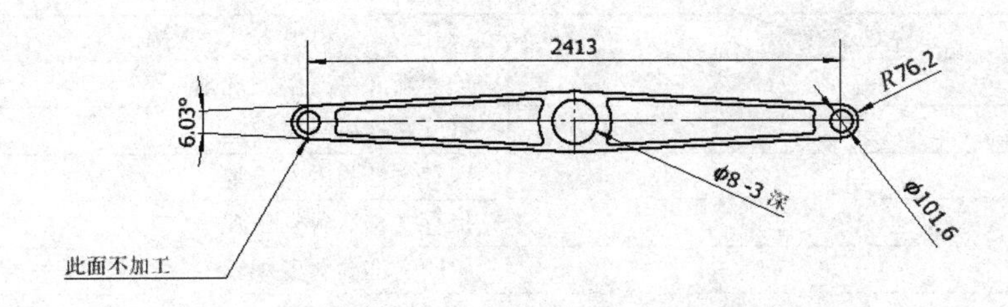

图 3-74　添加“指引线注释和孔尺寸”的结果

3.5　事件触发器

一旦在零件或部件模型中创建了规则，并且已经验证了它们在模型中的预期工作，就可以定义事件触发器来自动执行。事件触发器能够根据标准 Autodesk Inventor 事件的发生情况具体定义何时触发规则。iLogic 提供了一个触发器列表，可以将已建立的规则分配给这些触发器。

使用以下常规步骤为 iLogic 规则创建事件触发器。

步骤 1：打开事件触发器。选择“管理”选项卡“iLogic”选项组中的“事件触发器”命令，弹出“事件触发器”对话框，如图 3-75 所示（零件环境的事件触发器）。在默认情况下，“此文档”选项卡处于活动状态，并且列出了当前文件中可用的所有事件。事件列表根据零件、部件或工程图是否激活而略有不同。可用的事件规则提供了将特定 Autodesk Inventor 操作与 iLogic 规则的执行相链接的选项。

图 3-75 “事件触发器”对话框

可用的事件触发器都是预定义的。不能创建自定义事件触发器。可以用作触发器来启动规则的事件，见表 3-1。

表 3-1 事件触发器

事件触发器	描述
新文档	创建新文件时触发规则
打开文档后	打开文档后触发规则
保存文档前	保存文档前触发规则
保存文档后	保存文档后触发规则
关闭文档	关闭文档前触发规则
模型状态已激活	激活模型状态时触发规则
任何模型参数更改（零件或部件环境）	当任何模型参数更改时触发规则
任何用户参数更改	当任何用户参数更改时触发规则
iProperty 更改	当任何 iProperty 值更改时触发规则
特征抑制更改（零件环境）	当抑制或解除抑制任何零件特征时触发规则
零件几何图元更改（零件环境）	当零件实体或曲面体发生更改时触发规则
材料更改（零件环境）	当模型的材料变更时触发规则
零部件抑制更改（部件环境）	当抑制或解除抑制部件时触发规则
iPart 或 iAssembly 更改零部件（部件环境）	当对 iPart 或 iAssembly 引用执行“更改零部件”操作时触发规则
工程视图更改（工程图环境）	当工程图由于显示在视图中的模型发生更改而更新时触发规则

步骤 2：分配规则。要将现有规则分配给事件，需要在“此文档中的规则”区域中选择该规则并将其拖到“事件规则”区域中要将其分配到的事件下。如图 3-76 所示，“圆角”规则拖放到“材料更改”的事件触发器下，将规则分配给事件后，其将列在“事件规则”区域中的事件下。

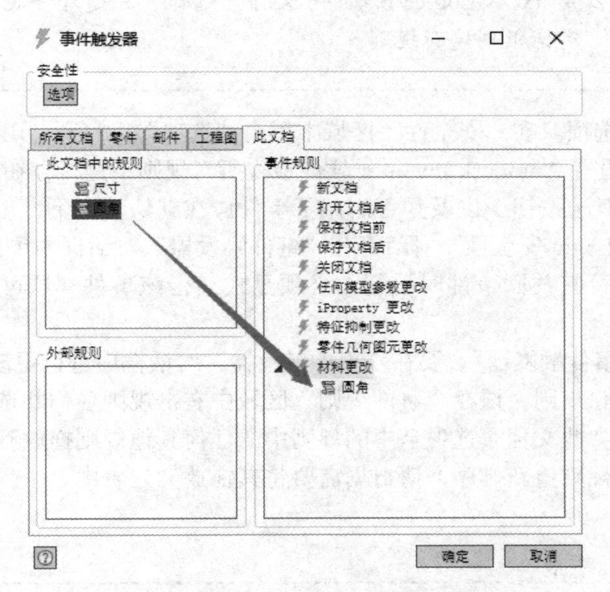

图 3-76　在“事件触发器”对话框中拖放规则

如果为一个事件分配多个规则，则可以将它们全部拖放到事件规则列表中，然后重新排列事件发生时规则的执行顺序。要在模型之间重用规则或包含来自其他编程工具的规则，可以使用外部规则。如果存在外部规则，也可以将其分配给事件触发器。这些外部规则将显示在对话框的“外部规则”区域中，并且可以按照与文档中存在的规则相同的方式选择和分配这些外部规则。

步骤 3：创建外部规则。要创建或导入外部规则，请在 iLogic 浏览器中选择“外部规则”选项卡，然后右击以访问如图 3-77 所示的选项。

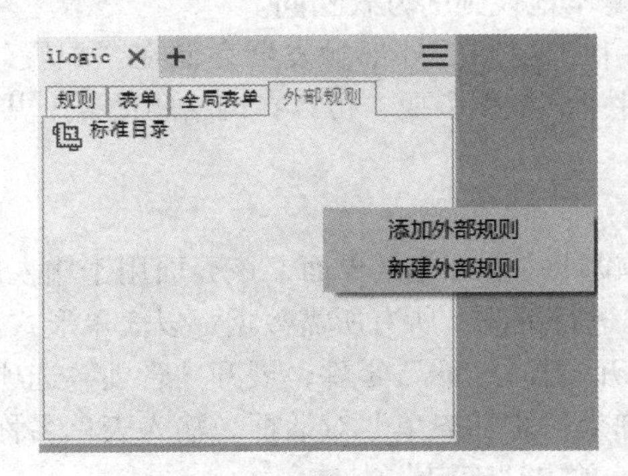

图 3-77　创建外部规则

提示

选择“添加外部规则”命令可以浏览并打开在当前文档外部或其他编程工具创建的规则。外部规则可以是 .txt、iLogicVb 或 .vb 文件。选择“新建外部规则”命令则可以使用标准“编辑规则”对话框创建新规则。

步骤 4：安全性选项。在“安全性”区域中单击“选项”以打开“iLogic 安全性”对话框。通过此对话框，可以设置 Autodesk Inventor 软件检查所有规则中是否存在恶意代码（“检查规则是否存在恶意代码”复选按钮）以及是否启用了事件。在默认情况下，启用所有事件。要完成事件触发器，请在“iLogic 安全性”对话框和“事件触发器”对话框中单击“确定”。

要确保规则在执行其关联事件时执行，必须显式运行该事件。这可以验证规则是否正确执行。

步骤 5：编辑“事件触发器”。要在“事件触发器”对话框中进行更改，请考虑以下事项。

- 要从事件中删除规则，请在“事件规则”区域中右击规则名称并选择“删除”。
- 根据需要，将“此文档”选项卡中的规则中的任何其他规则拖放到事件中。
- 要对事件中的规则重新排序，请根据需要将其拖放到列表中。

提示

通过“事件触发器”对话框中的其余选项卡（所有文档、零件、部件和工程图），还可以将事件触发器设置为在其他文档中运行。为了做到这一点，规则必须是外部的，并且必须设置外部规则目录来定位该规则。

要设置外部规则目录，请使用“高级 iLogic 配置”对话框指定包含外部规则的目录。要访问此对话框，请使用以下任一方法。

- 在“所有文档”“零件”“部件”或“工程图”选项卡中，选择“配置外部规则”。
- 在“工具”选项卡的“选项”选项组中，选择“iLogic 配置”命令。一旦设置了需要编辑或附加的目录，则需要此方法。

一旦设置了目录，存储在这个目录中的任何外部规则都会在“外部规则”区域中列出。将它们分配给事件的方式与分配本地规则的方式相同。

所有文档、零件、部件和工程图的外部触发器存储在“配置外部规则”目录中，名称为“RulesOnEvents.xml”的文件中。根据需要，可以在网络驱动器上共享此文件。

3.6 创建表单

在模型中使用表单可以设计一个自定义界面，该界面用于输入所需信息。不需要打开“参数”或“iProperties”对话框进行更改。所有所需数据都以表单形式显示，如图 3-78 所示。

步骤 1：添加表单。打开“连杆 .ipt”零件，展开“管理”选项卡“iLogic”选项组下拉列表框，选择“添加表单”，弹出“添加表单”对话框，输入表单名称“连杆配置”，并选择“在此文档中”，如图 3-79 所示，单击“确定”。

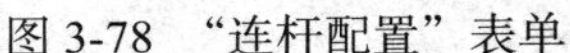
图 3-78 “连杆配置”表单

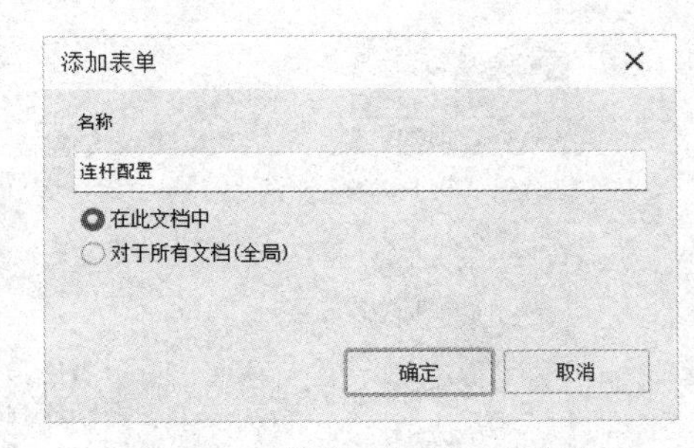

图 3-79 “添加表单”对话框

步骤 2：表单编辑器。图 3-80 所示的“表单编辑器”对话框，共分 5 个区域：参数过滤器区域允许过滤 Inventor“参数”选项卡中显示的参数；选项卡区域中显示了当前模型中的所有参数、规则和 iProperty 属性列表；工具框区域提供了用于自定义表单布局的组件；设计树区域显示了表单的整体布局；特性区域中可以设置、选择表单组件的各种属性。

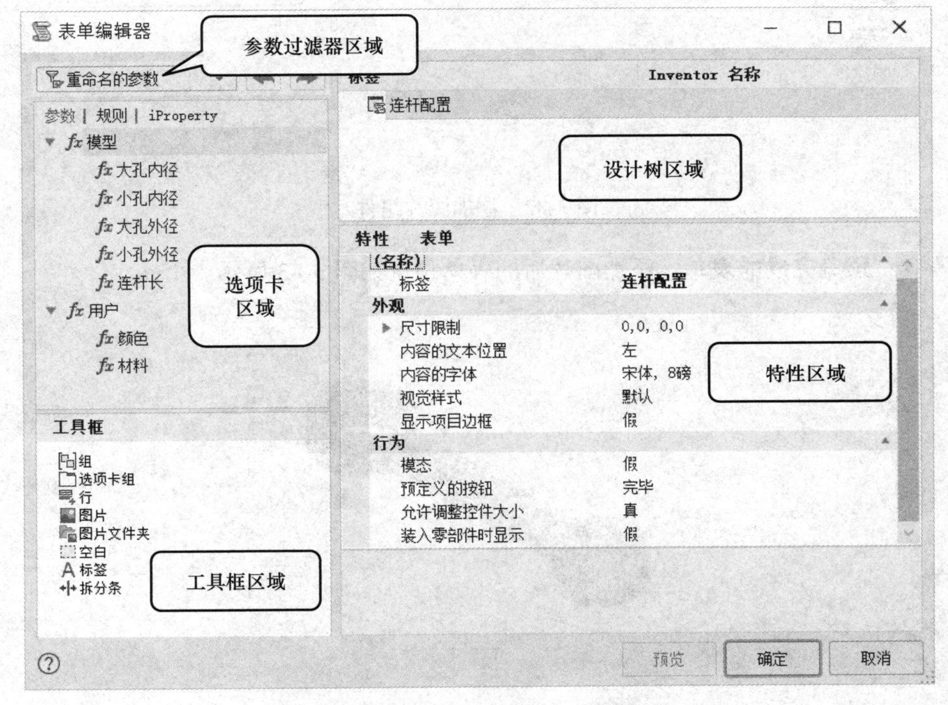

图 3-80 “表单编辑器”对话框

在设计表单布局时，表单的预览会显示在“表单编辑器”对话框右侧，预览显示如图 3-81 所示。

将工具框中的组件拖放到设计树中，表单界面能够实时预览。如图 3-82 所示，在“工具框”中，拖放“图片”组件到设计树的连杆配置中，并单击下方特性区域“图像”右侧的“…”按钮，选择练习文件夹中的“连杆”图片，把图片添加到当前位置。

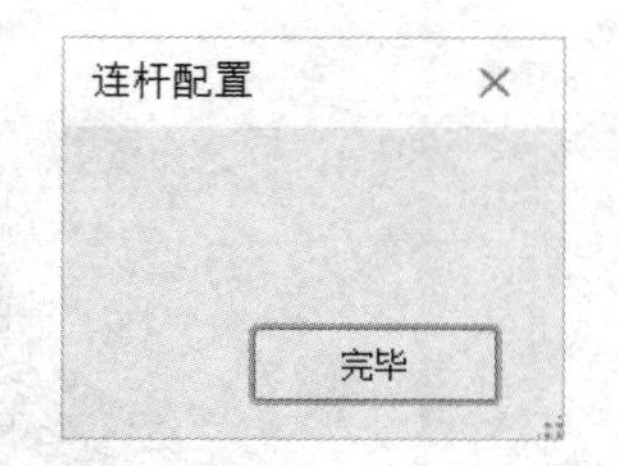

图 3-81　未定义任何组件的空表单预览

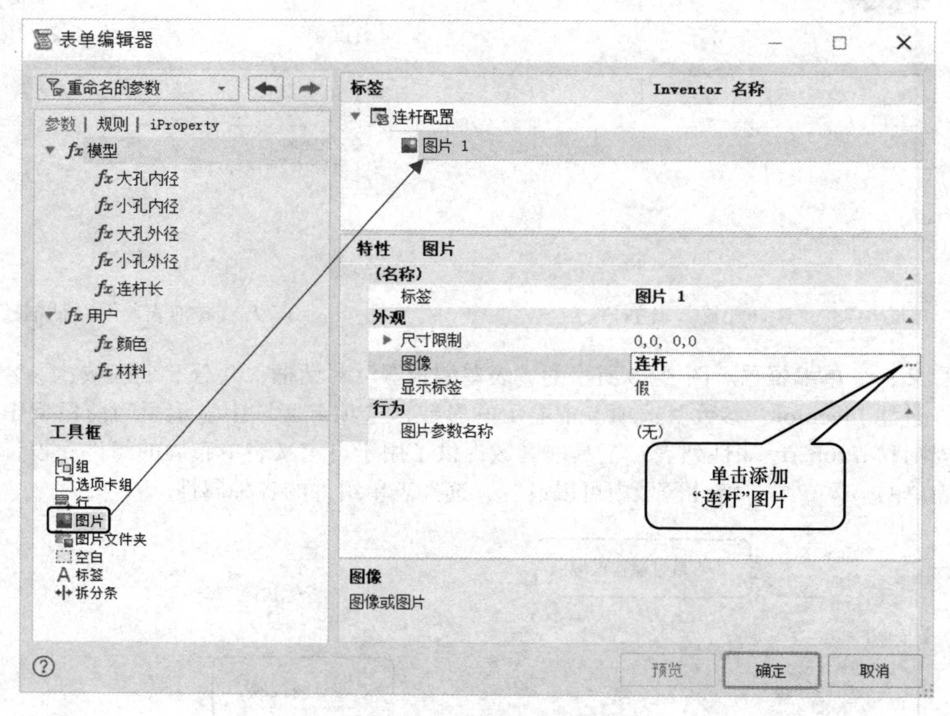

图 3-82　添加图片组件

步骤 3：预览完成的表单。添加图片后的表单预览如图 3-83 所示。

图 3-83　添加图片后的表单预览

步骤 4：添加“选项卡组”。从“工具框”中拖放两个“选项卡组”到设计树，并分别命名为“关键参数”和“属性”，然后将“图片 1”组件拖放到“关键参数”选项卡组中，如图 3-84 所示。

步骤 5：添加“行”和“组”。从“工具框”中拖放“行”和两个“组”组件到设计树，并将两个组分别重命名为“模型参数”和“用户参数”，如图 3-85 所示。

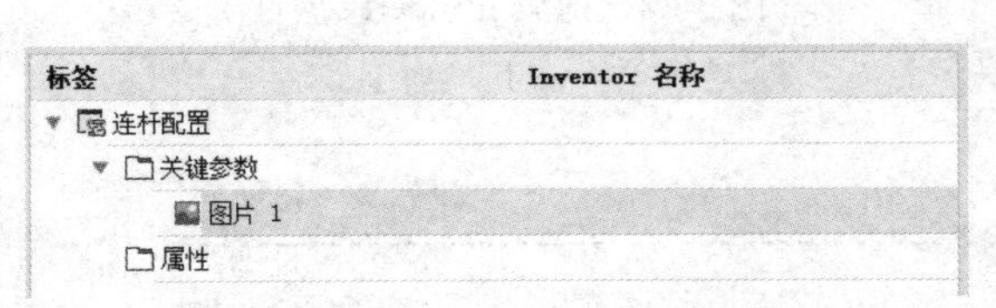

图 3-84　添加选项卡组并调整设计树

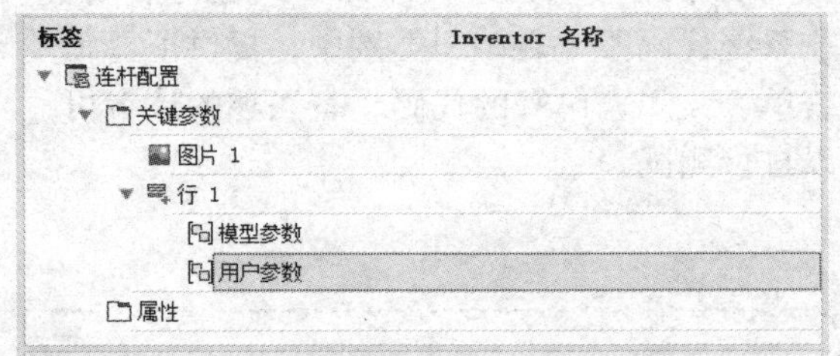

图 3-85　添加“行”和“组”组件

步骤 6：拖放参数。将左上角“参数”选项卡中列出的模型参数拖放到设计树的“模型参数”中，用户参数“材料”和“颜色”拖放到设计树的“用户参数”中，完成后如图 3-86 所示。

步骤 7：表单预览。完成的表单预览如图 3-87 所示。

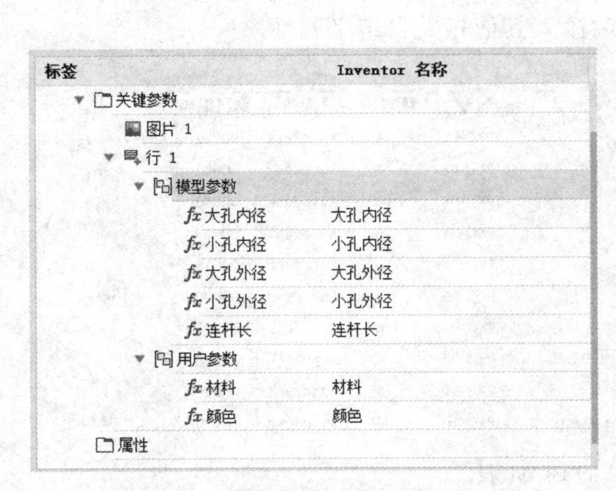

图 3-86　拖放模型参数和用户参数

图 3-87　完成后的表单预览

步骤 8：拖放 iProperty 属性。在选项卡区域切换到“iProperty”选项卡，拖放“零件代号”和“描述”两个属性到设计树的“属性”中，如图 3-88 所示。单击“确定”，完成表单创建。

步骤 9：测试表单。表单创建完成后，可对其进行测试，以确保它按预期工作。在“iLogic 浏览器”的“表单”选项卡中，选择“连杆配置”表单名称，打开表单后，修改模型参数“连杆长”，查看模型变化。

表单还可以通过代码的方式进行启动。在系统代码段“表单”类别中，提供了显示表单、关闭表单等的代码，有兴趣的读者可以自行测试。

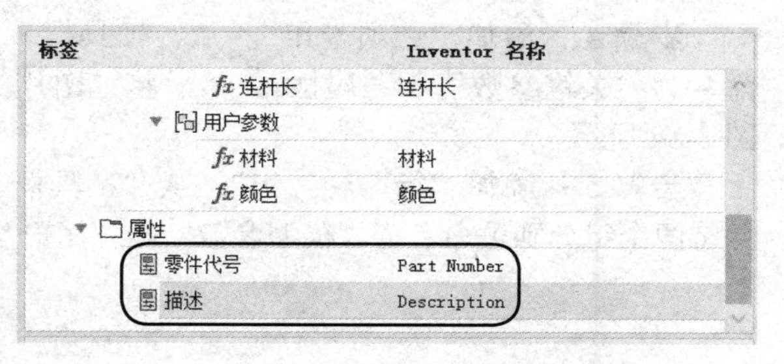

图 3-88　拖放 iProperty 属性

提示

“非模态”是指能够在表单显示时运行其他命令；“模态”是指在表单显示时你不能运行其他命令。

3.7　iLogic 代码实例

iLogic 中的规则可以直接调用一些 VBA 的代码，以完成实际中的需求。在编辑规则时，这些代码是可以编写到规则中的。

1. 批量导入零件属性

在使用该代码前，需要将部件的 BOM 表结构设置为“仅零件”，然后使用“导出 BOM 表”命令，将 BOM 表导出为 Excel 文件。

在 Excel 中（如名称为 BOM.XLS），添加所需自定义属性的名称和值。如图 3-89 所示，A 列是 BOM 表导出的“零件代号”，该列与 Inventor 部件中的零件文件名称一一对应，后续会用该列与部件模型中对应零件的零件代号匹配，然后读入其他相关自定义属性。

A	B	C	D	E	F
零件代号	产品描述	图号	版本	供应商	物料编码
钳座	钳座	PKQ-01	A	Autodesk	00001
护口板	护口板	PKQ-02	A	Autodesk	00002
活动钳口	活动钳口	PKQ-03	A	Autodesk	00003
螺钉	PKQ-04	PKQ-04	A	Autodesk	00004
方块螺母	方块螺母	PKQ-05	A	Autodesk	00005
螺杆	螺杆	PKQ-06	A	Autodesk	00006
平垫圈 GB_T 97.1 10	平垫圈 - 产品等级 A	PKQ-07	A	Autodesk	00007
螺母 GB 6178 M10	六角开槽螺母 - 产品等级 A 和 B	PKQ-08	A	Autodesk	00008
销 GB_T 91 2.5 x 18	开口销	PKQ-09	A	Autodesk	00009
Screw GB_T 70.3-2000 M8 x 20	Hexagon socket countersunk head screws	PKQ-10	A	Autodesk	00010

图 3-89　Excel 的 BOM 表

通过 iLogic 代码的循环执行，把需要批量添加的自定义属性，按 Excel 表中的顺序读入，添加到该零件的自定义属性中。

例如，Excel 表中零件行数是从 2 到 50 行，则 For 语句中就设置为 1 to 50。B、C、D、E 列为定义的新的自定义属性，“BOM 表”为对应的工作表名称。

代码示例如下。

```
For XX = 1To 50
    零件代号 = GoExcel.CellValue("BOM.XLS", "BOM 表 ", "A"& (XX + 1))
    产品描述 = GoExcel.CellValue("BOM.XLS", "BOM 表 ", "B"& (XX + 1))
    图号 = GoExcel.CellValue("BOM.XLS", "BOM 表 ", "C"& (XX + 1))
    版本 = GoExcel.CellValue("BOM.XLS", "BOM 表 ", "D"& (XX + 1))
    供应商 = GoExcel.CellValue("BOM.XLS", "BOM 表 ", "E"& (XX + 1))
    物料编码 = GoExcel.CellValue("BOM.XLS", "BOM 表 ", "F"& (XX + 1))
    iProperties.Value( 零件代号 &":1", "Project", "Description") = 产品描述
    iProperties.Value( 零件代号 &":1", "custom", " 图号 ") = 图号
    iProperties.Value( 零件代号 &":1", "Project", "Revision Number") = 版本
    iProperties.Value( 零件代号 &":1", "Project", "Vendor") = 供应商
    iProperties.Value( 零件代号 &":1", "custom", " 物料编码 ") = 物料编码
NextXX
```

2. 删除或保留零部件自定义属性

这段代码是将零部件自定义属性中需要的属性留下，不需要的属性删除。

代码示例如下。

```
' 删除自定义属性，保留需要的属性
Dim oAsmCompDef As AssemblyComponentDefinition
oAsmCompDef = ThisApplication.ActiveDocument.ComponentDefinition
' 定义需要保留的自定义属性
Dim MyArrayList As New ArrayList
MyArrayList.Add(" 供应商 ")
MyArrayList.Add(" 厂商品牌 ")
MyArrayList.Add(" 版本 ")
' 遍历操作
Dim oOccurrence As ComponentOccurrence
For Each oOccurrence In
oAsmCompDef.Occurrences.AllReferencedOccurrences(oAsmCompDef)
    ' 定义自定义属性集合
    oCustomPropertySet =
oOccurrence.Definition.Document.PropertySets.Item("Inventor User Defined Properties")
    ' 查看集合中的每个属性
    For Each oCustProp In oCustomPropertySet
            If MyArrayList.Contains(oCustProp.name) Then
                    ' 执行空
            Else
                    ' 删除自定义属性
                    oCustProp.Delete
            EndIf
    Next
```

```
Next
```

3. 打印带有版本号的 PDF 文件

将当前打开的工程图打印为 PDF 文件，并在 PDF 文件名称后加上版本号。

代码示例如下。

```
' 获取当前模型文档名称
doc = ThisDrawing.ModelDocument
' 获取模型的修订号
Rev = iProperties.Value(doc, "Project", "Revision Number")
oPrintMgr = ThisApplication.ActiveDocument.PrintManager
' 设置 PDF 文件名和路径
pdfname = ThisDoc.FileName(False)
filePath = ThisDoc.Path
' 选择打印机
oPrintMgr.Printer = "Microsoft Print to PDF"
' 设定为全黑打印
oPrintMgr.AllColorsAsBlack = True
' 设定为彩色打印
'oPrintMgr.ColorMode = kPrintDefaultColorMode
' 打印份数
'oPrintMgr.NumberOfCopies = 1
' 自动选择图纸方向
If ActiveSheet.Width>ActiveSheet.Height Then
    oPrintMgr.Orientation = 13570
End If
If ActiveSheet.Width<ActiveSheet.Height Then
    oPrintMgr.Orientation = 13569
End If
' 设置打印比例为最佳比例
oPrintMgr.Scalemode = kCustomScale
oPrintMgr.ScaleMode = PrintScaleModeEnum.kPrintBestFitScale
' 判断图纸尺寸
Select Case ActiveSheet.Size
    Case A2
            oPrintMgr.PaperSize = kPaperSizeA2
    Case A3
            oPrintMgr.PaperSize = kPaperSizeA3
    Case A4
            oPrintMgr.PaperSize = kPaperSizeA4
End Select
oPrintMgr.PrintToFile(filePath + "\" + pdfname + "_" + Rev + ".pdf ")
```

4. 将 idw 工程图文件另存为 AutoCAD 的 DWG 文件

代码示例如下。

```
' 获取 DWG 转换器附加模块
Dim DWGAddIn As TranslatorAddIn
DWGAddIn = ThisApplication.ApplicationAddIns.ItemById("{C24E3AC2-122E-11D5-8E91-
0010B541CD80}")
' 设置对活动文档（要发布的文档）的引用
Dim oDocument As Document
oDocument = ThisApplication.ActiveDocument
Dim oContext As TranslationContext
oContext = ThisApplication.TransientObjects.CreateTranslationContext
oContext.Type = kFileBrowseIOMechanism
' 创建 NameValueMap 对象
Dim oOptions As NameValueMap
oOptions = ThisApplication.TransientObjects.CreateNameValueMap
' 创建 DataMedium 对象
Dim oDataMedium As DataMedium
oDataMedium = ThisApplication.TransientObjects.CreateDataMedium
' 检查转换器是否有 "SaveCopyAs" 选项
If DWGAddIn.HasSaveCopyAsOptions(oDocument, oContext, oOptions) Then

    Dim strIniFile As String
' 需要创建导出 DWG 文件的配置文件，可以先手动创建
    strIniFile = "C:\tempDWGOut.ini"
' 创建指定要使用的 Ini 文件的名称。
    oOptions.Value("Export_Acad_IniFile") = strIniFile
End If
' 获取当前文档的文件名和路径，并加上 dwg 后缀
PN = ThisDoc.PathAndFileName(False) + ".dwg"
' 设置目标文件名
oDataMedium.FileName = PN
'Publish document.
Call DWGAddIn.SaveCopyAs(oDocument, oContext, oOptions, oDataMedium)
```

5. 部件中统计所有零件的成本

累加部件中所有子零件的特定属性值（如零件成本），存放到部件对应属性中。

代码示例如下。

```
Public Sub Main()
    Dim oDoc As Inventor.AssemblyDocument
    oDoc = ThisApplication.ActiveDocument
    Dim oCompDef As Inventor.ComponentDefinition
    oCompDef = oDoc.ComponentDefinition
```

```
cost = 0
    Dim oCompOcc As ComponentOccurrence
    For Each oCompOcc In oCompDef.Occurrences
Try
        If oCompOcc.SubOccurrences.Count = 0 Then
            cost=cost+iProperties.Value(oCompOcc.Name,"Custom", "Cost")
        Else
            Call processAllSubOcc(oCompOcc)
            End If
    Catch
    Continue For
    End Try
        Next
    iProperties.Value("Custom", "Cost")=cost
End Sub
'This function is called for processing sub assembly.  It is called recursively
'to iterate through the entire assembly tree.
Private Sub processAllSubOcc(ByVal oCompOcc As ComponentOccurrence)
        Dim oSubCompOcc As ComponentOccurrence
    For Each oSubCompOcc In oCompOcc.SubOccurrences
        'Check if it's child occurrence (leaf node)
        If oSubCompOcc.SubOccurrences.Count = 0 Then
    cost=cost+iProperties.Value(oSubCompOcc.Name,"Custom", "Cost")
        Else
            Call processAllSubOcc(oSubCompOcc)
        End If
    Next
End Sub
```

6. 导出 PDF 和 STP 文件

将选定的模型导出 STP 文件，工程图导出 PDF 文件。

代码示例如下。

```
Dim oDoc As Inventor.Document
For Each oDoc In ThisApplication.Documents.VisibleDocuments
     If (oDoc.DocumentType = kDrawingDocumentObject) Then 'Found a drawing
        'find the postion of the last backslash in the path
        oFNamePos = InStrRev(oDoc.FullFileName, "\", −1)
        'get the file name with the file extension
        oName = Right(oDoc.FullFileName, Len(oDoc.FullFileName) -oFNamePos)
        'get the path of the folder containing the file
        oPath = Left(oDoc.FullFileName, Len(oDoc.FullFileName) -Len(oName))
            If iProperties.Value("Project", "Part Number") < >""Then
```

```
            oShortName = iProperties.Value("Project", "Part Number")
        Else
            oShortName = ThisDoc.FileName(False)
        End If
        'get PDF target folder path
        oFolder = "C:\InventorExport\"&"\Batch"
        'Check for the PDF folder and create it if it does not exist
        If Not System.IO.Directory.Exists(oFolder) Then
            System.IO.Directory.CreateDirectory(oFolder)
        End If
        '*********************Create PDF*********************
        oPDFAddIn = ThisApplication.ApplicationAddIns.ItemById _
        ("{0AC6FD96-2F4D-42CE-8BE0-8AEA580399E4}")
        oContext =
ThisApplication.TransientObjects.CreateTranslationContext
        oContext.Type = IOMechanismEnum.kFileBrowseIOMechanism
        oOptions =
ThisApplication.TransientObjects.CreateNameValueMap
        oDataMedium =
ThisApplication.TransientObjects.CreateDataMedium
'If oPDFAddIn.HasSaveCopyAsOptions(oDataMedium, oContext, oOptions) Then
        If oPDFAddIn.HasSaveCopyAsOptions(oDoc, oContext, oOptions) Then
            'oOptions.Value("All_Color_AS_Black") = 0
            'oOptions.Value("Remove_Line_Weights") = 0
            oOptions.Value("Vector_Resolution") = 400
            oOptions.Value("Sheet_Range") =
Inventor.PrintRangeEnum.kPrintAllSheets
            'oOptions.Value("Custom_Begin_Sheet") = 2
            'oOptions.Value("Custom_End_Sheet") = 4
        End If
        'Set the PDF target file name
        oDataMedium.FileName = oFolder&"\"&oShortName&".pdf "
        'Publish document
        oPDFAddIn.SaveCopyAs(oDoc, oContext, oOptions, oDataMedium)
'***Create STEP***'define the model referenced by the drawing
        Dim oModelDoc = ThisDoc.ModelDocument
        'Get the STEP translator Add-In
        Dim oSTEPTranslator As TranslatorAddIn
        oSTEPTranslator =
ThisApplication.ApplicationAddIns.ItemById("{90AF7F40-0C01-11D5-8E83-0010B541CD80}")
```

```
            Dim oSTEPContext As TranslationContext
            oSTEPContext =
    ThisApplication.TransientObjects.CreateTranslationContext
            Dim oSTEPOptions As NameValueMap
            oSTEPOptions =
    ThisApplication.TransientObjects.CreateNameValueMap
            If oSTEPTranslator.HasSaveCopyAsOptions(oModelDoc, oSTEPContext, oSTEPOp-
tions) Then
          'Set application protocol
          '2 = AP 203 - Configuration Controlled Design
          '3 = AP 214 - Automotive Design
          oSTEPOptions.Value("ApplicationProtocolType") = 3
          'Other options...
          'oSTEPOptions.Value("Author") = ""
          'oSTEPOptions.Value("Authorization") = ""
          'oSTEPOptions.Value("Description") = ""
          'oSTEPOptions.Value("Organization") = ""
    oSTEPContext.Type = IOMechanismEnum.kFileBrowseIOMechanism
    Dim oData As DataMedium
    oData = ThisApplication.TransientObjects.CreateDataMedium
    oData.FileName = oFolder&"\"& oShortName&".stp"
    'Publish document
    oSTEPTranslator.SaveCopyAs(oModelDoc, oSTEPContext, oSTEPOptions, oData)
            End If
          End If
    Next oDoc
    'MessageBox.Show("PDF(s) and STEP(s) exported to: " & oFolder , "iLogic")
    '------------------------------------------------------------
    Exit Sub
```

提示

对于参数化设计来说，iLogic 给我们带来了更多的可能。您可以根据特定的条件控制零部件的参数；根据给定的条件打开模型或工程图；读取或写入 Excel 表中的值；自动装配零部件；批量处理打印 PDF；批量导出 STP 文件等。由于篇幅所限，本书中所用到的 iLogic 代码只是很小的一部分，读者可以根据自己的情况，学习其他相关代码。相关内容可参考 Autodesk 官方英文论坛：https://forums.autodesk.com/t5/inventor-programming-ilogic/bd-p/120。

第4章 布管设计

【学习目标】

1）熟悉硬管、折弯管的使用。

2）定制管路资源库。

3）了解管路中的应用模式及相关内容。

4.1 布管概述

在 Inventor 中，管路是作为一个常规的插件进行使用，主要为设备中的管路设计提供快捷工具。最常用的几种管路分别是硬管、折弯管和软管。硬管是指日常中以直管 + 弯头方式来安装使用的管路；折弯管属于折弯管子来实际使用的管路，最为常见的是设备中的铜管；软管属于可以在空间中自由弯曲的管路。后两种类型在设计或使用中，一般都不放置弯头（含三通、四通）。

在部件中，“环境”选项卡下选择“三维布管”命令，就可以进入到布管环境。在布管环境中，有两个操作选项卡：一个是“管路”选项卡，如图 4-1 所示；另一个是“管线”选项卡，如图 4-2 所示。

图 4-1 “管路”选项卡

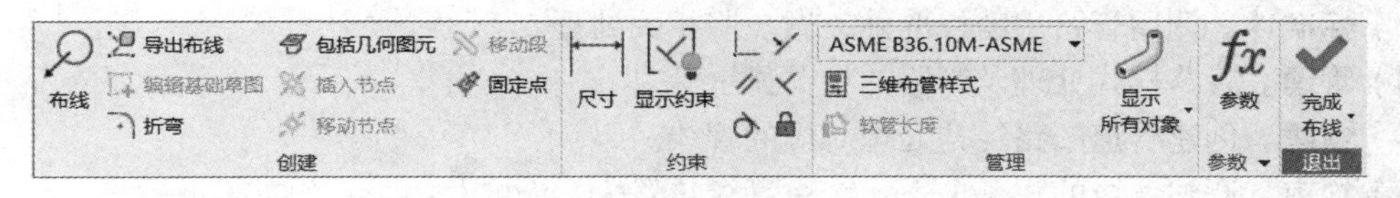

图 4-2 “管线”选项卡

开始使用三维布管时，如果主管路的子部件不存在，则单个管路部件将添加到主部件中。如图 4-3 所示，此部件的默认浏览器名称为“三维布管管路”，该部件有且只有一个，后续添加的管路都将放置到该管路部件中。在浏览器中，双击该部件，就可以到对应部件的操作环境，该层和普通部件基本类似，主要放置和编辑各种实体零件。

每个管路可以包含一个或多个管线，各个管线可以使用不同样式。管路属于部件状态，能放置对应管路的各种管件，也可以进行配件的放置、样式的定义，本级放置的内容是各种配件及管线。

管线属于管路的下一级，主要用于管路中的走线定义，可以理解为布线中的三维草图应用，来表达各种管路的走线过程。样式可以在管线中定义，也可以按需要自定义样式。在一个管路中放置三种管线类型，各自管线也能定义所需的直径大小。管线可以连接到部件的模型图元，或连接到管线上的配件，经常选择相关内容作为管线的起始和终止点，来进行管线的创建。按管线生成的管段或配件，都保存在管路结构树上。

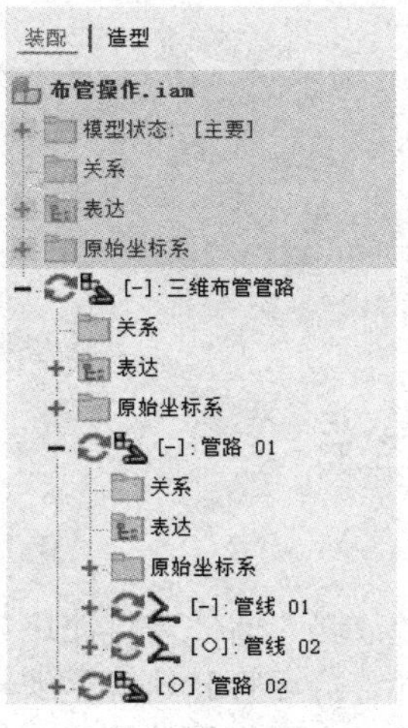

图 4-3　布管浏览器

可以这么去理解布管的结构，所有的管路内容都属于一个部件（三维布管管路），该部件可以有多个子部件（管路），子部件包括多个零件（配件）和草图（管线）。

4.2　操作选项卡

布管常用的是“管路”和“管线”两个选项卡，一个负责配件的处理，另一个负责管路走线的布置。两者中的命令分得非常清晰，相关更多的操作命令会在设计过程中选择，基于相关的对话框或快捷菜单。选项卡包括的选项组有布线、标准件、管理、创建、约束等几个部分，其余的就属于常规命令了。

1）**布线**。创建布线，插入普通零件或进行配线间处理。

2）**标准件**。调用管路用的标准件，做一些相关处理。

3）**管理**。管路样式处理及管路的相关显示等。

4）**创建**。创建管道的路径并处理对应的管线。

5）**约束**。调整管线的相关关系，约束管线位置。

从选项组可以看到操作的基本方向。在管路操作中，最基本的操作有两个：一个是放置管线，定义管线的走向，设计管路的基本样式；另一个就是放置管路的配件，来让管线更加符合实际需求。

从这些命令中，基本能明白布管模块的操作及思路方向。布管模块首先考虑管线的走向和定义，由于在布线过程中会有各种分叉，就用配件来处理分叉，然后继续后续的管线布置，两者交替处理一直到绘图的结果符合实际需要。

默认管路用的管道、弯头及直径大小，由样式来设置。样式中不会有三通、四通这些配件，需要都是在管线中进行替换或插入。如果存在配件间直接连接，则用配件连接命令来实现。

在管线操作中，基本上不处理管线的配件，如管卡、抱箍等，这些相关的处理都用普通零件的操作来进行。

4.2.1 “管路”选项卡

“管路”选项卡的命令大部分都是用于配件的处理，包括“放置配件”“连接配件”等，一般操作完成一条管线的布置后，就会回到该选项卡。

1）放置配件。放置各种 .ipt 文件。如果文件是做个管路定义的，就可以按配件方式进行操作；如果是普通零件，也可以放置进来。

2）连接配件。把已经放置到工作空间的配件按需要进行连接，命令分为“连接配件”和“插入配件”，如图 4-4 和图 4-5 所示。两个命令的区别就是一个是两个配件间连接，另一个是把配件插入到已连接的配件中。“自由配件”都属于移动去和配件连接的配件，“基础配件”是指不动的配件。配件的连接关系（插入的距离）是按配件的定义，可以在“接合”里进行选择，如果选择“自定义”就可以输入“距离”来确定。

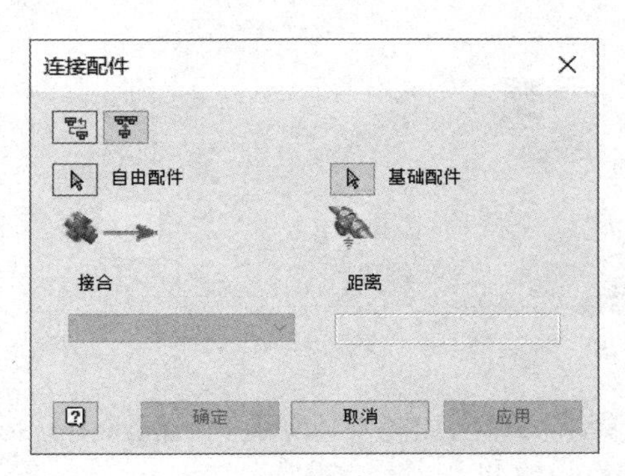

图 4-4　连接配件

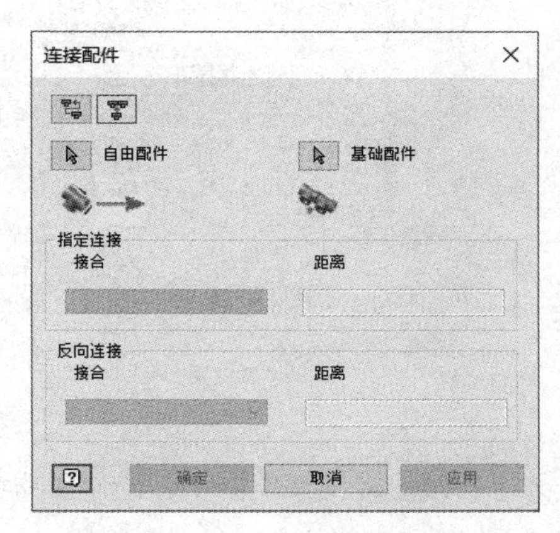

图 4-5　插入配件

3）填充管线。把管线转换成管路实体内容的命令。默认中，布置完成的管线会自动转换成实体管路。部分需要手动时，选用该命令。

4）放置。从资源中心中放置标准件，和普通放置标准件相同。当选择的是管路配件时，可以直接插入到管路中，实现管路配件的操作。

5）替换。拿资源中心的标准件，替换当前管路中的配件，如选择三通来替换弯头。

6）刷新。检查当前管路中用的配件是否是最新版本，如库中的配件发生更新，把库中的标准件替换当前对应的标准件。

7）三维布管样式。打开“三维布管样式”对话框，如图 4-6 所示。在该对话框中，进行各种管路样式的创建，并选择所需的直径。左侧有三种管路样式，包含现有的样式，右侧可以筛选连接的方式以及对应的直径大小。选择“规则”选项卡，可以定义管线放置过程中最大、最小长度等内容，让设计过程更符合需求。

8）ISOGEN 输出。把管路的信息输出为 .pcf 文件，该文件可以用记事本打开，里面记录着管路中每个点信息，提供给其他软件或设备作为数据源。

9）显示所有对象。和“延时更新并隐藏所有对象”两个命令进行切换，用于管路中显示管路或显示管线图。

4.2.2 “管线”选项卡

“管线”选项卡中以布线为主要命令，布线操作比较类似三维草图，在空间中放置所需的各种线，对应的命令也都是针对各种线的处理命令。

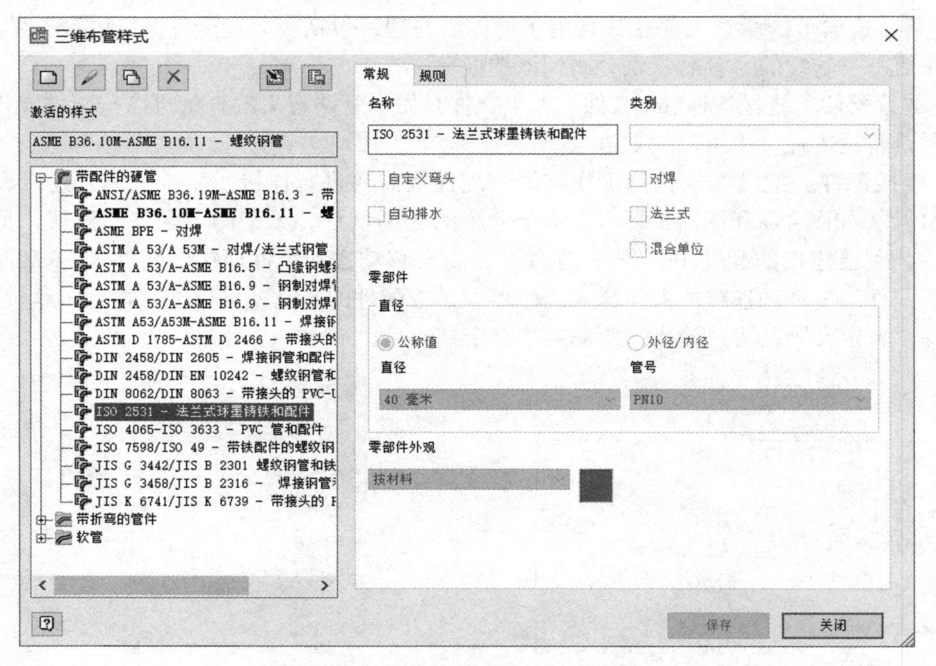

图 4-6 “三维布管样式”对话框

1）**布线**。在绘图空间上，绘制所需的管路线，单击后弹出如图 4-7 所示对话框。

默认就处于放置中，单击对应的位置，就可以绘制空间的走线。单击第一点后，就会放置一个坐标系，可以按坐标系方式依次绘制下一个点。当第一点是任意点时，可以按任意方向绘制后续内容，如果单击的是孔中心点，就会把该孔作为管路的连接位置，开始铺设管路。单击“自动布线”复选按钮，会允许选择任意点来完成管线放置，不选择只能在坐标系上依次完成。

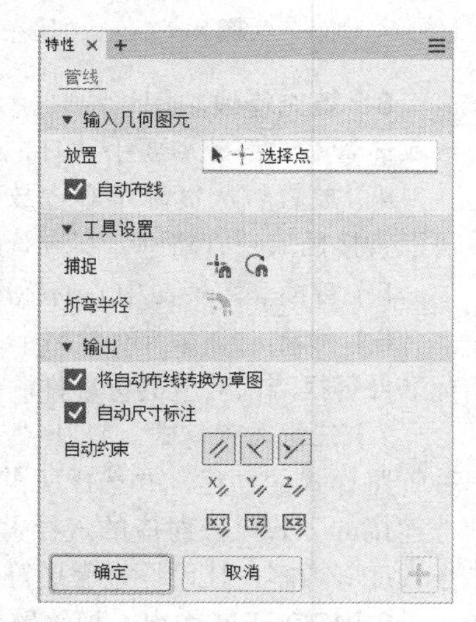

图 4-7 布线时的对话框

在工具设置中有两个捕捉，即“点捕捉”和“旋转捕捉”，以及折弯半径的设置，用于在绘图过程中，定位到的精确位置和坐标系平行。

“输出”选项组中有几个选项，主要是输入距离的尺寸是否自动标注，是否自动添加平行、垂直等各种约束。选项不能启用，往往是当前的布管样式不支持导致的。

2）**导出布线**。把普通零件中的三维草图线导入到当前管线中，作为绘制的线来实现布管处理。它和下方的“编辑基础草图”属于互搭命令，选择该命令，就可以对原始的三维草图进行编辑。

3）**折弯**。给连接的线添加一个圆角，硬管添加圆角，该段管路会以折弯的方式表达。

4）**包含几何图元**。把三维图元的点、线、面作为参考图元，辅助布线过程。

5）**插入节点**。在已有的管线中，放置一个节点，节点会转换为管接头。基本上，插入节点和插入一个管接头方式的结果是相同的。节点插入是布线阶段的操作命令，能够更好地使用尺寸控制来进行定位。

6）**移动节点**。对于自动布线放置的节点，进行位置上的调整；对于手动插入的节点，移动的方式应该是标注尺寸，该命令无效。

7）**移动段**。在自动布线过程中，把需要调整的布线段进行移动，更新自动布线结果。

8）**固定点**。相对于某个点，来创建一个新的点，用来辅助定位或尺寸。

9）**尺寸及约束**。类似与三维草图中的尺寸及约束，来对布线进行调整。

10）**软管长度**。在软管放置的环境中，调整软管样条曲线的张力来获得所需长度。

4.3　布管练习

在练习中，会自定义管路样式，后续以创建的管路样式进行应用。布置两种类型的管路，软管的管路相对操作比较简单，不在练习中详细介绍。

4.3.1　创建管路样式

在本部分的练习中，将设置 Inventor 的项目，定制管路的样式，用于后期管路操作的练习。加载一个自定义库用于后续管件的创建。

步骤 1：项目处理。启动 Inventor 软件，确定当前项目所在，建议加载本章练习中的项目:“第 4 章　管路 .ipj”。这里选用项目的目的，是确认标准件库内容的加载，由于管路中调用的均是标准件内容，如果库文件没有加载，各种定义无法进行。

在库文件的加载中，主要用的是 GB 库。如图 4-8 所示，在项目中，选择右下的“配置资源中心库”命令，就可以弹出“配置库：第 4 章　管路”对话框，默认含有标准件国标及自定义库。

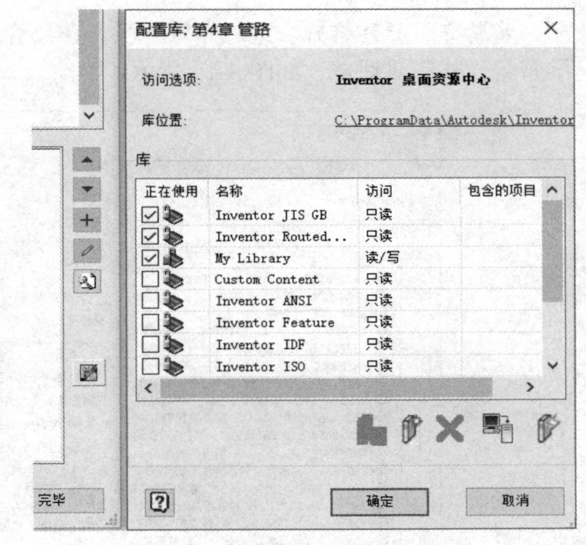

图 4-8　项目中库的配置

在练习的项目中，会默认加载了这几个库，如果库文件没有（使用共享库或没有安装），可以看到图中的“库位置”，单击后方的链接，就能找到保存位置，把库文件复制到该位置即可完成。

文件中，“JIS GB”就是国标库，JIS 是指日标，两个标准件是放在一个文件的，“My Library”是自定义库，只有该库可读写，后面定制的标准件会保存到该库。软件中默认会带有 ISO（国际标准）、DIN（德国）等标准，如有需要可以加载。修改后，保存项目，即可开始后续操作。

步骤 2：进入布管环境。打开练习文件中的“泵组\泵组 .iam”文件，在“环境”选项卡中选择“三维布管”命令，如图 4-9 所示，进入布管环境。

在进入布管环境时，会显示“创建三维布管管路”对话框，该对话框显示了管路文件保存的位置，可以看到，它会独立保存到一个文件，并不和当前部件放置在一起。

形成的三维布管管路部件，是依附于主部件存在，只能在主部件中修改与保存，其不能单独存在，如果把该部件进行复制或阵列，部件会转换成普通部件，相关的管路特性也就会丢失。

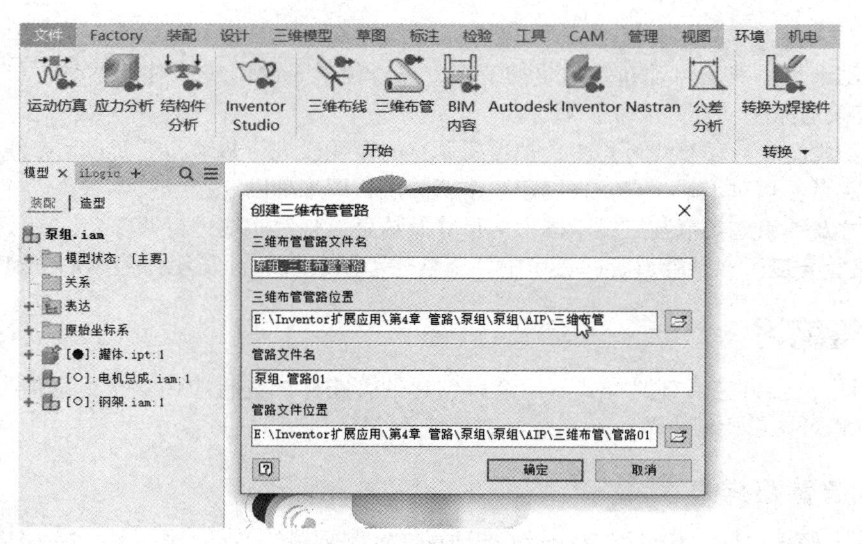

图 4-9 进入布管环境

步骤 3：新建样式。进入布管环境，在“管理”选项卡中选择“三维布管样式”，弹出“三维布管样式”对话框，如图 4-10 所示。

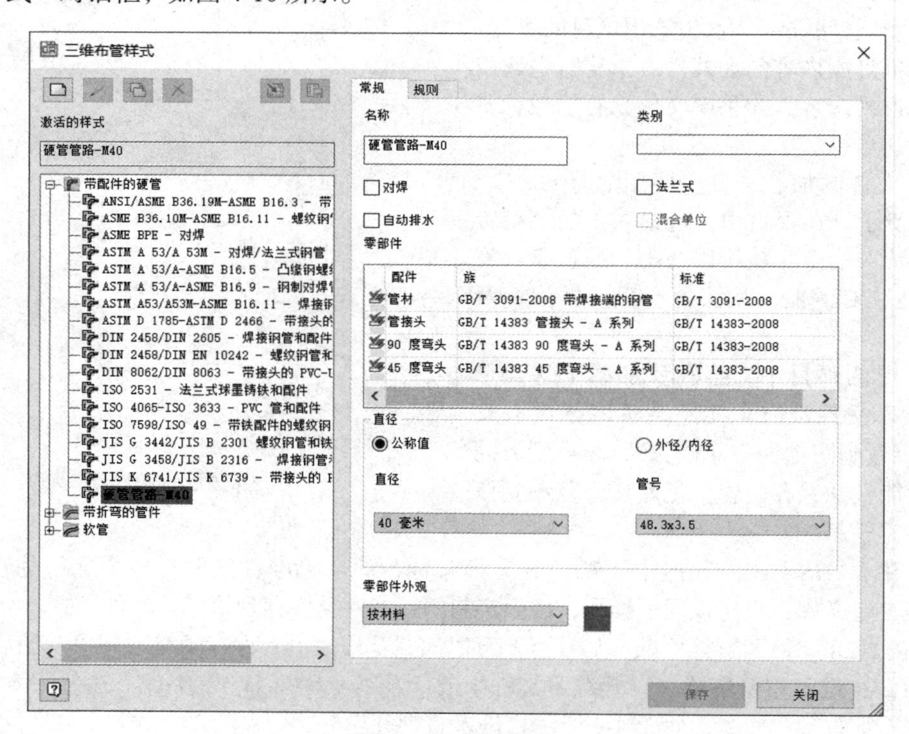

图 4-10 新建样式

对话框左上是管路样式的“新建”“编辑”“复制”“删除”“导入”“导出”6 个命令，用于样式的相关处理；左下是样式的内容，大部分都是默认样式，“硬管管路 -M40”就是要自定义的样式，选择所需的样式，右击选择“激活”，就可以把该样式作为激活样式。

右击选择左下的样式或选择“新建”命令，就可以进入到新建对话框，右侧的选项卡就可以进行输入，给定名称为“硬管管路 -M40”，这里建议把管路的公称直径带上，方便同一类管路不同尺寸的识别。

“对焊”“法兰式”“自动排水”“混合单位”属于管路中的一些设置，如选择“法兰式”，配件中会用法兰来替代管接头进行连接。本次管路选择默认的样式，不选择任意项。

零部件里是管路中各个配件的选用，选择的都是标准件库中的内容。管材选定所用管段的类型，这里选择了“GB/T 3091—2008 带焊接端的钢管”，确定了所选用的钢管类型以及末端的连接方式。后面定义了接头和弯头，都选用了“GB/T 14383”标准，该标准下还包括三通、四通等各种配件。

双击配件所在行的位置，就可以弹出对应配件的选择对话框，如图 4-11 所示。对话框中会列出装载的库的所有相关能适用的配件。例如，接头中还包括三通、四通，凡是能直接贯通的配件，都可以当作配件适用，与之相同的还有弯头的样式。

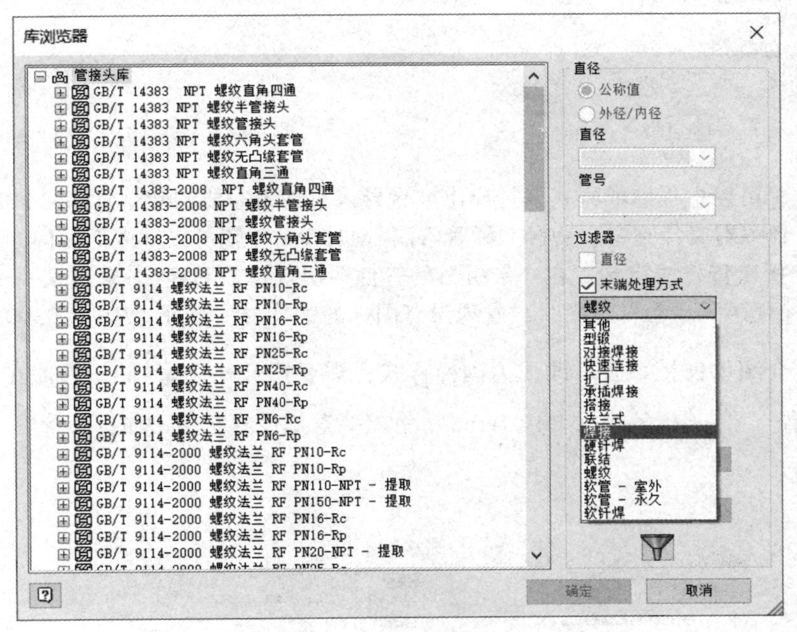

图 4-11　配件选择

在对话框的右侧是对应的筛选选择，可以进行选择。选择下方的筛选命令，把某一类留下来，如当前的选择中可以把末端处理方式改为“焊接”，那么就会把库中以焊接方式的配件都筛选出来。末端处理方式如果选择了不相同的，软件会报连接方式不同的提醒，但也可以使用，绘制的内容会按各自的结果显示，但不影响管路绘制。

依次选择好各个配件后，返回图 4-10，配件中“45 度弯头”可以不设置，如果不设置，该管路不能进行 45° 角的设计。公称值上，选择直径为“40 毫米”，每一个样式管路，只能有一个公称直径，当该值发生修改，使用该样式的都会出现更新。

“常规”选项卡旁边还有一个“规则”选项卡，如图 4-12 所示，用于设置管段。最小值是指管段最小的长度，低于该长度，管段不允许生成；最大值是指最长管段距离，超过该值，会自动加入管接进行分段；增量用于管段的长度处理，确保管段不是任意长度。

步骤 4：样式激活与复制。右击“硬管管路 -M40”，选择“激活”命令，把该样式作为当前样式。再次选择该样式，右击选择“复制”命令，就能看到复制的样式。对该样式进行编辑，如图 4-13 所示，把公称值直径改为 32mm，作为样式备用。

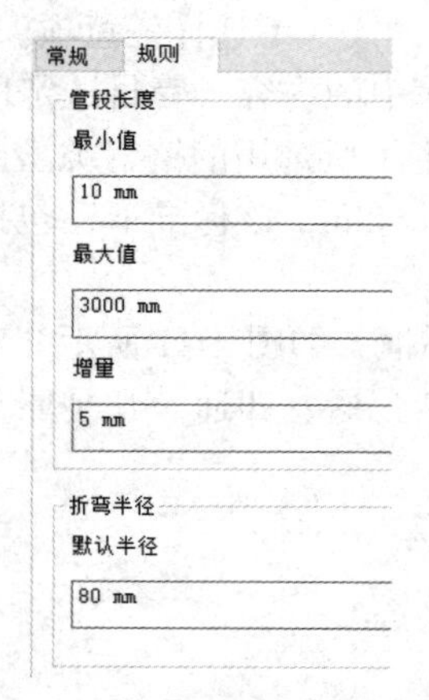

图 4-12 “规则”选项卡

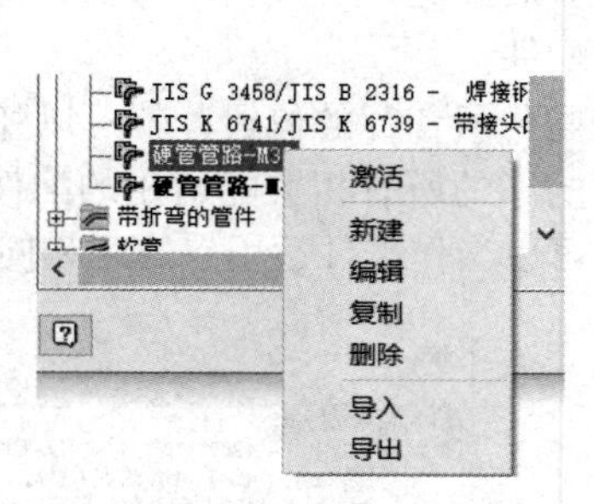

图 4-13 样式激活与复制

在样式上，可以把当前的样式进行导出或者导入，如果需要“硬管管路 -M40”样式，可以选择“导入”到练习文件夹中，选择“硬管管路 -M40.xml”就可以直接把该样式加载完成。

步骤 5：折弯管样式定制。在“带折弯的管件”里选择“新建”，来定义一个折弯管样式，给定名称为“铜弯管”；管材定义时，发现没有国标的铜管材，选择“JIS H 3300 管材”进行使用，后续中会介绍如何把该管材改成为国标样式；需要铜管外径为$\frac{1}{2}$ in，因此在直径选项中改为“外径 / 内径”，并选择外径为“12.7mm”。管接头这里没有定义，在折弯管中，其可以空缺，如图 4-14 所示。

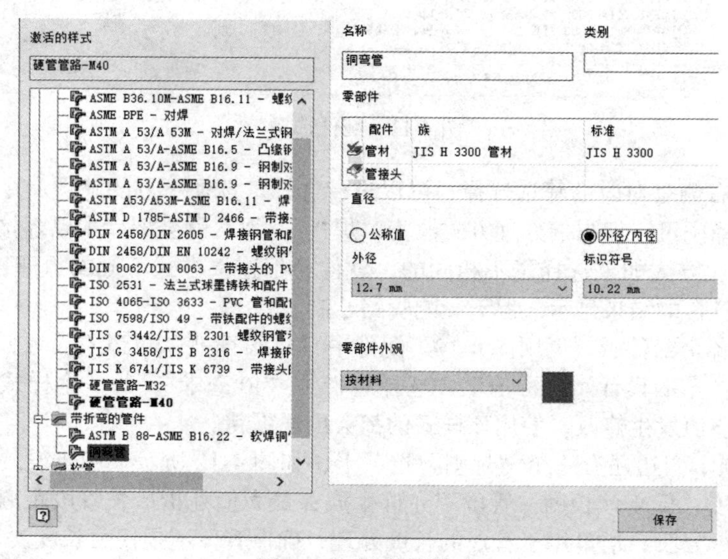

图 4-14 折弯管样式

“规则”选项卡上，最小值为“0mm”、最大值为“3000mm”、增量为“1mm”、默认半径为“25mm”，如图 4-15 所示。因为折弯管每一条管路都是独立个体，最短距离多少都可以，只要能折出来，增量上也不需要做合并统计，所以可以按这个设置完成。

4.3.2　硬管及配件

在本练习中，会把设置的样式放置到设备上，完成一条完整的管路，并在该基础上做一条分支以满足需求。在前面打开的模型中可以看到，罐体和电机泵之间需要做一条管路，由罐体上方的接口，连接到电机泵垂直方向的连接口，如图 4-16 所示。

常规　规则
管段长度
最小值
0 mm
最大值
3000 mm
增量
1 mm
折弯半径
默认半径
25 mm

图 4-15　折弯管规则

图 4-16　模型图

步骤 1：放置连接法兰。在模型中，需要连接管路的位置，要放置法兰来帮助管路连接。管路的起始位置会以管段开始，插入法兰或其他配件是完整设计的需求。如图 4-17 所示，在管路界面选择“标准件”选项组中的“放置”命令，在标准件对话框中选择法兰“GB/T 17241.5—1998”，在法兰系列中选择公称尺寸为“M50”。所选法兰的大小能符合连接的法兰尺寸，M40 的管段配套的就是 M40 的法兰，选择 M50 法兰是连接位置的需要。

放置标准件在部件中哪个层级都可以进行，这里需要和管路配合在一起，那么在管路中放置就更为合适。这里放置的法兰和普通的标准件类似，选择“作为自定义”，该法兰会保存到项目中，并可以进行修改；选择“作为标准”则会自动保存到标准件库，后续该文件也就不能改动。一般法兰都不会进行改动，因此默认都是作为标准件使用。

单击“确定”后就会进入到插入界面，右击选择“连接配件”命令，如图 4-18 所示，法兰会出现一个箭头，用于和圆形连接，类似于约束的插入命令。选择罐体的连接位置，会显示红色的圆形，单击，法兰就会插入到对应位置。

放置后如图 4-19 所示，该状态用于旋转法兰来使两侧的螺栓孔位置一致。单击图中的箭头进行拖动，就可以捕捉罐体的螺栓孔位置。当鼠标拖到孔位，会有明显的捕捉感。

这个捕捉就是“旋转捕捉”，右击的菜单中可以看到。“旋转捕捉”命令默认打开着。该状态下，轴就可以在旋转过程中捕捉关键位置，并把当前轴与该位置对齐。

右击选择“继续”命令，就可以继续放置该法兰。按同样的操作，在电机泵的垂直孔位置，以同样的方式放置一个连接法兰。

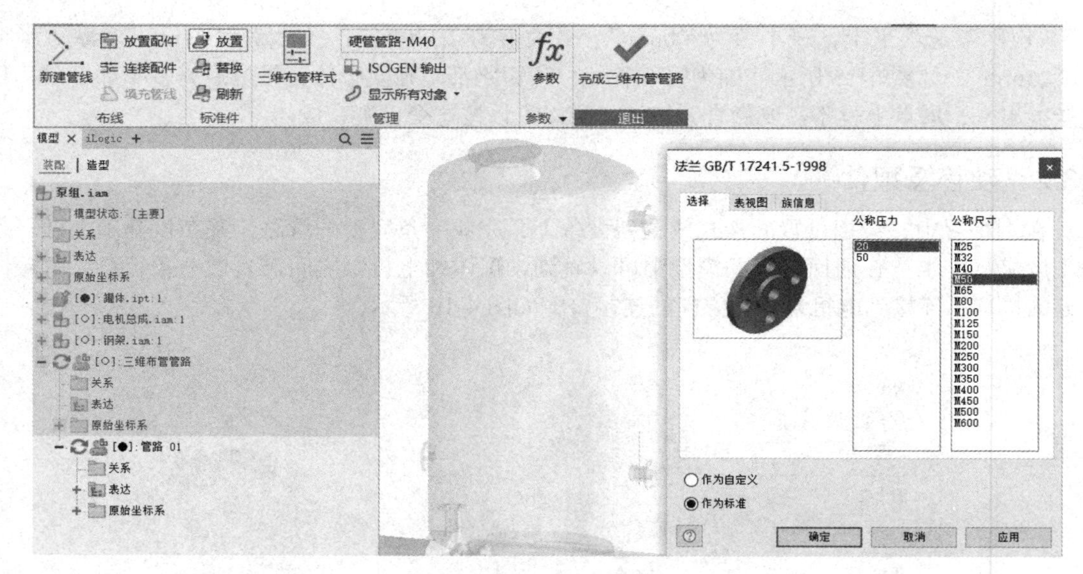

图 4-17　法兰选择

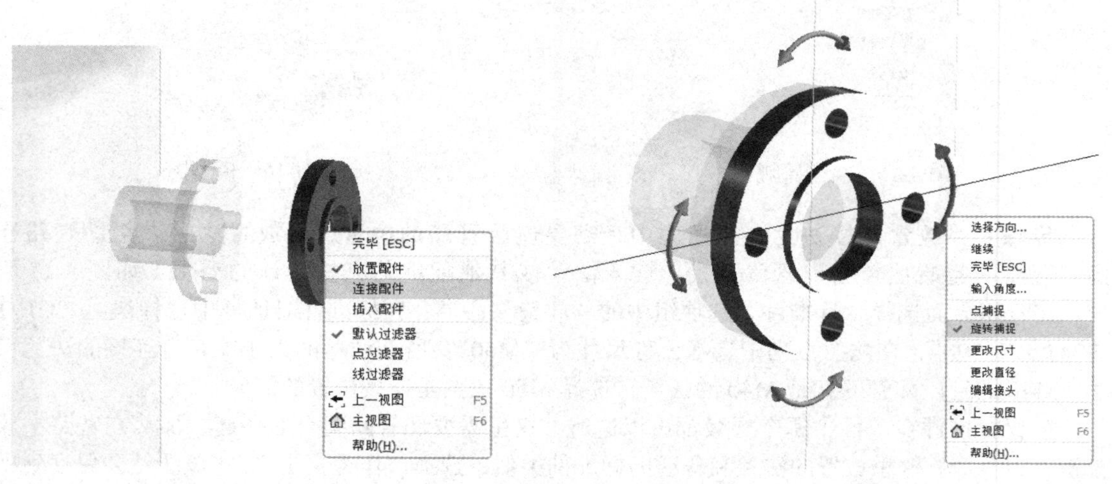

图 4-18　法兰连接　　图 4-19　法兰定位

步骤 2：创建管路。 在“布线”选项组中选择“新建管线”命令，确定名称和保存位置后，进入到“管线”选项卡，如图 4-20 所示。选择“创建”选项组中的“布线”命令，会显示“管线”对话框，确定对话框中已经选择了“自动布线”后，依次选择放置的两个法兰中心点。

在选择法兰中心点时，要注意箭头方向，箭头朝向为生成管路的方向，即方向正确，如图 4-20 所示，由于法兰选择的是孔，只有沿孔的垂直方向能铺设管路。

在“管理”选项组中可以看到当前的管路样式，如果不是“硬管管路 -M40”，可以单击下拉箭头进行选择。在左侧结构树中，可以看到管路完整的三层架构，能清晰地看到各个层级的内容，需要操作某个层级，可以通过双击进行切换。

两个点选择合适位置后，会显示如图 4-21 所示内容，通过左右箭头可以切换连接两点的不同连接方式，从 3 管段到 5 管段都可以进行选择，单击中间的“√”即可生成管线。

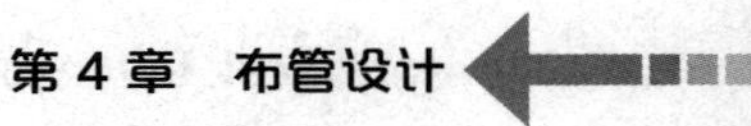

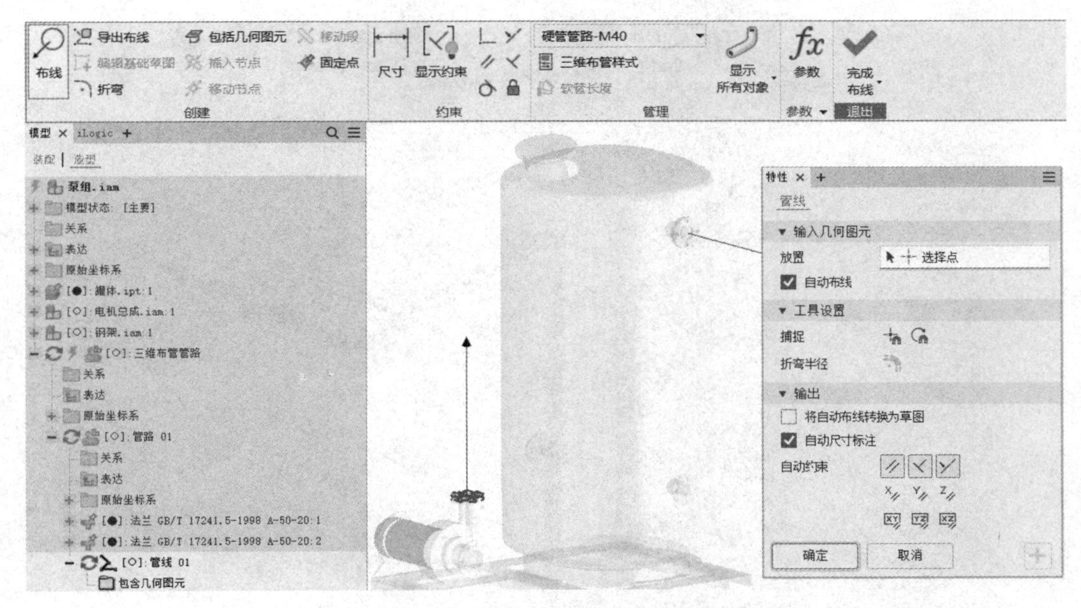

图 4-20　自动布线

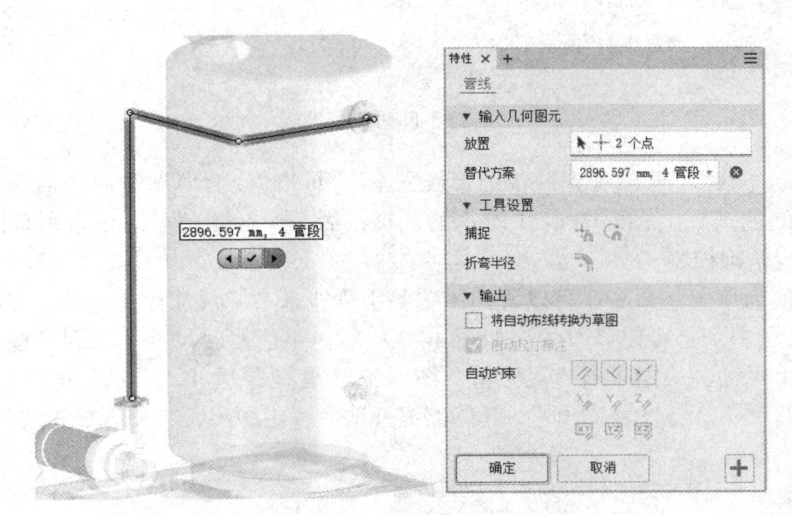

图 4-21　自动布线选择

步骤 3：调整管线。创建的为自动布线，其特点是无尺寸标注，也不能对它进行尺寸标注，包括使用约束。由于它捕捉的是法兰上的点，因此会随着法兰位置变动进行自动调整，当需要手动进行调整时，就会用到“移动段”命令。如图 4-22 所示，在选择移动图中管段时，会有两个箭头，一个箭头可以上下调整，另一个箭头可以平移管段。移动时，如果不能满足需要，会自动生成管段，这对需要避开某些位置就比较合适，但不能精确定位。

自动布线可以快速形成布线，并把布线放置到合理位置。如果需要这种非参数控制的布管，就可以这样逐步处理，形成所需结果。如果需要精确处理，可以在图中的浏览器里的管线下找到“自动布线”，这个就是自动布线生成的内容，“自动布线”相邻的上下两个布线点，就是法兰的选择点。

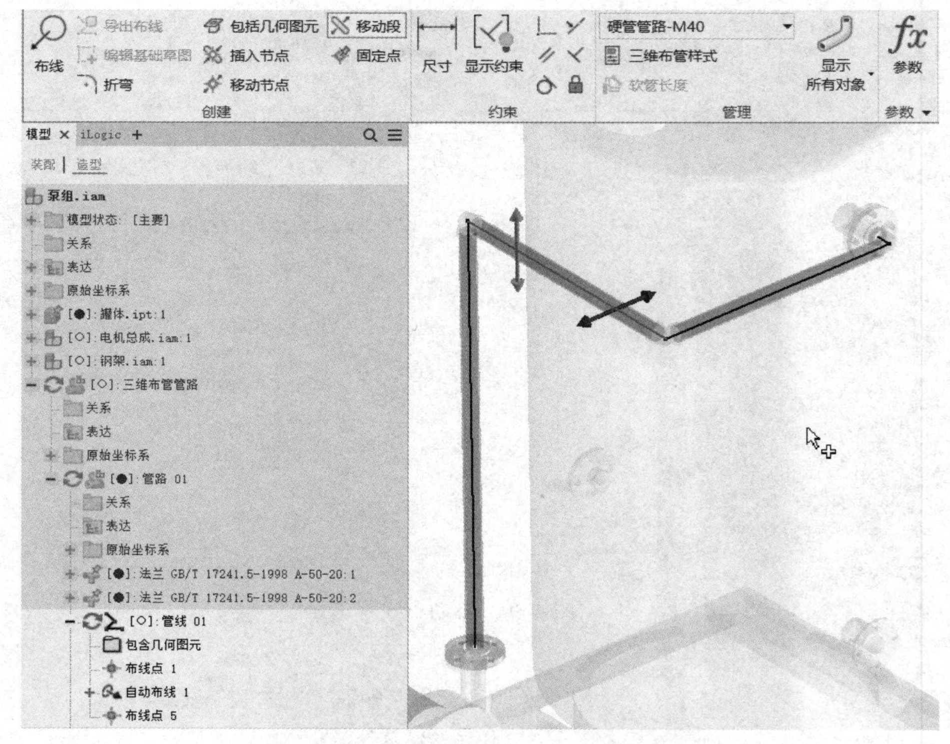

图 4-22　自动布线编辑

右击“自动布线”，可以看到“备用管线方案”和“转换为草图”两个命令，前一个命令是回到自动布线的选择上，即图 4-21 所示的选择，后一个命令就可以把自由草图转为普通草图，对图样进行精确控制。

选择“转换为草图”命令，可以看到图中各条管线都有了尺寸标注，并且多数都是“联动尺寸”，只有首尾两个是可以修改的，如图 4-23 所示。不能修改尺寸的原因是按当前的管路的规则，首尾两个尺寸，决定了所有尺寸值。图 4-23 中有两种尺寸，带括号的尺寸为联动尺寸，双击另一个普通尺寸，修改为“100”，让管路离开法兰一定距离，方便螺栓安装。

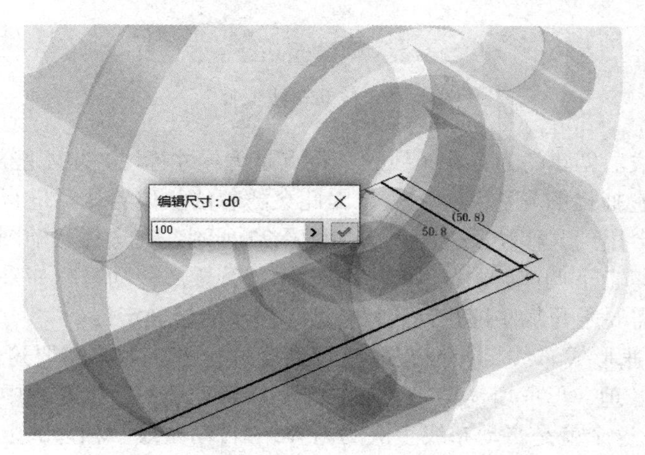

图 4-23　长度处理

在实际使用中，为了避开某些位置，会对管线做一些调整，如图 4-24 所示为当前管线需要修改的最终样式。垂直方向的管线为 1000mm，非直角的夹角为 135°，用的就是设置的 45° 角配件。图 4-24 中只能是 90° 和 45° 相关的弯头，如果出现其他角度，会因为该角度原因不能生成管路（管线可以绘制）。

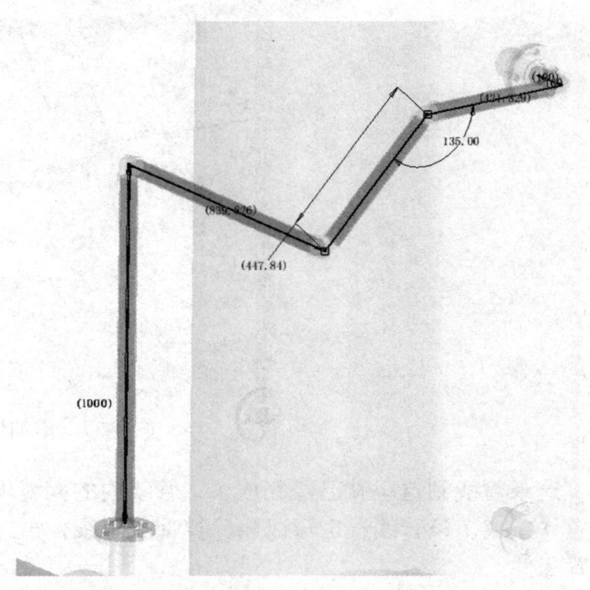

图 4-24　管线最终样式

步骤 4：具体操作步骤。在当前的图形中，能改动的是垂直管线，当前值为 1316.671mm，修改为 1000mm 后，会出现水平管线旋转，这个操作不能满足结果的需求，另外管线的结果显示是多出一条管线，所有对应的操作是增出一条管线，再把管线改为所需关系。

单击“插入节点”，在水平管线上放置一个节点，如图 4-25 所示。节点可以随意放置，后续是用角度来调整其实际的位置。放置后，该管线会一分为二，两段都有对应的尺寸值。

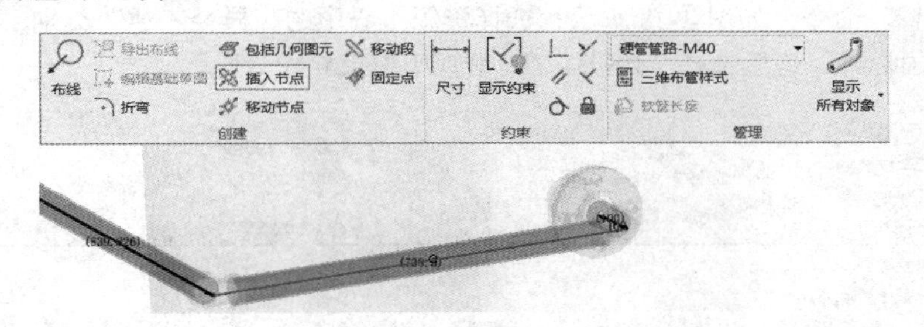

图 4-25　插入节点

右击分开的后期计划折弯的管段，选择“删除约束”命令，如图 4-26 所示。这步操作使所需管线释放成自由状态，该状态下管线可以任意旋转。按图 4-26 中位置，该管线需要和其左侧的管线保持垂直，用“垂直”约束添加给对应的两条管线；右侧的管线可以绕法兰中心旋转，选择“固定”约束让该管线保持当前状态。

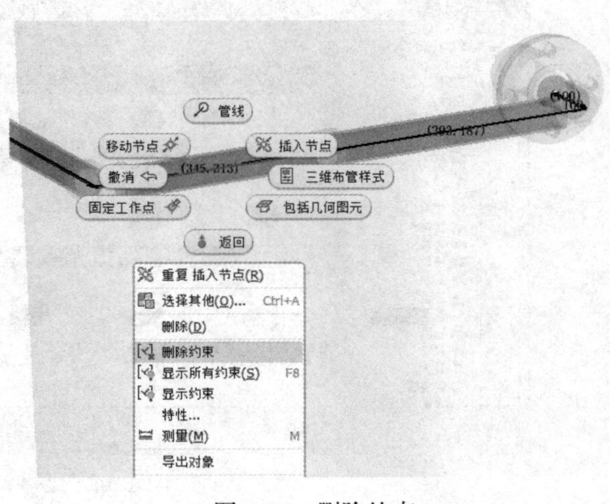

图 4-26　删除约束

上述操作后，修改垂直管线长度，把值改为“1000”，添加一个尺寸给到两条管线，如图 4-27 所示，并给定值为“135deg”。

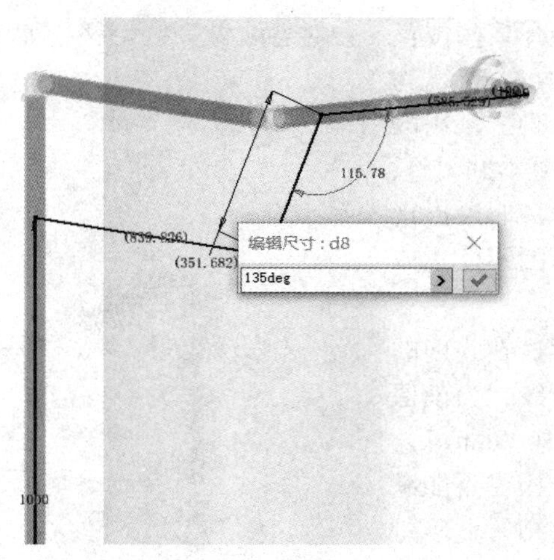

图 4-27　添加尺寸

这条管线到这里就已经完成了，管线内的调整可以按上述步骤进行，可以用相同的方式再放置一条或多条管线，也可以删除掉部分管线，再连接管线。如果需要管线中分出支路，就要放置配件。

步骤 5：放置配件。配件的放置必须在“管路”选项卡，因此，选择“完成布线”命令回到管路操作界面。在图形中，计划放一条 M32 的支路，放两个异径三通，来实现尺寸的转换。

选择“放置”命令，如图 4-28 所示，选择资源中心中的“异径三通”类别，由于默认的标准件库中没有国标件，这里选择“JIS B 2316 钢管座焊接异径三通”。

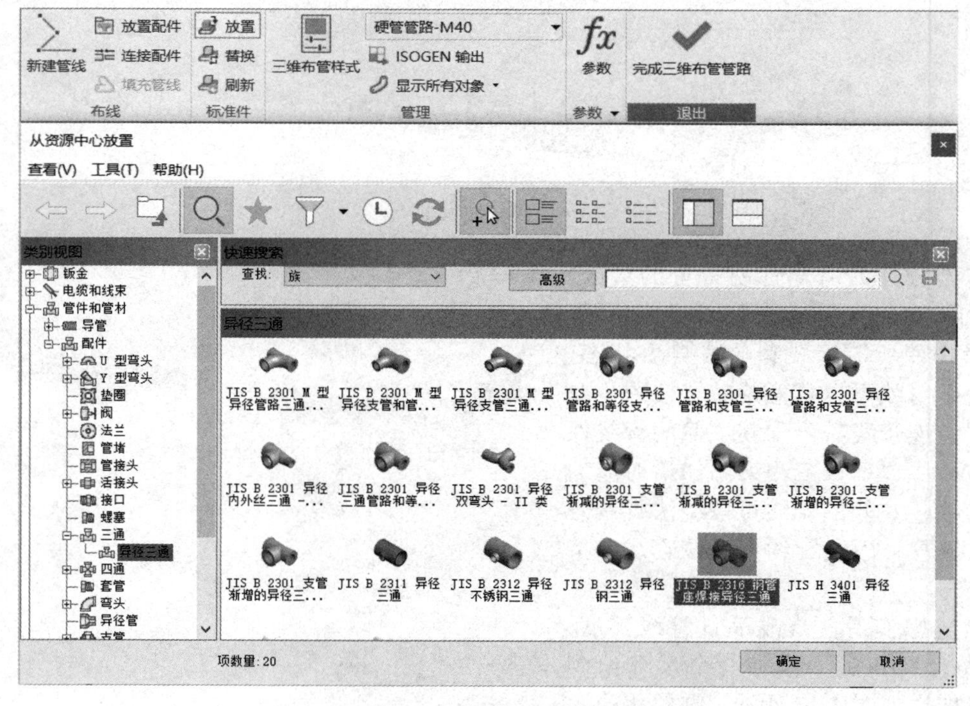

图 4-28　异径三通选择

在三通的选择里，ND1 项选“M40”，ND2 项选“M32”，确定后就进入到插入界面。把配件移动到管路上，就会有吸附状态，单击管线，配件就插入到管路上，如图 4-29 所示。

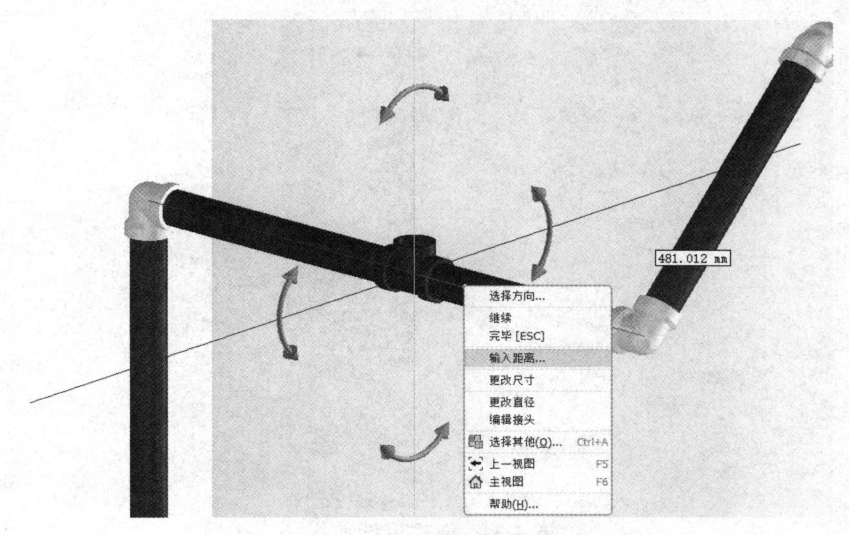

图 4-29　插入异径三通

插入到管路后，配件就处于编辑状态，能做两种处理。第一种是单击管路的中心线，就是配件的放置点，这时右击可以用“输入距离”来指定位置，以管线起始点较近侧来计算距离。如图 4-29 所示，插入点更靠近右侧，这里直接输入距离“200”，右侧的管线长度就为 200mm。这里的 200mm 距离是指管线的长度，插入的配件会在管线的插入点位置生成一个节点，把管线分为两段，短的一段长度为 200mm。第二种是单击坐标轴的箭头，可以进行拖动，拖动就是配件绕管线进行旋转，在箭头上右击选择“输入角度”命令，输入“180deg”，让三通的连接方向垂直向下。

右击空白处，选择“继续”命令，会结束当前配件插入，并再次放置该配件。按同样的操作，在垂直管路上放置配件，如图 4-30 所示。按上述方式，让配件离下侧距离为 200mm，按住配件剩余连接口侧坐标轴上的箭头不放，拖动鼠标移动到上一个配件剩余连接口处，会有旋转捕捉让两配件的方向在一个平面上，图中为捕捉状态的显示。右击选择“完毕”命令，配件插入完成。

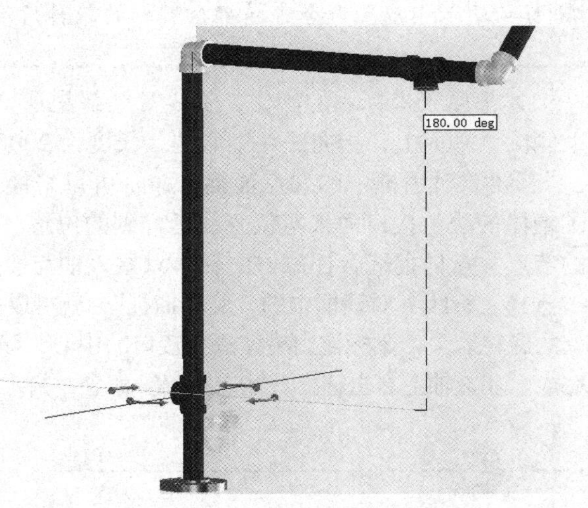

图 4-30　定位和旋转捕捉

步骤 6：放置 M32 管线。选择“新建管线”命令，再次创建管线，进入到管线命令。到“管理”选项组中单击下拉箭头，把样式改为“硬管管路 -M32”，如图 4-31 所示。

选择“布线”命令，单击三通的开口，如图 4-31 所示开始布置管线，这里进行分段式布置，手动走一定的路线来实现布管。在轴线上 100mm 左右距离，单击就可以放下第一个节点，这时就会显示图 4-31 中的坐标系。

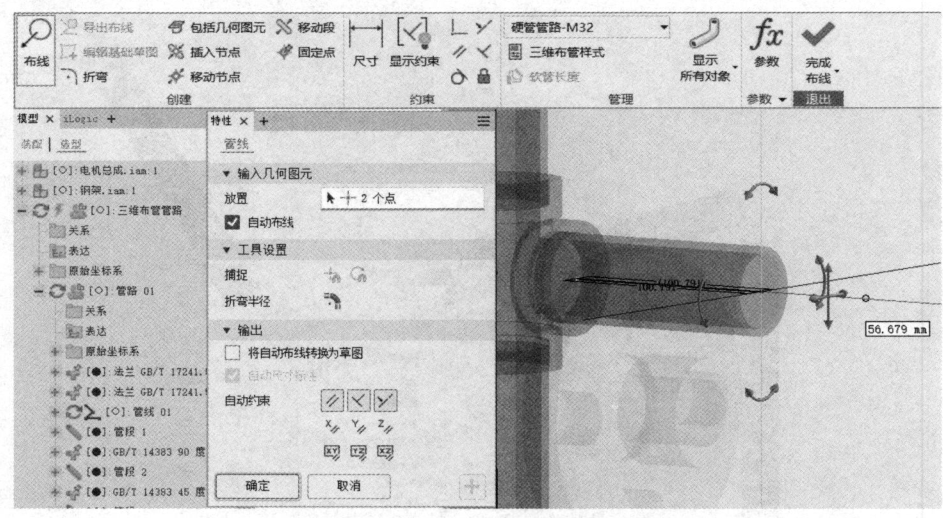

图 4-31　M32 管线放置

提示

在坐标系中，有四个旋转箭头，用于非轴向的旋转，在轴向线上有一个十字箭头，用于切换 45° 角，单击箭头后，坐标系会往该方向旋转 45°，形成该角度的管件和管路的铺设。切换到 45° 角后，坐标系会变化，再单击相同箭头，就能切换回来。

在任意的轴方向都可以放置下一个节点，右击会有“输入距离”命令来给定精确距离，加上拖动轴上的旋转箭头，就可以按任意的方向创建垂直的管线。右击旋转箭头，选择“输入角度”命令来精确控制轴的旋转角度。

上述都属于坐标系的操作，管线常规都是基于坐标系来依次生成。现在计划绘制一根在罐体下侧法兰平面上，指向法兰中心的、长度为 200mm 的管段，依托坐标系绘制就非常麻烦。

“管线”对话框中的“点捕捉”命令可以来捕捉某个位置来定位节点。如图 4-32 所示，捕捉了罐体的法兰接口面来定位管线延伸到的位置。单击图 4-32 中的面，就会生成该平面上轴方向的节点。点捕捉适合任意方向轴，只要该轴与捕捉对象存在交点。

选择“管线”对话框中的“旋转捕捉”，就可以捕获工作轴的指向，如图 4-33 所示。按住坐标轴上的旋转箭头，鼠标拖到罐体法兰接口的中心，该轴就指向中心位置，释放鼠标，轴的旋转就已经完成。在该轴上右击选择“输入距离”命令，给定“200”，就可以生成指向法兰中心的管线。

提示

右击任意轴，会有“与边平行”和“垂直于面”两个命令。选择一个命令，如“与边平行”命令，需要选择某条边，轴就会和所需边平行，如果选择不上，说明在空间上，轴无法实现与其平行。这两个命令也是用于轴在方向上的定位。

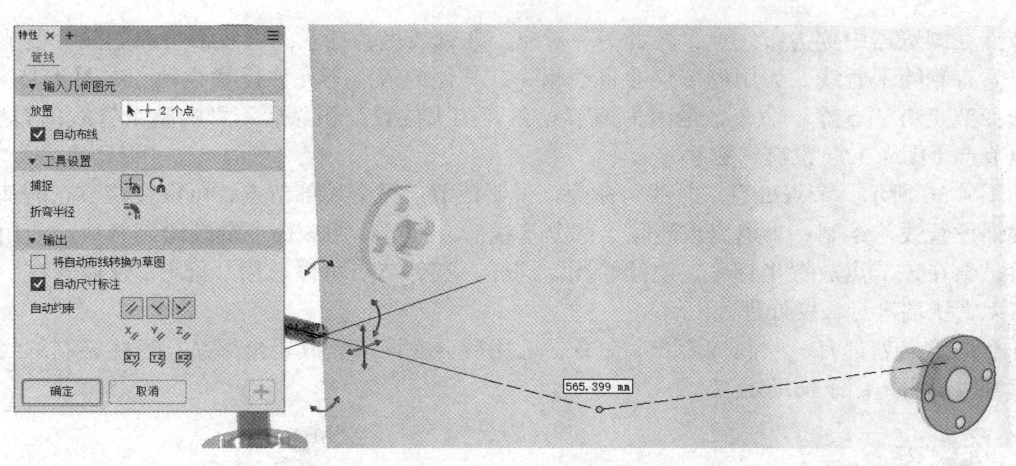

图 4-32　点捕捉

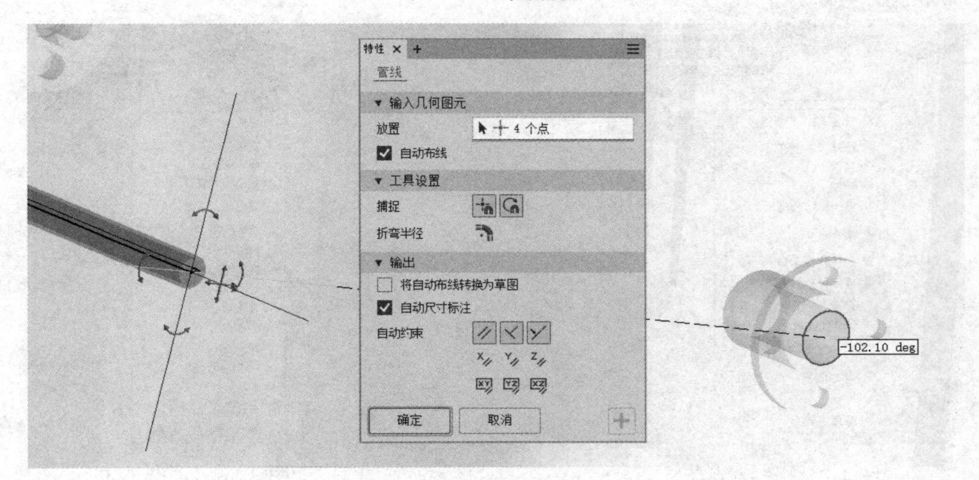

图 4-33　旋转捕捉

罐体法兰方向的管段已经创建，后续可以再次使用自动布线，直接连接到另一个三通的接口处，注意接口时箭头的方向，单击后选择想要的结果，管线就铺设完成，结果如图 4-34 所示。图 4-34 中，自动布线部分是 3 段线，实际中可能绘制 4 段线，其原因是最小管段距离导致的，由于自动布线中最下侧那段管线距离太小，很可能会因为长度不够，而不能实现 3 段线，可以调整样式的规则后，再来尝试。

图 4-34　布线结果

步骤 7：硬管管路说明。一般绘制硬管管线，都是先放置配件，后连接管线，这样比较有利于管线的定位。

在管线布置时，多数会布置几个关键位置线，其余的用自动布线，再做调整，这样会比较简单，练习中 M32 的布线就是以这种方式进行的。

在布线过程中，如果出现某条管线错误，是无法撤销该段管线的，如果需要调整，这就需要配合节点进行操作了。

节点在浏览器中称为布线点，两者一一对应。在管线里，任意的管线都可以删除，但节点不行，只有删除了管线，无用的节点会自动删除，其他的节点不允许任意改动。在图 4-35 中，右击选择节点有“删除”命令，是因为该节点在管接头位置，删除后不影响整个管线的布置，而其他节点（图 4-32）没有“删除”命令。

如图 4-36 所示，节点处有“管线”命令，说明该节点是个端部节点，可以在该节点的基础上继续铺设管线。绘制一半退出或删除了部分管线的，都可以用该命令继续绘制管线。使用该命令后，会在该节点放置坐标系，继续绘图。同样，端部节点可以选用“修剪 / 延伸管材”命令，在无管线端进行长度处理。

任意的节点处都有“绘制构造线”命令，选用后会在该节点放置坐标系，这些绘制的线只作为参考线使用，用来辅助定位。

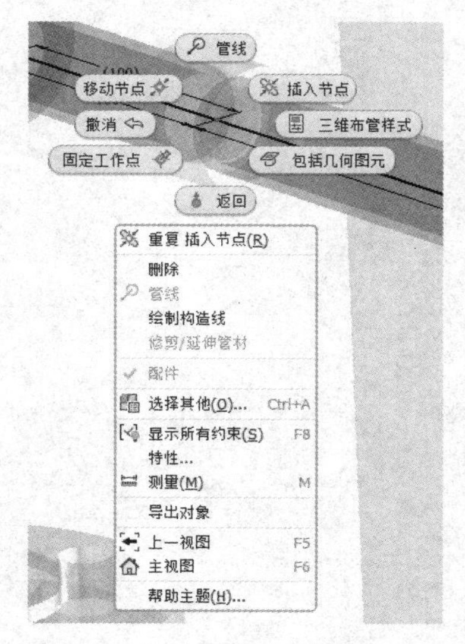

图 4-35　连接节点

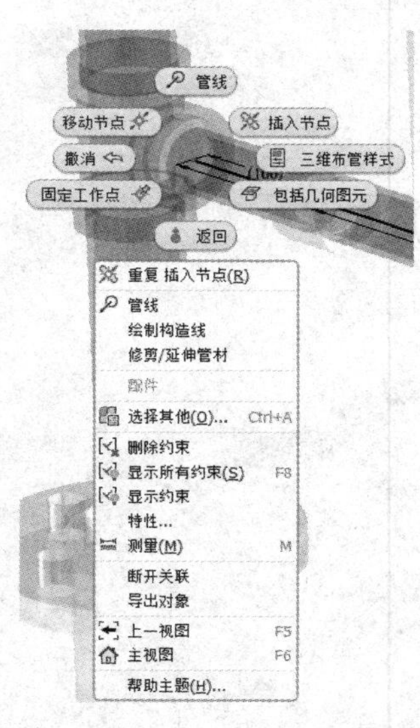

图 4-36　端部节点

4.3.3　折弯管的创建

在练习中，将已有的线路转换成折弯管线，并在该基础上调整，形成所需要的管路。折弯管默认的使用和硬管基本类似，更多的处理方式是本练习的重点。

步骤 1：进入布管界面。打开折弯管文件夹中的“折弯管 .iam”部件，并进入到布管界面。可以看到，当前的部件中并没有前面定义的“铜弯管”样式，定义的样式保存在文件中，当跨部件时，该样式不能带入。

提示

默认的样式是保存在管路文件中，该文件默认位置为 C:\Users\Public\Documents\Autodesk\Inventor 2024\Design Data\Tube & Pipe\zh-CN\piping runs.iam。如果需要把自定义的文件加入，则打开该部件，会自动进入布管界面，在样式中导入即可。保存后，再进入布管时（重新建立整个管路），软件就自动加载该部件。

当前没有要用的样式，可以在“三维布管样式”对话框中直接导入所需样式，样式文件为练习文件夹下的“铜弯管 .xml”。导入后，该样式会插入到“带折弯的管件”中，选择并激活，如图 4-37 所示。

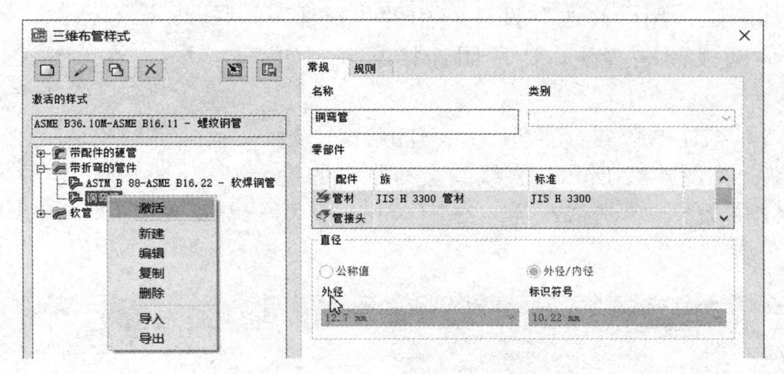

图 4-37　导入并激活样式

步骤 2：导出布线。如图 4-38 所示，在打开的文件中可以看到，已经绘制了一条的管线，但这条管线有一定的问题需要进行调整，尤其是有两处与模型相交。另外图形是零件的三维草图，并不属于绘制的管线。由于没有配件需要插入，因此，直接进入到布线环境。

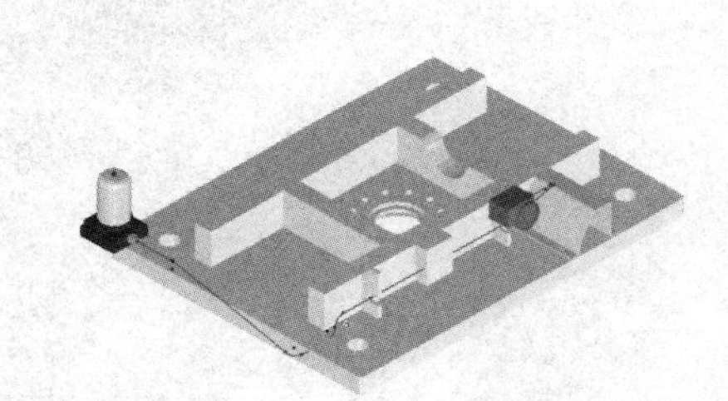

图 4-38　基本图形

选择“创建”选项组中的“导出布线”命令。如图 4-39 所示，在“衍生布线”选项卡的“选择过滤器”中选择“整个草图”，单击模型中的草图，会出现图中的报错。

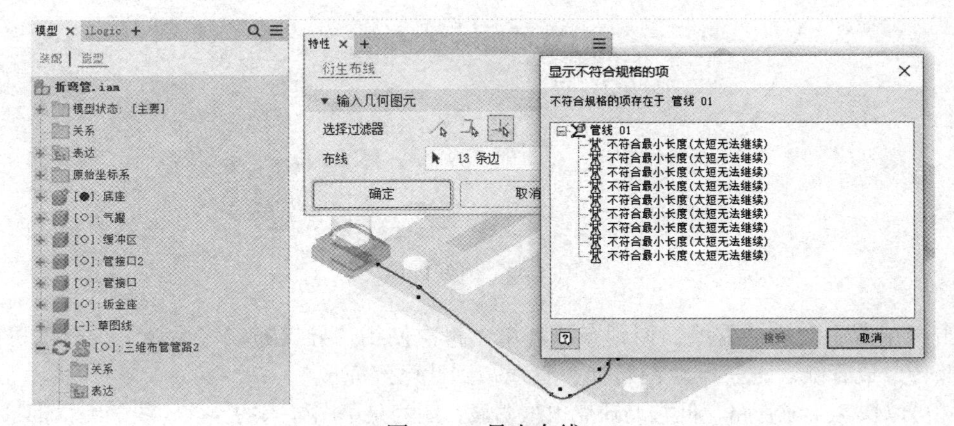

图 4-39　导出布线

这个报错主要原因是这条线上的几个圆弧线，其并不是标准的 Inventor 草图（数据转换导致），处理的办法就是先选择一条直线，进入到该草图进行编辑处理。重新用“导出布线”命令，选择任意一条直线，如图 4-40 所示，确定后，可以看到这条直线的管段已生成。

执行上一步后，“导出布线”下方的“编辑基础草图”命令就会亮显，单击该命令就会进入到三维草图的编辑环境。

在三维草图中右击圆弧，选择“删除”命令，把图中的 6 条圆弧都删除，用“修改”选项组中的“延伸”命令，依次延伸圆弧两端直线，让草图连接起来，如图 4-41 所示。

中间两条圆弧相连的位置，延伸直线不能解决，绘制直线连接两端，如图 4-42 所示。直线间会有默认的折弯 *R* 角，图 4-42 中为 5，单击修改为“25”（25mm 是默认样式折弯半径）。

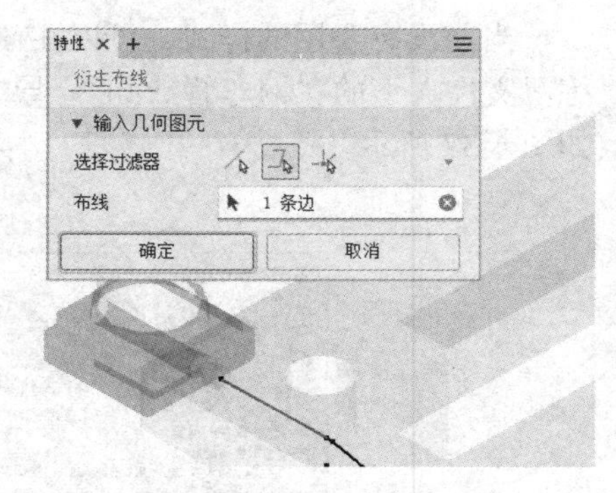

图 4-40　导出单条直线

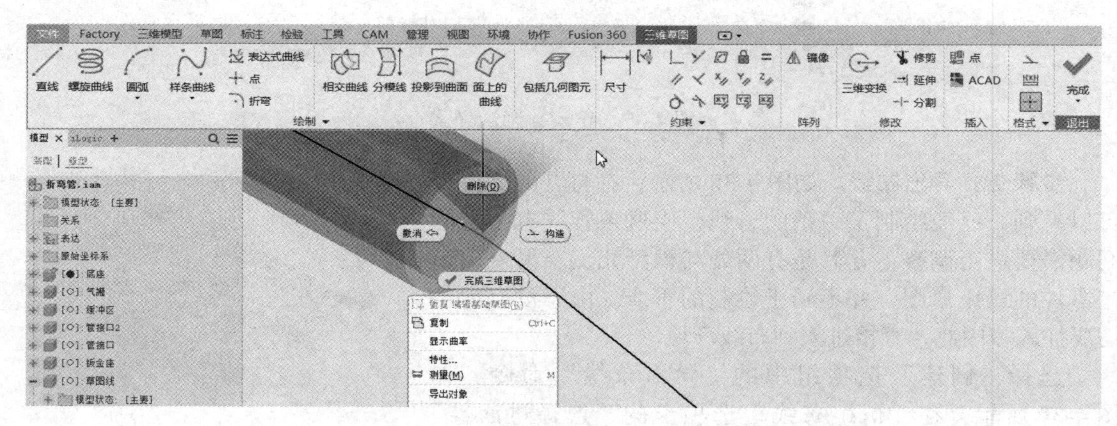

图 4-41　三维草图处理

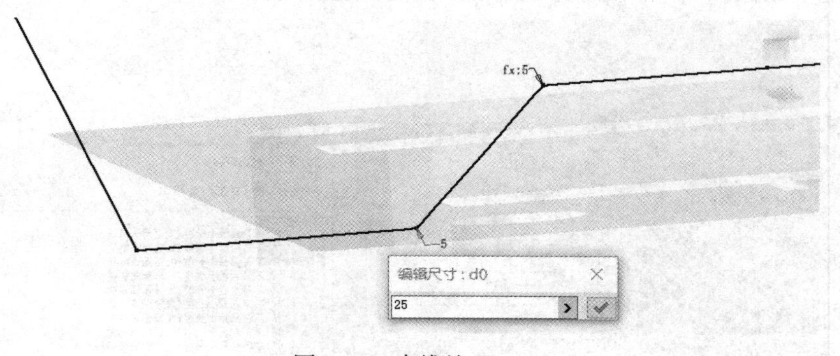

图 4-42　直线处理

双击浏览器中对应的管线，回到布线环境，再次使用“导出布线”命令，这时就可以把整条线路都转换成管线。把三维草图转换为管线，到此已经完成。

这样可以快速生成管路，但它的缺点也很明显，因为是草图导入的，该管线的编辑都只能在三维草图中进行，管线跟随着更新。当前的模型需要在管线上做一系列修改，这个模式并不适合。

步骤 3：重建管线。前一种修改方式不能满足需要，双击浏览器中“三维布管管路”，如图 4-43 所示，来重新建立一条新的管路。切换后，把前面定制的管路，右击选择“抑制”（需要保存文件），减少视觉上的影响。

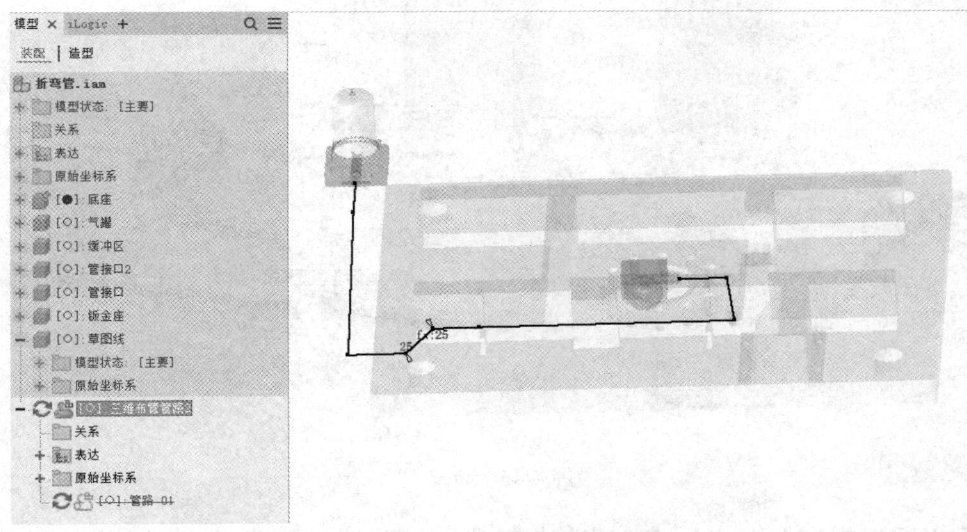

图 4-43　浏览器切换

依次选择“创建管路”和“创建管线”命令，重新进入到布线状态，如图 4-44 所示。选择“创建”选项组中的“固定点”命令，依次选择草图交点，生成 6 个点（倒圆角位置会有直接交点）。创建后，可以把草图线可见性关闭，方便后续选择。

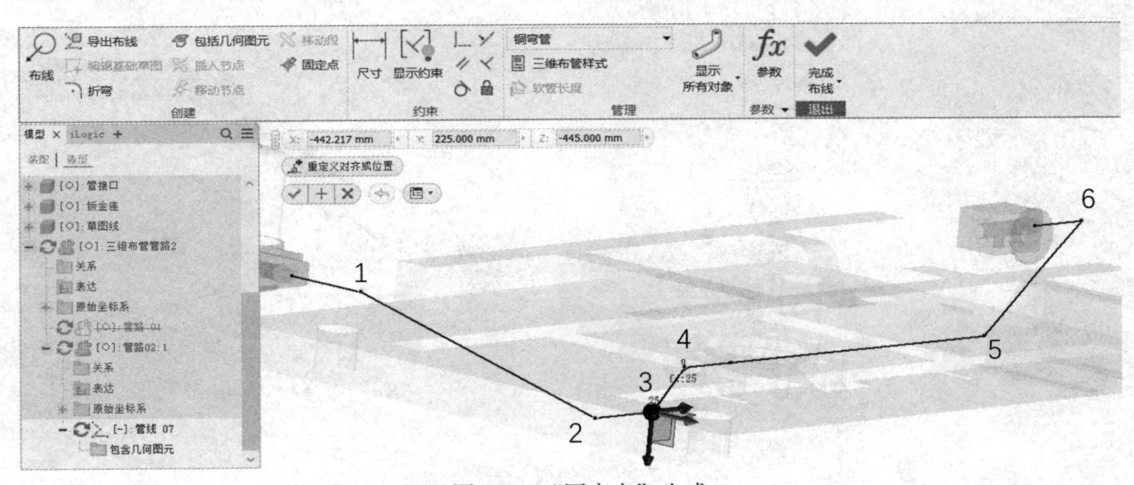

图 4-44　“固定点”生成

步骤 4：布线。选择“布线”命令，从一侧的连接点开始，依次单击，一共 8 个点，如图 4-45 所示。在“管线”对话框中，需要选择“自动布线”，第 2 个点后，右击空白处选择“继续”命令，选择一个点，再选一次“继续”命令，一直到 8 个点全部选完。在对话框中，选择“将自动布线转换为草图”，方便后续继续编辑。

这种布线方式，会把每两点之间都进行自动布线，生成后合并成一条管线。如果模型中有多个要经过的特定点，用这种方式比较简单。

步骤 5：移动工作点。新管线已经放置完成，现在要处理左侧与模型相交部分。如图 4-46 所示管线由布线点 1 ~ 8 组成，相交部分就是布线点 3、4 的位置，把这两点向上平移 25mm，空间就足够了。

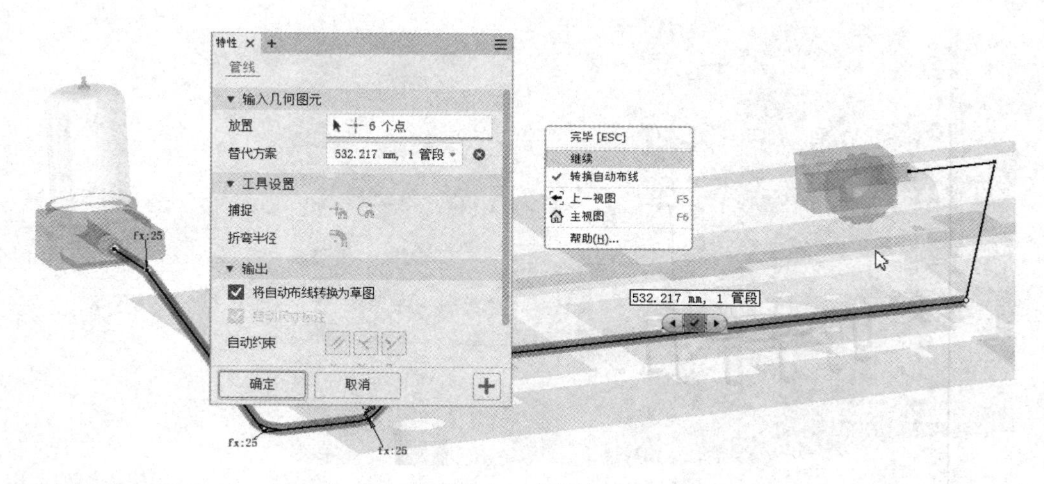

图 4-45　布线

模型中管线是不能移动的，布线点捕捉的是“固定点”，所以能移动的是创建的“固定点”，创建的点在模型中名称为“工作点”。现在需要选上布线点 3（图 4-45 中位置）的工作点，由于布线点、草图点、工作点都在该位置重合，因此先单击该位置，右击选择“选择其他”命令，弹出一个对话框，选择“工作点”，选择后当前就选上了该位置的工作点。

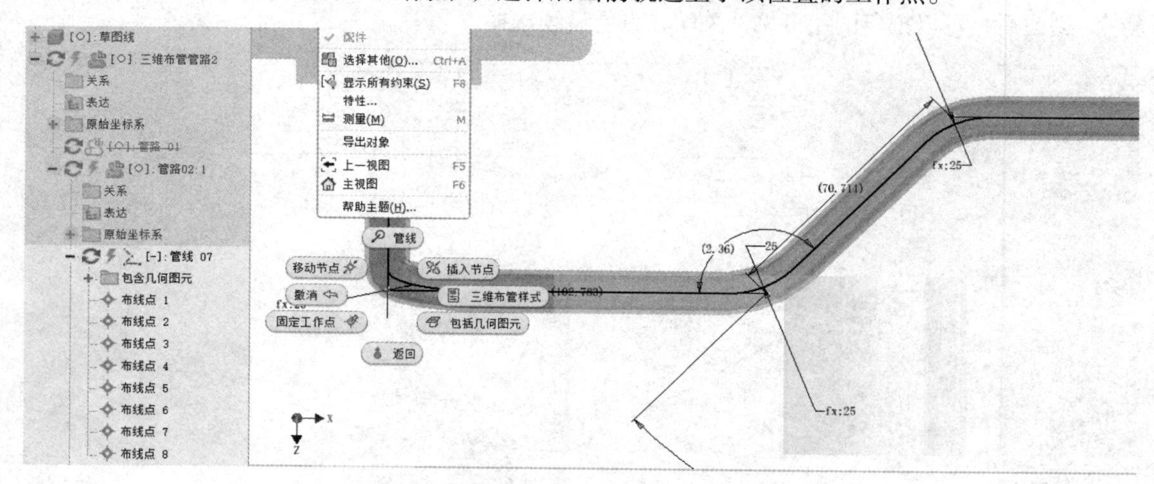

图 4-46　工作点选择

选择工作点后，再次右击，如图 4-47 所示，可以在菜单上看到“三维移动 / 旋转”命令，选择该命令后，会显示一个坐标系，如图 4-48 所示。

如图 4-48 所示，坐标系用于选择工作点的移动或旋转，单击箭头部分，就会显示值输入框，由于选择的是 Z 方向，并且移动方向和箭头相反，因此输入值“−25mm”。

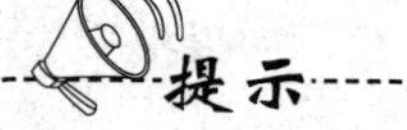

提示

只要选的点，右击时有“三维移动 / 旋转”命令，就说明该点能够调整位置。如果需要进行旋转处理，单击箭身部分即可。

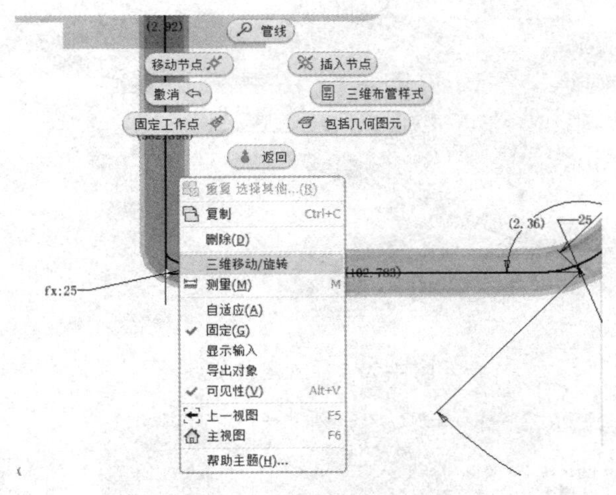

图 4-47　三维移动 / 旋转

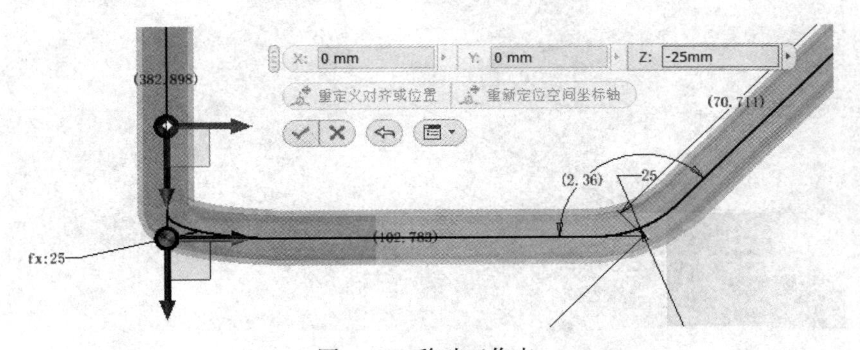

图 4-48　移动工作点

用相同操作方式，把布线点 4 也平移 25mm，该位置冲突就处理完成了。

步骤 6：避开处理。图 4-49 所示为另一个要做避开处理的位置，这部分需要把管线按图中位置往下折弯，过障碍位置后再折回去。为了有折开位置，需要加 2 个节点，把当前位置断开。

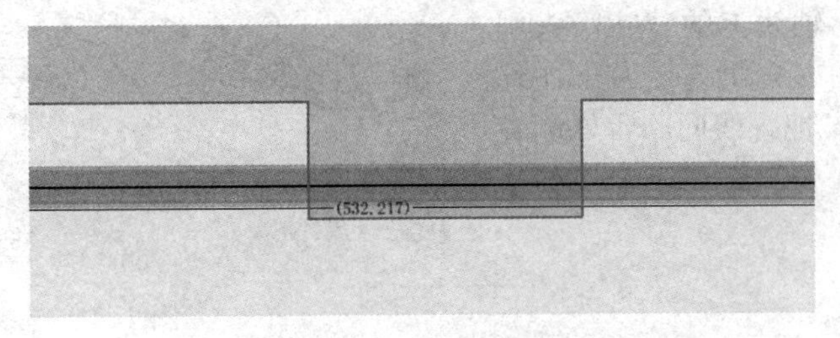

图 4-49　处理位置

选择“插入节点”命令，在凸台一侧的管线上，插入一个节点，如图 4-50 所示。选择“包括几何图元”命令，获取凸台同一侧的面。选择“尺寸”命令，选择节点和面，标注两者距离为 50mm。以相同的操作方式，在凸台另外一侧放置对称的另一个节点。

选择创建的两节点之间的管线，右击选择“删除”命令，管线会在这两节点之间断开。

右击一侧节点，选择“管线”命令，如图 4-51 所示。选择这个命令和选择“布线”命令基本相同，由于选择了节点，会直接从该点开始。

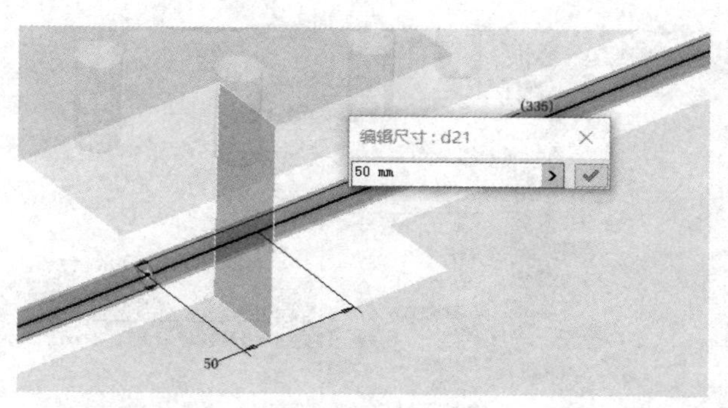

图 4-50　插入定位节点

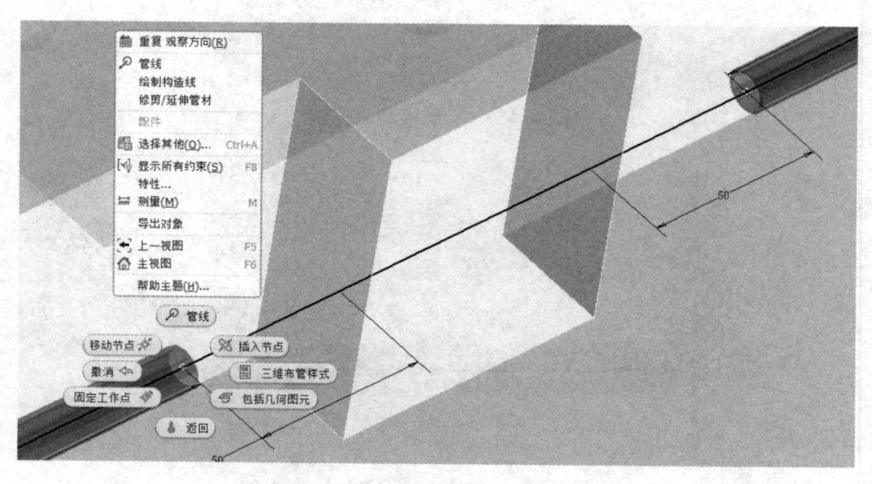

图 4-51　选择“管线”命令

由于是折弯管，坐标系出现后，可以看到坐标系上有多个箭头，如图 4-52 所示。在坐标原点位置，单击束状的箭头可以更改当前的折弯半径，轴线上的球状箭头用于把当前轴线按箭头方向折弯，右击往外的箭头，输入“45”，把管线向凸台外侧旋转 45°。

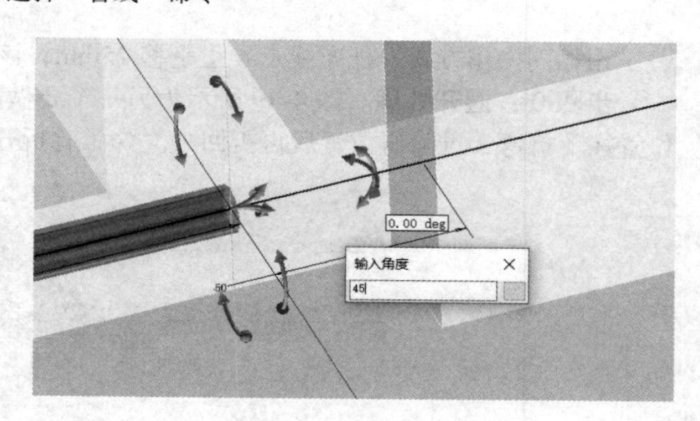

图 4-52　坐标系

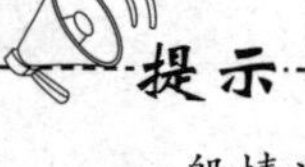

提示

一般情况下，坐标系默认和当前模型的底面垂直，如果感觉不垂直，可以在非轴线方向的轴上右击选择“与面垂直”命令，单击需要垂直的面，来调整坐标系方向。在折弯管线操作过程中，右击各条轴线都能控制平行、垂直；各条管线上的箭头都可进行旋转捕捉。

右击轴或轴上箭头，选择“点捕捉”命令，单击近一侧生成“包含几何图元”的面，45°

的管线就生成了。在轴上右击选择“与边平行”命令，单击凸台位置的平行线，让轴方向与凸台平行，如图 4-53 所示。平行后，单击另一侧“包含几何图元”的面，利用“点捕捉”完成直线部分，单击管线的另一个断开点，中间连接部分就完成了，如图 4-54 所示。

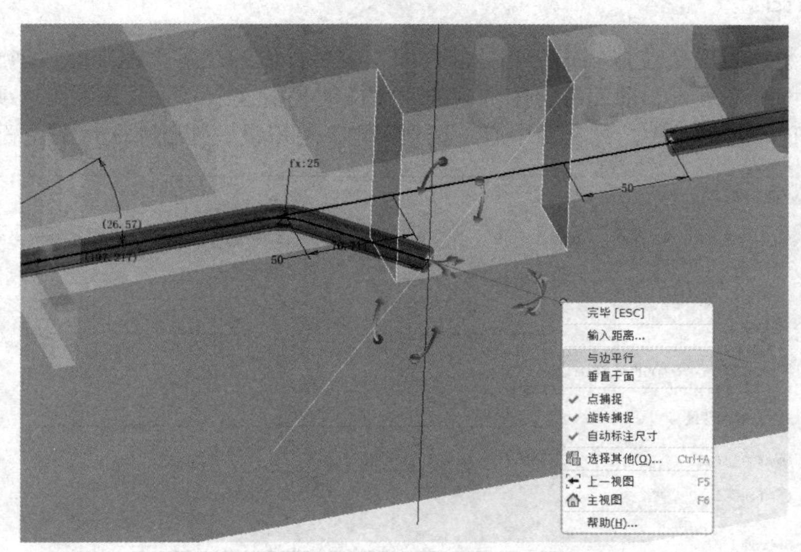

图 4-53　选择“与边平行”命令

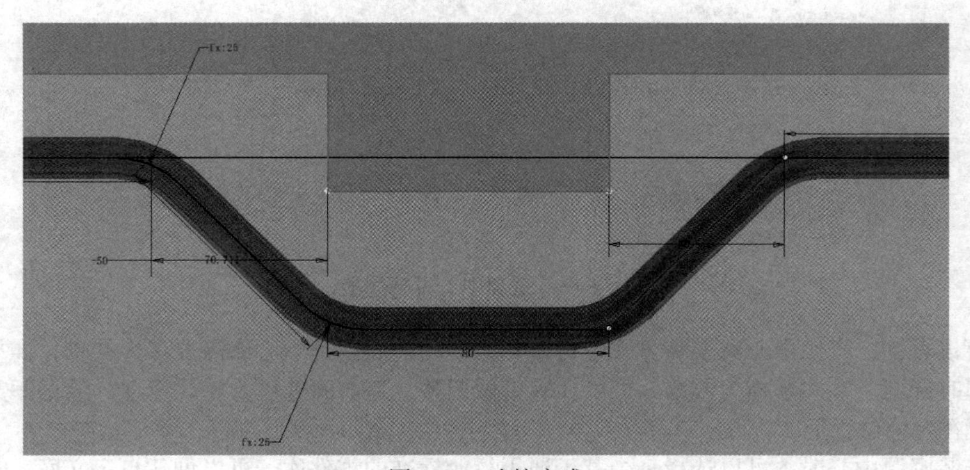

图 4-54　连接完成

这一步的操作，就是基于模型做一定位置调整进行的操作方式，节点的放置位置和方向都可以用右键的捕捉来控制，再加上尺寸上的控制，基本上能把任意节点挪到所需位置。管线生成后，都会自动放置折弯，需要修改，可以编辑尺寸。

4.4　管路及配件定义

管路中用的内容都是从资源中心中调用，如何把资源中心的内容做成一个完善的系统资源，就成了管路能否顺利使用的关键。

资源的使用有几种方式，一种方式是通过完全的自定义，把所需要的内容定制完成；另一种方式是把现有的资源改成所需的样式，如把普通三通改为异径三通；还有就是把其他标准改为所需标准，如把 JIS 标准修改成国家标准。在使用过程中，最建议修改其他标准，只需改动部分信息，就能转换成所需结果，而第一种能够了解定义规则中的全过程。

4.4.1 资源中心

资源中心数据有两个位置，一个是标准件库，主要存放的是各个标准的数据库文件，调用时都是基于该部分来进行，前面练习中加载的库文件就是指这个部分，其设置选项如图 4-55 所示。在“应用程序选项”中的“资源中心”选项卡里，可以设置放置库文件的位置。

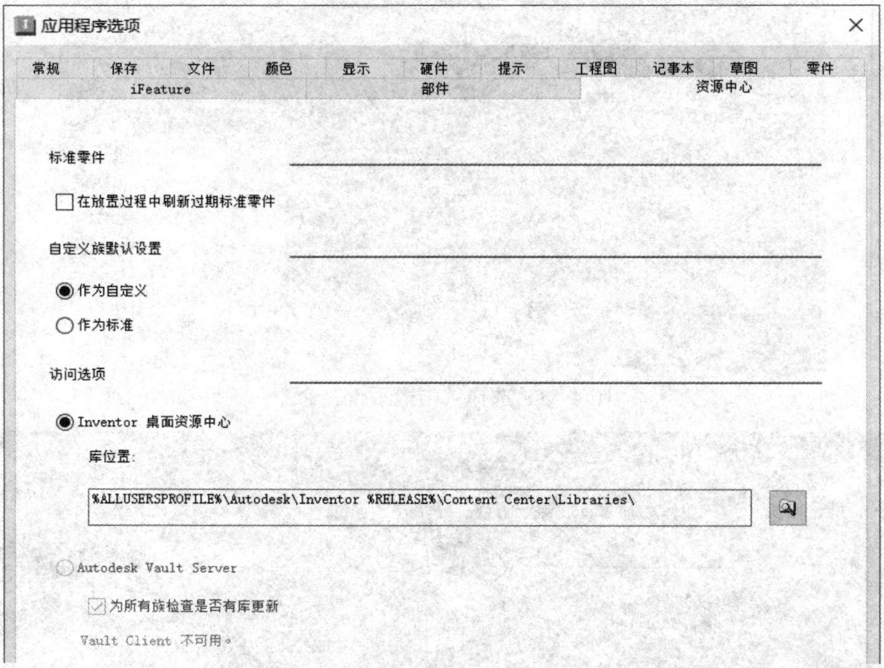

应用程序选项

常规 保存 文件 颜色 显示 硬件 提示 工程图 记事本 草图 零件
iFeature 部件 资源中心

标准零件

☐ 在放置过程中刷新过期标准零件

自定义族默认设置

◉ 作为自定义
○ 作为标准

访问选项

◉ Inventor 桌面资源中心
库位置:
%ALLUSERSPROFILE%\Autodesk\Inventor %RELEASE%\Content Center\Libraries\

○ Autodesk Vault Server
☑ 为所有族检查是否有库更新
Vault Client 不可用。

图 4-55 资源中心设置选项

可以看到，资源中心有多种方式进行放置，多种的原因是中心库需要多人共享，如果需要多人同时调用，并共享相关数据，可以在这里做调整。当前的选项为默认选项，数据库文件也就放置在对应位置上。

安装资源中心时，可以选择多个基于通用行业标准的零件库。可以创建自定义库，并将所需零件或特征发布到该库中。通过自定义资源中心库的共享，实现每个人都可以访问相关数据的相同发布版本。共享资源中心发布的数据不仅可以帮助更有效地创建设计，还可以帮助建立设计之间数据的一致性。

另一个是资源中心文件，指的是标准件这个模型文件保存的位置，其保存的文件夹可以在“项目”中进行设置，如图 4-56 所示。这里保存的是放置到部件模型中的标准文件，其是以普通的 .ipt 文件存在。由于标准件都是按统一的格式来保存，默认情况下，该文件也是统一文件名称和相关特性。

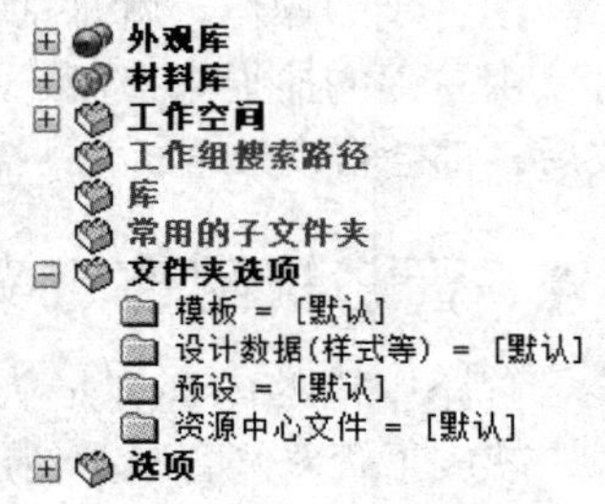

图 4-56 资源中心文件

资源中心文件默认显示位置是“[默认]”，默认的地址是在 C 盘下的文件路径中（文件路径比较深，放置鼠标在该位置上可以看到)，该路径还包括软件的年版本及语言，也就说明，如果有换了新版本的软件、换了软件的语言、重装系统等情况，都会导致原有的部件在打开时出现文件丢失，建议在做相关变更前，明确位置或做数据备份。

当前管路使用中用到的是标准件库，或在任意位置插入标准件时，都会显示“从资源中心放置”对话框，如图 4-57 所示。

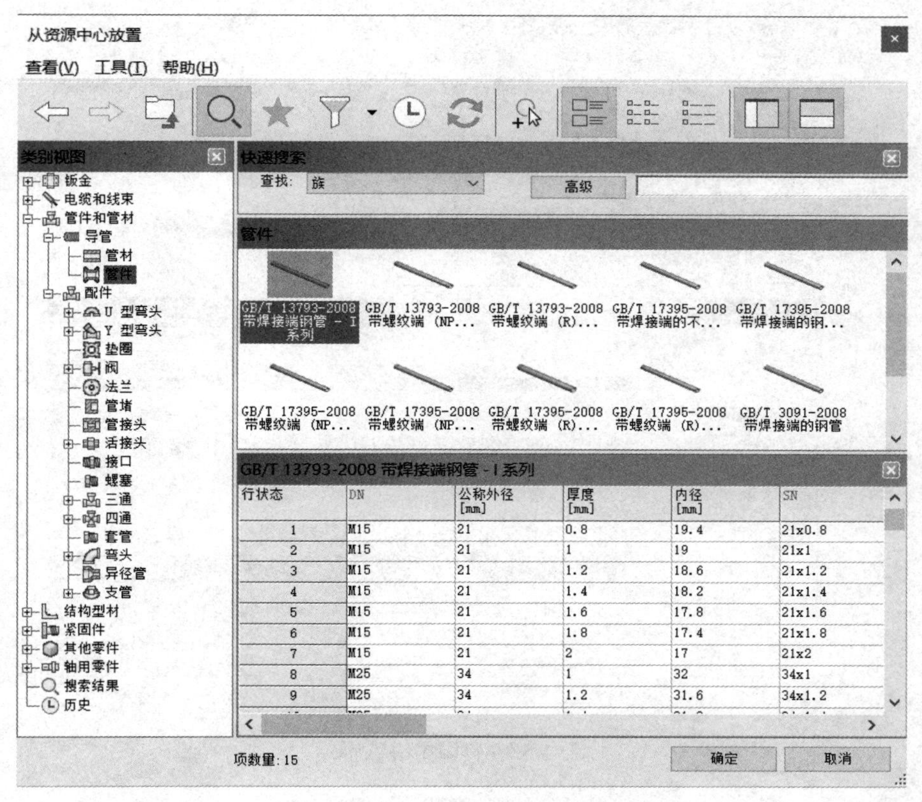

图 4-57　“从资源中心放置”对话框

在对话框中，可以看到库里保存了各种类别、各种标准，在右下位置，会有对应的标准件的各列参数，第一列“DN”就是管路中相互尺寸匹配的内容，其中“M15”为公制，表示 15mm；“1 ½”为英制，表示 1 ½ in，不同尺寸和制式间不能通用。

提示

标准件和普通零件没有本质的区别，使用过程中，用标准件库还是用普通零部件，其结果不受影响，使用标准件方式是能够更好把选择控制在一定的范围内，确保统一。

4.4.2　创建自定义库练习

本练习分成两个部分，分别说明现有标准的复制和定义一个管路标准。前序已有指定的库文件（4.3.1 节中的项目处理），后续就会在该基础上操作。

步骤 1：编辑现有库。在零件或部件环境中，都可以在“管理”选项卡“资源中心”，选项组中选择“编辑器”命令，来进入标准件库的编辑环境，如图 4-58 所示。

在“资源中心编辑器”对话框中可以看到，左侧的类别中，一部分是灰的，一部分是黑色的，其表示是否有可编辑的内容，如图 4-58 所示配件是黑字的，说明配件下肯定有内容能够进行编辑，也就是说明“My Library”这个库在该项下有内容保存。

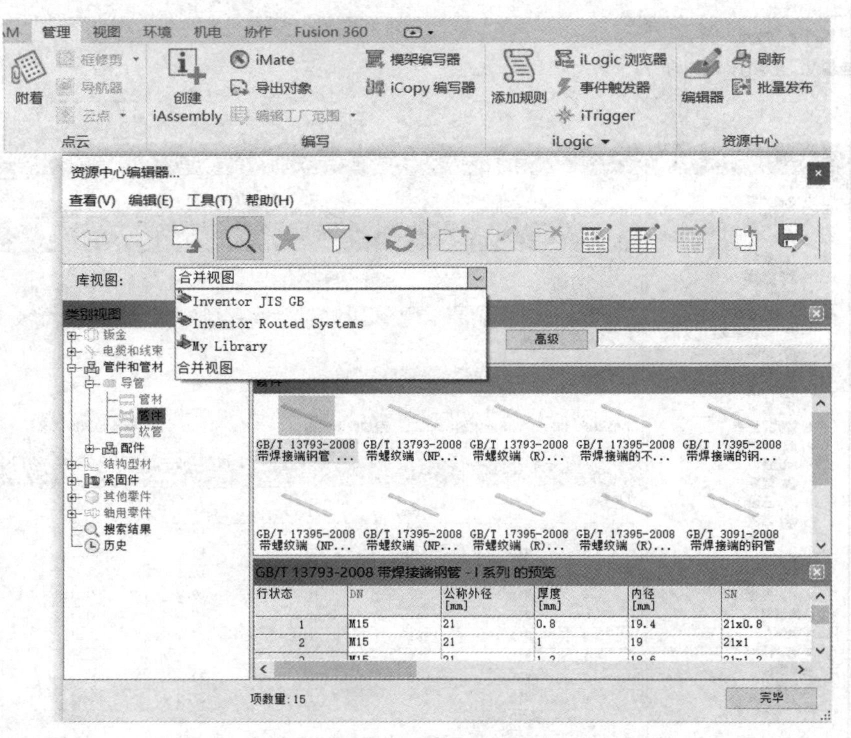

图 4-58　资源中心编辑

在右侧的标准中，可以看到各个标准的文件都是灰色，说明这些标准都只在只读库中，该库不能做编辑和修改。默认安装的都是只读库，当前能编辑的库只有“My Library”。

“库视图”用于标准件库的切换，当前为“合并视图”，会把所有的内容都显示处理。如果选择“Inventor JIS GB”，就只显示该库，由于该库是只读的，所有内容都是灰色。习惯显示方式后，其实就不会在乎显示方式，前期可以相互切换，来明确数据库。

步骤 2：复制标准。前面用 JIS 标准的铜管，现在需要复制该标准库，改为 GB 标准。由于默认的库不能编辑，需要进行修改，必须先复制该标准库文件。

在“类别视图”中，如图 4-59 所示，单击进入“管件和管材”下的“导管”中的“管材”，在右侧找到“JIS H 3300”。

如图 4-59 所示，可以选择“复制到”命令下的“My Library”，直接把当前标准复制到“My Library”库，然后进行编辑。选择“保存副本为”命令进入编辑状态，并保存到“My Library”，对当前的操作只是顺序区别，如果不改名称会选择“复制到”命令。

在“保存副本为”对话框（图 4-60）中，给定所需信息，单击“确定”就可以把该族文件复制到自定义库中。如果没有创建自定义库，该项操作将不能进行。选择“独立族”就会把当前的文件和原文件的关联关系断开，否则会和原文件做联动。“族名称”就是复制后的文件名

称，此处给定“GB/T 18033—2000”作为该铜管的国标名称。注意族文件夹不能用“/”，需要去掉该符号。

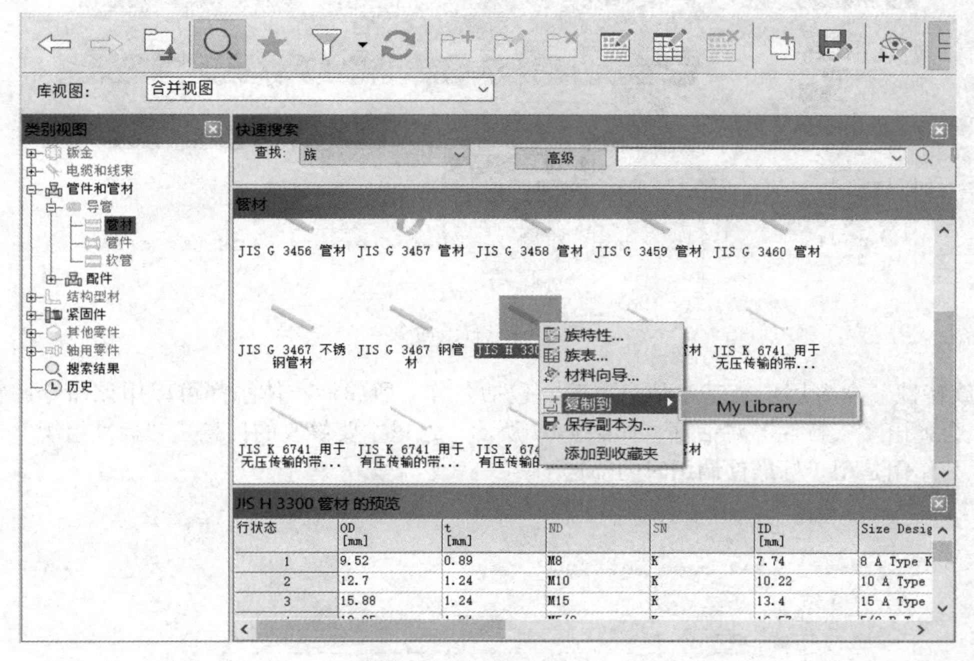

图 4-59　复制标准件

保存副本为

选择要复制到的库:

My Library

◉ 独立族

○ 到父族的链接

族名称:

GB/T 18033-2000

族描述:

铜管材

族文件夹名称:

GB T 18033-2000

浏览

确定　取消

图 4-60　“保存副本为”对话框

步骤 3：特性更改。族文件已经复制成功了，但其相关的信息都没有发生改动，需要把各部分的内容都进行更改，才能满足实际使用需求。找到复制处理的族文件，如图 4-61 所示，右击会有“族特性”“族表”“材料向导”命令用于编辑该族内容。

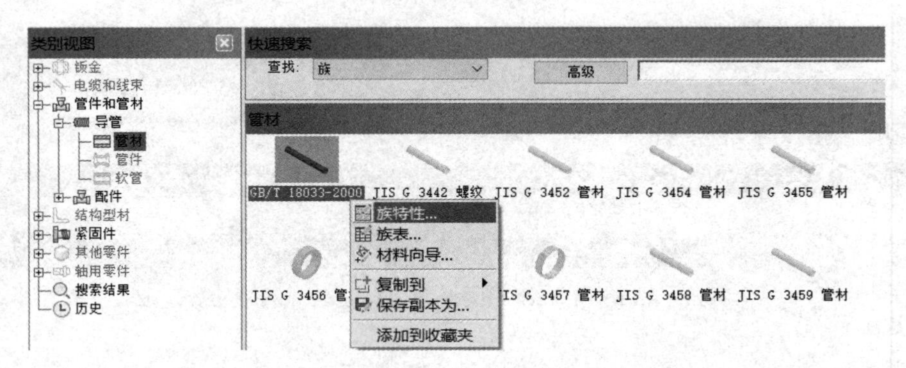

图 4-61　右击命令

“族特性”命令用于族基本信息更改，包括名称、所属标准体系都可以用该命令调整。选择后，会弹出“族特性”对话框，如图 4-62 所示。这里主要修改的信息是“标准组织”及相关选项，其作用是用于标准件调用时的筛选。

族特性
常规　参数映射　缩略图　链接
族名称：
GB/T 18033-2000
族描述：
铜管材
标准组织：GB
制造商：
标准：GB/T 18033-2000
标准版本：2000
族文件夹名称：
GB T 18033-2000
库：
//DesktopContent:My Library
确定　取消　应用

图 4-62　“族特性”对话框

步骤 4：族表更改。前面改动的都是整个族文件的相关信息，主要用于在资源中心库中的显示。族表用于更改标准件的行列信息，来调整该标准件调用时的相关信息。

选择该族文件，右击选择“族表”命令，可以打开如图 4-63 所示的表格。表格为标准件插入时默认的相关信息，如标准件的材料、零件编号、文件名、具体尺寸等。每一行就表示插入的一个标准件，如果有需要，可以右击来插入新的行来创建该标准件的一个新尺寸。列是关联标准件的相关属性，双击列标题，就可以打开该列的特性对话框，如图 4-61 所示为文件名列，该列决定保存时标准件的文件名，把其表达式改为“GB T 18033—2000 管材 {DESIGNA-

TION}”，保存后标准件就会按该格式保存文件名。

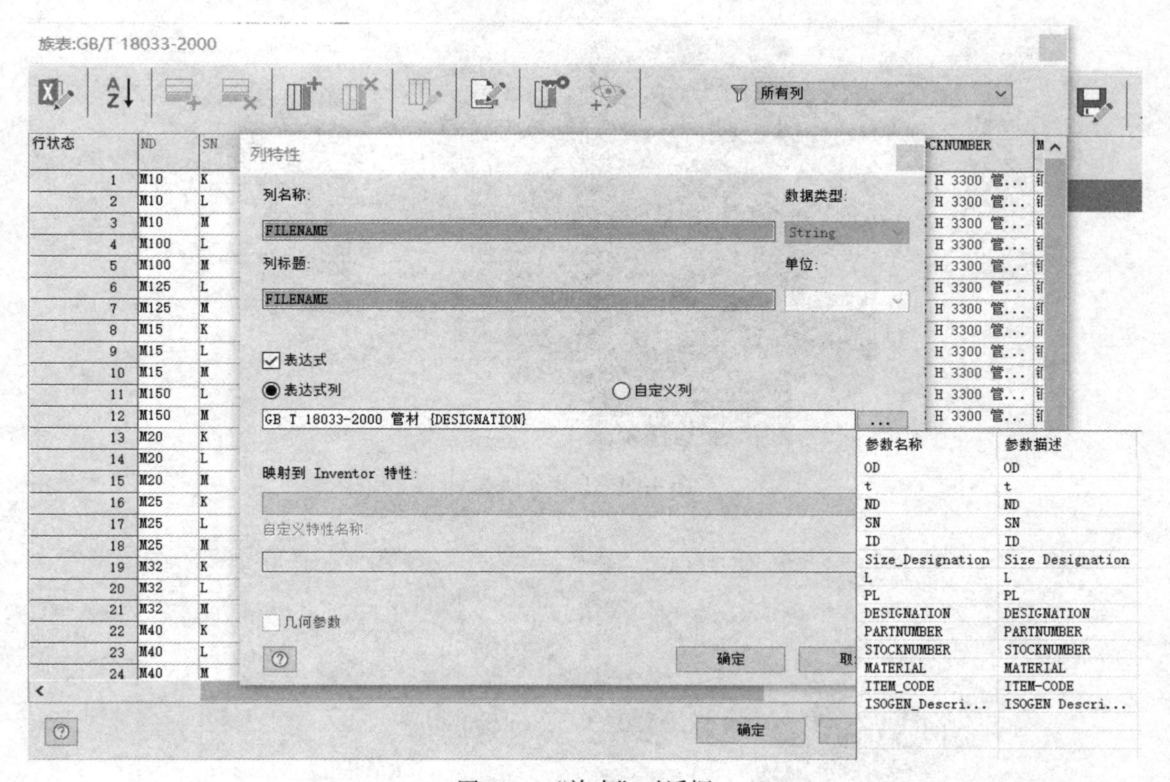

图 4-63　“族表”对话框

后面的 {DESIGNATION} 就是对应的参数，如图 4-61 所示单击“…”，可以选择所需要的参数，把相关参数加入，如 MATERIAL 是材料属性，带入该参数，文件名中就有了材料名称。

如果需要定义标准件文件特性（iProperty），在“映射到 Inventor 特性”中，选择需要给定的特性，表格中的值就会自动填入到该特性中。

族表可以在 Excel 中进行编辑，单击左上角相关按钮即可进入到 Excel 中编辑，编辑完成后保存表格，关闭后就会把 Excel 内容更新到当前族表中。

材料属性需要和材料库统一，如果是自定义材料，建议用“材料向导”把相关材料插入到库文件中，确保插入标准件时正常使用。

对于标准件库的其他功能，如建立类别等相关操作，可以在使用过程中逐步拓展，操作都比较类似，修改完成后，在部件中插入一下该标准件，来验证设置的情况。由于国标与 ISO 标准类似，按上述方式，可以把大部分的标准件做成所需的标准件库。

步骤 5：自定义件编辑。如果需要一个自定义的标准管路配件，就需要把定制好的零件文件发布到库里，再进行调用。打开练习文件“PVC 接头 .ipt”，可以看到，已经绘制完成的零件模型，其相关的信息如图 4-64 所示。

在模型中有一系列关键参数，其中，直径 3 是对接管子的公称直径；直径 1、直径 2 是两边接头的尺寸，如果有需要，可以修改成大小径来对接不同尺寸；外径和其他参数属于外形尺寸，有一个相对合理的值即可。

步骤 6：系列化零件。对于一个管接头，肯定要有几种尺寸，这里定义 M32、M40、M50

三个尺寸，定义主要的直径尺寸，其他相关参数就不详细定义了，如图 4-65 所示。

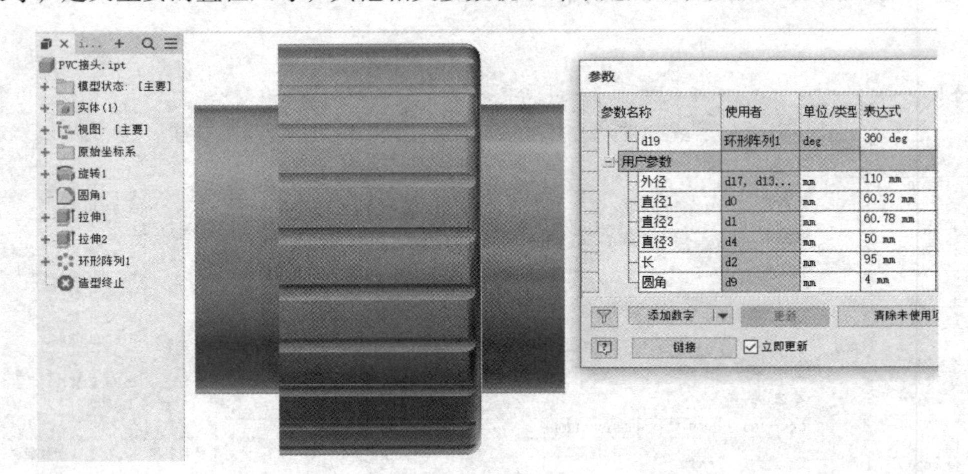

图 4-64　自定义接头

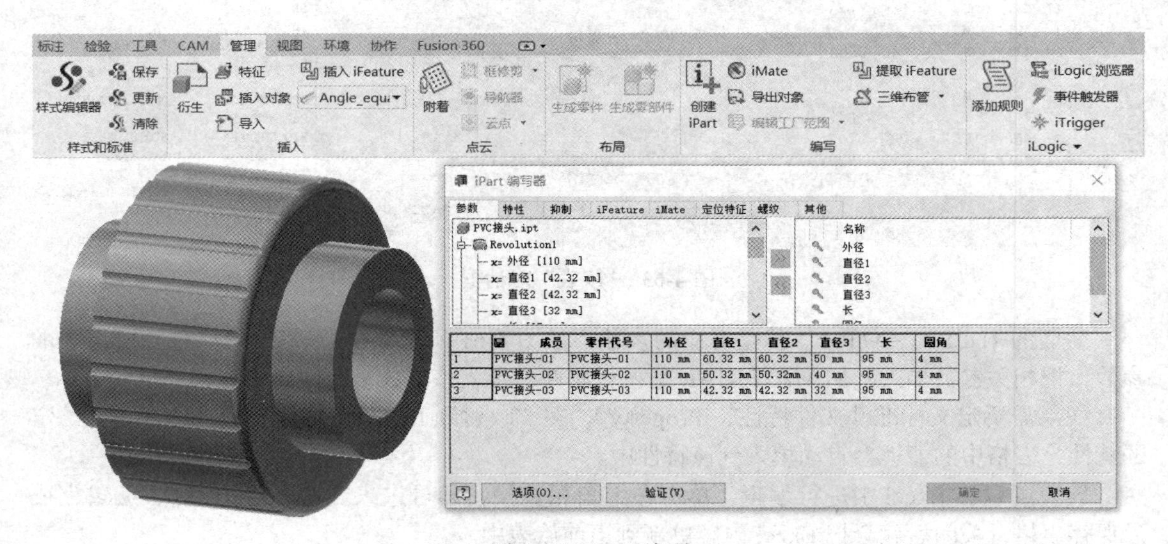

图 4-65　iPart 编写

图 4-63 中的“成员”列就是使用时文件保存的文件名、“零件代号”列会写到该标准件的零件代号特性中，其他列就是模型尺寸的修改。该内容都属于 iPart，这里不详细说明。

管路中会需要加入几个特殊列，作为常用的参数，最基本的是“ND”列，该列用于表达公称直径。英制单位使用分数英寸（in）值来描述公称直径（1/4、1/2、1、1 1/2 等），公制内容使用以毫米（mm）为单位的值，前面带字母 M（M8、M10、M20 等），并把该列设置为关键列（标准件选择时显示内容）如图 4-66 所示。用“ND”的原因是大部分默认管路配件都是用这个名称，统一名称能方便在使用过程中识别。“SN”列是关键列，一般同一个尺寸有两种型号的，用这一列来区分。“PL”列是长度列，应用于管材，在管路放置时，每根管子长度获得就和它关联。

这几个属性定义完成后，系列化定义就基本上完成了。没有定义的属性，后期也可以在“族表”里进行添加或者修改。

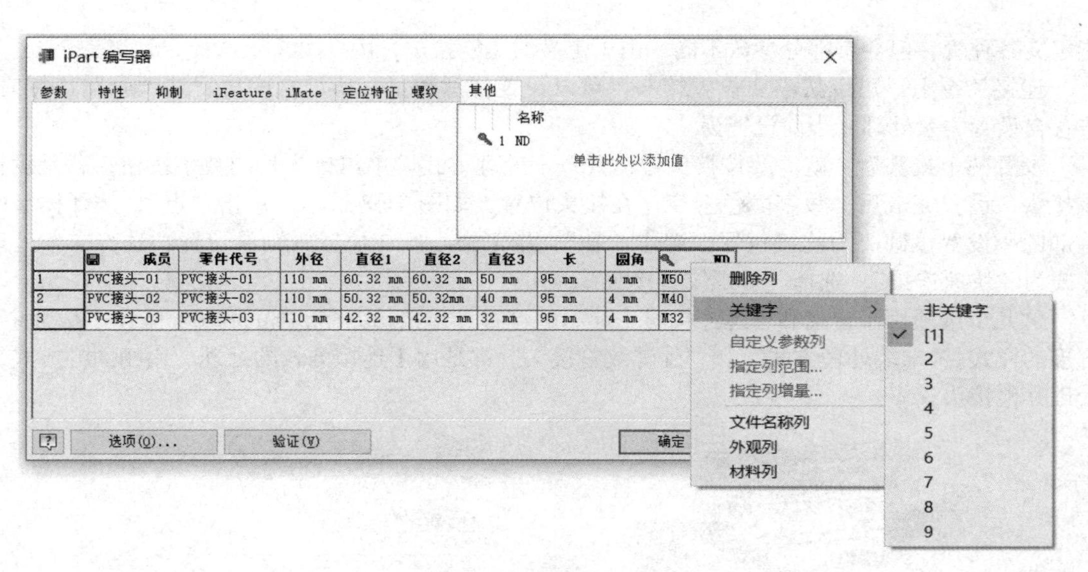

图 4-66　公称直径列

步骤 7：管路定义。作为普通的标准件，这些定义基本上就能使用了。对于管路，还需要定义管路的信息，包括管子连接时塞到接头的距离等相关信息。

在“管理”选项卡“编写”选项组中，选择“三维布管”命令，如图 4-67 所示，进行管路的定义。

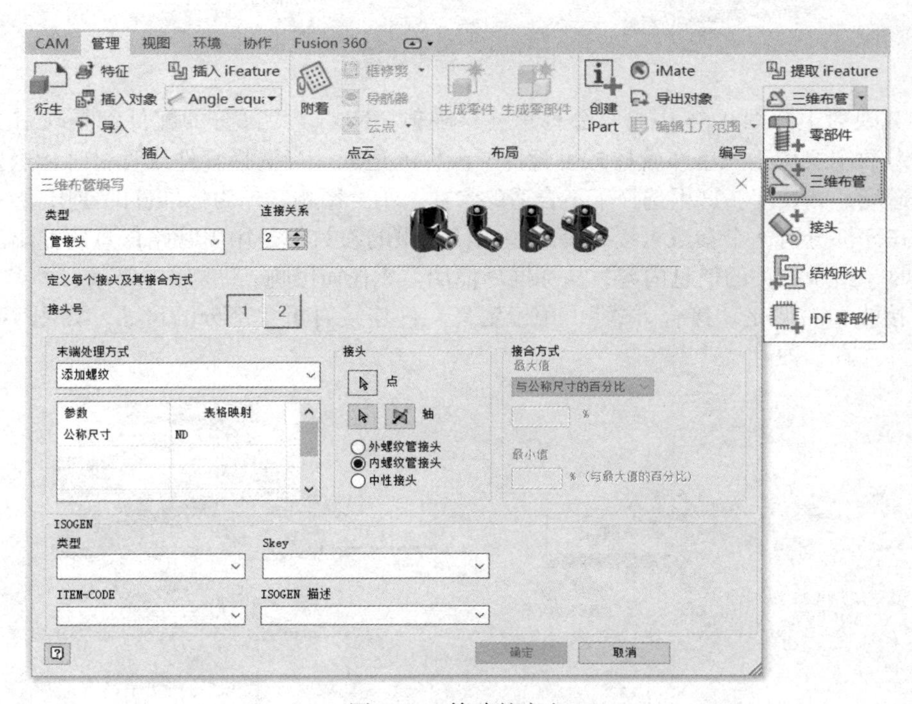

图 4-67　管路的定义

类型选择上，管路中各种配件基本上都在了，由于各种类型设置会有所不同，并且发布时会放置到各种对应的位置上，因此尽可能选择合适的类型。管材和管件都属于类型，因此它们

能定义各种管，但会有部分参数不同。由于定义的是管接头，因此类型上选择“管接头”。

连接关系上，可以按需要设置接头，可以设置任意数量，所设置的位置遇到管路连接时，按各自设置关系处理，当前设置为“2”。

设置两个接头后，就需要按接头号设置每个处理方式。单击接头号的数字按钮，就是设置该接头，设置完成后，数字颜色会变。在接头位置，如图 4-68 所示，单击“点”，选择模型的端部圆，设置该圆心为连接位置；单击“轴”，指定圆心所在位置为轴的位置；选择末端处理方式为“快速连接”；选择“外螺纹管接头”。

这几个选项用于定义和管道连接时，起始的位置、连接的方向，如图 4-68 所示箭头就属于合理的样式。“末端处理方式”和“外螺纹管接头”都是用于连接方式的处理。用相同的方式来处理其他接头。

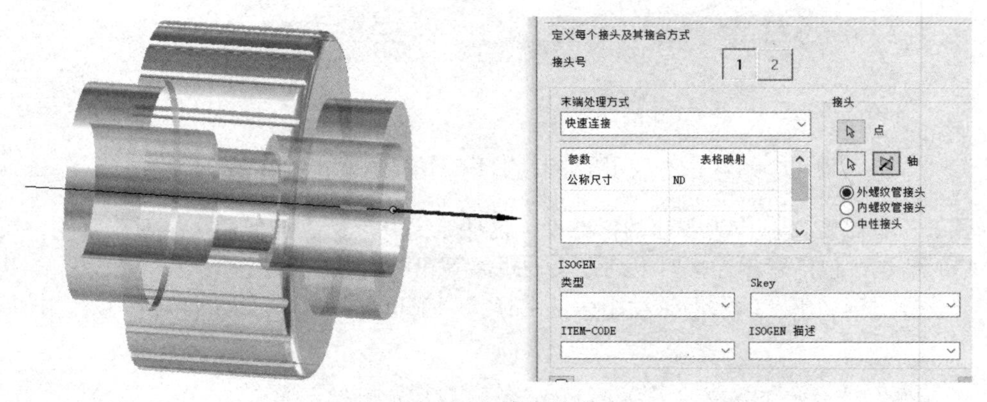

图 4-68　接头处理

在参数映射上，图 4-66 中是“公称尺寸”映射“ND”，大部分的配件都是映射这一个参数，这个参数主要用于三维布管样式里管件与配件的适配。当选择管件或管材时，这里会有其他参数要适配，如长度。这里选择了不合适的参数，不会影响其作为标准件的使用。

ISOGEN 部分有 4 个参数可以选择或填入，这里的参数都是用于管路信息的输出。输出该配件信息时，给予相关的信息内容，从标准件使用上无任何影响。

在“接头”右侧是“接合方式”，用于定义配件连接时重叠部分的尺寸，如图 4-69 所示，能使用的方式有三种。

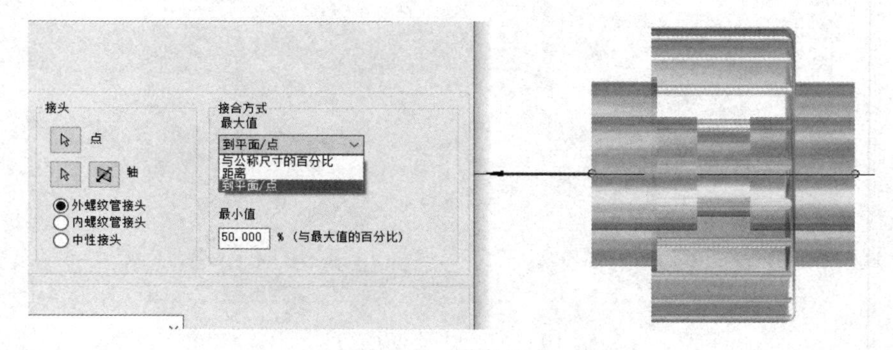

图 4-69　接合方式

设置的值为最大、最小两个值，设置时图中会显示两值的范围，如图 4-69 所示模型内的线

段就是两值之间的距离。默认的接合方式是“与公称尺寸的百分比”，设置公称尺寸的百分比；“距离”是直接给定距离值，当前选用该值，给定距离为“38mm”；“到平面 / 点”需要选择一个平面或点来定位最大值，如模型连接位置在不同尺寸时会变化，选用这个比较方便。给定最大值（38mm）后，最小值是以最大值的百分比来输入，如当前输入“80”，连接部分的尺寸值在 30.4 ~ 38mm 之间，实际的具体连接值和管路设计相关。

步骤 8：发布零件。定义部分做完后，配件的管路部分信息就已经有了，可以在管路里面进行插入使用，也可以使用管路方式进行操作。如果需要把它放置到标准件库中，就需要做零件的发布。在“管理”选项卡“资源中心”选项组中选择“发布零件”命令，弹出“发布向导”对话框，如图 4-70 所示。

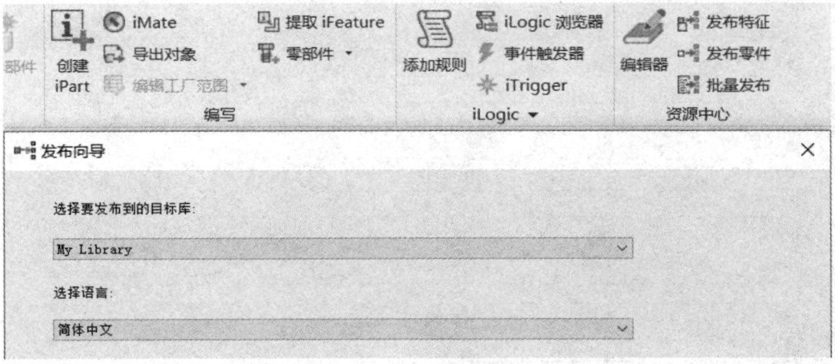

图 4-70　发布零件

选择目标库和语言，下一步选择类别，由于前两项都已经在前阶段设置完成了，可以直接下一步。类别中，如果需要子分类，需要预先使用“编辑器”创建，发布后，族文件不允许移动。

往下是参数映射，如图 4-71 所示，这里的主要参数在进行配件定义时都已经完成，其他的参数按需选择即可（也可以不设置）。

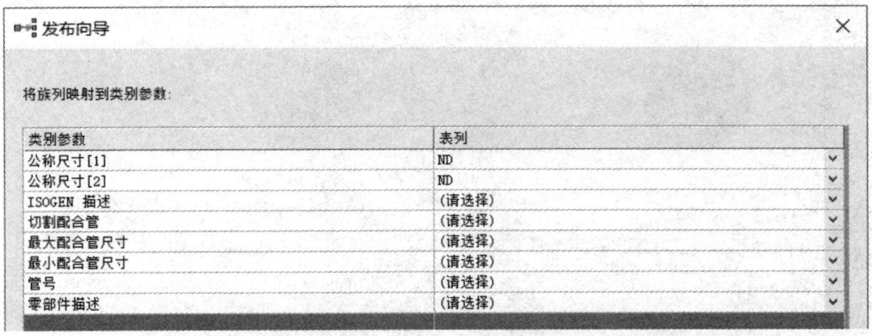

图 4-71　参数映射

下一步是定义族的键列，如图 4-72 所示。“键列”用于标准件选用时的选择列，做 iPart 时定义的关键列会默认放置到该列。当前模型只有 ND 一个关键列，其他列可以按需进行放置，列也可以用作关键信息的显示。

往下是设置族特性，如图 4-73 所示，其与族特性编辑的内容基本相同，所有内容都可以自行填入。在“标准组织”中建议填“GB”，方便后期做国标筛选，如果这里不填任何内容，会生成一个命名为“未命名”的相关特性。

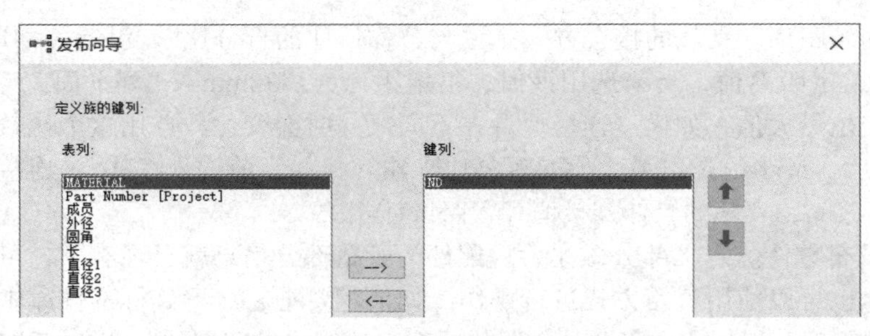

图 4-72　定义族的键列

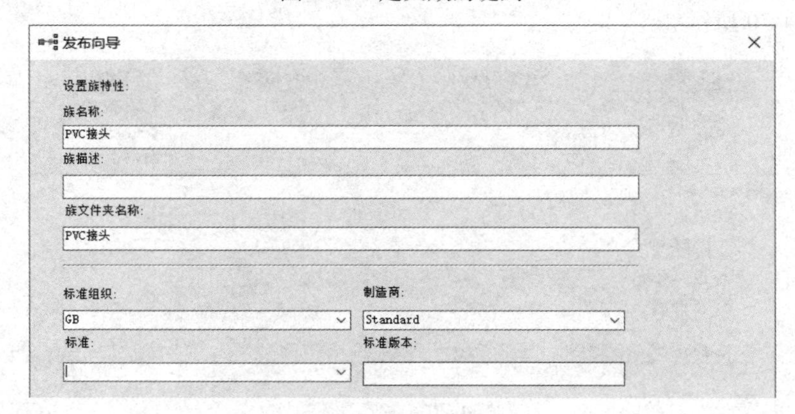

图 4-73　设置族特性

最后一步就是选择合适的缩略图，如图 4-74 所示。默认会选该文件的保存缩略图，如果需要自定义，可以把图形进行替换。

图 4-74　缩略图

提示

发布零件族后，可以在资源中心编辑器中的“族特性”选项中更改族名称值、标准设置、参数映射和缩略图；还可以向零件族添加列，并将这些添加的列值映射到零件的参数上。

如果要将零件发布到自定义类别，并且要将类别参数映射到零件参数，则零件文件中的参数名称必须全部为大写字母。

第5章 三维布线

【学习目标】

1）熟悉三维布线模块的模式。
2）理解三维布线的使用流程。
3）学习三维布线的几种方式。

三维布线部分主要介绍导线、电缆、线束等相关元素及其对应的设计，主要为了展示设备中的相关连接，并以此为基础，输出所需的相关内容。

在三维软件中，电气接线部分一直比较特殊。在设备中，它常常会和机械部分混合在一起，又因为其应用方式原因，独自成为一个部分。在使用人员上，也因为它的特点，会形成专门人员来从事该部分工作。

本章介绍 Inventor 软件三维布线模块的应用，说明机械中电气部分的操作与使用，让导线相关内容能够以实际方式展示，把机械和电气融合到一起。

5.1 三维布线模块概述

三维布线模块属于部件里众多模块中的一个。在“环境”选项卡中进行切换，绘制完成布线所需要的零部件时，就可以进入该模块进行布线工作。

图 5-1 所示为三维布线模块的主体界面，整体结构与软件基本界面相同。左侧的浏览器中为导线、管束等相关内容。

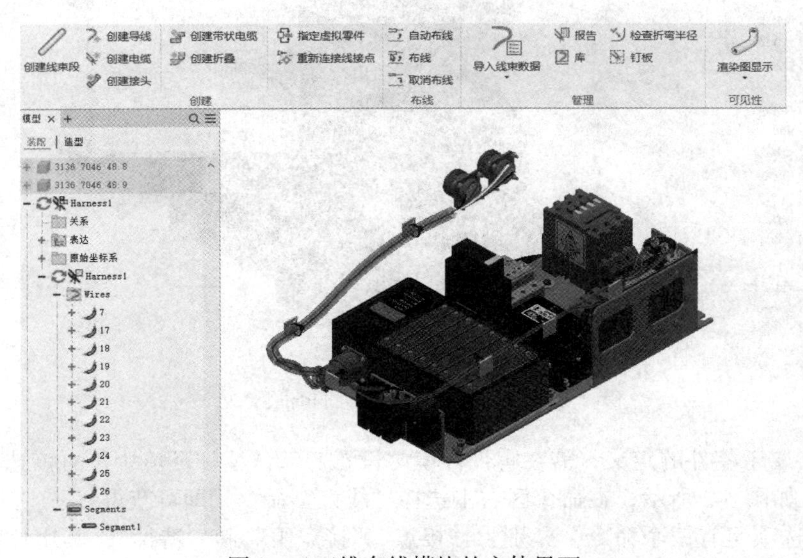

图 5-1　三维布线模块的主体界面

在命令的选项组中，依次有“创建”“布线”“管理”“可见性”几个选项组，作用如下。

1）创建。创建线束与导线。在布线中，创建的内容主要就是各种连接的导线，包括衍生线类（电缆、带状电缆等）；线束的存在，类似于线槽，决定导线的走向，可用于导线的捆扎需求，可计算导线捆扎后的直径。

2）布线。把绘制好的导线，放置到线束内的过程，就是布线。

3）管理。定义导线、电缆、线束等内容的各种型号，方便在放置时选择。

4）可见性。针对导线、线束，显示其所需样式。

5.2 三维布线模块介绍及使用流程

三维布线模块，主要实现的功能是在三维模型中，尽可能把导线的相关内容表达出来，包含导线、电缆的连接，各种导线的粗细及走向；并在完成的内容上获取各种相关的报表和图样。三维布线模块使用流程为：元件设置→导线连接→走线布置→内容输出。

元件设置主要是把零件定义成电气元件，包括接头位置及电气元件的信息，其命令在“线束”选项组上，如图 5-2 所示。

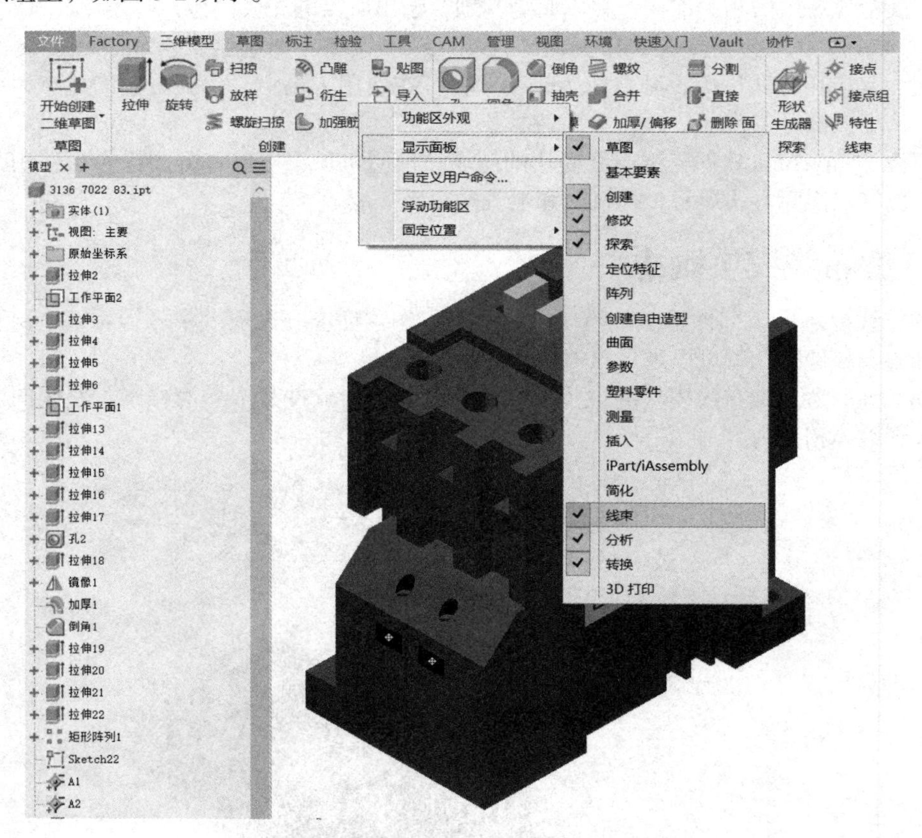

图 5-2　定义电气元件命令

电气元件属于零件的定义，需在零件环境中设置。默认零件环境中没有该选项组，定义时需独立调出。如图 5-2 所示，在命令区右击选择“线束”命令，即可获得。

“线束”选项组有三个命令，分别为“接点”“接点组”和“特性”，其用处就是定义该元件的接头位置和电气特性。

1）**接点**。给当前元器件放置一个导线连接点，如图 5-3 所示。该接点名称命名时，要符合对应元件的引脚号，方便后续使用该元件进行导线连接时，相关内容的识别。

2）**接点组**。元器件有多个引脚时（接插件），为了方便一次性绘制多个接点，可以使用该命令，如图 5-4 所示。该命令支持矩形阵列或环形阵列方式来放置接点，并按一定的规则对各个接点进行命名。

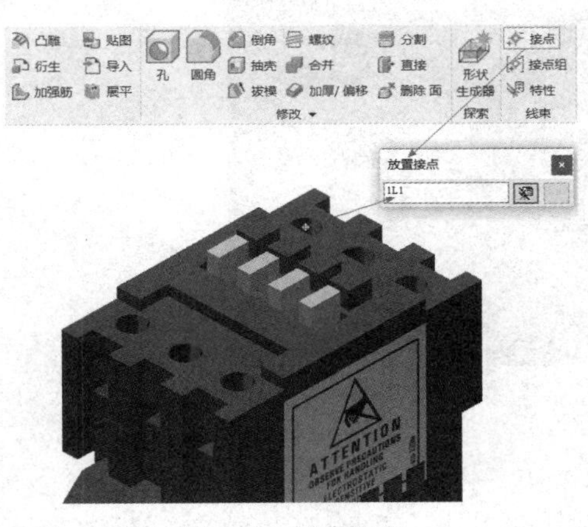

图 5-3　创建接点

图 5-4　“接点组”命令

3）**特性**。如图 5-5 所示，特性主要是定义元器件的“参考指示器”，用于和电气元件号进行匹配，如果信息精确，按实际对应的元件号填写，会有利于后续信息的匹配。该元件如需要其他的特性，可以在“自定义”选项卡中进行填写。

如果需要在三维布线模块中进行接线，必须在对应的零件上放置所需的“接点”，后续在三维布线模块中就能使用其电气特性，也就能对一些特性做修改。

三维布线模块下的命令如图 5-6 所示，导线连接、走线布置、内容输出都在这里完成。

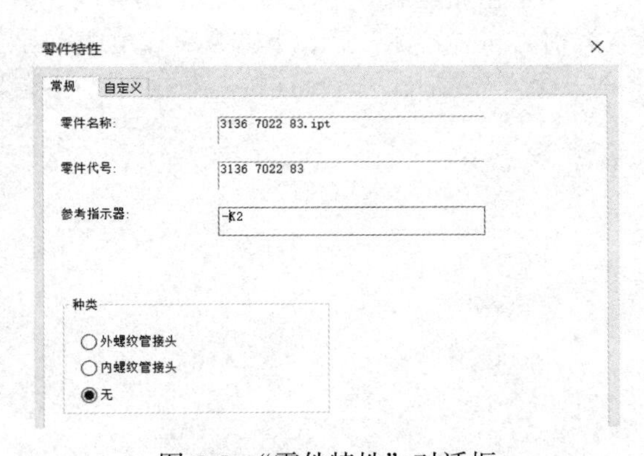

图 5-5　“零件特性”对话框

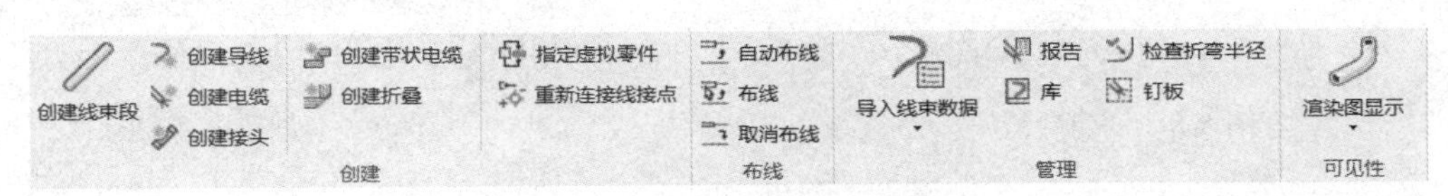

图 5-6　三维布线模块下的命令

4）**创建线束段**。指定一系列点，进行线束段的创建。线束段的点，可以选择模型上任意的点或偏移面的点。如图 5-7 所示，操作时，右击选择“编辑偏移”命令，来设置点偏移面的距离，方便线束点的定义。放置后，线束段会以样条曲线方式生成。定义线束点就是定义样条曲线的关键点，样条曲线可以按需要在空间中任意穿梭。

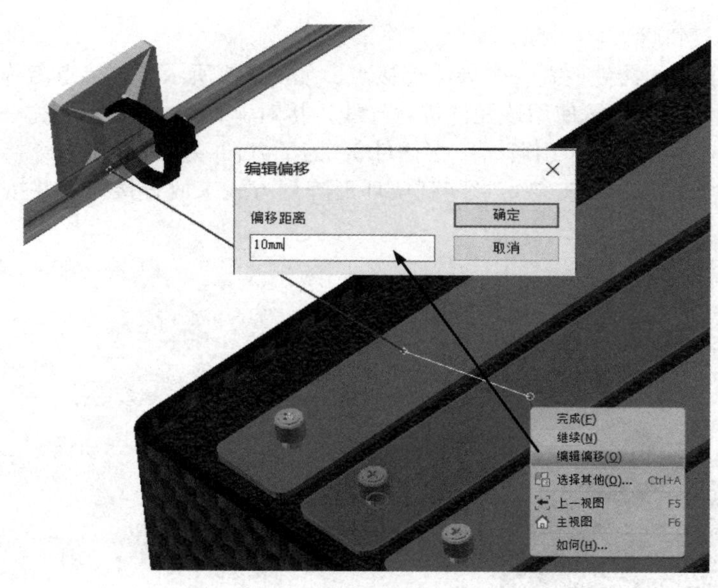

图 5-7　创建线束段

5）创建导线。创建导线如图 5-8 所示，选择两个接点，再选择所需的“类别”及“名称”，就可以完成导线的放置。软件会先绘制两个接点间的一条直线，再等待后续的布线处理。

6）创建电缆。电缆属于多芯的导线，创建方式和导线方式基本类似。如图 5-9 所示，选择“类别”和“名称”后，下方会有该电缆的导线数量及颜色。依次单击接点，每两个接点就会作为一个“导线 ID”进行连接。布线时，电缆线会作为一根整体的导线来处理。

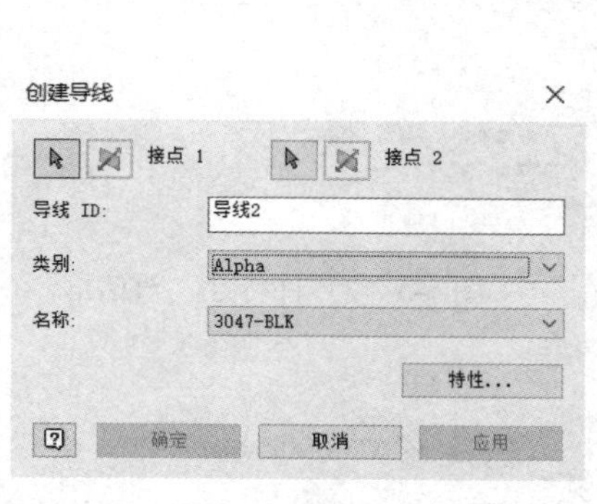

图 5-8　创建导线

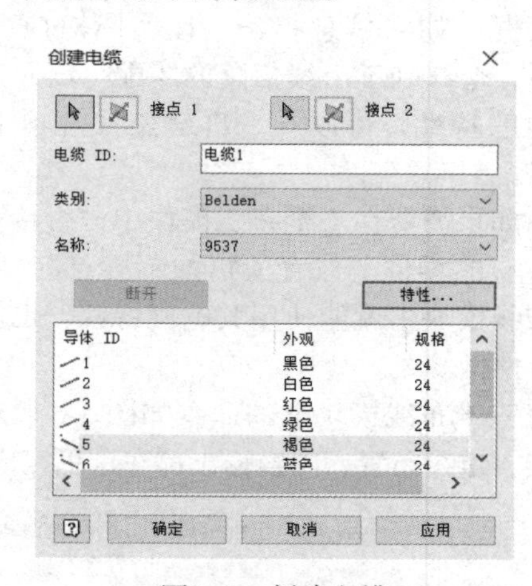

图 5-9　创建电缆

7）创建接头。布线后，导线只能允许在线束段的两端进出。当需要在线束段某点放置进出口时，可以在对应位置放置一个接头来完成。放置后，线束段就会按该点分为两段。由于线束段为样条曲线，当线束段只有首尾两个点时，会转换为直线。

8）创建带状电缆。此命令用于带状电缆（多芯排线）放置。使用带状电缆时，连接的接头需要进行“带状电缆”的特性定义，才能作为接头使用。创建的带状电缆，也会有相关的外形调整，让它更符合实际状况。

9）**指定虚拟零件**。在布线中，有些零件不会在图中进行表达，如果需要在模型中完善相关信息，就会作为虚拟零件处理。如图 5-10 所示，把所选的线束段加上了一个“导线接套”零件，所加的零件可以在 BOM 表中显示出来。虚拟零件选择的对象可以是线束段或接点，按所选的不同，可以做不同类型的定义，同一个位置可以放置多个定义。部分虚拟零件放置时，会按虚拟零件的特性来调整部分零件的外观。

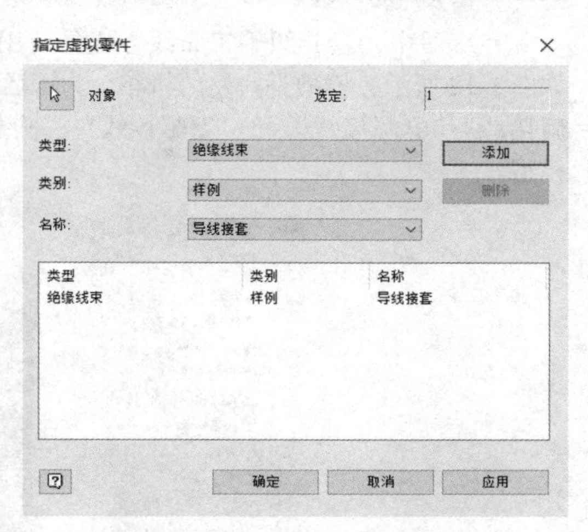

图 5-10　指定虚拟零件

10）**库**。在布线中，所有用到零件基本上都有“类别”“名称”这两个特性，这些特性的定义就在库中。选择“库”命令弹出如图 5-11 所示对话框，用于信息的预定义。在绘图过程中需要调用的，都在这里定义完成后，才能在操作中使用。

上述介绍了部分常用命令，也把后续操作中用到相对少的命令做了介绍，其他的包括“报告”“钉板”等命令，在练习中会更容易描述。

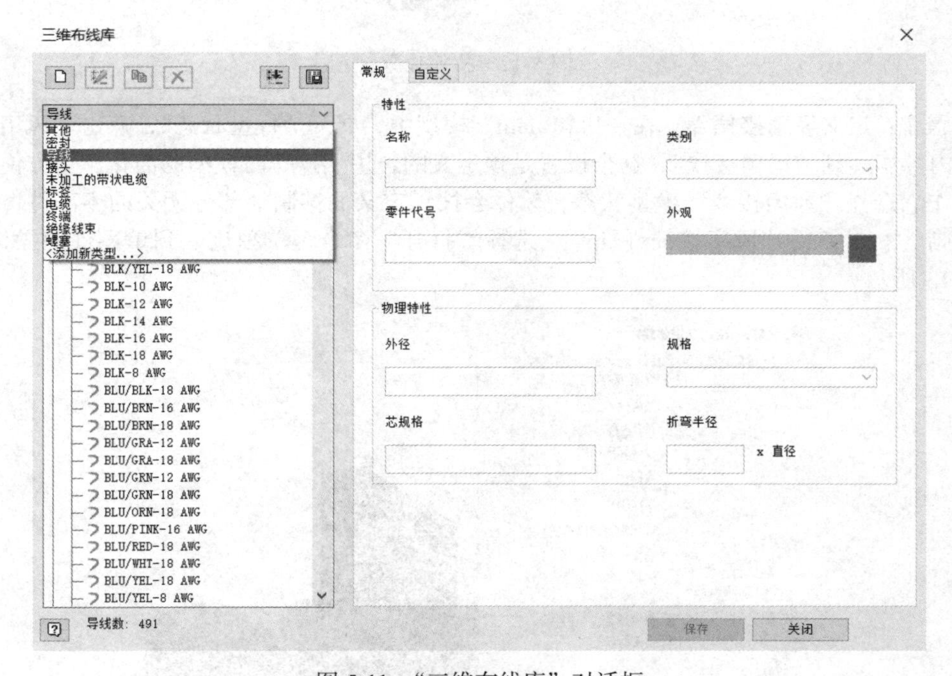

图 5-11　“三维布线库”对话框

5.3　三维布线模块应用实践

三维布线模块主要是针对导线、电缆在模型中的处理。在整个流程中，操作的主要工作量集中在导线或电缆的放置上（零件布局属于机械绘图部分，这里不考虑），因此，重点介绍几种布线方式来说明一下布线及相关的处理。

5.3.1 手工布线

在练习中，会介绍手工布线方式的使用，打开练习文件“第 5 章 布线 \ 机箱 \ 机箱 .iam”，如图 5-12 所示，模型是完整的机箱。为了后续方便局部操作，如图 5-12 左侧所示，定义了“风扇接线”“电源接线”和“光驱接线”三个模型状态，操作时，双击切换，可以简化视角上的模型。

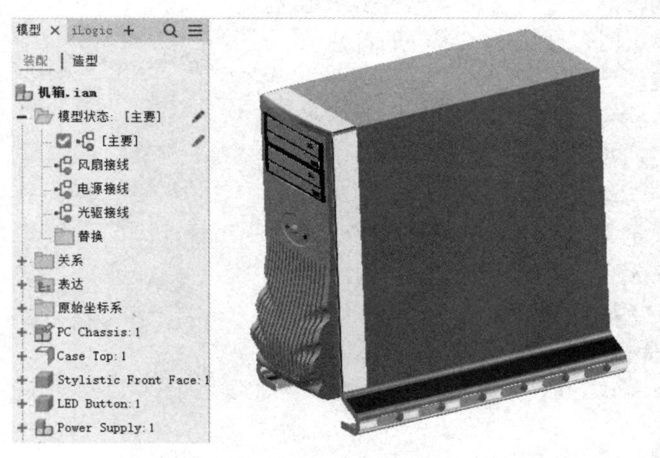

图 5-12　机箱设置

步骤 1：定义风扇接插件。在“机箱 .iam”模型中，展开“模型状态”，双击“风扇接线”，把图形内容切换到“风扇接线”，这个设置是预定义的，用于操作时模型的简化，更方便有针对性的操作。选择“风扇接线”模型状态，软件会按预定义的抑制掉部分无关的零部件，让视图更为清晰。右击零件“风扇接插件 .ipt”，选择“打开”命令，单独进入到单零件的操作环境，如图 5-13 所示。

图 5-13　打开“风扇接插件”

提示

在视图中，大量的零件被抑制，找到所需零件会很轻松，单击零件时，视图中该零件也会高亮显示。

如图 5-14 所示，选择“接点”命令，依次在图中矩形中心放置“1”“2”“3”“4”四个接点。这里接点的位置可以按实际情况放置（导线起点），这样能有利于后期导线的长度计算，图 5-14 中点放置在端面上，是为了在操作时方便点选，定义完成后，切换回到前序部件，该零件会自动更新（可以不保存，后续有需要再保存）。

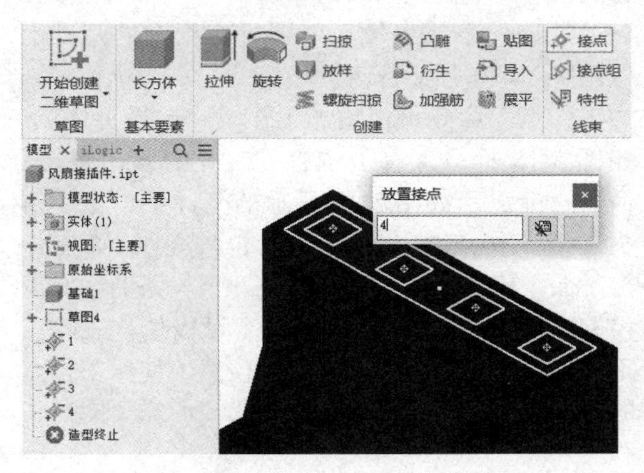

图 5-14　风扇接插件“接点”定义

步骤 2：进入三维布线环境。回到“机箱.iam”，在“环境”选项卡中选择“三维布线”命令，进入三维布线环境，如图 5-15 所示。“创建线束”对话框用来定义线束部件文件名称及保存位置。

步骤 3：创建导线。选择“创建导线”命令，如图 5-16 所示。选择“风扇”和“风扇接插件”两边的接点，填入“导线 ID”，选择该导线的“类别”和“名称”。这里放置两根导线，选择的接点为“风扇”的两个接点和“风扇接插件”外侧的两个接线。对于接点的选择，需要符合实际需要，本例中只是完成绘制，可以随意选择。“导线 ID”一般会对应线号，“类别”是厂商，“名称”是型号及颜色，选择合适即可。

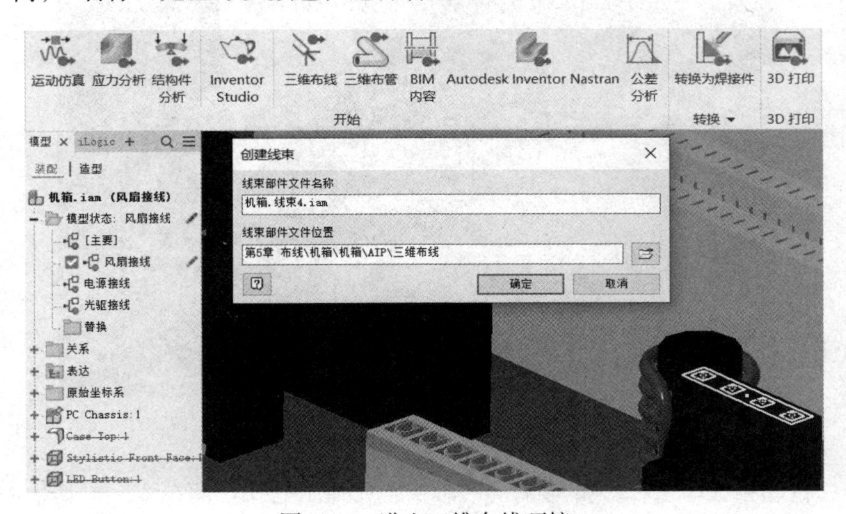

图 5-15　进入三维布线环境

步骤 4：创建线束段。线束段是用于上述两根导线的套管，选择“创建线束段”命令，线束的选择可以是工作点、草图点、圆心、平面偏移点。如图 5-17 所示，选择的是“电容”的平面，偏移一定的距离来定义该点，右击选择“编辑偏移”命令，可以编辑偏移所需的距离，确定位置合适，单击就可以放置该点。

选择合适的位置，依次放置点，完成线束创建。线束的位置在实际应用中有一定的随意性，放置的点的位置也不需要精确，基本合适即可。起始和结束位置尽量靠近接头，符合导线套管的实际，也方便后续的布线。

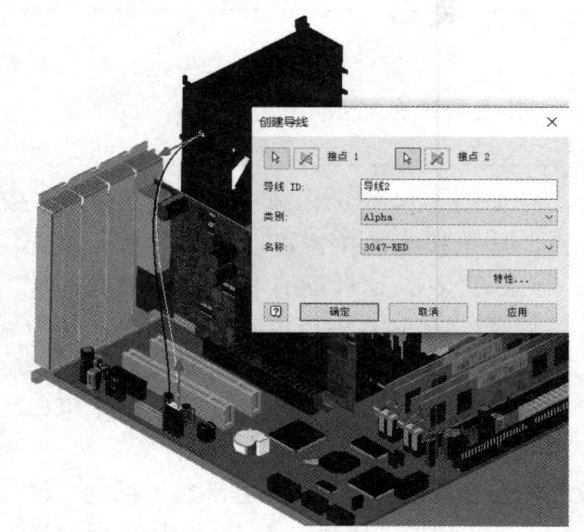

图 5-16　创建导线

绘制一条线束段后，即可在现有的基础上做调整。单击所绘线束的中心线，右击选择“添加工作点”命令可以增加工作点。选择工作点，如图 5-18 所示，右击选择“三维移动 / 旋转”命令，会显示如图 5-19 所示的坐标系，拖动箭头，把工作点放置到所需的位置。“删除工作点”命令用于工作点的删除，让该样条曲线减少控制点。“重定义工作点”命令可以把该工作点重新定位，需重新选择符合的位置。使用工作点的各种命令，可以把线束段定义成所需要的样子。

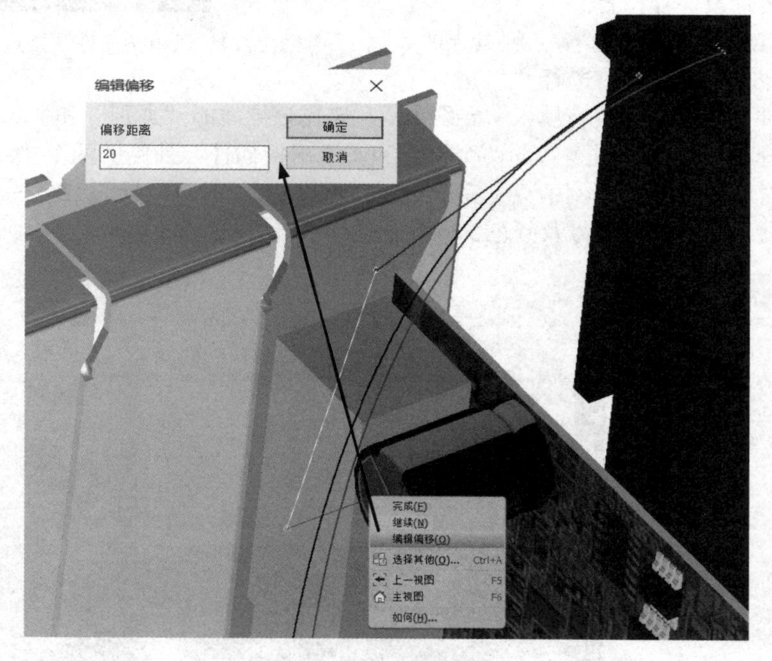

图 5-17　创建线束段

步骤 5：自动布线。选择“自动布线”命令，在弹出的“自动布线”对话框中，选择“所有未布线的导线”，会对未在线束内的导线进行全部选择。单击“确定”，会把没在线束内的导线按就近原则放置到线束段中，同时计算并调整线束段的粗细。浏览器中可以看到所含有的导线和线束段，如果有需要，可以右击来查看其特性，如图 5-20 所示。

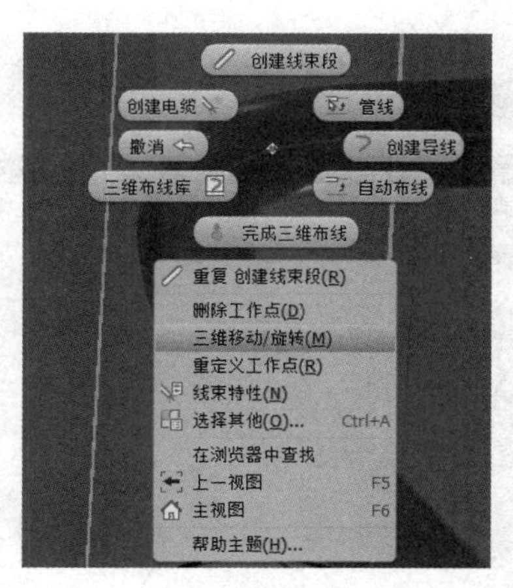

图 5-18　移动工作点

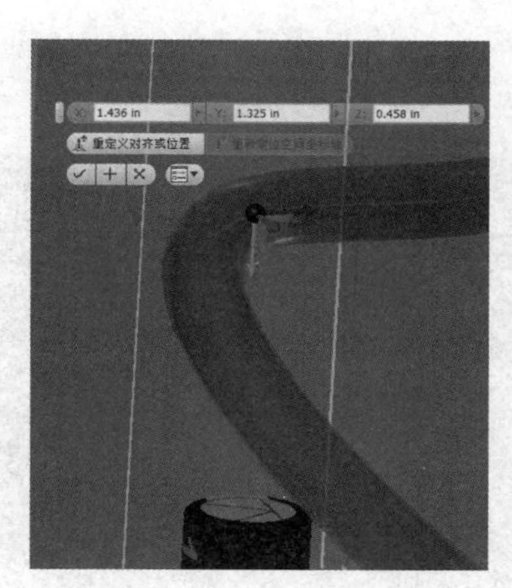

图 5-19　坐标系操作

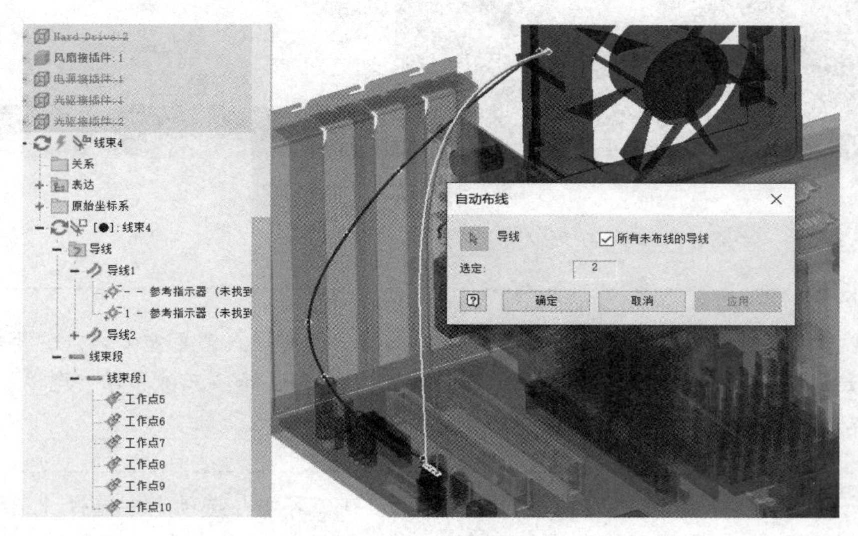

图 5-20　自动布线

提示

导线的处理方式基本上基于这种模式，导线的粗细决定线束段的粗细，可以理解为导线捆扎后的粗细；线束段的位置决定了导线的走线过程，也就决定了导线的长度。

步骤 6：定义电源接插件。选择“完成三维布线”命令，退出布线，进行电源接插件的定义。在模型状态中双击“电源接线”，切换到该状态，找到零件“电源接插件”，双击进入该零件的编辑状态。选择“接点组”命令，在弹出的“放置接点组”对话框中，起始位置选择为角点位置点（有预定义的 3 个点草图）；每行的接点数为“10”，接点节距为“4.182mm”（测量两点距离获得），方向选择边框线；行数为“2”，行节距为“4.8mm”，方向如果反向，可以进行切换。如图 5-21 所示，输入各种数值，就可以完成“电源接插件”20 个接点的定义。

对话框下方用于每个接点的命名，默认是“1 ~ 20”，可以加上前缀字母，选择命名编号的顺序方式，选择后看“预览”中的效果，决定是否采用。在当前的环境中，可以以默认方式进行使用。

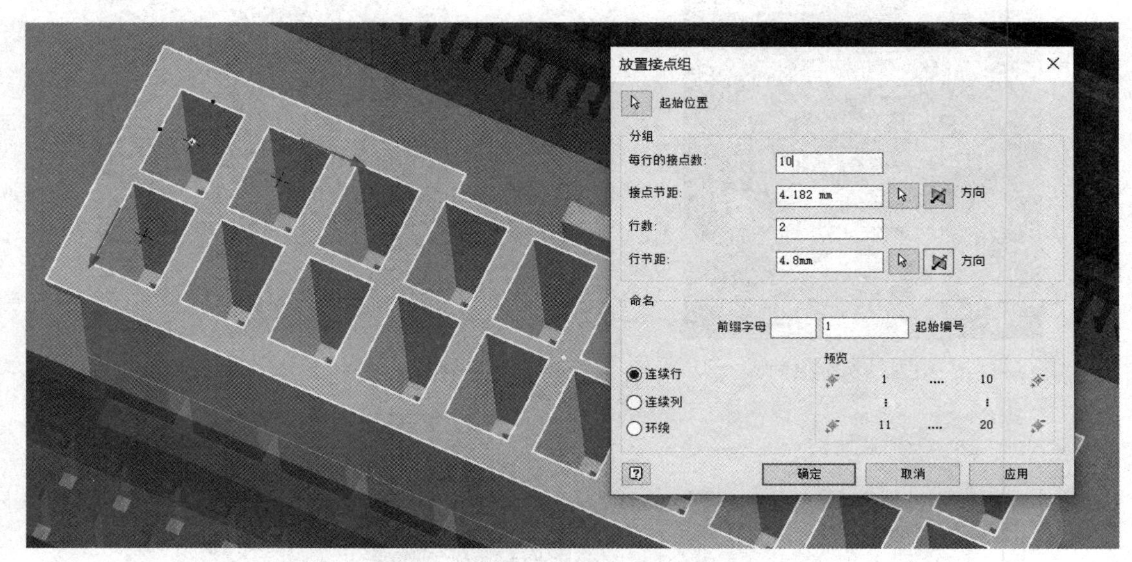

图 5-21　放置接点组

提示

接点组定义后，命名是无法进行修改的，如果组内有接点需要重命名，需要删除后，放置新接点。如果有接点位置不合适，在该接点上右击选择“三维移动 / 旋转”或“重定义特性”（可以捕捉位置）两命令来调整。

步骤 7：创建电缆。再次进入到三维布线环境，在“环境”选项卡中选择“三维布线”命令，新建一个线束。选择“创建电缆”命令，“类别”选择“Alpha”，“名称”选择“1178C”（选择合适即可，不与实际匹配）。

依次单击“电源接插件”和“电源”的接点（任意对接，不考虑合理性），在“导体 ID”中可以看到，会以两点一组，完成选择，实现电缆中各条导线的放置。如果需要取消某根导体的连接，单击后选择“断开”即可取消，如图 5-22 所示。单击“确定”，多芯电缆就会显示其各自的颜色，电缆更多表达的是一个多芯导线组，其他和导线无区别。

提示

在电缆中，单击某根“导体 ID”时，“接点 1”和“接点 2”就是该导体的两侧接点；当有一组导体的连接后，即可以创建电缆，电缆可以放置空导体，导体中线的样子表示两端是否连接，如果只有 1 个接点选择，会显示叹号。

步骤 8：定义线束段。线束段的创建与前序导线相同，用前述方式来创建。完成线束段后，为了表示该线为电缆，可以对线束段进行修改。如图 5-23 所示，右击创建的线束段，选择“线束特性”命令，在“虚拟零件”选项卡中，按图进行修改操作。修改完成后，可以看到线束段的图形发生了修改，同时多了一个“绝缘线束”的虚拟零件。

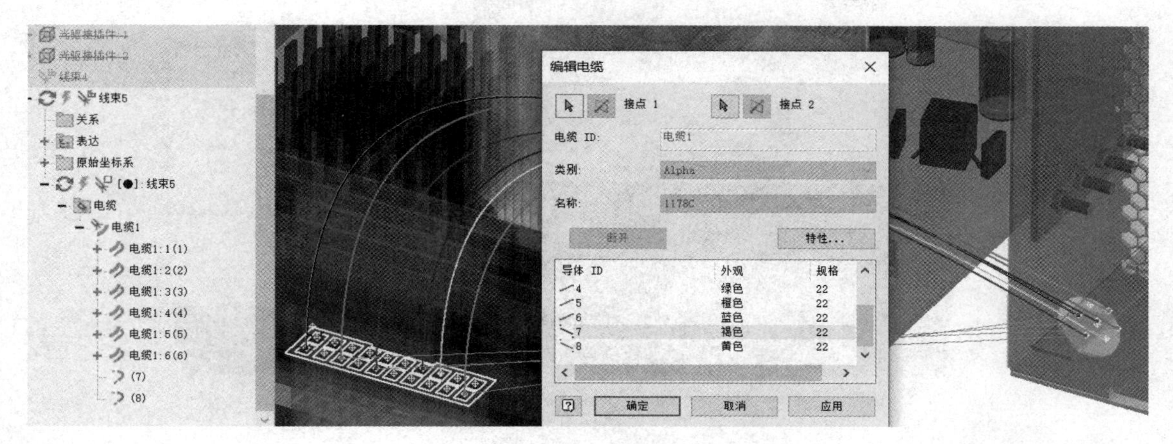

图 5-22　创建电缆

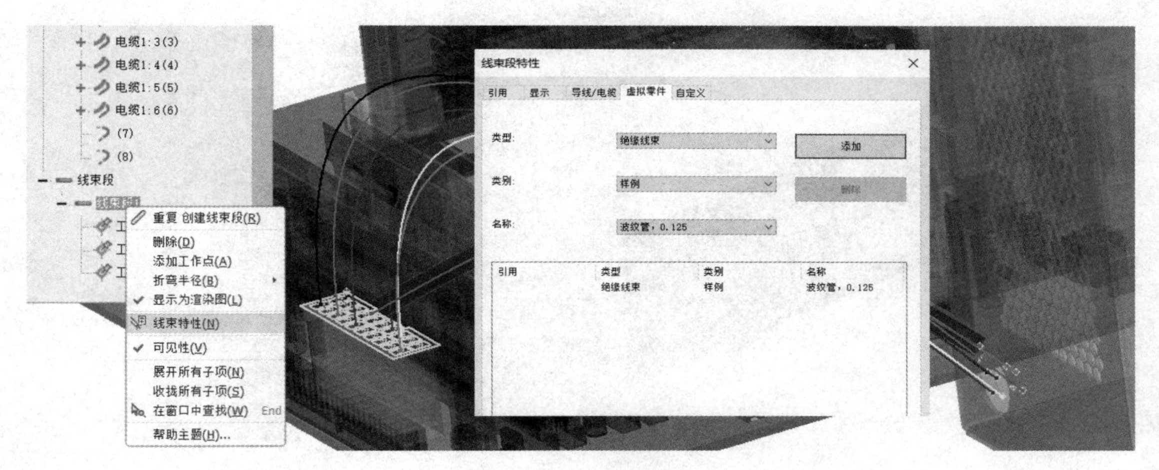

图 5-23　定义线束段

步骤 9：电缆布线。电缆的布线和导线基本相同，选择时，电缆的多根线会在一起，任意选择 1 根，其余的就都选上，这个符合电缆的特点，用多根线合并成一条电缆的方式来实现布线。

步骤 10：定义光驱接插件。回到部件“机箱 .iam”，切换模型状态到“光驱接线”，找到零件“光驱接插件”，右击选择“打开”命令，到零件状态。

同理需要定义接点，方式和前序步骤相同，当前零件已经定义好接点。光驱接口使用的接线是带状电缆，需要定义样式。在“管理”选项卡“编写”选项组中选择“接头”命令，如图 5-24 所示。模型中的两个“光驱接插件”属于同一个零件，在当前部件中使用了两次，接插件定义时，两零件是相同的，给任意一个做定义即可。

选择“接头”命令后，弹出“连接器编写”对话框，如图 5-25 所示，选择“带状电缆”。“终止类型”有“卷边”和“绝缘位移”两种，其差别是能不能支持两侧接线。当前的选择为“绝缘位移”。选择接点的平面，该面成为带状电缆的垂直延伸方向。选择两向，带状电缆可以两方向连接。“方向 1”和“方向 2”可以给定偏移的值。“起始接点”需要选择一个接点，定义的是带状电缆的起始位置。“销方向”定义带状电缆其他接点排列的方向。单击“确定”后，该零件就可以使用带状电缆命令进行操作。

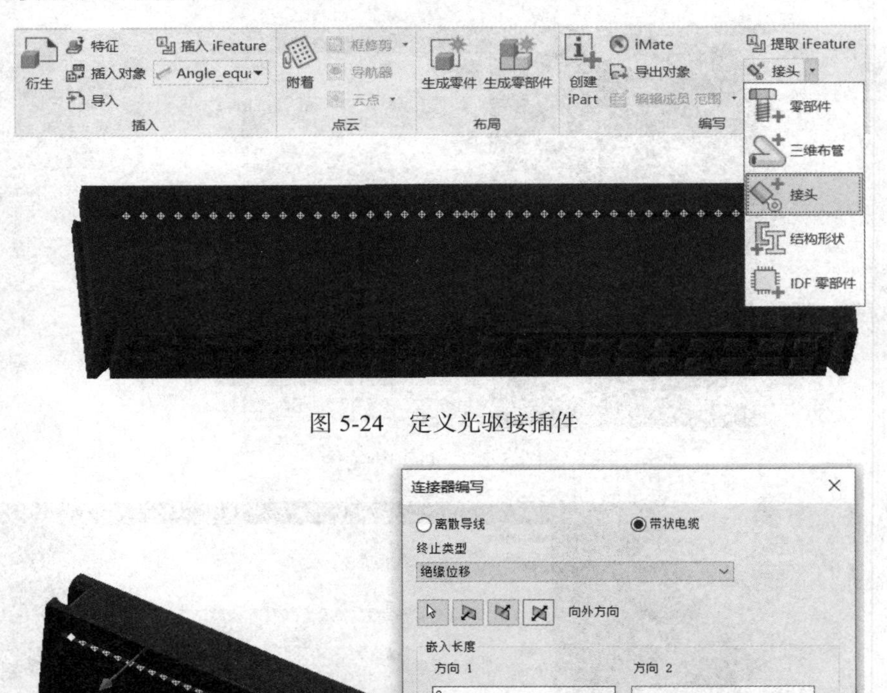

图 5-24　定义光驱接插件

图 5-25　带状电缆定义

步骤 11：插入带状电缆。回到“机箱 .iam”，再次进入到三维布线模块。选择“创建带状电缆”命令，在弹出的“创建带状电缆”对话框上进行相关设置，如图 5-26 所示。

选择起始接头和结束接头，两接头就是前一步所定义的两个接插件。选择后，接插件上会有箭头，来表示带状电缆的起点位置和方向。“起始接点”和前面定义时选择的“接点组”有关，可以按该接点组的任意一个点来定义起始的接点，当前可以在“1 ~ 40”接点中选择，选择值都为“1”，如需要反向，可以选择“40”。在对话框中，“接头”是定义从哪边进出；“方向”是定义带状电缆宽度的方向。可以按图 5-24 所示箭头的位置，先进行创建，如果不合适再进行修改。

带状电缆形状是一条带子，相当于用“扫略”命令来形成，而“扫略”的路径就是图 5-24 所示的样条曲线。“名称”上选择“28AWG_40Con”，“40Con”含义是 40 芯，名称和形状无关。带状电缆的宽度和厚度只和其定义相关，可以用“库”命令定义。

单击“确定”，带状电缆会按图 5-26 所示的样条曲线生成，以当前的设置，软件会报错说明当前“扫略”不能形成图形，命令的操作也未结束，可以放置样条曲线的中间工作点，来定义样条曲线的走向，建议先右击，再选择“完成”命令。

图 5-26 插入带状电缆

带状电缆形成出问题，可以理解为“扫略”命令不成功，不成功的主要原因是宽度太大，导致自交。需要在样条曲线上放置几个点，来调整样条曲线。右击样条曲线选择“添加工作点”命令，可以单击位置放置工作点；单击工作点，右击选择“三维移动 / 旋转”命令，来移动工作点。如图 5-27 所示，样曲上放置了两个工作点，并进行调整，就可以有图中的结果。

提示

不建议直接定义样条曲线的原因，是按位置选定样条曲线的中间点，对样条曲线的定义并不合适，先完成曲线，再添加合适的点来移动，更适合当前的操作使用。

上述介绍了“导线”“电缆”“带状电缆”几种方式的布线，手动布线的方式主要就这几种，操作过程中基本分为三部分，即定义连接件（点）、连接导线、放置线束段。这几部分中，零件（接点）的定义是不可能避免的；线束段用于导线的走向，也只能手动绘制；放置导线部分，如果导线数量多，或者接点位置靠近，选择连接会比较烦琐，而导线实际上只需要两侧零件和接点信息即能完成，因此可以以其他方式来实现。

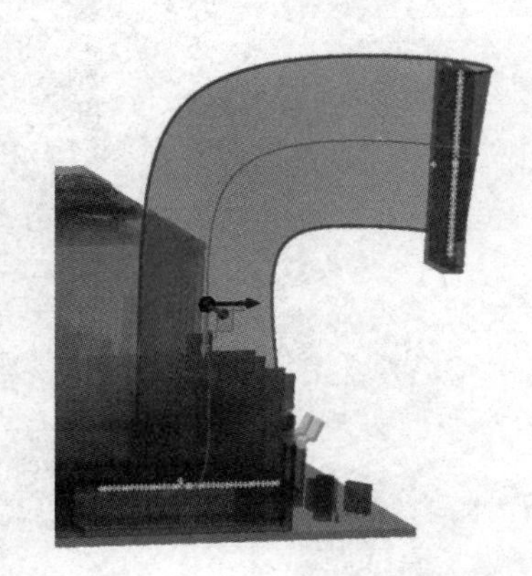

图 5-27 带状电缆的修改

5.3.2 借助 Excel 的布线信息进行布线

导线只要有连接元件和接点的信息，就可以完成连接。配合线束段和元件的位置，可以直接布线。既然只需要告诉软件连接的元件和接点，那么使用一张 Excel 表格就可以代替这些信息，本章就介绍如何利用 Excel 来实现导线连接。

步骤 1：打开 Excel 文件。打开“机柜的连接 .csv”文件，如图 5-28 所示，表格中内容是元件“U1”和“U2”“U3”“U4”“U5”之间的连接。A 列是导线的线号，C 列是导线种类，E 列是元件 1 名称（U1），F 列是元件 1 的接点号，G 列是元件 2 名称（U2、U3、U4、U5），H 列是元件 2 的接点号，B、D 列是给电缆预留的。

每一行表示一根导线，分别是导线的线号、导线的类型、导线两端连接的信息。在Excel表中，一共是80根导线，用于连接U1和U2、U3、U4、U5。

	A	B	C	D	E	F	G	H
1	2201		3053-ORG		U1	1	U2	1
2	2202		3053-WHT		U1	2	U2	2
3	2203		3053-RED		U1	3	U2	3
4	2204		3053-YEL		U1	4	U2	4
5	2205		3053-BLK		U1	5	U2	5
6	2206		3053-ORG		U1	6	U2	6
7	2207		3053-WHT		U1	7	U2	7
8	2208		3053-RED		U1	8	U2	8
9	2209		3053-YEL		U1	9	U2	9
10	2210		3053-BLK		U1	10	U2	10
11	2211		3053-ORG		U1	11	U2	11
12	2212		3053-WHT		U1	12	U2	12
13	2213		3053-RED		U1	13	U2	13
14	2214		3053-YEL		U1	14	U2	14
15	2215		3053-BLK		U1	15	U2	15
16	2216		3053-ORG		U1	16	U2	16
17	2217		3053-WHT		U1	17	U2	17
18	2218		3053-RED		U1	18	U2	18
19	2219		3053-YEL		U1	19	U2	19
20	2220		3053-BLK		U1	20	U2	20
21	2221		3053-ORG		U1	21	U3	1

图 5-28　机柜的表格

步骤2：部件信息定义。打开部件“机柜.iam”，如图5-29所示，模型中都已经定义好了接点，并放置在合适的位置。进入到三维布线模块，对各个零件进行电气相关的设置。设备中，“设备1：1”“设备1：2”“设备1：3”“设备1：4”是对应的元件U2、U3、U4、U5，4个零件是同一零件，由“设备1”阵列成4个，“接头：1”是对应的U1元件。如图5-29所示，依次右击“设备1”，选择“线束特性”命令，在“参考指示器”中输入“U2”“U3”“U4”“U5”；选择“接头”，以相同方式，输入值“U1”。

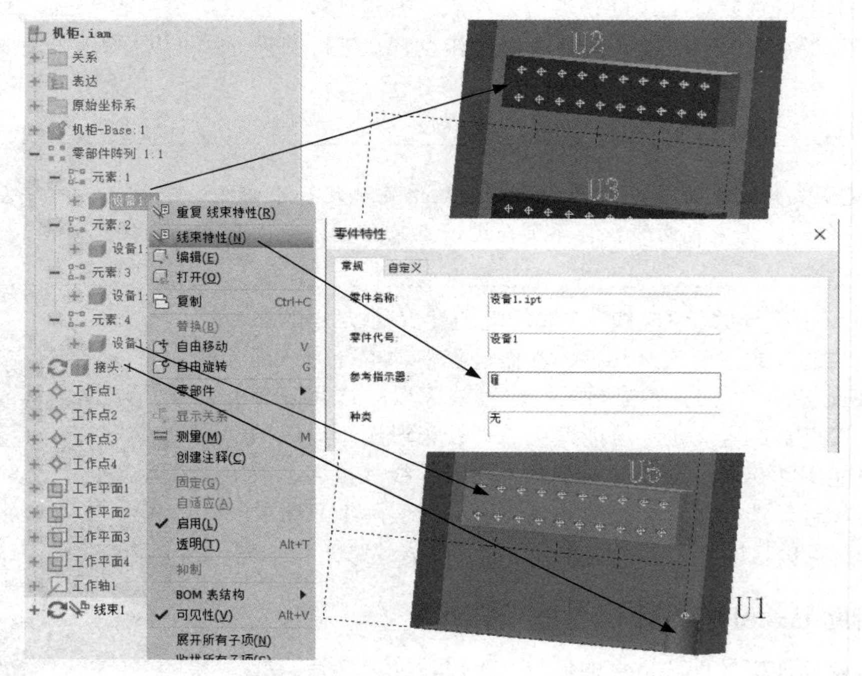

图 5-29　部件信息定义

步骤3：布置线束段。如图5-30所示，图中有一系列草图点，按草图点来绘制图中的线束段。绘制的线束段用的是样条曲线，会有一定的弧度，使用“创建接头”命令，在拐弯处放置，会把线束分成两段，弧线会转换为直线。导线在后续布线时，会按最近的接口位置进入，可以按需要放置一些接头，作为导线的进口位置。如果需要做线槽方式的布线，可以在线束上放置一系列接头，类似与很多口子的线槽，导线能以最近方式直接接入线束。

步骤4：导入接线。如图5-31所示，选择“导入线束数据”命令，在“线束数据文件”上选择前面定义的 Excel 表格；“配置文件”选择“导线连接 .cfg”。

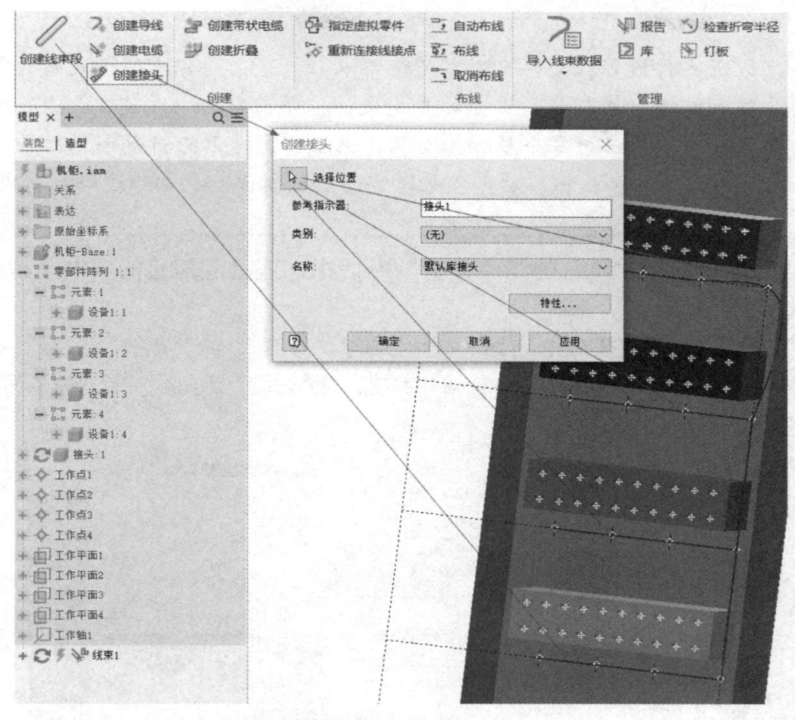

图 5-30　布置线束段

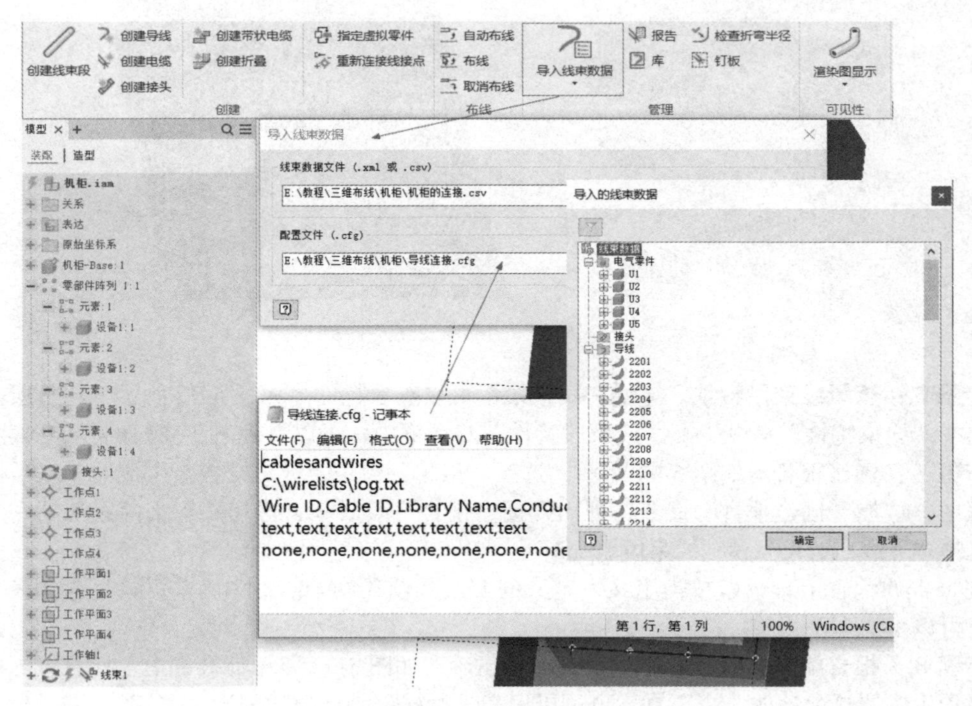

图 5-31　指定文件

提示

说明一下配置文件设置，文件可以用“记事本”打开，内容类似于表格的定义。第一行，含义为导线和电缆；第二行，产生的日志文件；第三行，与前述 Excel 表格每一列对应的内容；第四行，是第三行每个属性的类型；第五行，是第三行每个属性的单位。配置文件用于数据表格的输入和输出，后期各种所需的报表输出，也都和这个配置文件相关。

单击“确定”，会显示“导入的线束数据”对话框，这里是连接的“电气零件”及导入进来的一系列导线信息。

步骤 5：布线完成。如图 5-32 所示，使用“自动布线”或“布线”命令，把导入进来的 80 根导线放置到线束段里。如果有需要，可以增加“线束段”和“接头”来完善导线的进出点以及线束段的位置。

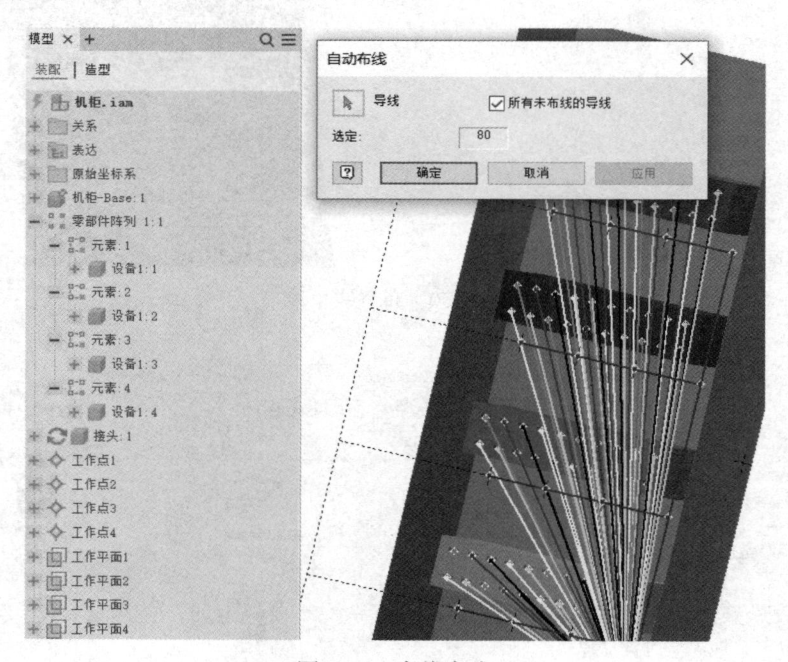

图 5-32　布线完成

步骤 6：查看线束段特性。导线和线束段都可以查看特性。如图 5-33 所示，右击所需线束段，选择“线束特性”命令，在“线束段特性”对话框中，可以看到该线束段的各种属性。

步骤 7：创建报告。如图 5-34 所示，选择“报告”命令，弹出“报告生成器”对话框；在对话框中，选择“创建报告”命令，弹出“创建报告”对话框；选择“将文件添加到列表”命令，选择“导线表 .cfg”和“线束段表 .cfg”。

在报告的配置上，可以按需定义，定义的方式和前述的 cfg 文件基本相同。选择多个配置文件，可以生成多个报告。

步骤 8：报告编辑与保存。完成报告的创建后，如图 5-35 所示，报告中包括设置的各种属性。报告生成器是单独的一个工具，也可以用来进行报告的新建、编辑、保存等。

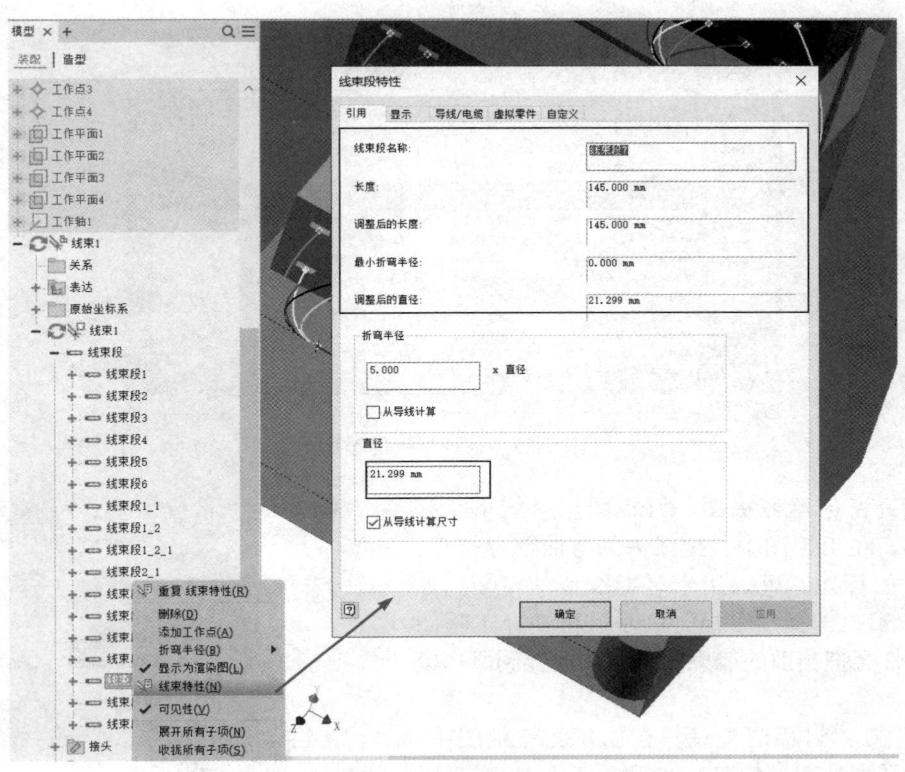

图 5-33　查看线束段特性

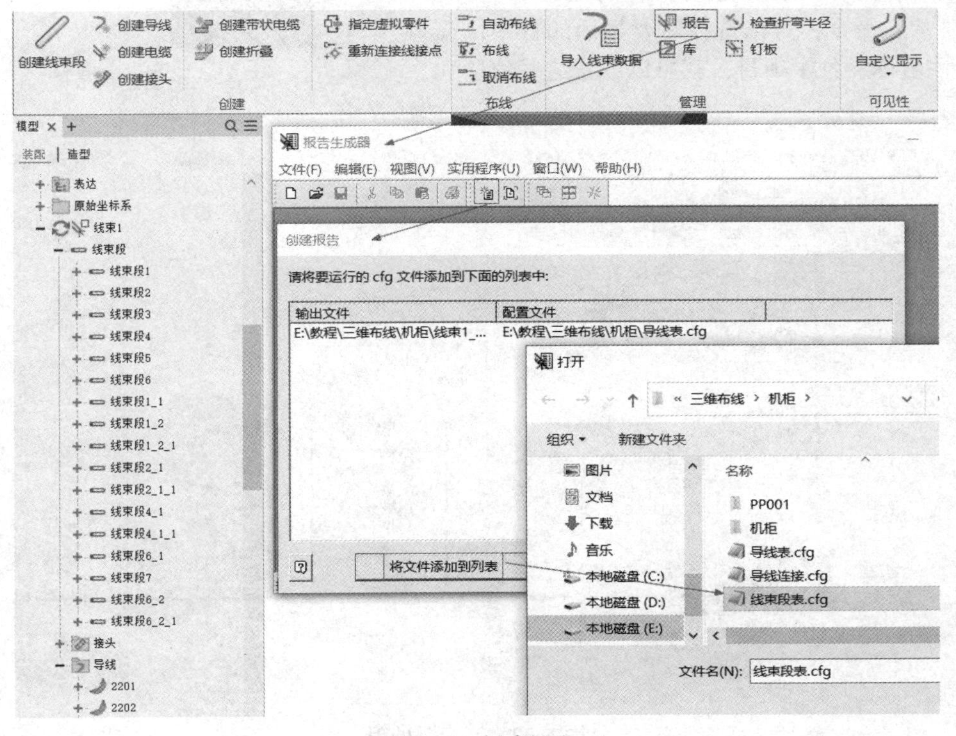

图 5-34　创建报告

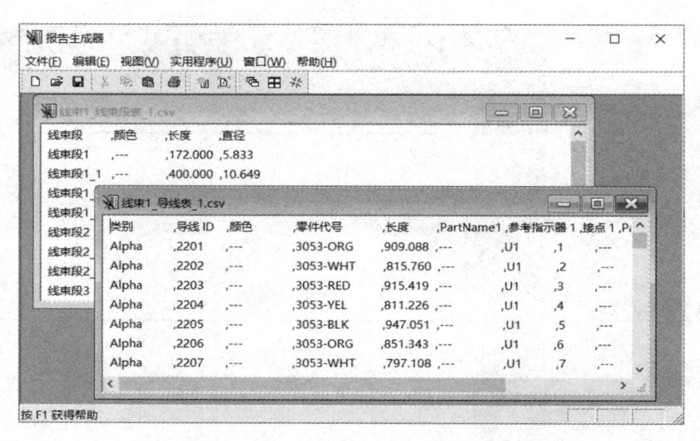

图 5-35　各种报告的输出

步骤 9：创建钉板图。钉板图用于线束、导线等内容。在工程图中，把线束的弯曲部分拉直，方便尺寸的标注，可以用于后期线束的定制。如图 5-36 所示，选择“钉板”命令，再选择工程图模板，软件会把当前的线束图形直接放置到所选模板上。

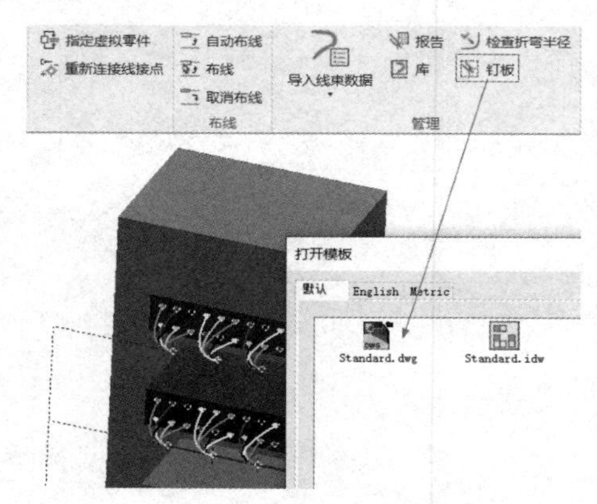

图 5-36　创建钉板图

步骤 10：钉板图处理。在创建的钉板图中，可以做一系列处理。如图 5-37 所示，选择“钉板”选项卡，可以做一系列钉板特有的处理。例如，“特性显示”命令，可以选择需要显示的特性，选择“特性名称”各个项目，就可以放置这些信息到图样上。

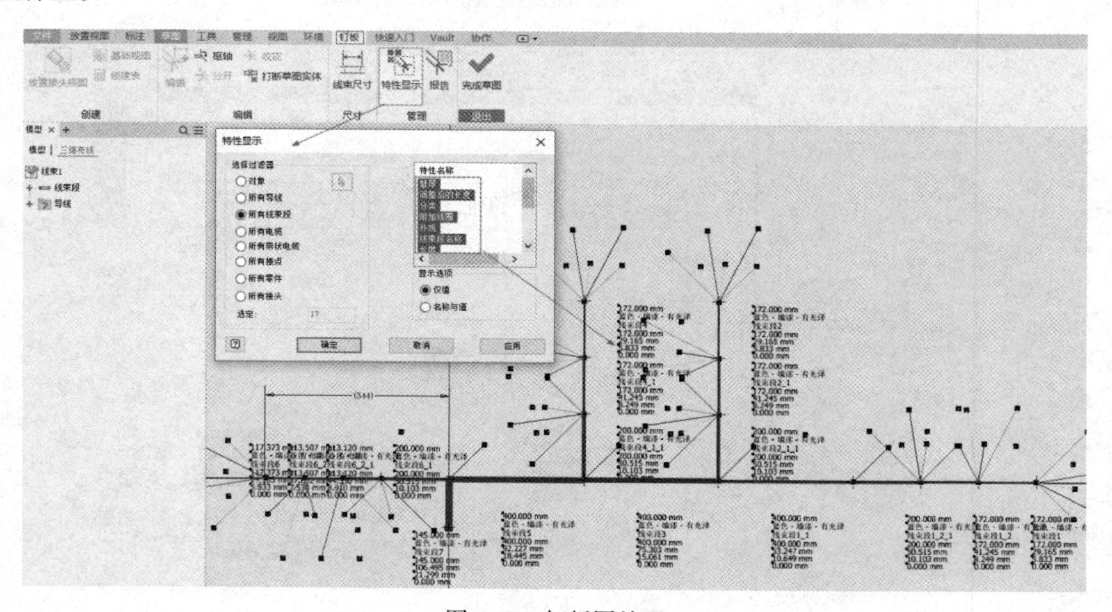

图 5-37　钉板图处理

利用 Excel 表格处理，可以把大量导线信息迅速导入到布线，并布置到合适的地方。这种方式在导线数量较多时，比较合适。如果用手动方式来完成导线处理，大量的导线连接将成为巨大的工作量。

5.3.3　借助 AutoCAD Electrical 的布线信息进行布线

绘制电气原理图，最合适的工具为 AutoCAD Electrical（ACE）。它属于 AutoCAD 的电气版本，专门用于原理图、布局图、接线图、各种表格等的快速出图。ACE 属于二维平台的绘制，对于导线长度的计算基本上无法实现，需要通过 Inventor 布线模块来补充。

ACE 在原理图中会包含各个元件相互连接的信息，因此它可以把元件的连接信息给予 Inventor 的三维布线模块；三维布线模块获得导线接线信息后，按需要完成布线，统计导线的长度，把导线长度信息传递给 ACE，两者之间形成闭环。

由于操作含有 ACE 部分，本例从 ACE 开始，如果不需要 ACE 这部分操作的，可以从步骤 3 开始完成 Inventor 的部分操作。

步骤 1：ACE 处理。如图 5-38 所示，在打开的 ACE 界面中，先打开项目，然后可以放置一些导线，并把所有的导线“插入线号”，再确定导线的类型。

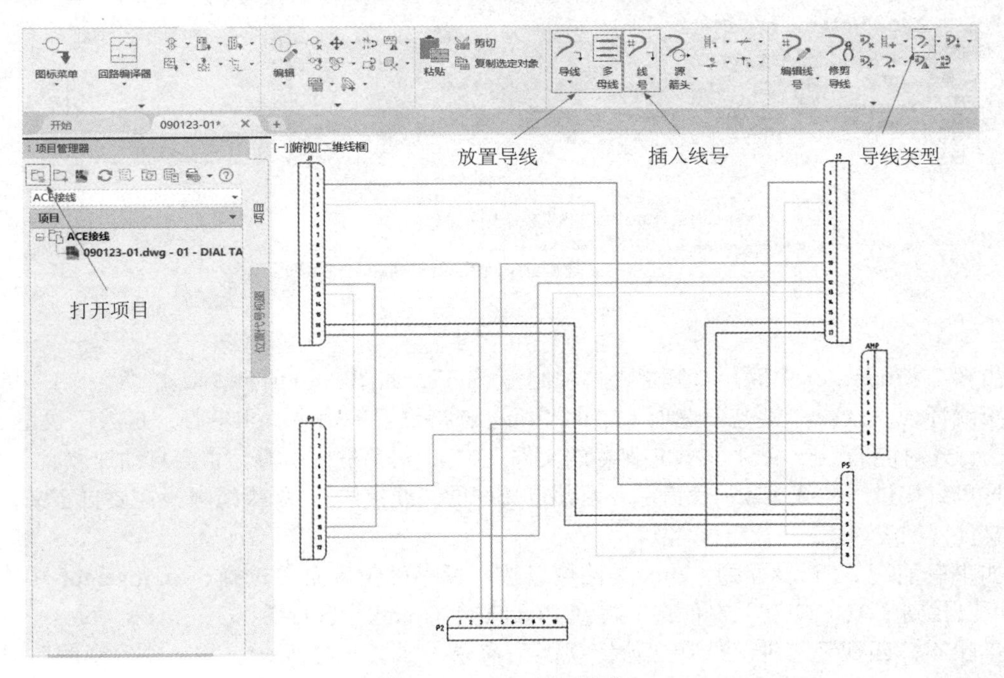

图 5-38　ACE 界面操作

选择“打开项目”命令，找到“控制柜”下“ACE 部分”的“ACE 接线 .wdp”，打开该项目，并在项目中打开图样。ACE 是以项目方式来保存图样，可以把多张图样形成一个项目来完成导线间的相互连接。图 5-38 所示为单张图样，图中为“J1”“J2”“P1”“P2”“P5”“AMP”六个元件相互连接。

放置导线有“导线”“多母线”两个命令，用于放置单根和多根导线，按需要自由绘制导线，图 5-38 中已有一系列导线的连接了，其余可以按需自由放置。导线连接时，注意元件的“连接点”，靠近连接点，导线会自动捕捉，图中各元件的数字位置就是其对应的“接点”位置。

选择“导线”命令时，命令行会有“显示连接（X）”命令，用于显示连接的位置。

选择“插入线号”命令，把图中所有的导线自动插入线号，线号的命名方式可以在命令中定义。

选择“导线类型”命令，进行导线类型的设置和编辑，这里的类型需要和 Inventor 中的匹配。此例中，建议把导线的类型定义成 Inventor 库中的样式，即“18AWG-YEL”样式。

步骤 2：交互设置。ACE 的信息 Inventor 不能直接获取，主要是两边信息内容不一致，需要采用中间搭桥的方式来实现。如图 5-39 所示，选择“机电”选项卡中的“机电链接设置”命令，创建一个链接位置。这个内容在 ACE 或 Inventor 都能创建，一方软件创建，另一方软件进行链接即可。本例中是在 ACE 上进行创建。

这个文件夹可以放置到任意位置，里面会生成所需的几个文件，用于两边信息的交互，其主要信息是：导线相关信息、元件相关信息、连接相关信息。Inventor 后续会把导线长度信息也写到该文件夹下，反馈回 ACE。

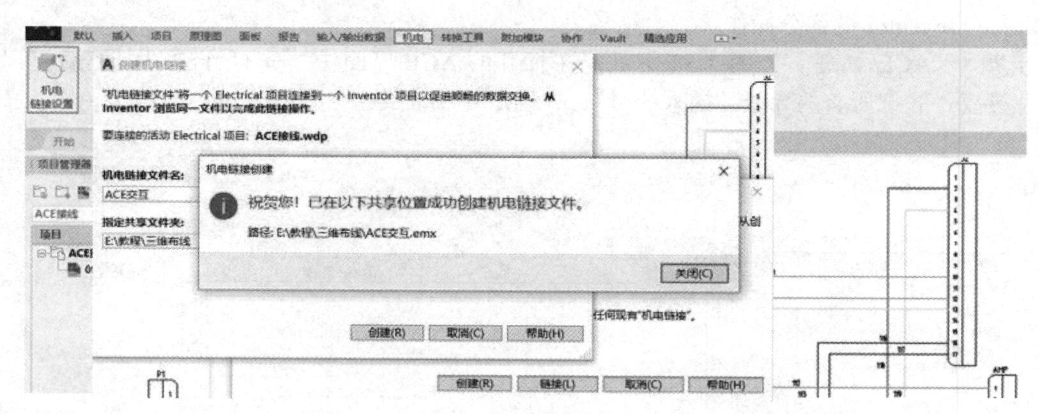

图 5-39　机电链接设置

步骤 3：Inventor 关联。打开部件“控制柜 .iam”，如图 5-40 所示，双击“线束 1”进入到三维布线环境。选择“机电”选项卡中的“机电链接设置”命令，再选择“链接到机电文件”命令，打开对应的 emx 文件（ACE 保存的文件夹中），对话框中所有信息会自动加载。

这里直接进入“线束 1”是为了方便预定义好的“线束段”。如果线束段需要自定义，可以按需要自行创建。

如果有前序 ACE 步骤的，emx 文件可以按所保存的位置直接选择；从 Inventor 开始操作的，可以找到“ACE 交互”文件夹，找到“ACE 交互 .emx”进行操作。

步骤 4：匹配元气件。选择“位置视图”命令，如图 5-41 所示，在“位置视图”对话框中可以看到：上面是带电气特性的 Inventor 零件，下面是 ACE 导过来的电气元件。右击 ACE 的元件，选择“指定给装配中的现有项”命令，再单击模型中的零件，实现 ACE 电气元件和 Inventor 电气模型的匹配。图 5-41 所示箭头指向的对象就是相互间的匹配对象。

图 5-41 中 ACE 的电气元件，都有 [J][P] 两个，如 AMP：[J] 和 AMP：[P]，其原因是 ACE 图中放置的是一个接插件，其包含公头和母头两个部分，实际中都可以两端连接导线，只不过前序的 ACE 中都只接了 [P] 部分，导致在指定对象时，指定的都是 [P] 端的，剩余的由于没有导线，可以不用处理。

步骤 5：创建导线。如图 5-42 所示，右击“（??）”，选择“创建连接”命令，Inventor 布线模块会按 ACE 中导线的连接，完成所有的导线。

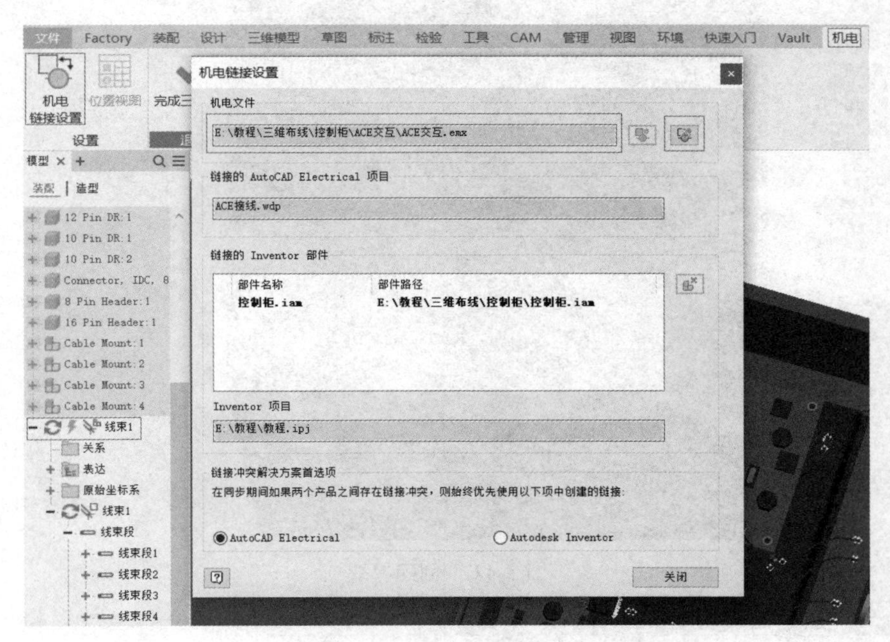

图 5-40　Inventor 中的链接

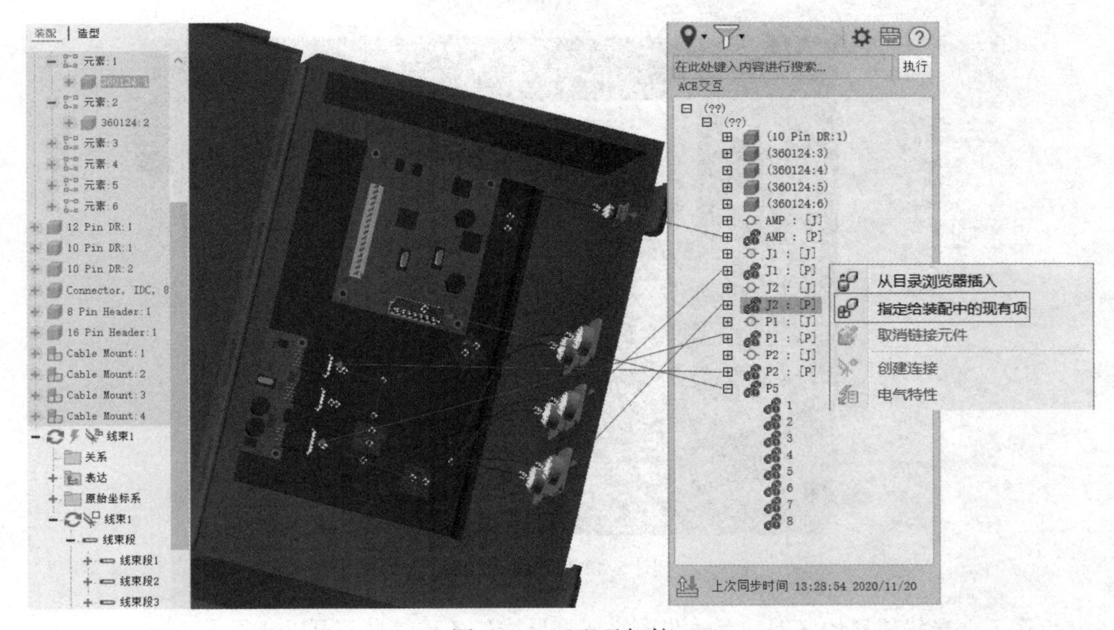

图 5-41　匹配元气件

左侧为导线的线号，会和 ACE 一一对应，其中“108”会有多根，原因为该导线在 ACE 中就分叉连接到几个元件。如果操作过程中没有出现，则是创建导线时没有创建这种导线。

步骤 6：自动布线。如图 5-43 所示，回到三维布线模块，选择“自动布线”命令，再选择“所有未布线的导线”，完成自动布线。到此，导线的放置在 Inventor 中已经完成。

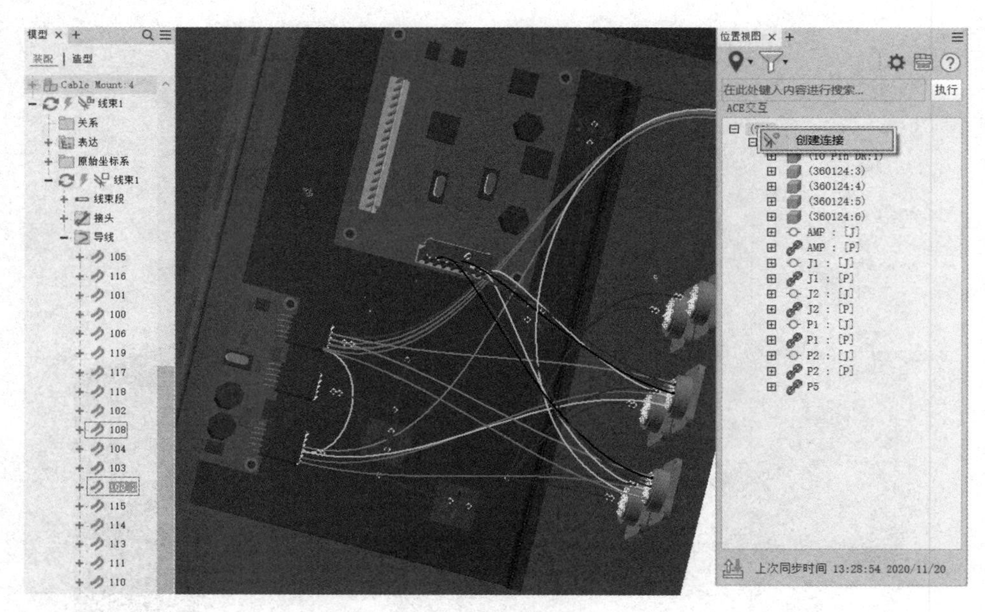

图 5-42　创建导线

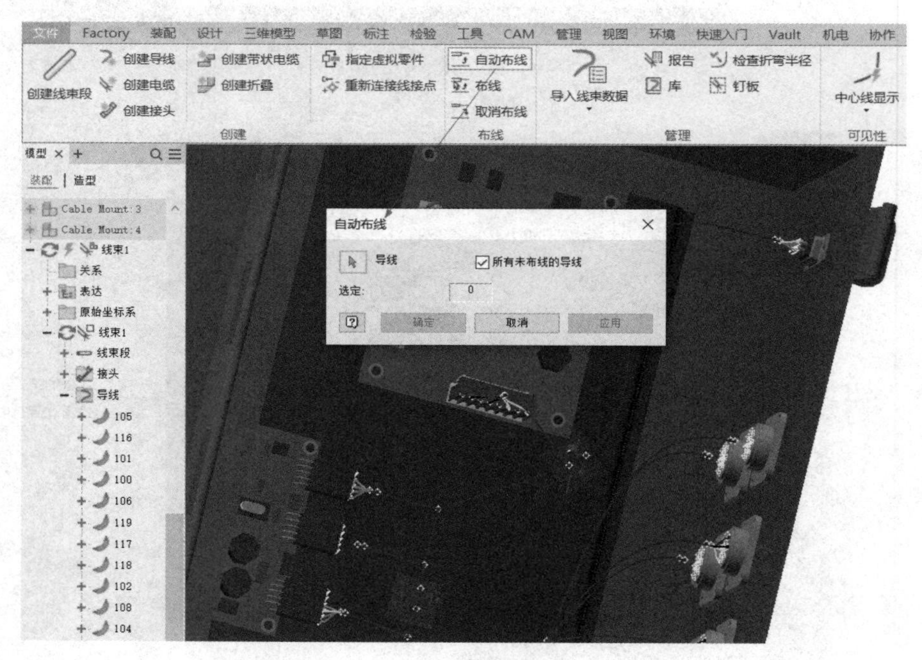

图 5-43　自动布线

步骤 7：导线信息的获得。上述步骤完成，导线的各种信息都可以获得了。

图 5-44 所示为 Inventor 中导线的相关信息，在“位置视图”对话框中选择“显示详细信息和连接”命令，可以看到所有导线相关信息。

图 5-45 所示为 ACE 中导线的相关信息。选择“位置代号视图”命令，能看到导线的连接信息。右击属性位置，选择“更多...”命令，可以加载“导线长度”项，来看各导线的长度信息。

位置视图 × +

在此处键入内容进行搜索...　执行

ACE交互

- ⊟ (??)
  - ⊟ (??)
    - ⊞ (10 Pin DR:1)
    - ⊞ (360124:3)
    - ⊞ (360124:4)
    - ⊞ (360124:5)
    - ⊞ (360124:6)
    - ⊞ AMP : [J]
    - ⊞ AMP : [P]
    - ⊞ J1 : [J]
    - ⊞ J1 : [P]
    - ⊞ J2 : [J]
    - ⊞ J2 : [P]
    - ⊞ P1 : [J]
    - ⊞ P1 : [P]
    - ⊞ P2 : [J]
    - ⊞ P2 : [P]
    - ⊞ P5

详细信息　连接　　导出　接受 Electrical

线号	导线 ID	起始位置代号	起始元件	起始引脚	结束位置代号	结束元件	结束引脚	电缆安装代号	电缆位置代号	导线长度(cm)
112	112		P2 : [P]	6		AMP : [P]	1			29.243913
113	113		P2 : [P]	7		AMP : [P]	2			29.12948
114	114		P2 : [P]	8		AMP : [P]	3			29.06315
115	115		P2 : [P]	9		AMP : [P]	4			29.261732
108	108		J2 : [P]	13		AMP : [P]	5			48.881964
110	110		P2 : [P]	4		AMP : [P]	7			29.115269
107	107		P1 : [P]	6		AMP : [P]	8			34.852381
100	100		J1 : [P]	2		P5	1			37.975608
101	101		J1 : [P]	4		P5	8			37.892025
102	102		J1 : [P]	10		P2 : [P]	3			28.414445
103	103		J1 : [P]	12		P1 : [P]	10			22.655604
104	104		J1 : [P]	13		P1 : [P]	7			22.563945
105	105		J1 : [P]	16		P5	4			37.37039
106	106		J1 : [P]	17		P5	5			37.352828
118	118		J2 : [P]	2		P5	3			36.122241
119	119		J2 : [P]	4		P5	6			36.071691
111	111		P2 : [P]	5		J2 : [P]	10			27.163214
109	109		P1 : [P]	11		J2 : [P]	12			21.616629
108	108_2		P2 : [P]	10		J2 : [P]	13			27.336677
116	116		J2 : [P]	16		P5	7			36.558464
117	117		J2 : [P]	17		P5	2			36.628487
108	108_3		P1 : [P]	8		P2 : [P]	10			13.485

图 5-44　Inventor 中导线的相关信息

在此处键入内容进行搜索...　执行

ACE交互

- ⊟ ACE交互
  - ⊟ (??)
    - ⊞ (??)

详细信息　连接

信息更新时间　　输出

线号	起始位置代号	起始元件	起始引脚	结束位置代号	结束元件	结束引脚		代号	导线长度(cm)
112		P2 : [P]	6		AMP : [				29.243912676855
113		P2 : [P]	7		AMP : [				29.1294802334494
114		P2 : [P]	8		AMP : [				29.0631504901107
115		P2 : [P]	9		AMP : [				29.2617321038631
108		J2 : [P]	13		AMP : [				48.8819642049629
110		P2 : [P]	4		AMP : [				29.115268646962
107		P1 : [P]	6		AMP : [				34.8523807376457
100		J1 : [P]	2		P5				37.9756083026684
101		J1 : [P]	4		P5				37.8920247892044
102		J1 : [P]	10		P2 : [P]				28.4144450348917
103		J1 : [P]	12		P1 : [P]				22.6556040109568
104		J1 : [P]	13		P1 : [P]				22.5639453399052
105		J1 : [P]	16		P5				37.3703900557172
106		J1 : [P]	17		P5				37.3528279428511
118		J2 : [P]	2		P5	3			36.1222409135281
119		J2 : [P]	4		P5	6			36.0716906094349
111		P2 : [P]	5		J2 : [P]	10			27.1632135810603
109		P1 : [P]	11		J2 : [P]	12			21.6166292051028
108		P2 : [P]	10		J2 : [P]	13			27.3366765810245
116		J2 : [P]	16		P5	7			36.5584635902325
117		J2 : [P]	17		P5	2			36.6284874985635
108		P1 : [P]	8		P2 : [P]	10			13.4849999735315

✓ 线号
导线 ID
起始安装代号
✓ 起始位置代号
✓ 起始元件
✓ 起始引脚
✓ 结束引脚
✓ 结束元件
✓ 结束位置代号
结束安装代号
更多...
将所有列恢复为默认值

目录　位置代号视图

图 5-45　ACE 中导线的相关信息

三维布线模块就是把导线的连接在三维中进行表达，通过实际位置的连接，获取对应的导线相关信息，用于所需应用。这种方式可以帮助在实际布线前获得所需信息（导线长度、线束直径等），方便有针对性的调整。

本章以案例的方式，介绍了 3 种不同方式的布线，主要原因是：导线的连接在数量和操作上都是相对比较烦琐的，要借助各种方式来快速实现。对于三维布线其他部分应用，包括元件的信息定义、线束的布置、导线相关信息的获得和输出，都需要在 Inventor 的三维布线模块中进行定义及做相关操作。案例中做了局部介绍，需要时可以按类似的方式进行扩展。

第6章 Nastran 分析工具

【学习目标】

1）了解 Nastran 分析工具的应用。

2）熟悉基本的应力分析流程。

3）学会使用基本的非线性求解器。

6.1 应力分析和 Nastran

Inventor 软件有两个应力分析工具：一个是软件自带的，能完成的仿真功能比较少，但操作简单，能联动参数化模式；另一个就是 Nastran 求解工具，它的功能就强大很多，由于功能的需求，对应的分析设置也很多。在应力分析应用上，Nastran 能更好体现多方面的应用，能了解线性和非线性的特点，更符合实际中各种仿真需求，这里讲的分析工具是 Nastran。

Nastran 是 Inventor 的一个插件，安装后，会在“环境”选项卡中多出一个对应的图标，如图 6-1 所示。Inventor Nastran 就是进入该环境的执行命令。

图 6-1 Inventor Nastran 所在位置

进入到 Nastran 后，操作命令如图 6-2 所示，在布局上符合 Inventor 的一贯布局，命令基本上从左往右进行操作。分析工具和设计软件融合到一块，可以随时切换到设计界面进行修改，返回到分析环境进行操作。

图 6-2 Nastran 操作命令

传统的分析仿真，都采用有限元进行网格划分，给指定零件或部件设置相关状态，并进行求解，获得结果。一般情况下，仿真分析的流程为：前处理→网格处理→边界条件→求解→结果。

1）**前处理**。前处理是指对模型进行一定的处理，让它更符合分析的需求。前处理主要就是两个方面：一个是降低网格的数量，提高计算的速度；另一个是让网格划分更为合理，避免一些与分析无关的问题。例如，去掉无关的文字雕刻，删除不必要的圆角和倒角，或者把模型只留下对称的一部分。需要在后续的操作过程中，逐步调整内容，尽可能符合实际应用场景，又能满足计算需求。

2）**网格处理**。按需要把模型划分成一定小单元。不同的模型，在划分网格时也有不同的选择。对于细长的模型，把它划分成梁柱单元；而薄壁件，就需要考虑划分成壳体。对于划分的选择和要求，更多的是和实际情况结合来考虑。

3）**边界条件**。在分析工具中，给的各种受力、约束、材料等都属于这一部分，由于实际情况中可能的条件非常多，因此在一定的情况下无法做到一一设置，或者都能进行设置，也会导致计算量非常大。例如，在实际模型中，必然有公差，那么两面间的摩擦系数如何设置，设置多大。这些条件只能做部分简化，影响小的就考虑直接放弃。

4）**求解**。按给定的条件计算出需要的结果。由于不同的场景，用的计算方式不一样，即使相同的场景，由于各种原因也会有不一样设置，这就要对求解工具做一些设置，让它更符合所需应用，Nastran 其实就是这个求解器的名称。

5）**结果**。求解完成后，可以看到受到的应力、变形、安全系数等各种结果，并可以输出一些报告。这部分都是属于对结果的解读，在计算结果上判断和实际情况的差距，最好能辅助一些实际情况的数据，以指导实际应用。

可以看到，在软件中的操作，更多的是前面几步，因此软件的具体使用，大部分会以前面部分为主。如果需要获得精确的结果，反复调整，和实际对比，和实验室的结果比较往往都不能分开，分析工具更多是提供一个理想化结果的参考。

6.2　用户界面

进入 Nastran 的分析环境后，由于整个应用内容完全变化，设计的结构树对分析也没有太多帮助，因此整个用户环境都会转换到对应方向，主要的部分是对应的功能区和浏览器两部分。

1）**功能区**。与 Inventor 环境类似，选项卡有多个选项组，包括“系统”“分析”“准备”“设置”“接触”“网格”“求解”“结果”“显示”，如图 6-2 所示。

2）**浏览器**。Nastran 的浏览器主要用于分析相关数据的存放，如图 6-3 所示。浏览器的顶部是分析对应的模型文件（零件 / 部件），往下分成两个部分：一个是分析结构树，可以多个分析状态在这里并存；另一个是模型结构树，所有用到的数据都存放在这里。例如，如果需要定义一个复合层板材，就是在模型结构树对应位置定义，需要做分析时，就把该材料指定给对应的模型，在分析结构树中完成。进入到 Nastran 环境时，模型结构树中的许多节点会自动填充默认值。浏览器下面还有“参数”和“坐标系”，可以修改分析中的参数值，建立或设定一系列的坐标系。

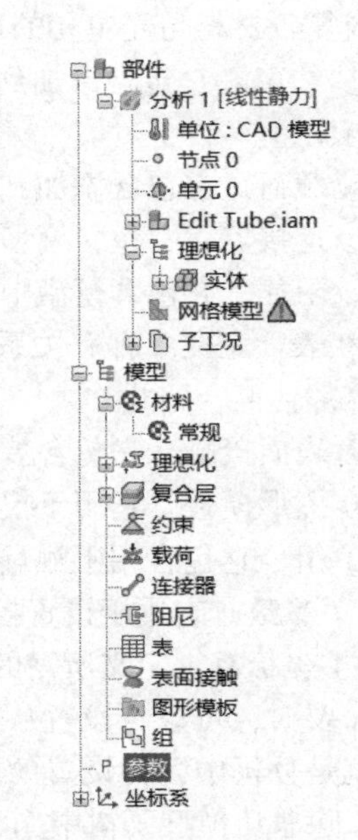

图 6-3　Nastran 浏览器

6.2.1 浏览器工具

浏览器部分主要就是分析结构树和模型结构树两部分，下面说明一下各部分。

1）**分析结构树**。在默认情况下，进入到 Nastran 环境中时，在分析结构树的顶部会自动生成一个名称为“分析 1”的线性静力分析，并且该分析自动激活。按需要可以存在多个分析子树来表示不同的分析类型，也可以是同一模型上运行不同分析类型。以下节点是默认的“分析 1”中的标准节点。

① 理想化。为分析添加或编辑理想化。

② 网格模型。进行模型的网格设置。生成的节点和单元数量会列在分析子树的顶部。

③ 子工况。管理分析的载荷、约束和结果。可以在一个分析中，设置具有不同载荷和约束的多个子工况。可以在此节点添加和编辑设置，子工况会按顺序运行。

④ 结果。在运行分析之前，任何子工况中的结果节点都是空的。运行后，结果将添加到该节点。显示的结果取决于分析中请求的结果。可以右击任何结果，来显示、设置动画或创建所需结果的 AVI。此外，还可以编辑、复制、删除和重命名结果。

在非线性分析中，一个子集的结果是下一个子集的初始条件。要修改、创建或复制分析，可以单击顶层分析节点，来选择展开菜单。

2）**模型结构树**。任何有限单元定义都会自动存储在模型子树的节点中。模型子树中的所有内容，并不需要在当前分析中使用，部分定义的内容可以作为备用。模型子树中的各个节点，定义了分析中可以选用的各部分内容，描述如下。

① 材料。它包含添加到模型中的材料列表，并允许添加新材料。

② 理想化。它包含添加到模型中的理想化列表，并允许添加可用于分析的新理想化。下属子节点有“集中质量”，用于以一个点来替换分析中的三维模型几何图形，作为质量单元放置。

③ 复合层。它用于创建多层的复合材料，分为层压板和全局层，按需要进行各种层设置，定义成复合材料与壳单元的理想化配合。

④ 约束。它包含添加到模型中的所有约束的列表，并允许添加新的约束，用于各种约束的选择与调整。

⑤ 载荷。它包含添加到模型中的载荷列表，并允许添加新载荷。

⑥ 连接器。它包含模型中已有部分，并定义新的连接器（各种零件间相互关系）。

⑦ 阻尼。它包含模型中已有阻尼设置，允许创建新的阻尼子工况。

⑧ 表。定义多种有关系的内容，如用于瞬态载荷，定义力与时间的关系。各种分析中有表的内容都会汇合到此。

⑨ 表面接触。它包含装配分析中的表面接触信息，可以创建新的表面接触。

⑩ 图形模板。它用于报告分析结果的指定结果样式，可以创建所需要的模板。

⑪ 组。它包含用于触点定义和 *XY* 绘图的节点和单元组列表。

3）**参数**。它用于设置控制 Inventor Nastran 求解器的参数。

4）**坐标系**。定义所需的各种局部方式坐标系。

需要时，可以将设置从模型子树拖动到分析子树的子工况节点中，进行分析，可以说模型子树就是分析中各种设置的库。如果从子工况中删除了某个设置，该内容依旧会保持在模型子树中，除非从模型子树中删除该内容。

在运行分析时，模型浏览器会显示 Nastran 输出视图，如图 6-4 所示，内容为求解过程中各种信息。求解器工作时，会同步显示相关信息。分析完成后，系统会给予提示，并从输出视图回到模型结构树。在运行分析时，输出视图会有几个按钮亮显，单击停止分析、单击暂停分析、单击恢复暂停的分析。如有报错，会在日志列表中显示为红色。

分析完成后如需查看分析日志，请选择“Nastran 输出”选项卡，可以切回日志列表。也可以查看求解器的输出文件（.OUT）或者日志文件（.LOG）。它存储在与源模型同一目录下生成的 <model name>\InCAD\FEA 文件夹中。

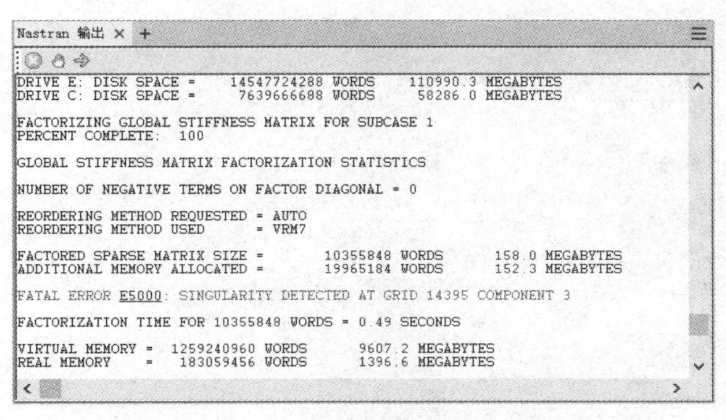

图 6-4　输出视图

6.2.2　功能区命令

功能区的操作大部分都和结构树上的操作重复。它可以用更为直观的方式来说明操作的流程。习惯性的操作还是在功能区上，因而，重点的命令都在这边进行说明。

1. 系统

“系统”选项组中就一个命令——“默认设置”。运行该命令，就会弹出“设置”对话框，分析中的基本设置都在这里。虽然相关的设置项很多，但绝大部分都可以遵循默认设置，当后期需要针对某些内容做修改时，再到这里修改。

2. 分析

“分析”选项组中有“新建”“编辑”“从应力分析输入”三个命令，其主要作用就是指定分析的类型及进行对应分析下的内容选择。

1）选择“新建”命令，就会创建一个新的分析，弹出如图 6-5 所示对话框。类型的选择决定分析的内容，这里选择不同的类型，需给定所需的边界条件，用的求解器也会有所不同，包括相关的选项。

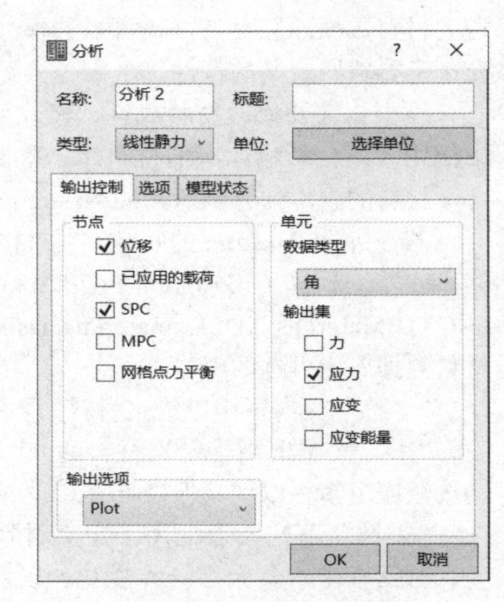

图 6-5　“分析”对话框

2）“编辑”命令就是对当前激活的分析进行编辑，对话框基本类似，用来修改当前的分析类型及相关的选项。

3）“从应力分析输入”命令用于把在 Inventor 应力分析中的各个设置导入到当前状态，属于两个分析工具中的交互命令。

3. 准备

该选项组包括“材料”“理想化”“连接器”“偏移

曲面”“结构杆件”几个命令，都用于模型各部分的定义。

1）“材料”对话框用于定义材料。在“准备”选项组中选择“材料”命令弹出“材料”对话框，如图 6-6 所示。在“模型”子树中的“材料”节点上右击选择“新建”命令也能弹出相同的对话框。

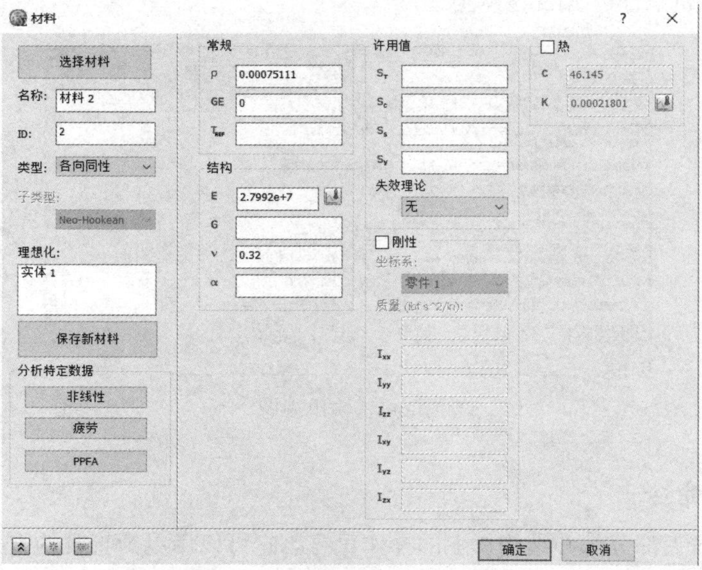

图 6-6 “材料”对话框

材料的定义，决定分析中所需的基本属性，如需要做热分析，就得有热相关的特性定义，才能确保分析中的合理性。能定义什么特性，决定了能做哪种类型的分析。有非线性材料定义，就可以做塑料这种材料的分析。

单击对话框中的“选择材料”，可以访问预定义的 Autodesk 和 Inventor 材料的数据库。通过“材料数据库”对话框，可以选择分析中使用的材料，如图 6-7 所示。“材料”对话框中会填充选定材料所定义的特性。

可根据需要修改材料属性，修改后的属性内容只在当前模型中使用，不会影响原有的材料库。单击“保存新材料”可以将自定义材料的副本保存到所需的 Nastran 材料库中。

若要加载 Nastran 的材料，在材料数据库中单击“加载数据库”，选择 C:\Program Files\Autodesk\Inventor Nastran 2024\In-CAD\Materials\ADSK_materials.nasmat 文件。加载后，会列出材料数据库中可选的材料。

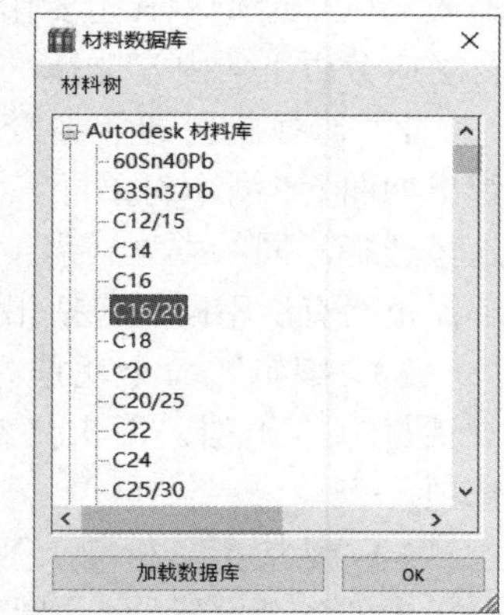

图 6-7 材料选择

“名称”文本框用于给定材料的名字。

“ID”文本框用于定义材料的 ID。创建新材料时，该值会自动按顺序更新，以使其保持唯一。

“类型”下拉列表框用于定义材料类型。选择不同的材料类型，对话框中的其余字会有变化，以匹配所选材料的特性。一般的金属、塑料等各种材料都属于各向同性，纤维这种材料就属于两个方向的材料属性不同，按实际情况应该选择各向异性，并定义各个方向的特性。材料库加载的基本上都是各向同性材料，符合大多数场合下材料的选用。

如果选择“超弹性”材料，如分析橡胶元件，子类型中可以选择这种材料属性关系式，有 Neo-Hookean、Mooney-Rivlin、Yeoh、Ogden 和多项式几种方式。

“理想化”文本框用于把定义的材料分配给对应的实体模型。如果不选择具体内容，材料会添加到模型子树中的“材料”节点。

“保存新材料”是将定义的材料保存到库文件中。默认库文件为 ADSK_Materials.nasmat，和读取的 Nastran 库是相同的。如需另外自定义材料，可保存到新的 nasmat 文件中。保存时，只要“名称”不同，材料不会出现覆盖已有材料。

“分析特定数据”选项组用于定义与特定分析相关的附加数据。特定数据类型包括非线性、疲劳和 PPFA（逐层失效分析数据）。

“材料”对话框右侧的字段取决于正在创建的材料类型。这些字段允许定义常规（常规材料属性）、结构（结构材料属性）、许用值（几个极限值）及使用的失效理论等。

对于材料上的设置，建议先从简单的入手，遇到特定要求时，再按实际需要进行深入，这样能更容易理解材料相关定义的作用。

2）“理想化”命令会在分析中把零部件假设成一种理想化的模型。该命令就是对该过程的定义，最主要的就是选择有限元单元的类型。在“准备”选项组中选择“理想化”命令弹出“理想化”对话框，如图 6-8 所示。也可以右击模型子树中的“理想化”节点，选择“新建”命令以弹出相同的对话框。

填入名称和 ID 后，就可以开始定义该名称与理想化相关的特性。

类型中有实体单元、壳单元、线单元三种选择。它决定了网格的划分方式。实体单元以四面体网格来划分，默认的实体都是这种方式；壳单元以面的方式划分网格，可以选择三角形或四边形，关联几何体时，选择的是面；线单位是指一维网格，有杆、梁、管三种子选项可供选择，选择对象可以是草图线、实体边等内容。

选择“添加到分析”会把理想化直接分配给当前分析。可以定义理想化，但不用于当前分析，创建后放置到模型子树中。

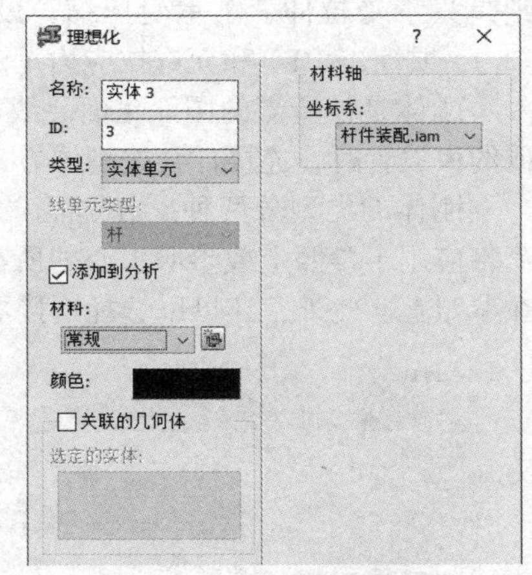

图 6-8 “理想化”对话框

“材料”用于定义该理想化的材料，可从下拉列表框中选择（当前模型子树中有的材料），也可选择新材料。

“颜色”指定用于在模型上显示网格的颜色。理想化的颜色分配是随机的，可以单击色块并选择想要的颜色。

“关联的几何体”用于分配给当前理想化对应的几何图形，不同类型选择的内容会有所不同。

“坐标系”是为需要坐标系特性的材料件指定材料坐标系，可以使用全局坐标系或用户定义坐标系。该坐标系可以通过右击“坐标系”节点来新建。

默认的零件进入到分析环境，软件会自动给予实体单元的特性，理想化可以不用处理即可进行，结构件会自动识别为线单元，理想化更多是针对需要做调整的模型。合理的理想化，有利于提高分析的速度和结果的精度。

3）“连接器”命令用于几何模型之间的连接，如螺栓联接。选择“连接器”命令，进入到“连接器”对话框，如图 6-9 所示，设置各种连接器的关系，能把模型中相互间各种关系更好地体现在分析中。在分析中，默认没有“连接器”节点，当第一个连接器添加到分析中后，“连接器”节点才会显示。

新建连接器需要指定其类型，Nastran 提供了杆、电线、弹簧、刚体、螺栓这几种类型，定义的名称基本上代表了具体类型的特点。

如图 6-9 所示，该图属于“杆”连接器设置的对话框，表达用杆件连接模型中的两个端点。在连接器单元中，默认会生成“单元 1”，表示可以同时放置多个杆单元，当然各个单元的杆信息需要相同。定义杆的两个端点，选择的端点可以在零件内，也可以属于两个零件，软件会在两点间绘制一条线，单击“下一个”就可以进入下一根杆的定义。

“显示选项”中的“大小”和“颜色”都是用于观察，调整连接线的直径与颜色，和具体分析无关。

右侧是杆的属性定义，有横截面面积（A）、极惯性矩（J）、应力恢复位置（C，用于扭应力确定的系数）和非结构质量（NSM），还须指定杆的材料，这些参数决定了这个杆的实际情况。

电线和弹簧的对话框和杆类似，定义方式都是两个端点，不同的就是右侧的属性定义不同，这里的弹簧属于全自由度方向，可以设置各个维度的阻尼系数（GE）和刚度（K）；电线则是只承受拉伸，不承受压缩，设置初始电线松弛（U_0）、初始电线张力（T_0）、横截面面积（A）、惯性矩（I）和允许拉应力（S_T）以及材料。

刚体是把所需的图元（面、线、点）和某个点进行刚体连接，形成一个连接整体。当载荷或约束放置时，连接件会按刚体方式来承担。

刚体的类型分两种，分别是“刚性”和“插值”，如图 6-10 所示。对于“刚性”类型，载荷将应用于参照上或参照中心的所有构件；“插值”通常用于分布载荷，载荷根据载荷方向分布在参照上。此外，还可以选择连接器放置约束的平动和旋转自由度。

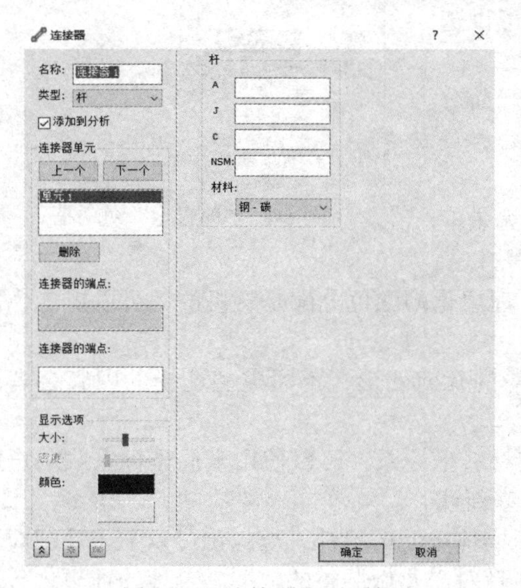

图 6-9 “连接器”对话框

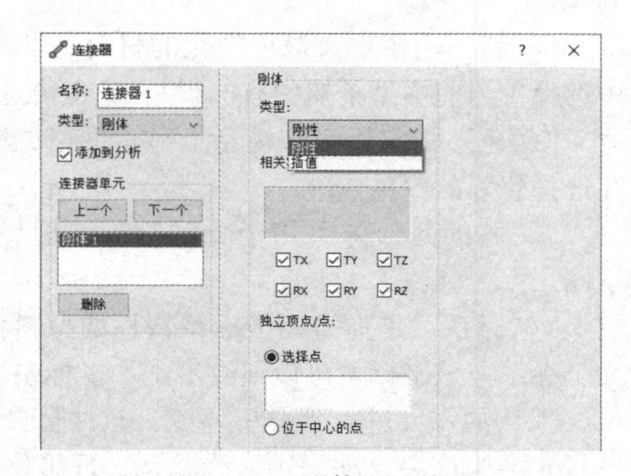

图 6-10 “刚体”连接器

在“刚性”类型中，所有单元（独立点和从属单元）以完全相同的方式移动，其模拟真实的刚体连接，任何类型的点载荷、质量或约束都可以应用于独立点。“插值”类型从属实体的位移，与参考节点的位移无关，作用于参考点的力或质量沿相关实体按比例分布，由此产生的节点力或质量取决于实体的大小和位置（相对于参考点），该连接器不支持在参考点应用约束或强制运动。

螺栓类型需要选择螺栓联接的两个面，以给定螺栓联接中各种值的方式，来模拟真实螺栓联接。在设置中，可以选择螺栓和有头螺栓（无螺母），给定螺栓直径、垫圈高度等属性以及材料和预紧力。

连接器属于在现有的模型上增加一些条件关系，能更好给定相关条件。给定的条件越符合实际情况，仿真结果也就越趋向真实。

4. 设置

“设置”选项组中有两个命令，分别是“约束”和“载荷”，这两个命令提供模型分析中常用的约束和载荷两个条件。

1）使用“约束”对话框可以在模型中定义约束。在“设置”选项组中选择“约束”命令可以弹出“约束”对话框，如图 6-11 所示。在模型或分析子树中的“约束”节点上右击，然后选择“新建”命令，也可以弹出该对话框。

Nastran 约束的类型有结构、销、无摩擦、响应谱、热、刚体（显示）六种，根据类型的不同，对话框中的其余字段将发生更改。选定约束的对象，给定相关的自由度，即可限定相关的条件。

“约束”对话框中的“显示选项”选项组，可以控制约束标记在模型中的显示方式，能调整约束箭头的大小、分布密度以及颜色。如图 6-12 和图 6-13 所示，添加到梁末端的约束，在不同设置后，可以看到对比的效果。

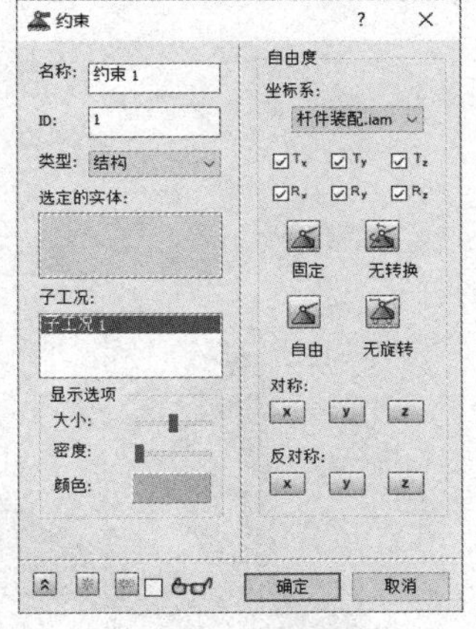

图 6-11 “约束”对话框

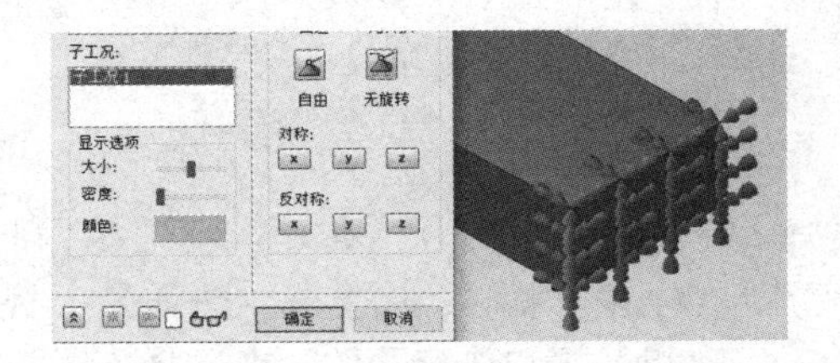

图 6-12 默认的梁末端约束显示

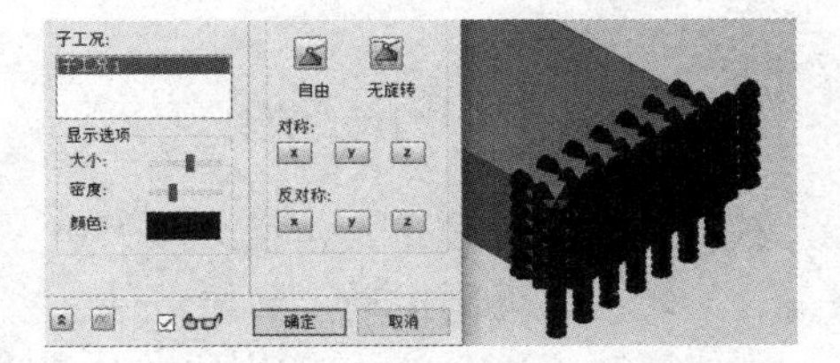

图 6-13 修改后的梁末端约束显示

如图 6-11 所示，选择的“结构”类型属于最常用的约束，右侧是对选定实体的自由度控制。在“坐标系”上，可以选择合适的坐标系，更方便自由度的设定。在“自由度”上，有六个自由度复选按钮，分别表示为“选定的实体”的六个自由度，x、y、z 为三个方向，平移为“T”，旋转为“R”，明确需求时，可以单独选用。

下方的四个按钮是预设的自由度，属于自由度选择的组合，因常需要该设置而做的预定义，其中：固定，约束所有方向的平移和旋转；无转换，禁止任何方向上平移，允许各维度的旋转；自由，六个自由度都不进行约束；无旋转，约束所有轴方向的旋转，允许任何方向的平移运动。

对称或反对称是一对相反的约束设置。对称约束用于对称模型的简化处理。对称是一种重要的处理方式，其能够在不影响分析效果的情况下，以分析其中的一部分来代替整体。使用这种方式，网格数量和分析所需的时间会减少。在部分情况下，会当作提高解决方案质量的一种手段。

对称方式是把现有的模型切除掉对称的部分，仅使用模型的一半、甚至四分之一、八分之一来代替原模型。由于对称方式和坐标系相关，因此在做相关操作时，需要确保坐标系合适。在 Inventor 中删除一半的几何体，进入到分析模块，在对称平面的几何图形上添加相关约束，半个部分的分析就可以代替整体，示例如图 6-14 所示。

结构、销、无摩擦三个类型，用于结构相关的分析；“热”约束用于将固定的温度值添加到选定的单元；“响应谱”约束允许设置冲击 / 响应谱分析的自由度。

2）“载荷”命令用于设置模型在工作环境中承受的力、力矩、温度或热等，放置在零件的面、边或顶点上。选择“载荷”命令弹出“加载”对话框，如图 6-15 所示。可以在模型或分析子树中的“载荷”节点上右击，然后选择“新建”命令以弹出相同的对话框。

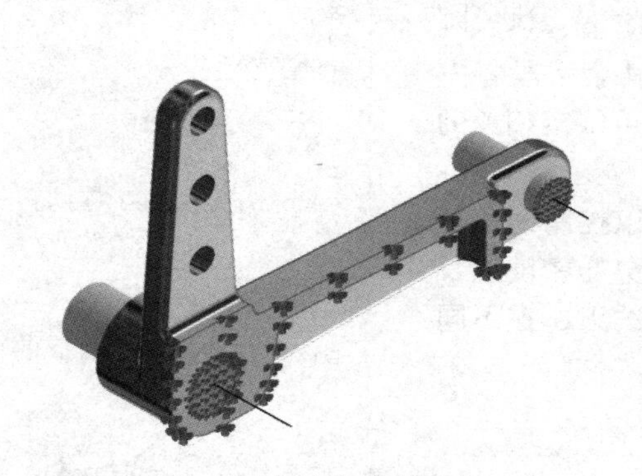

图 6-14　对称约束处理

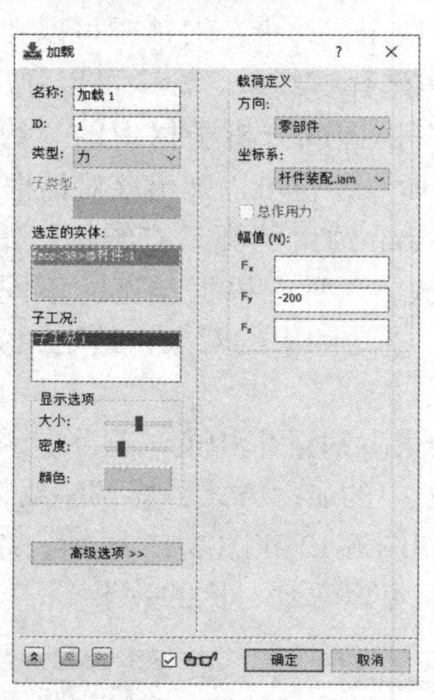

图 6-15　“加载”对话框

载荷的类型比较多，包括力、力矩、分布式载荷、静水载荷、压力、重力、远程力、轴承载荷、旋转力、强制运动、初始条件、主体温度、温度、对流、辐射、热生成、热通量、从输出、刚体运动（显示）。总的来说，分为受力相关的、运动相关的和热相关的，在选择不同类型分析时，可以相关性来选定使用。

选定的实体是定义应用载荷的实体，可以选择的图元类型有面、边、点和实体。在载荷类型不同时，能选择的会有所不同。默认情况下按选择的单元来放置载荷。例如，同一个面分为了两个区域，选择这两个区域，加载 500N 的力，其结果是和每个区域各加载 500N 的载荷是相同的。

将新载荷分配给子工况，默认会选择一个子工况，可以单击进行多个子工况的选择，一个不选时，载荷仅添加到模型子树中的“载荷”节点。

“显示选项”选项组可以调整放置“载荷”的显示样式，内容与“约束”对话框完全相同。

单击“高级选项”可以展开“可变载荷定义”部分，用于变化载荷定义。如图 6-16 所示，

选择了线段的两个端点，给了 0 和 5 的标量（倍）值。这种可变载荷的定义都是以原有的载荷为基础进行定义。当定义是线时，建议定义首尾两个点。如果选择的是面，建议定义四个角点。多种的载荷都可以这种方式定义成可变载荷。

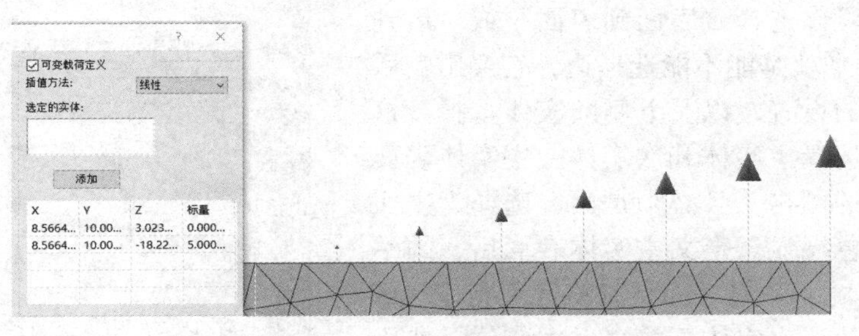

图 6-16　可变载荷定义

载荷定义分成两个部分，一个是方向，一个是幅值。“方向”下拉列表框有三个选项：零部件，根据从模型中选择的坐标系来施加载荷；垂直于表面，垂直于所选表面施加载荷；几何实体，选择边线或草图用于确定载荷方向。

“幅值”部分来给定值的大小，如果是零部件，需要按 x、y 和 z 三个方向来给定载荷值。其他的就可以直接给出值的大小。当给出值带“-”号，说明载荷方向相反。

载荷的种类众多，但对于操作来说却是大同小异，选择合适的位置，给定所需的方向以及对应的值即可。在载荷中，有“从输出”选项，可以加载已有的结果作为当前分析的载荷，再进行相关分析，如做完应力分析后，进行热分析。

5. 接触

“接触”选项组用于定义两零件或两组网格间的关系，来影响约束及载荷的传递情况，简单来说就是定义两个面之间的接触情况，包括“自动”“手动”“求解器”三个命令，如图 6-17 所示。

1）“自动”命令能够在整个模型中自动识别接触，并为每个接触对指定一个接触条件，选择“接触”选项组中的“自动”命令，操作即可完成。

在默认情况下，所有自动计算的接触对都设置为“粘合”，设置的界面在“分析”对话框中，如图 6-18 所示。这里设置的容差为“0.101”，在“自动接触”命令后，两面分离，且距离低于 0.101mm，会自动给它们设置为“粘合”关系。

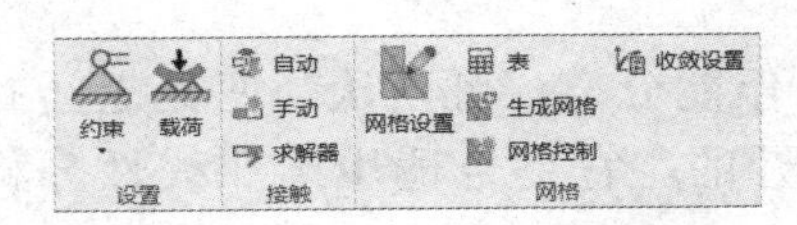

图 6-17　“接触”选项组

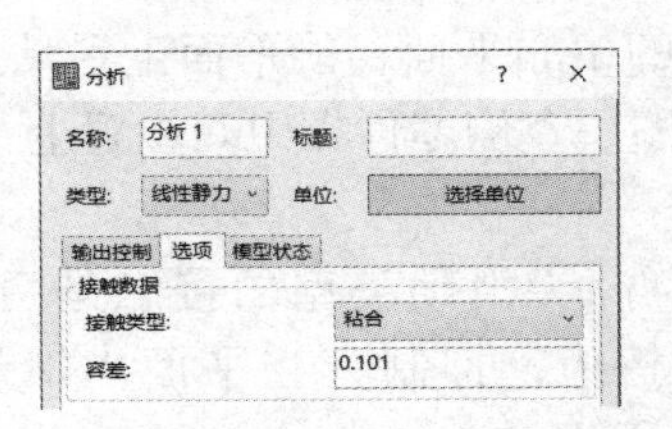

图 6-18　“自动”的接触设置

“粘合”是最常用的接触关系，表示两者之间是完全合并到一起。使用“自动”命令添加的接触只会添加到分析中，不会出现在模型节点。要删除使用“自动”命令创建的接触，可以在分析子树的“表面接触”节点中选择它们，然后将其拖到浏览器窗口之外，该接触就会删除，右击菜单中不存在“移除”命令。

2）“手动”命令就是手动来指定接触，属于设置约束的常用方式。选择命令后，弹出如图 6-19 所示对话框。操作时，可以先用“自动”方式定义所有接触，然后找到对应的接触进行编辑，这时进入到的也是该对话框。

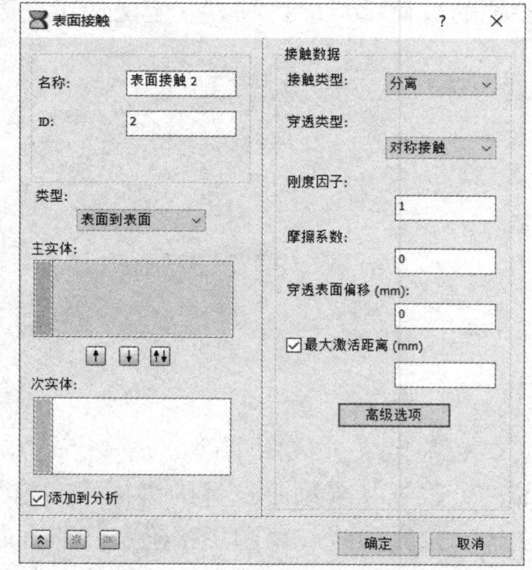

图 6-19 “表面接触”对话框

在类型上，可以选择“表面到表面”或“边到表面”，两者的区别就是能不能选择边，它会影响后面“穿透类型”的设置，以及下侧的实体选择。这两种类型都需要选择主实体和次实体，主实体表面通常具有更粗糙的网格，且必须是面，选择为主实体后，面将以蓝色亮显。定义主实体表面后，须手动切换至“次实体”，从属表面将以粉红色亮显，可以选择面或边。默认次实体不能穿透主实体，使用对称穿透类型将取消这种限制，“边到表面”不能做穿透类型的修改。

接触类型的选择有“分离”“粘合”“滑动 / 无分离”“分离 / 无滑动”“偏移粘合”“热压配合 / 滑动”“热压配合 / 无滑动”“禁用”几种。

前四个接触类型是滑动和分离两状态的组合，滑动状态就是沿着贴合面是否连接，分离状态就是面的方向是否传递载荷。

分离类型的接触是接触的两个面滑动和分离都允许。在线性静态分析中，只使用最初接触的区域，未接触的区域将被忽略，可以考虑摩擦系数。图 6-20 所示为三个实体，底部块体向上推，上面两面直接用的接触就是“分离”。

粘合属于既不滑动，也不分离，该类型接触会将两面完全连接一起，类似一个实体。它的优点是两者之间网格不必相同，如果需要零件上的接触表面网格不同且无相对位移，该接触最为适合。图 6-21 所示为粘合。

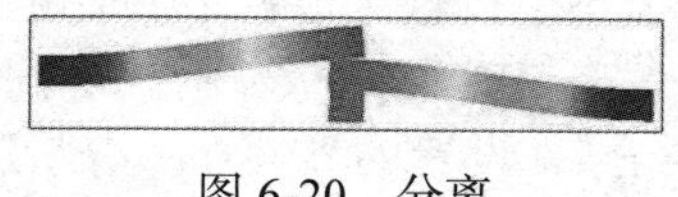
图 6-20 分离

图 6-21 粘合

滑动 / 无分离类型的接触属于在平面方向可以滑动，两面必须贴合在一起，行为类似于焊接单元的中心平面，能平面上滑动，忽略摩擦力，能承接面法向传递过来的力，如图 6-22 所示。此图中左侧零件在中间位置上，其会因为滑动导致略微变形，但由于无分离，和粘合的差别很小。

分离 / 无滑动类型的接触是两面之间不能滑动，但能分离。可以认为两面之间有无限大的摩擦力，抑制其在平面内滑动，但相互间是分开的。它更合适用于非线性分析，如图 6-23 所示。

图 6-22 滑动 / 无分离

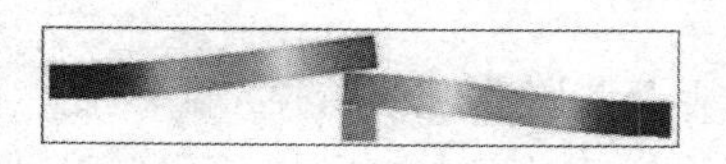
图 6-23 分离 / 无滑动

偏移粘合类型的接触适用于接触面之间有明显分离的焊接连接，有线性和非线性解决方案，适用于边到面接触，属于典型的壳模型或中间曲面模型，如图 6-24 所示。

热压配合 / 滑动和热压配合 / 无滑动两个接触类型，是接触部件之间存在初始干涉，滑动是两面之间能够滑动，无滑动是两面间不能相对运动。这两种类型的热压配合接触都更适用于非线性分析，通过输入穿透表面偏移值，可以自动指定干涉（基于模型）或手动指定干涉。建议采用手动指定干涉，以防止求解器无法收敛，或带较大穿透收敛的过度穿透。

图 6-24　偏移粘合

“热压配合”接触，建议至少包含两个已定义的子工况，并且第一个子工况不应具有定义的载荷，可以为其他子工况定义载荷。此设置允许 Nastran 解决干涉，直到通过最少接触穿透达到平衡。

“禁用”接触相当于接触的抑制功能，可以把接触改为该类型来禁用。

穿透类型仅适用于手动接触。选择“不对称接触”时，将仅检查和调整进入主表面（主实体）的次要节点的穿透，可能会导致主节点穿透次表面。如果清晰明确一些主表面的穿透，则此方法可以提高分析速度。“对称接触”则两方都进行检查和调整，此方法可以获得更准确的结果，但会增加计算时间。

刚度因子的值用于控制接触的刚度缩放。此值越大，接触越硬，穿透程度越小。如果值过大，可能会导致收敛问题和振动，将其设置为较低值有助于收敛，通常采用默认值“1”。

“摩擦系数”用于静摩擦系数设置。

“穿透表面偏移”用于指定穿透表面的偏移。此项用于定义实际中的数字偏移值。

“最大激活距离”是一个容差值。它指定应激活接触单元时的距离，有助于限制接触单元数，降低求解时间，从而防止出现不必要的且可能冲突的接触单元，建议设置为空白。

如果需要更为详细的接触设置，可以单击“高级选项”。

3）“求解器”选项用于在运行（分析）时生成单元之间的接触。当两个表面之间的距离在“公差”或“最大激活距离”字段中指定的距离范围内时，由求解器创建接触。命令作用于全局模型，也可以通过指定接触区域来限制接触范围。选择“求解器”命令，弹出如图 6-25 所示对话框。

求解器接触不会创建单独的接触对，所有接触关系按创建的方式统一在一个上，就在分析的过程中创建单独的接触。

“指定接触区域”是将接触对的生成限制到用户指定的区域，选择计划接触生成的实体，选择时需要包含接触对相关的两个实体。

接触在设置时，手动方式会选择曲率最小的接触段，如果是圆柱形接触，则选择主体作为伸出部分，可以考虑调整模型来符合实际的接触情况。对于非线性分析，建议首先在静态 / 模态分析中运行模型，并确保运行良好，且结果如预期，再进行非线性分析。

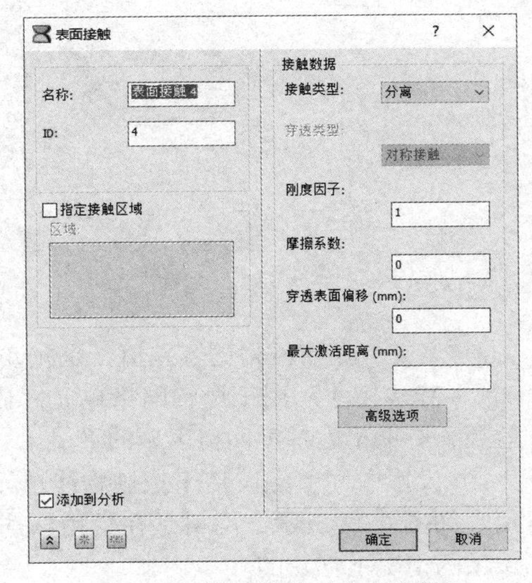

图 6-25　求解器的“表面接触”

6. 网格

划分网格是有限元的基础，所有信息都是通过网格进行传递、计算，并获取对应的结果。理想化是定义各种单元使用的网络类型，“网格”选项组就是设置及调整各种网格尺寸，包含的命令有“网格设置”“表”“生成网格”“网格控制”“收敛设置”。

1）在网格模型节点上右击选择“编辑”命令或在“网格”选项组中选择“网格设置”命令，都可以弹出“网格设置”对话框，如图 6-26 所示。

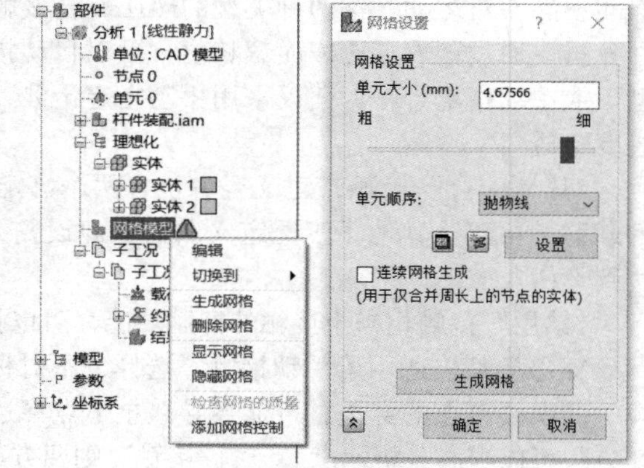

图 6-26　网格设置

在“网格设置”对话框中，会有一个默认的单元大小，默认单元大小的值大约为零件最大尺寸的 1/15，也就是零件按长尺寸划分成 15 等份。下方的滑块可以调整粗细。单元大小可以直接输入，其决定网格的尺寸（网格的边长）。

“单元顺序”用于定义模型中所有单元的排序方式，可使用线性或抛物线，抛物线方式的节点会更多。

“网格表”是以表格方式来控制部件中各零件的网格属性，各零件可以单独设置网格。

“新建理想化”能够直接在网格设置时，进入到理想化的设置对话框，用于理想化的设置和网格处理的联动。

选择“连续网格生成”，能让相邻的零件之间形成连续的网格，更有利于零件间网格数据的传递。

单击“生成网格”会以当前的设置进行生成或更新当前的网格。

单击“设置”可以进入到网格的高级设置对话框，如图 6-27 所示。高级网格设置通过控制容差、大小、几何体选项和中间节点，进一步自定义和优化网格。

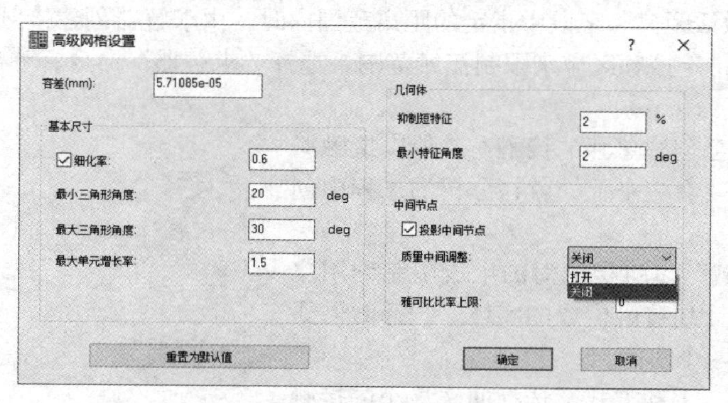

图 6-27　高级网格设置

“容差”用于网格的容差值，是允许在网格不能生成时，进行调整的偏差。

“基本尺寸”用于调整网格单元，让网格的质量控制在一定范围。调整网格相互间过渡的效果，有助于大梯度网格区域的平滑。

“投影中间节点”用于把抛物线单元的中间节点映射到模型上，这对高曲率的区域尤其有用。如图 6-28 所示，网格是在禁用该选项的情况下创建的；如图 6-29 所示，网格是在启用该选项的情况下创建的。

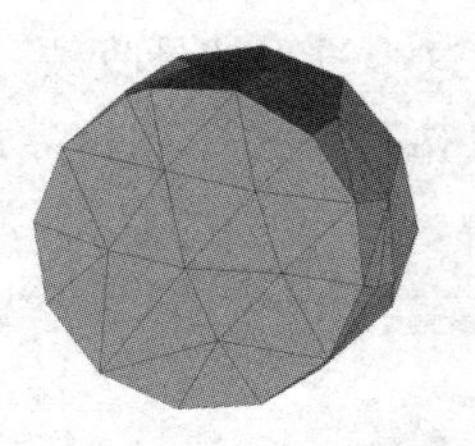
图 6-28 投影中间节点“关闭”

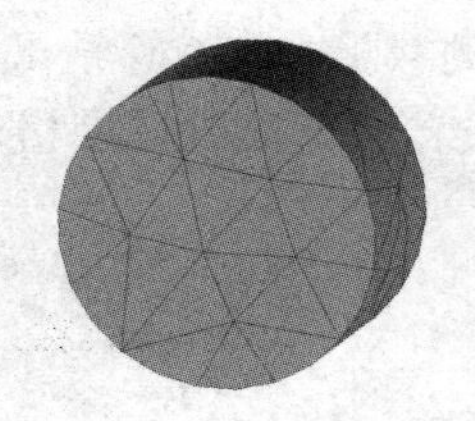
图 6-29 投影中间节点“打开”

2）“表”命令和网格设置中的“网格表”命令相同，都会打开网络表，如图 6-30 所示。它用于部件中各零件的单独设置，设置的内容和网格设置基本相同，包括颜色、大小、容差等各种设置，可见性用于零件单独网格的显示，节点和单元则是该零件划分的情况，单击“查看”，可以直接查看对应的零件或部件。

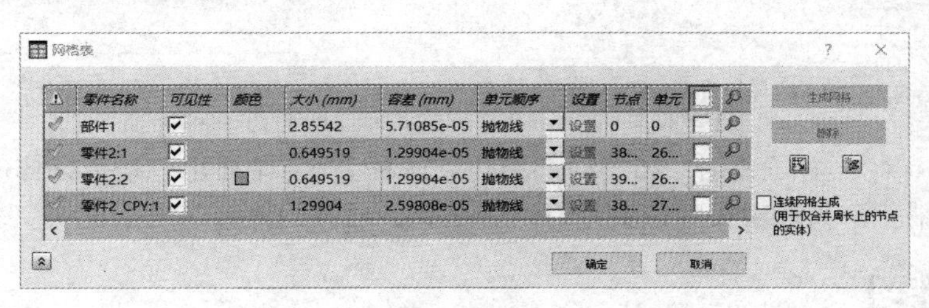

图 6-30 网格表

选择零部件，右侧的命令会亮显，用于针对选择的零部件进行网格的生成或删除，下方的“网络设置”和“新建理想化”用于当前表和两个对话框的相互切换。

3）“生成网格”命令用于网格的生成或更新。

4）选择“网格控制”命令，弹出如图 6-31 所示对话框，用于按顶点、边、面、零件几种方式设置网格，这几种方式可以混合使用，也可以在现有的网格上进行调整。对于现有的网格，相当于局部的网格处理。对于部分需要更为精细的结果或者更为合理的网格布局，都可以用该命令来处理。

当给了顶点、边、面、零件这些数据后，会在选定的内容上做上标识，标识会以十字符号显示在相关对象上，十字的大小、密度、颜色可在左上角“显示选项”中进行调整。

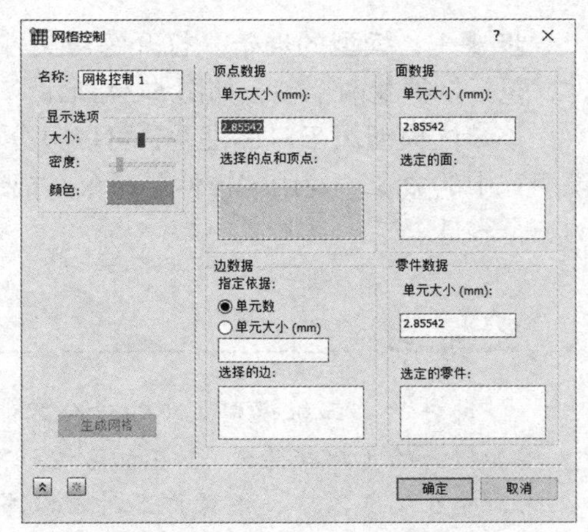

图 6-31 “网格控制”对话框

网格生成后，在浏览器的“网格模型”节点上右击选择“检查网格的质量”命令，可以对生成的网格进行质量检查，如图 6-32 所示。

网格的质量决定了后期的计算和结果，因此网格的划分需要各种调整，前期的模型处理也是为了网格能有更好的质量。合适的网格需要大小合适，不能大小变化太大，还需要控制一定的数量，单个网格尽可能不要太细长。多个命令的相互配合，就是为了得到更好的网格来帮助分析。

5）收敛是通过网格的细化，来查看结果的合理性过程。网格越小，结果约趋向真实。软件通过提升网格的数量，来计算结果的变化，判断计算是否继续，这个过程就是收敛。

“收敛设置”就是设置网格调整的过程以及相关的条件，执行该命令后，会弹出如图 6-33 所示对话框。

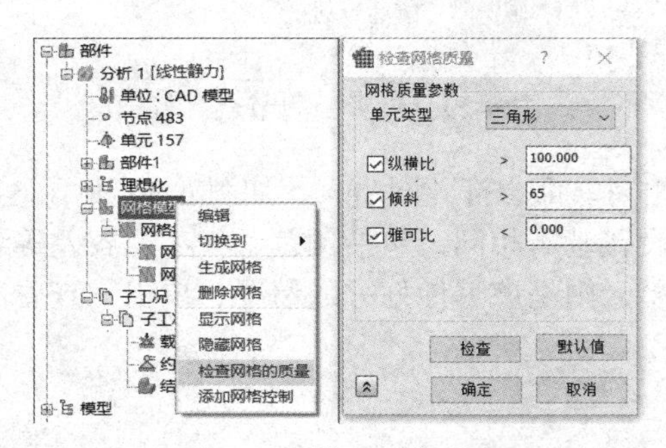

图 6-32　检查网格质量

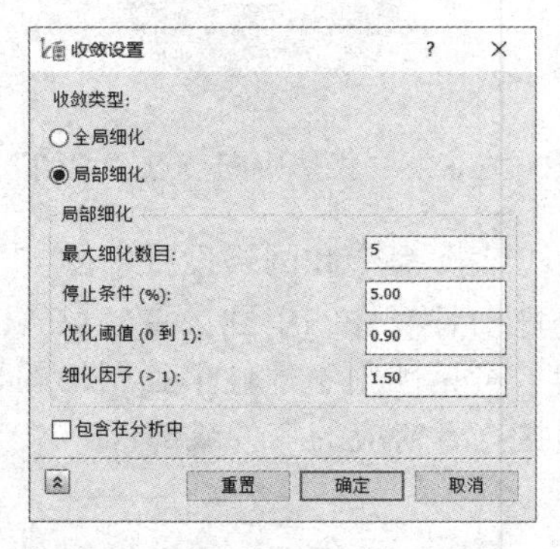

图 6-33　“收敛设置”对话框

“收敛类型”有“全局细化”和“局部细化”两种。“全局细化”是把整体的网格都进行细化处理，“局部细化”只针对关键位置进行网格细化，后者的计算速度会更快。

6.3　分析练习

通过两个练习，来了解 Nastran 的具体操作，也了解一下两种分析的不同操作方式和流程，对分析的基本操作做一定的了解，明白线性和非线性的区别。

6.3.1　部件的应力分析

本练习中，以一个杆件和销的组合部件模型进行分析。所有模型的刚度值相似，所以将使用接触来模拟它们之间的相互作用。对称性也将用于简化分析。

对称性是分析一小部分结构而不牺牲质量的重要建模技术。在某些情况下，它被认为是比其他方法能更好地提高解决质量的技术。在本练习中，将使用模型中的对称性来约束刚体运动。此方法在自然添加所需约束的同时减小模型大小。对称性约束“平面 - 法线”旋转和“平面内”旋转。

步骤 1：模型的准备。打开练习文件“杆件装配 .iam”，可以看到，这是一个杆件的装配件，包括杆件及两个销，如图 6-34 所示。

该装配模型属于对称模型，可以只分析一半。在部件中进行切除处理，使用部件的“三维模型”中的命令。使用“拉伸”命令，把部件的一半切除，如图 6-35 所示。切除部分包括装配的三个零件。

部件的“三维模型”中的命令只能用于切除，因为该命令属于部件，部件不会凭空增加材料的（焊接除外）。在切除过程中，默认相交的零件都会切除，如某零件不需要切除，需在浏览器中，该操作下对该零件右击选择“删除参与件”命令。

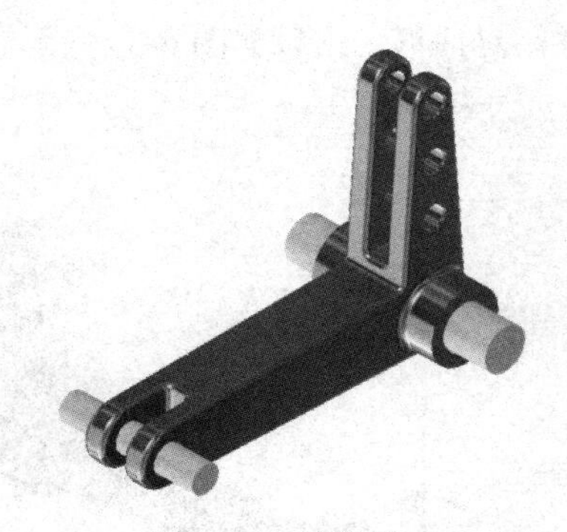

图 6-34　杆件装配

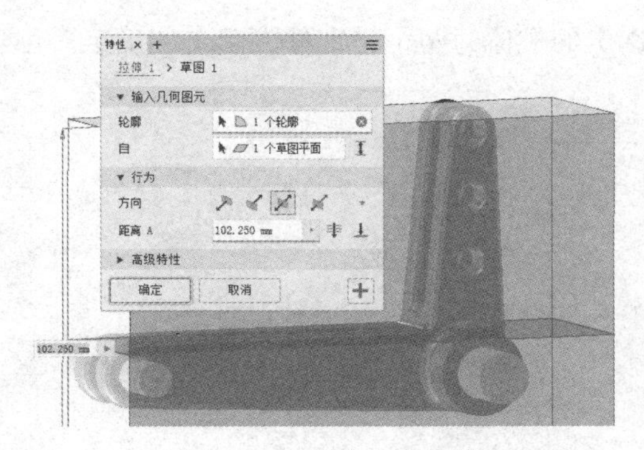

图 6-35　部件对称切除

在“环境”选项卡中选择“Autodesk Inventor Nastran”命令，进入 Nastran 环境。在默认情况下，部件中包含两个理想化。如图 6-36 所示，实体 1 的材料为“常规”，实体 2 的材料为“钢，铸造”。这些材料都是在绘图中选用的 Inventor 材料，软件会继承这些材料并进行使用。

为了确定理想化的实体与部件中的哪个模型相关联，可以在实体 1 上右击，然后选择“编辑”命令，在“选定的实体”区域中可以看到对应零件。实体 1 使用“常规”材料，含义为未指定材料。

右击理想化中的实体，选择“移除”命令，默认的理想化实体都会被删除，它们会保留在模型子树中，不会用于分析，如果再次需要，可以将其拖到相应的分析子树中。

步骤 2：指定新的理想化。创建两个新的理想化，并将它们分配给相应的模型。在“准备”选项组中选择“理想化”命令弹出“理想化”对话框。选择实体单元作为属性的单元类型，单击“新材料”，再单击对话框左上角的“选择材料”，如图 6-37 所示。

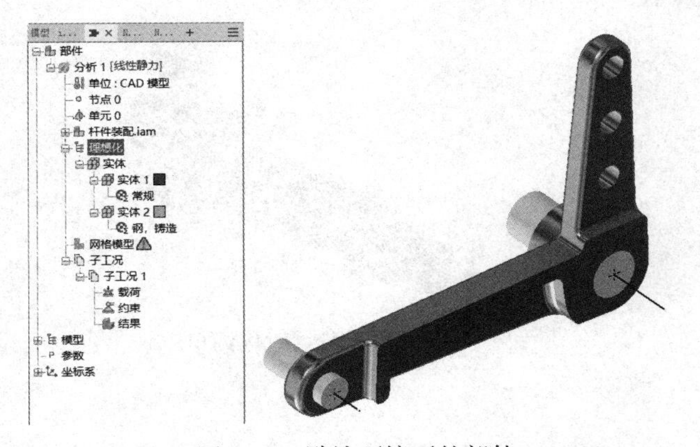

图 6-36　默认环境下的部件

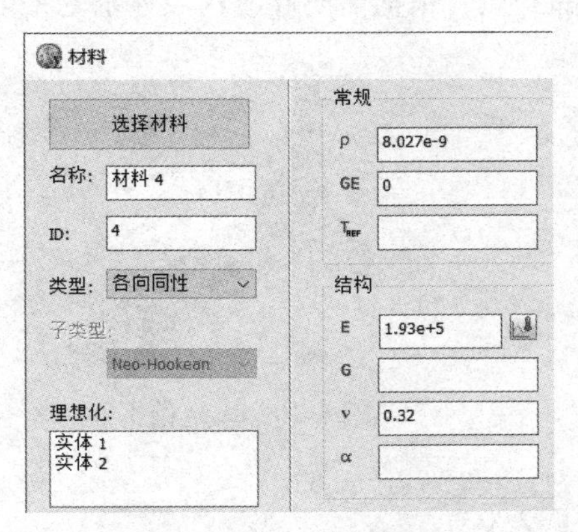

图 6-37　选择材料

在“材料数据库”对话框中展开“Autodesk 材料库”，从下拉列表框中选择“铝 1100-O”，材料相关特性会自动填充的。单击“确定”命令后，回到“理想化”对话框中，更改“颜色”特性为绿色，选择“关联的几何体”，在图形窗口中选择模型“杆件”，获取对应实体，如图 6-38 所示。

选择“添加到分析”，再单击左下的“新建”以创建新的理想化，并保持“理想化”对话框处于打开状态以创建另一个理想化，当前的理想化已指定用于分析。

继续创建第二个理想化，从 Inventor 材料库中选用“合金钢”材料，将颜色更改为红色，选定的实体为两个销零件，单击“确定”创建理想化并关闭对话框，结果如图 6-39 所示。

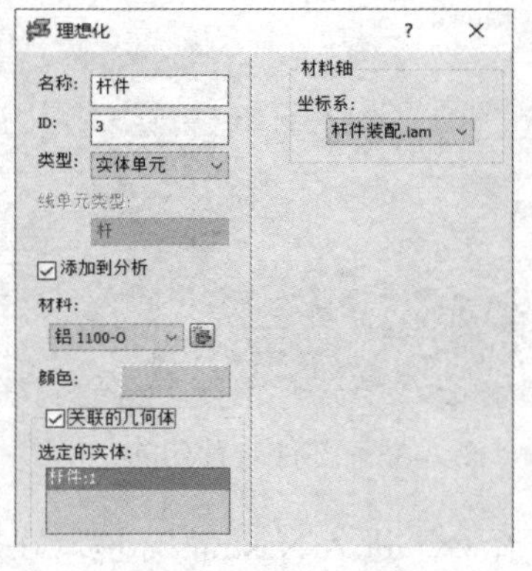

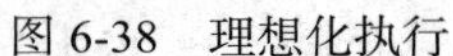
图 6-38　理想化执行

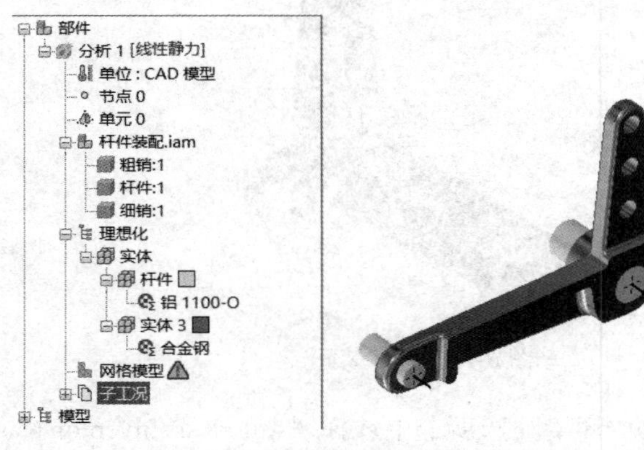

图 6-39　理想化结果

步骤 3：添加约束与载荷。需要添加约束，固定两个销，指定模型对称性，确保中间面符合实际情况，并添加所需的载荷。

在“设置”选项组中选择“约束”命令弹出“约束”对话框。在对话框的“自由度”选项组中单击“固定”来去除所有自由度（默认就是固定状态）。在对话框的“子工况”文本框中选中“子工况 1”以自动将约束添加到“子工况 1”（默认自动选择）。选择销的两个侧平面，如图 6-40 所示。选择“预览”，让模型显示相关约束，根据需要修改约束显示的密度和大小。

保存当前约束并开始创建新约束，在“对称”中单击“*z*”（由坐标系确认），该选项将在 T_z、R_x 和 R_y 方向上设置约束，选择位于对称平面上的三个面，如图 6-41 所示，“预览”模型上的约束，根据需要修改约束显示的密度和大小。

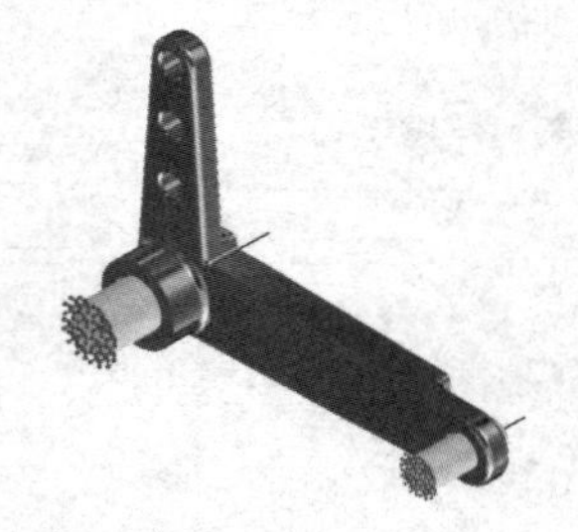
图 6-40　固定销平面

图 6-41　对称约束

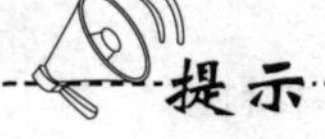
提示

对称面的选择如果合理，它会比整体模型更准确（网格划分更合理）。在放置对称约束时，选择的面就是分割时切开的面，因对称原因可以以中心面实现位置平移，当前的操作只是把该设定进行添加。

在“设置”选项组中选择“载荷”命令弹出“加载”对话框。载荷为 F_y 上“−500”的力载荷（对称，只需要原始载荷 1000N 的一半）。选择最顶部孔的内表面，如图 6-42 所示，同样将载荷指定给子工况 1（保持默认）。

步骤 4：添加接触。为了操作方便，先选择“自动”命令来检测并获得模型中有的面接触，再按需要更改接触类型，以符合需求。

在“接触”选项组中选择“自动”命令，以启动自动创建“接触”。在分析中，展开表面接触节点，会有自动创建的两个接触。一个属于杆件和细销的接触面，另一个属于杆件和粗销的接触面，如图 6-43 所示。

图 6-42　添加载荷

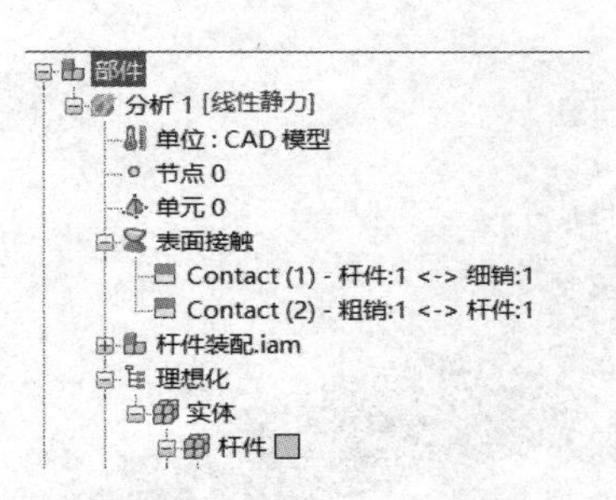

图 6-43　“自动”识别接触

由于当前组件允许一定移动。右击“Contact（1）”选择“编辑”命令，在“表面接触”对话框中更改“接触类型”为“分离”，然后将“最大激活距离”设置为“2”，如图 6-44 所示，单击“确定”。以相同方式，编辑“Contact（2）”。

步骤 5：网格设置并网格化模型。更改整个模型的网格设置。在“分析 1”子树中，右击“网格模型”，选择“编辑”命令，弹出“网格设置”对话框，输入“2.5”作为“单元大小”。单击“设置”，弹出“高级网格设置”对话框，将“最大单元增长率”更改为“1.1”，选择“投影中间节点”，将“质量中间调整”设置为“打开”，如图 6-45 所示。

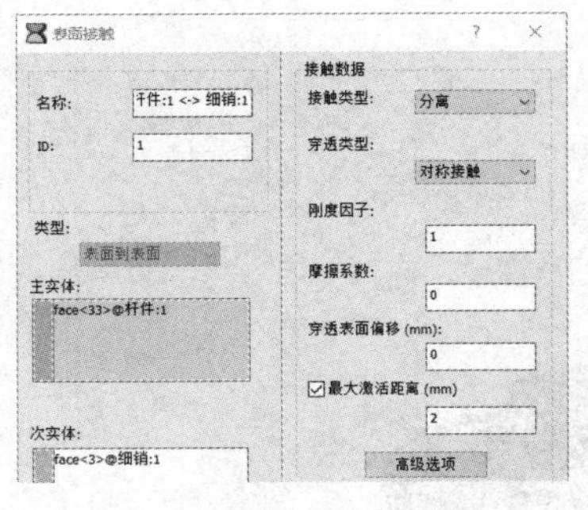

图 6-44　更改接触设置

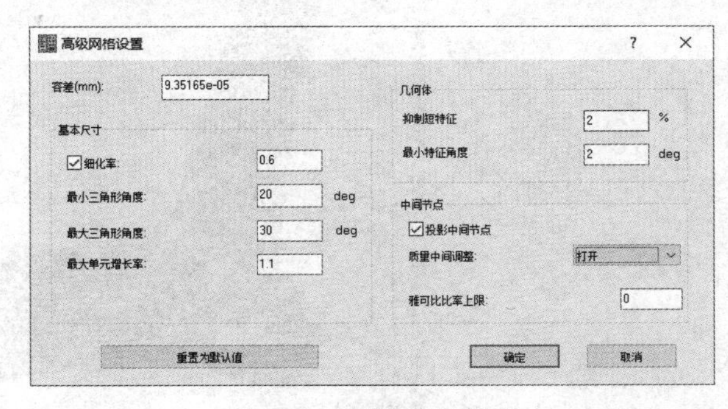

图 6-45　高级网格设置

单击“确定”关闭“高级网格设置”对话框，单击“生成网格”以更新网格，单击“确定”关闭“网格设置”对话框。各组件上的网格将使用与其关联的理想化指定的颜色进行更新，如图 6-46 所示。

步骤 6：运行分析。在“求解”选项组中选择“运行”命令，就可以开始进行分析，完成后，软件会有完成提示。

步骤 7：查看结果。默认显示的结果为应力，是“Von Mises”结果图，在“显示”选项组中展开的“对象可见性”下拉列表框中去除“网格”选项，会关闭网格显示。最大应力约为 144.8MPa，如图 6-47 所示。

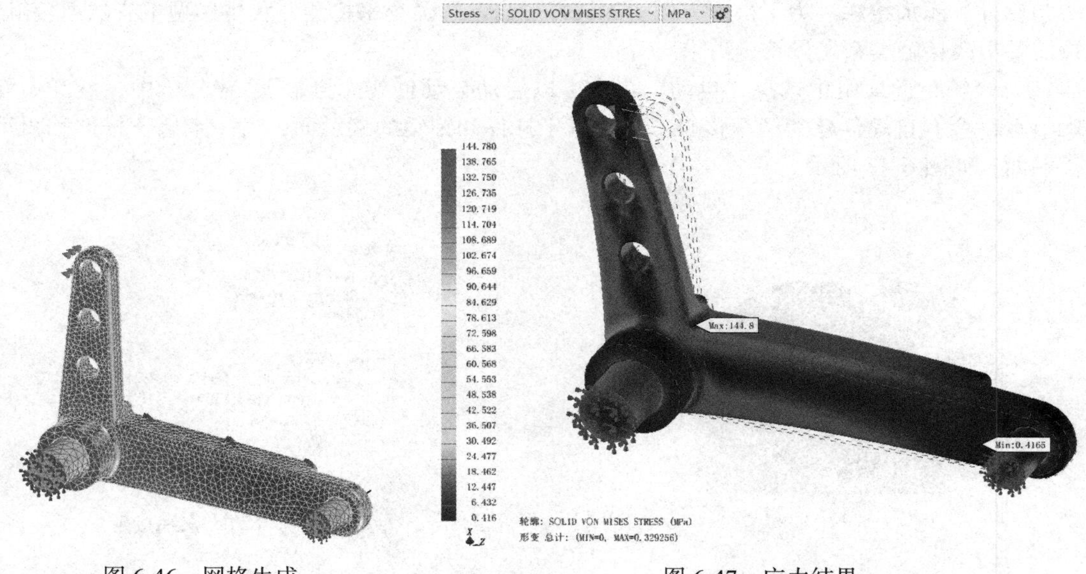

图 6-46　网格生成　　　　图 6-47　应力结果

需要看位移结果，双击“结果”节点中的“位移”，可以看到视图切换为零件受力后的位移，最大位移约为 0.329mm，如图 6-48 所示。

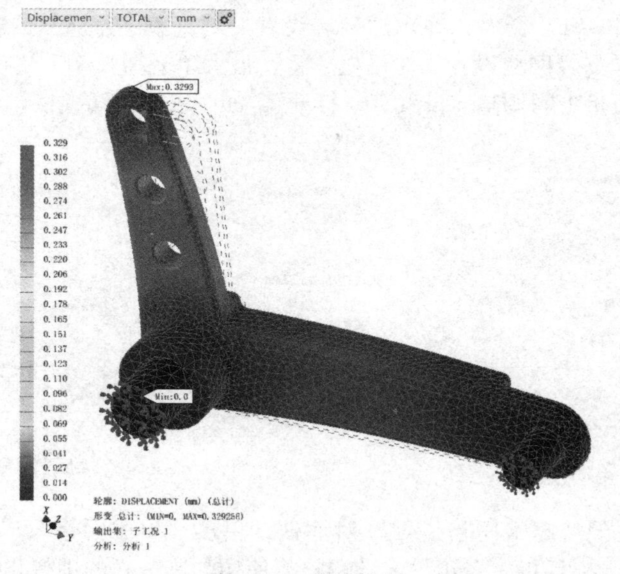

图 6-48　位移结果

双击“安全系数”，可以直观地看到结构在屈服前能够承受的当前应力的倍数。选择“选项”命令，弹出“图形”对话框，如图 6-49 所示。对话框右侧中部有数据最小值和数据最大值用于模型中颜色范围的显示，保持数据最小值不动，输入“10”为数据最大值。单击对话框左侧“显示”来更新显示，左侧的色带范围最大为“10”。

单击“可见性选项”切换选择内容；单击“全部隐藏”可以关闭各种内容显示，让结果更为简洁。

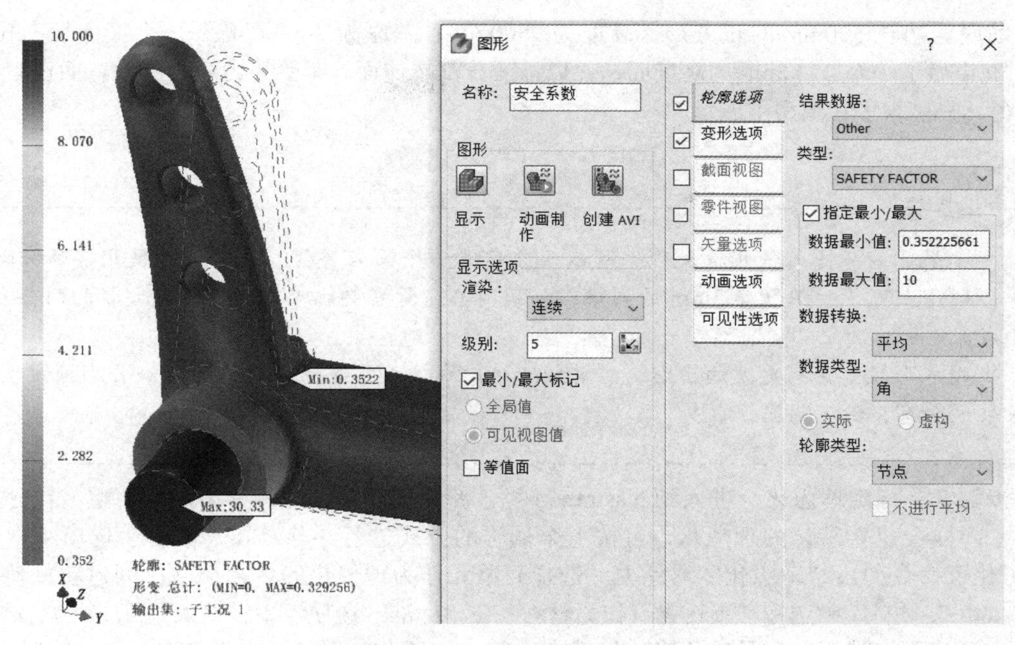

图 6-49　安全系数设置

提示

更改数据最大值会在等高线图中产生更完整的颜色光谱。如果两个极限值之间的差异很大，则会使颜色全部偏向红色或蓝色（取决于模型安全系数的范围），减小“数据最大值”通常有助于在一定范围内查看等高线图。

最小安全系数（0.352）明显小于 1，这意味着杆件只能承受施加载荷的一小部分。因此，杆件不适用于假定的载荷，必须降低额定载荷，或为杆件指定更坚固的材料，以满足安全系数的需求。

提示

尝试以全模型来做分析，而不采用对称处理方式，固定轴的两次端面，载荷放置到两个轴孔，再进行计算。可以看到计算时间会长一些，结果偏差很小。

6.3.2　非线性分析

在本练习中，将进行非线性分析，可以了解应力硬化现象。做一个方形罐体，将它蓄一定量的水，方罐壁平坦，会承受压力载荷，可能导致较大的变形。比较线性分析和非线性分析，对比结果。由于罐体一般都是对称图形，可以只做四分之一来进行等效分析。

步骤 1：准备模型。按需要新建一个模型。模型只需要为罐体的四分之一。如图 6-50 所示，罐体的底为边长 600mm 的正方形，高度为 2500mm，壁厚为 3mm。需要一个液体填充位置，图 6-50 中做了一个 2000mm 的高度面，并以该面分割罐体面。承受压力载荷的罐壁面设置了一个颜色，只是为了在模型中展示。

提示

如果已经考虑好使用面处理，可以直接建立一个面来替代，至于能否使用实体来计算，理论上可行，但壁厚 3mm 的网格，如果网格质量需要比较好，就会有大量的网格要生成。

用方形模型会有更大的变形，能更好地对比线性和非线性下的结果。如果是圆柱体，效果也会有，但不明显。

步骤 2：指定理想化。进入到 Nastran 环境，新建理想化，并将其指定给模型。在分析环境中，同样会建立默认的理想化，可按上个例子的方式进行移除。在"准备"选项组中选择"理想化"命令弹出"理想化"对话框。选择壳单元作为理想化的单元类型；创建新材料，并从 Autodesk 材料库中选择"不锈钢"作为材料；在"标准"选项组中，输入"3"作为"t"值；如图 6-51 所示，选择"关联的几何体"，以罐体的 5 个面作为对象（由于是四分之一模型，5 个面是指底面，两个相邻的侧面，每个侧面又分为上下两个面）。确认所需名称，选择"添加到分析"，颜色按需选择，单击"确定"关闭"理想化"对话框。新建理想化用于分析，显示在"理想化"的"壳"节点下。

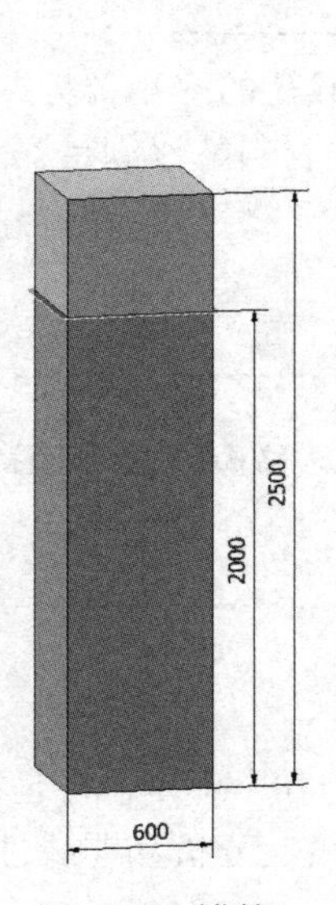

图 6-50　罐体

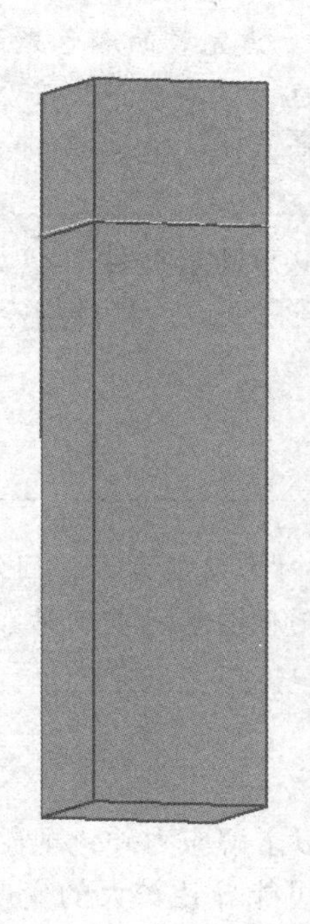

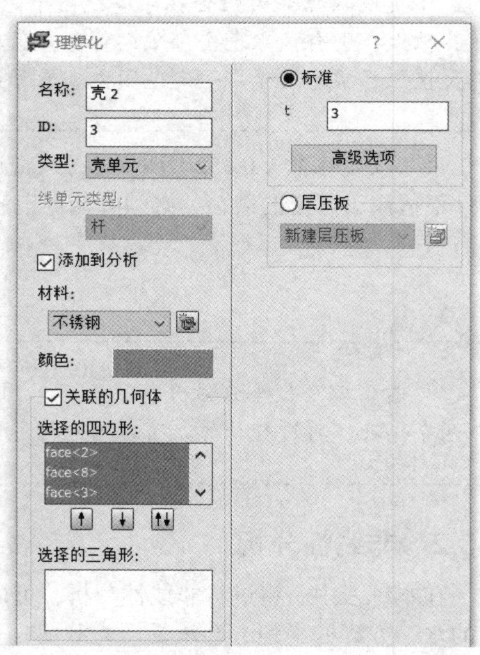

图 6-51　理想化处理

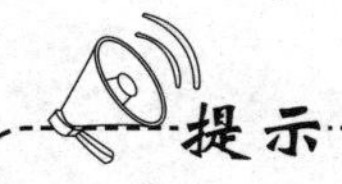

提示

在面的选择上，3 个面是承受水压的，最上方的 2 个面可以不选，但由于它在实际中也会承受压力的作用并形成变形，因此也划分网格。理论上，上侧顶面都应该选上，考虑到影响以及操作，这里就当它是开口的。

步骤 3：划分网格。在“网格”选项组中选择“网格设置”命令，弹出“网格设置”对话框。输入“80”作为单元大小的值；将“单元顺序”下拉列表框选项更改为“线性”，单击“生成网格”以更新网格，单击“确定”关闭“网格设置”对话框。确保所选 5 个面都进行了网格划分，如有问题，编辑理想化并添加缺失的面，如图 6-52 所示（图中关闭了实体的可见性）。

步骤 4：添加约束。添加模型需要的约束，需要设置四分之一储罐的对称约束以及固定罐体底面，防止沿轴方向移动。

在“设置”选项组中选择“约束”命令弹出“约束”对话框，在对话框的“自由度”选项组中选择 x 对称（按坐标系），在“选定的实体”下拉列表框中选择对应的 3 条边（有两条边在一直线上），如图 6-53 所示。确定在“子工况 1”中激活，给定所需颜色及显示的大小。

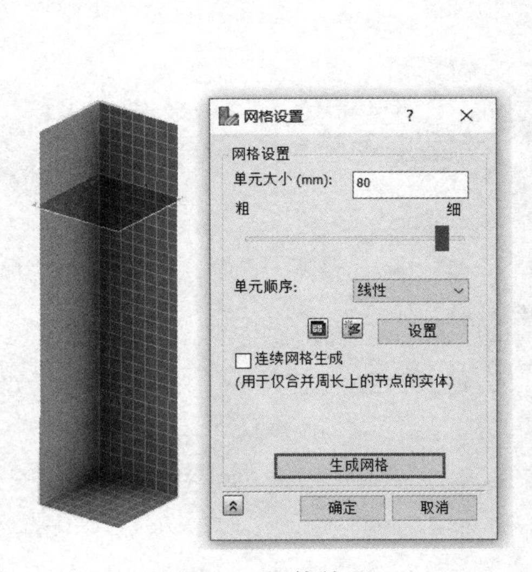

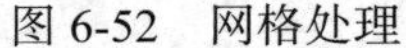
图 6-52　网格处理

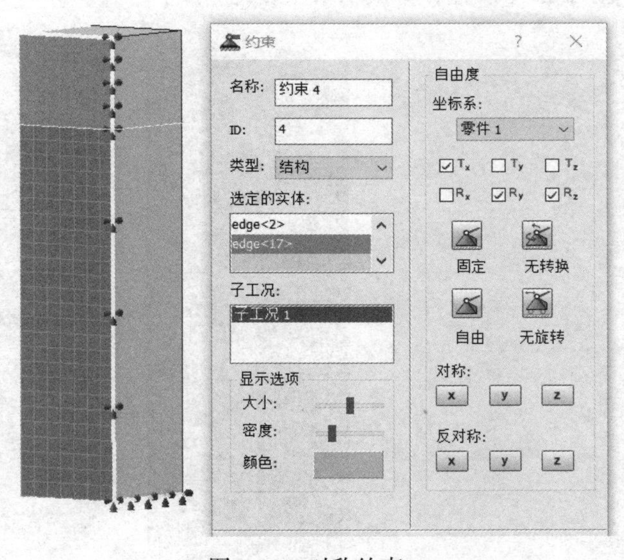

图 6-53　对称约束

以 x 方向对称，做另外一侧 3 条边的对称约束，确保模型在 z 对称方向也按对称进行约束。

在罐体底部放置一个约束，用于承受轴向（坐标系 y 方向）的受力。单击“自由”清除所有自由度，然后选择“T_y”。这将约束 y 方向的平移，选择要将约束指定给的储罐底面。选择“预览”以显示模型上的约束，根据需要修改约束显示的密度和大小，如图 6-54 所示。这三个约束都将添加到分析中，“约束”节点下会有三个约束。

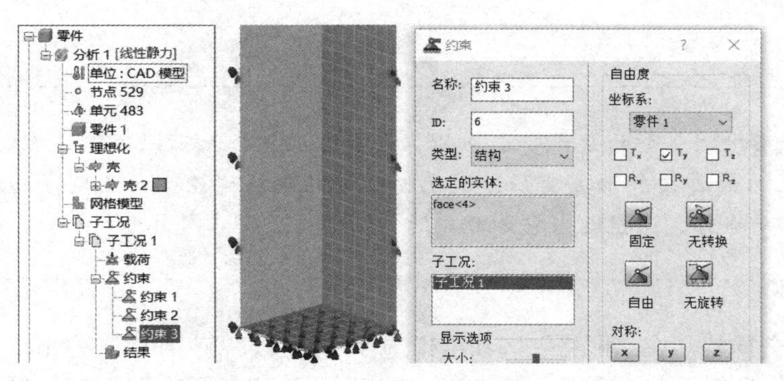

图 6-54　约束处理

步骤 5：添加载荷。添加的是一个压力载荷。由于深度越深，压力越大，给定的载荷是渐变的。对于当前的水压情况，建议直接选用“静水载荷”。

在“设置”选项组中选择“载荷”命令弹出“加载”对话框，选择“静水载荷”作为“类型”。选择罐体的三个液体表面（两个侧面和底面），如图 6-55 所示；“流体表面上的点”选择 0 水压位置，即图中分割面的角点；“流体深度方向”定义水压的深度方向，选择压力面的侧边，选择后会有逐渐变大的压力箭头显示在受压面上；“流体密度”文本框定义液体内容，这里选择默认（水）；“压力方向”是水压的方向，选的为外侧面，默认在外，切换方向即可。显示与图 6-55 中一样，即表示水压设置完成。

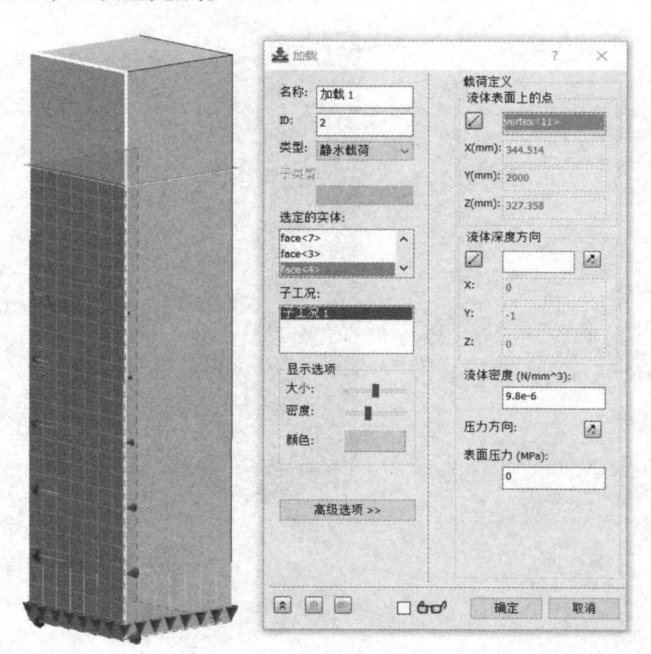

图 6-55　添加载荷

步骤 6：运行分析并查看结果。运行分析，查看分析位移和应力结果图，位移结果图如图 6-56 所示，最大位移为 110.3mm。

显示 Von Mises 应力结果图，最大应力约为 698.8MPa（图 6-57）。在默认情况下，Von Mises 结果报告为壳单元顶部的值。

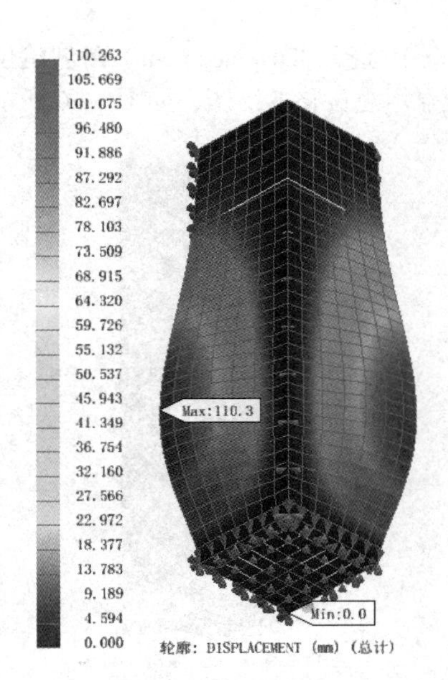

图 6-56　位移结果图

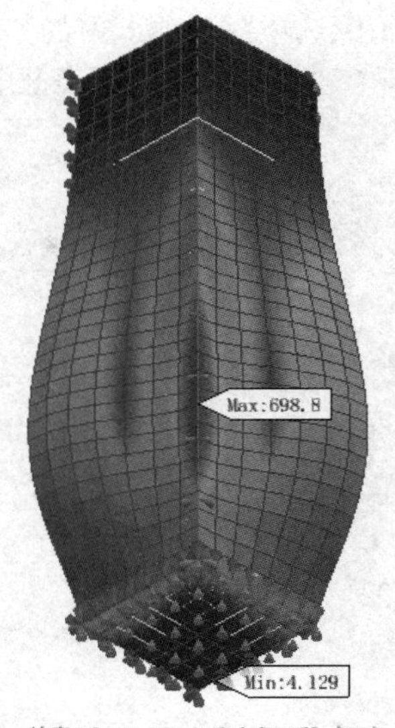

图 6-57　默认应力情况

选择“结果”选项组中的“选项”命令，弹出“图形”对话框。在“轮廓选项”选项卡中，从“类型”下拉列表框中选择“SHELL MAX VON MISES STRESS BOTTOM/TOP”，以查看顶部或底部的最大表面应力。单击“图形”中的“显示”来查看结果（如果没有自动更新）。壳单元的顶部和底部应力之间的差异可能非常显著，建议同时检查这两个值，如图 6-58 所示。

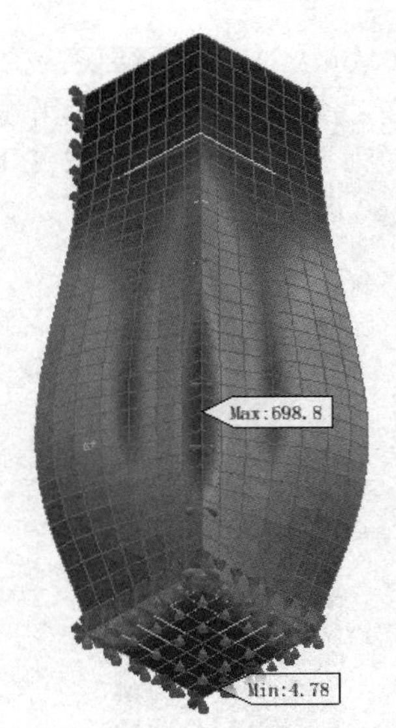

图 6-58　顶部或底部最大应力情况

步骤 7：非线性分析。默认的分析属于线性分析。线性分析表明储罐中存在较大的变形，说明其无法提供精确的分析。现做一个非线性分析来比较结果。在非线性分析中，将看到迭代分析方法如何改进结果。

右击模型树顶部的零件节点，选择“新建分析”命令。在“分析”对话框中：使用默认名称；从“类型”下拉列表框中选择“非线性静力”；在“输出控制”选项卡上保留默认选项；在“选项”选项卡上确认“大位移”设置为“打开”，如图 6-59 所示。

按“分析 1”对应的几个设置，将模型子树的内容拖置到分析子树中。理想化壳单元的“壳 2”拖放到新分析中的理想化节点；三个约束拖放到新分析中的“约束”节点；载荷拖放到新分析中的“载荷”节点。

全局网格设置不能拖放，需要重新设置：输入“80”作为单元大小的值，“单元顺序”选项更改为“线性”，单击“生成网格”以更新网格。

非线性分析没有生成预定义的分析图模板，要显示位移结果图，在分析 2 子树中的“结果”上右击选择“编辑”命令，弹出“图形”对话框。

在“轮廓选项”选项卡中的“结果数据”下拉列表框中选择“Displacement”以创建位移结果图。确保在“类型”下拉列表框中选择“总计”以创建显示总位移的绘图，如图 6-60 所示。

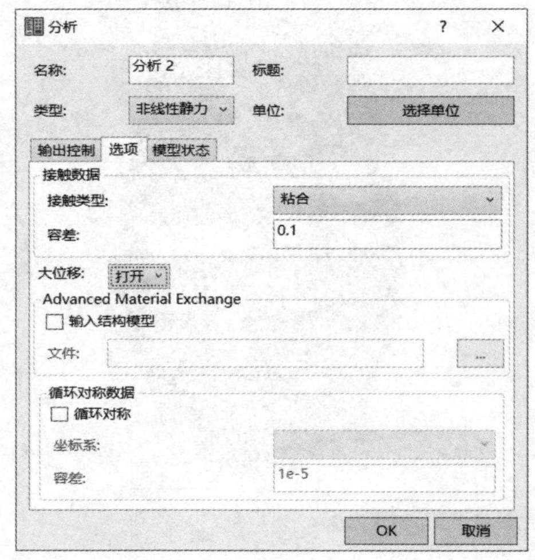

图 6-59　打开大位移

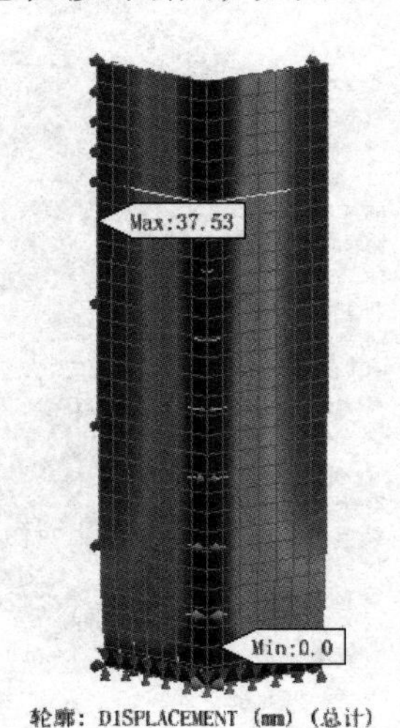

图 6-60　位移情况

要显示 Von Mises 应力结果，在“轮廓选项”选项卡中的“结果数据”下拉列表框中选择“Stress”，在“类型”下拉列表框中选择“SHELL VON MISES STRESS”，如图 6-61 所示。在“类型”下拉列表框中选择“SHELL MAX VON MISES STRESS BOTTOM/TOP”以查找最大应力，如图 6-62 所示。

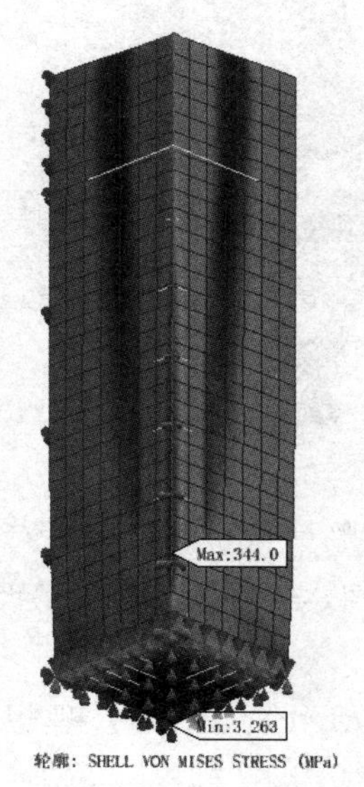

图 6-61　默认应力情况

图 6-62　顶部或底部最大应力情况

在“图形”对话框中选择“子工况”下拉列表框，默认只有“INCR8，LOAD=1.0”的结果，这是因为在默认情况下，没有为这个非线性分析存储中间结果。

需要创建中间结果，右击“子工况 2”下的“非线性设置 1”，选择“编辑”命令。在“非线性设置”对话框中的“中间输出”下拉列表框中选择“全部”，单击“确定”，如图 6-63 所示。

重新进行分析，分析完成后再次查看结果，就会有多个选项。

提示

非线性分析主要处理分析过程中，出现的中间状态会影响结果的情况，当前出现的就是变形，由于变形的出现，导致应力的情况发生变化，计算过程中不能按线性计算。

在非线性分析中，会按一定的比例载荷进行第一次计算，获得结果后，以结果情况来计算下一次载荷，依次迭代，一直到完整的载荷结果。

在分析的“*XY* 图”节点中，双击“Maximum Displacement Versus Load Scale Factor”，如图 6-64 所示。这个图形中显示的就是载荷比例和最大位移的情况，图中的 8 个点就是“中间输出”8 个值（不打开中间输出，没有该图形）。在图 6-64 中，横坐标为载荷比例，“1.0”就是满载荷，即“INCR8，LOAD=1.0”，两者的“1.0”为相同含义；纵坐标是最大位移，虽然类似直线，但如按前 2 个点的线性生成，值会大很多。

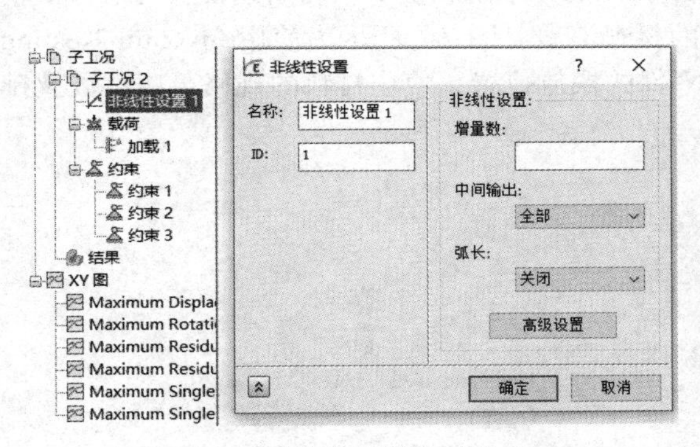

图 6-63　非线性的中间输出

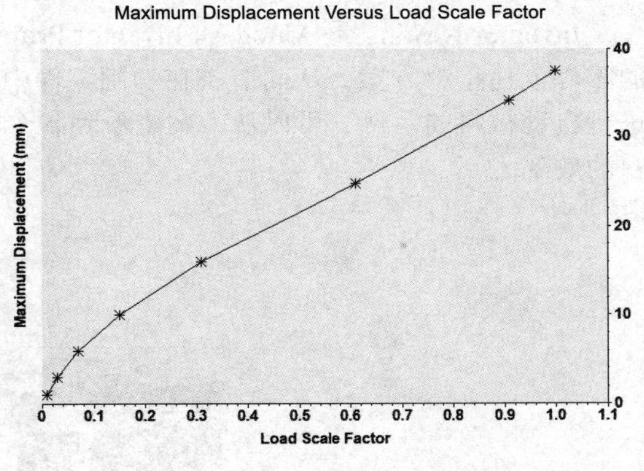

图 6-64　*XY* 图

提示

用方形罐体，由于受力承载方式，会导致出现大变形，换成非线性计算后，结果变化比较大。如果是圆形罐体，因受力整体比较均匀，变形量会小很多，用非线性效果不是很明显。在练习文件夹中，有做好的圆形罐体分析结果，设置基本相同，可以对比着看，也能明白罐体为什么都是圆形的。

第 7 章

Inventor Nesting

7

【学习目标】

1）熟悉 Inventor Nesting 的应用环境。

2）掌握排料方案的创建。

3）掌握排料方案的应用与优化。

4）掌握生成排料报告或 3D 模型与 CAM 进行加工协作。

7.1　Inventor Nesting 排料概述

Inventor Nesting 是 Autodesk Inventor Professional 的一个附加模块，使用该模块可以为平整的零件创建排料方案，从而节省在切割零件中的材料浪费。图 7-1 所示为使用 Inventor Nesting 进行自动排料的示例，可以从方案中看到各个零件的摆放位置，使用材料的规格与成本以及排料的效率。

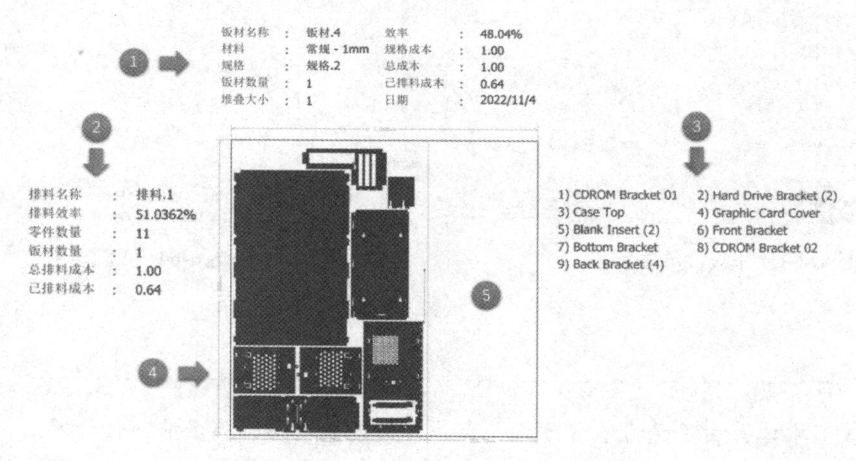

图 7-1　使用 Inventor Nesting 进行自动排料的示例

排料方案的内容如下。

1）钣材的规格、成本与效率。

2）排料方案生成的结果，包括使用的零件数量、钣材数量等。

3）钣材中排料的零件名称与对应序号，以及对应零件的数量。

4）钣材根据排料方案自动生成已利用的区域。

5）钣材根据排料方案自动生成未利用的区域。

7.1.1　Inventor Nesting 工作环境

在 Autodesk Inventor Professional 中可以通过以下方法进入 Inventor Nesting 的工作环境中。

1）**排料模板**。在“新建文件”对话框的“排料 - 创建排料”选项组中选择“Standard.inest”默认排料模板进入排料工作环境，如图 7-2 所示。

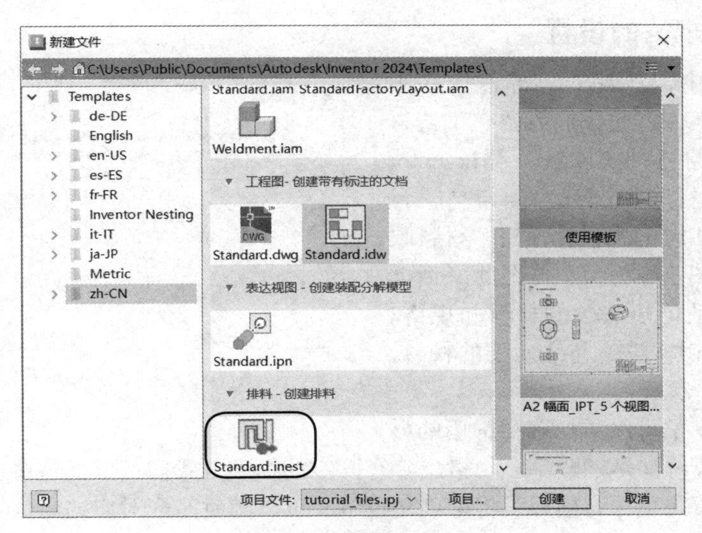

图 7-2 默认排料模板

2）**零部件中创建排料**。打开需要排料的零部件文件（包括 .ipt 或 .iam），然后在模型浏览器的零部件名称上右击选择“创建排料”命令，如图 7-3 所示。

3）**主页中的“排料”选项卡**。在 Inventor 主页的“排料”选项卡中单击“排料”，进入 Inventor Nesting 环境，如图 7-4 所示。

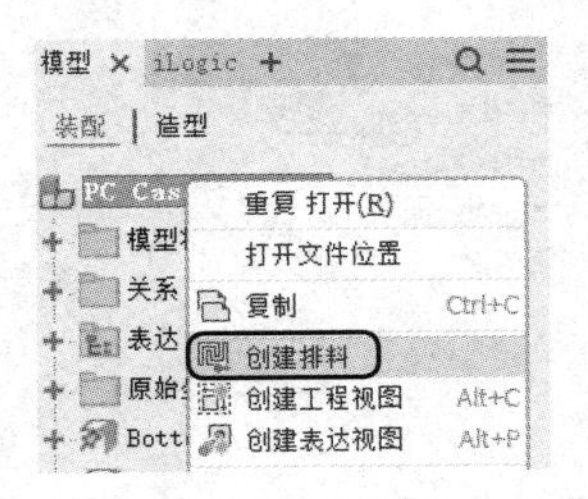

图 7-3 “创建排料”命令

图 7-4 主页的“排料”选项卡

7.1.2 Inventor Nesting 选项卡

如图 7-5 所示，显示了 Inventor Nesting 选项卡，包含了“形状”“排料分析”“显示”“数据输出”和“管理”选项组。

图 7-5 Inventor Nesting 选项卡

7.2 创建排料方案

排料方案的创建包括材料和规格的设置、形状提取等。

7.2.1 材料和规格的设置

在产品设计中，涉及的零部件往往不止一种材料和规格，因此我们需要在工艺材料库中设置相应的材料和规格。当 Inventor Nesting 在工艺材料库中没有找到与排料目标相匹配的材料和规格时，将弹出“材料映射”对话框，如图 7-6 所示。可在此对话框中单击“是”自动创建缺少的材料和规格。如果单击“否”，由于没有与之匹配的材料，将无法识别排料形状。

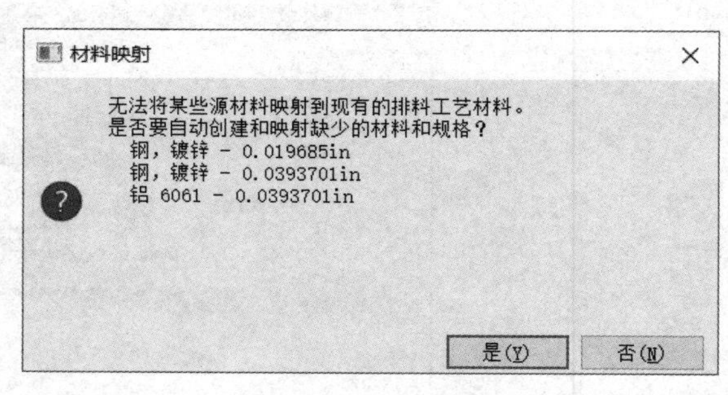

图 7-6 “材料映射”对话框

在工艺材料库中可以添加多种常用的材料和规格。通常钣材都是外购件，规格尺寸有固定的标准，我们可以把这些常用的材料和规格放在工艺材料库中并设置为模板，将来创建排料时可以随时匹配对应的零件钣材并生成排料形状。设置排料参数、规格参数和通用参数的步骤如下。

步骤 1：设置排料参数。选择“排料”选项卡“管理”选项组中的“工艺材料库”命令，在弹出的“工艺材料库”对话框中选中材料，然后选择右侧的“排料”选项卡，如图 7-7 所示。

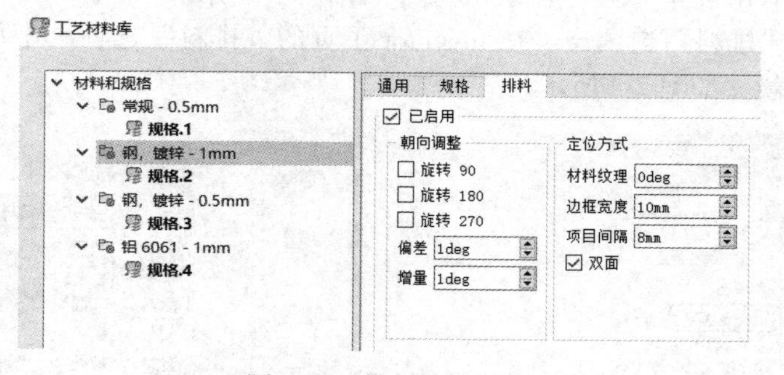

图 7-7 “排料”选项卡

在“排料”选项卡中，需要选择“已启用”选项才允许调整排料特性，每种排料的“朝向调整”以 90° 为间隔预设旋转角度，系统会在“朝向调整”范围内为每个零件选择最佳排料朝向。若需要指定一个朝向，只需要取消选择相应的角度即可。“偏差”是用以设置角度的许用偏差，假设设置的许用偏差为 10°，则 90° 的朝向范围为 80°~100°。“增量”是指“偏差”的增量，假设设置为 2°，则 10° 偏差以 2° 为增量，即 2°、4°、6°、8°、10°。

“定位方式”选项组的介绍如下：

1）**材料纹理。**它是指以 X 轴方向为基准角度，为材料提供纹理外观。若要保证在排料时有相同的纹理，请将其朝向和偏差角度设置为 0°，并取消“旋转 90”“旋转 180”和“旋转 270”。

2）**边框宽度。**设置实际排料区域与钣材边界的距离。

3）**项目间隔。**设置每个零件项目间隔的许用距离。

4）双面。允许排料的零件进行翻转（注意排料的钣材顶部与底部的表面纹理或模型特征，若不一致，需要考虑零件的可用性）。

步骤 2：设置规格参数。规格用于定义原始材料的尺寸形状。在创建排料方案时，需要从材料的规格类型列表中选择一种规格（一种材料可以创建多种规格）。在工艺材料库中，必须至少定义一种材料，才能创建规格。

通过单击左侧不同的“材料和规格”，显示与可编辑的规格内容也会不同。

1）查看或编辑特定规格。可在“材料和规格”列表中选中该规格，如图 7-8 所示。

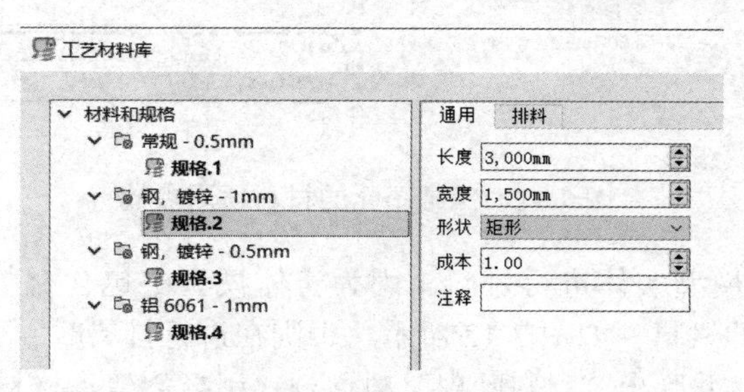

图 7-8 “规格”相关参数

2）查看指定材料的所有规格。在“材料和规格”列表中选中该材料，并选择右侧的“规格”选项卡，如图 7-9 所示。

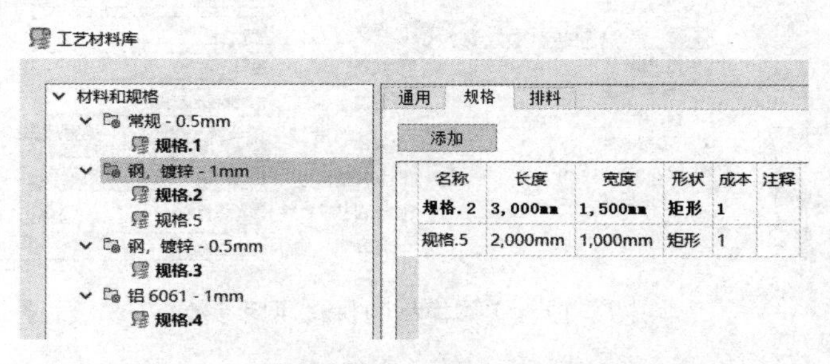

图 7-9 “材料和规格”中的“规格”选项卡

3）查看工艺材料库中的所有材料与包含的规格。在“工艺材料库”对话框中选择“材料和规格”，然后选择“规格”选项卡，如图 7-10 所示。

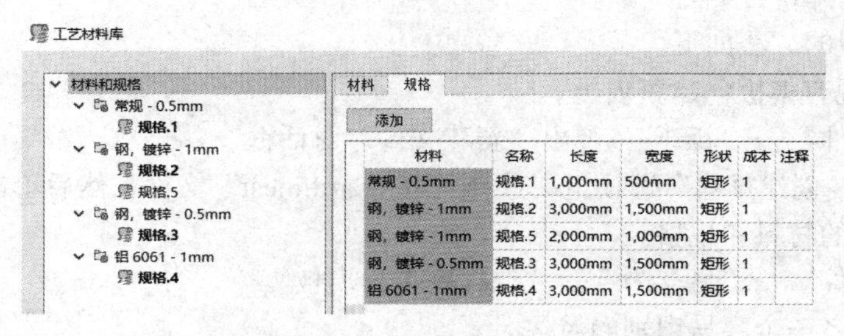

图 7-10 工艺材料库中的所有材料和规格

步骤 3：设置通用参数。在“通用”选项卡中，可以设置材料的名称、厚度、类别、密度等参数。这里要注意的是，当使用的是 DXF/DWG 的二维图元进行排料时，由于没有实体特征，所以实际提取的图形也不包含材料特性，因此模板中不需要对“材料提供者”进行指定，也可正确引用该材料进行排料，如图 7-11 所示。

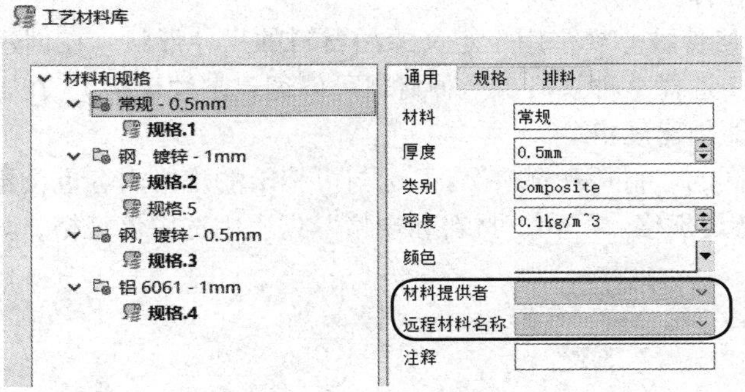

图 7-11　二维图元的材料通用参数

如果使用的是三维模型实体进行排料，因为实体模型中包含材料特性，所以必须在“通用”选项卡中指定对应的材料，如图 7-12 所示，否则在进行排料时，系统将无法识别已设置好的材料和规格进行排料，并弹出“材料映射”对话框，引导创建新材料。

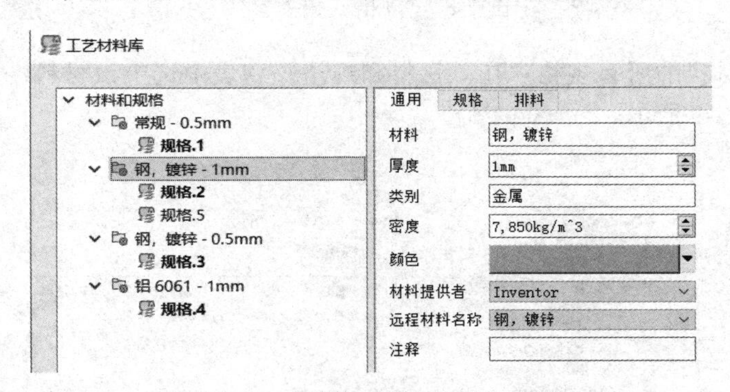

图 7-12　实体模型的材料通用参数

7.2.2　创建排料模板

设置常用的材料和规格后，可以创建 Inventor Nesting 排料模板，以便在进行排料工作时直接引用，提高创建排料方案的效率。

创建排料模板的方法如下。

方法一：从现有模板创建新模板。

1）单击“文件”→“新建”，弹出“新建文件”对话框。

2）在“排料 - 创建排料”选项组中选择“Standard.inest”文件，然后单击“创建”。

3）定义常用的材料和规格。

4）单击“文件”→“另存为”→“保存副本为模板”。

5）为模板命名一个容易识别的名称。

6）再次弹出“新建文件”对话框时，在“排料 - 创建排料”选项组中会看到已创建好的模板，如图 7-13 所示。

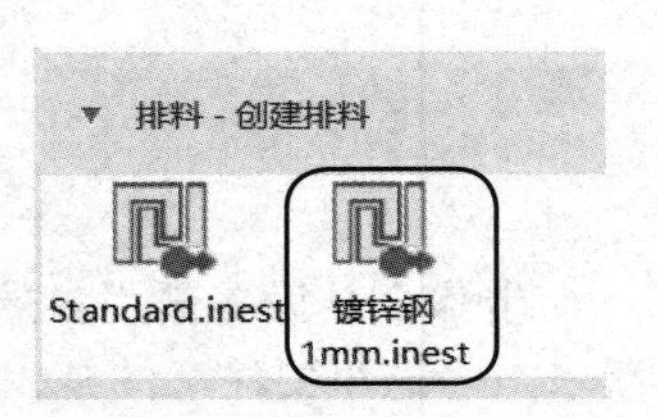

图 7-13　自定义排料模板

方法二：从现有的排料文件中创建模板

1）在 Inventor 中，打开一个 INEST 文件。

2）从 INEST 文件中删除所有排料方案和图元源文件（在“排料”浏览器中，右击选择“删除”命令）。

3）这样操作后，会在文件中仅留下材料和规格信息。

4）单击“文件”→“另存为”→“保存副本为模板”。

5）为模板命名一个容易识别的名称。

7.2.3　形状提取

当创建排料的文件为 .iam 或 .ipt 等相应的模型文件时，可以把不需要排料或不具备典型排料特性的零件排除，或在零件中提取可用于排料的形状创建排料方案（注意：如果零件中有其余的草图或拉伸特征可作为提取形状的对象，可以在零件中指定）。

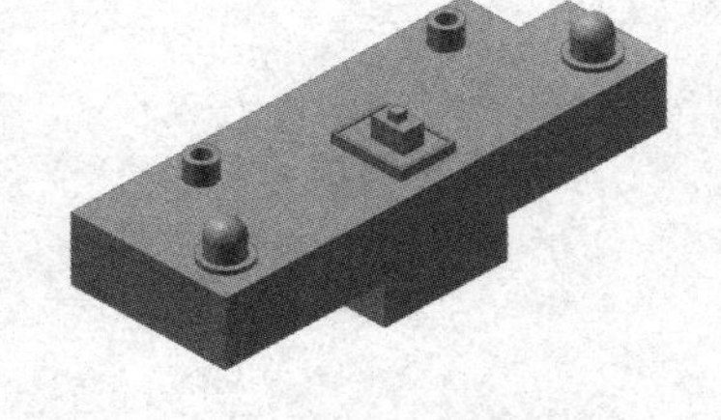

图 7-14　不支持排料的文件类型

图 7-14 所示的零件文件（.ipt）不属于 Inventor Nesting 所支持的典型文件类型。

当创建排料时，默认将识别第一个拉伸特征的草图轮廓作为排料形状，如图 7-15 所示。

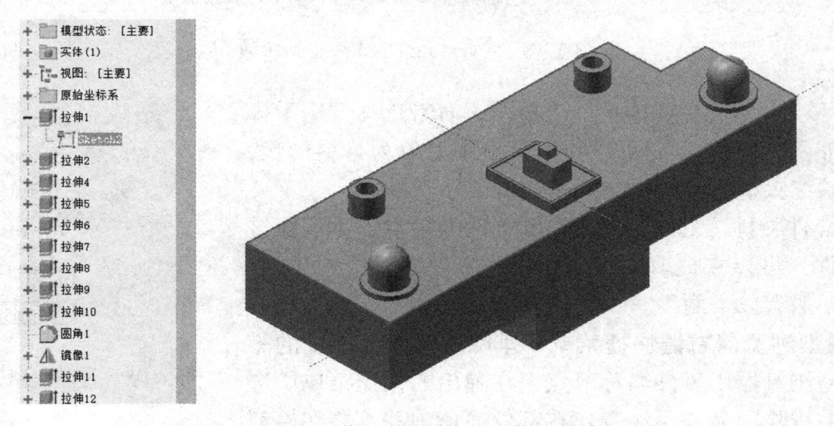

图 7-15　作为排料形状的草图轮廓

排料厚度由拉伸的距离决定，需要注意的是，如果拉伸的距离方式是“到”或“到下一个”，如图 7-16 所示，则创建排料方案时，无法自动检测厚度。

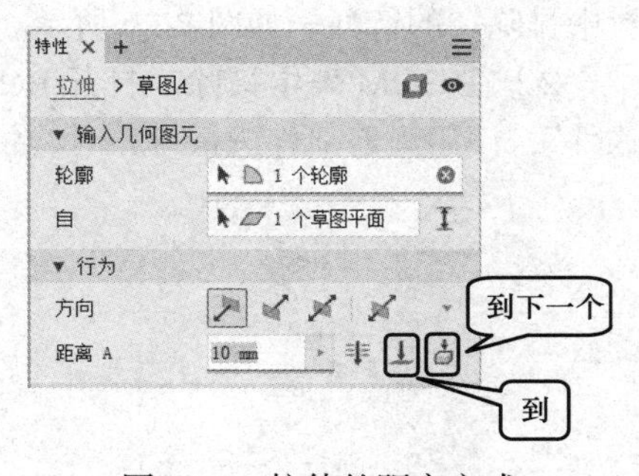

图 7-16　拉伸的距离方式

当零件文件（.ipt）中存在一个未被使用的草图（未被任何特征引用）并可见，则 Inventor Nesting 将选取该草图作为默认排料形状。如图 7-17 所示，将默认采用“草图 18”的圆形几何图元作为排料形状。另外，需要注意，模型浏览器中“造型终止”后的特征或草图将会被忽略。如果在模型浏览器中包含多个未被使用的草图，则始终选取最后一个草图作为排料形状。

当以草图图元作为排料形状时，草图图元并不包含任何厚度值，Inventor Nesting 默认以 25.4mm（1in）厚度作为排料厚度。若零件文件（.ipt）中只包含草图或已指定草图用于排料形状，则可以右击模型浏览器中零件名称节点，然后选择“排料编写”命令，编辑排料厚度的值，或者在“参数”对话框中找到名称为“NestingThickness”的参数进行修改，如图 7-18 所示。

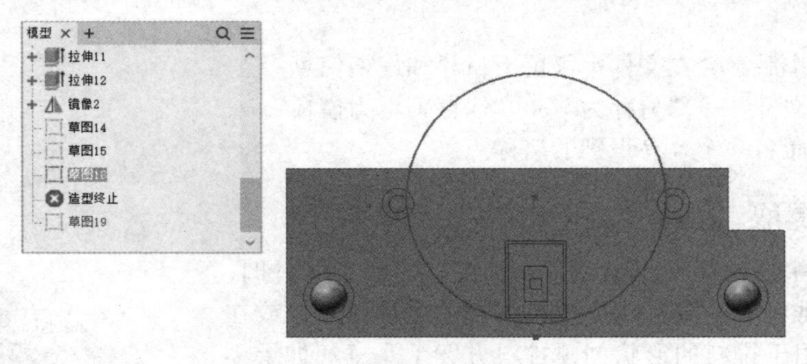

图 7-17　可见未使用的草图轮廓

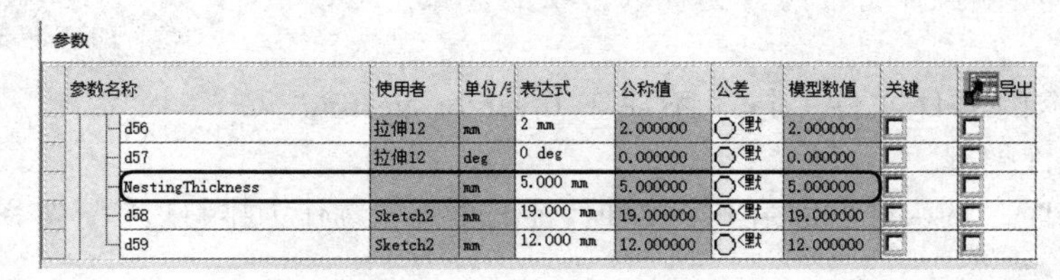
参数

参数名称	使用者	单位/类	表达式	公称值	公差	模型数值	关键	导出
d56	拉伸12	mm	2 mm	2.000000	默	2.000000		
d57	拉伸12	deg	0 deg	0.000000	默	0.000000		
NestingThickness		mm	5.000 mm	5.000000	默	5.000000		
d58	Sketch2	mm	19.000 mm	19.000000	默	19.000000		
d59	Sketch2	mm	12.000 mm	12.000000	默	12.000000		

图 7-18　“NestingThickness”参数

在零件环境中，选择拉伸特征或草图，右击选择“用于排料”命令，如图 7-19 所示，可以指定该草图对象为排料形状，一个零件中始终只能指定唯一的草图或特征用于排料。

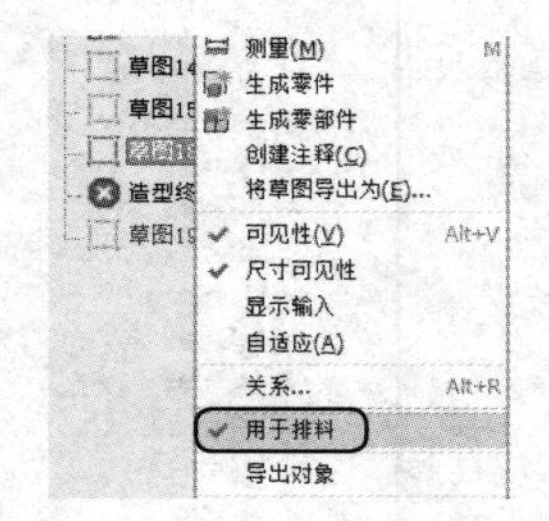

图 7-19　选择“用于排料”命令

当打开部件文件（.iam）时，如果文件中包含了不需要进行排料的零件，可以在提取文件之前将此零件从排料中排除。排除的方法一般有以下两种。

1）在模型浏览器右键快捷菜单中排除。打开部件中的零件，右击模型浏览器中零件名称节点，在弹出的快捷菜单中选择“从排料中排除”命令（注意：在部件环境中并不能在模型浏览器中指定零件进行排除）；若选择排除的是总装配或子装配，则装配下的零件将继承“从排料中排除”的特性，如图 7-20 所示。

2）在 BOM 表中排除。打开 BOM 表，将不需要进行排料的零件 BOM 表结构定义为“外购件”，使用当前部件进行排料时，将不会提取已经定义为“外购件”的零件，如图 7-21 所示。

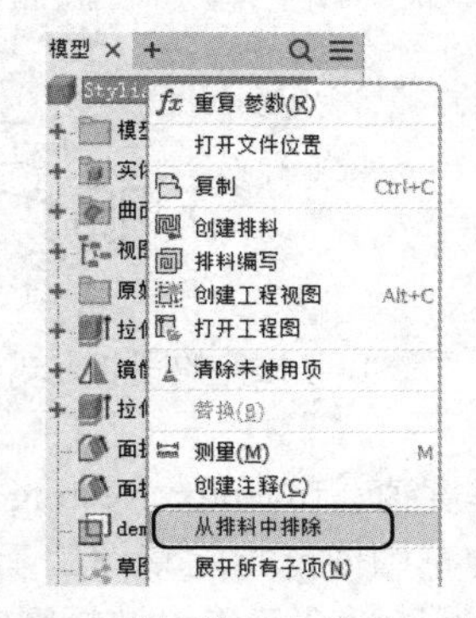

图 7-20　“从排料中排除”命令

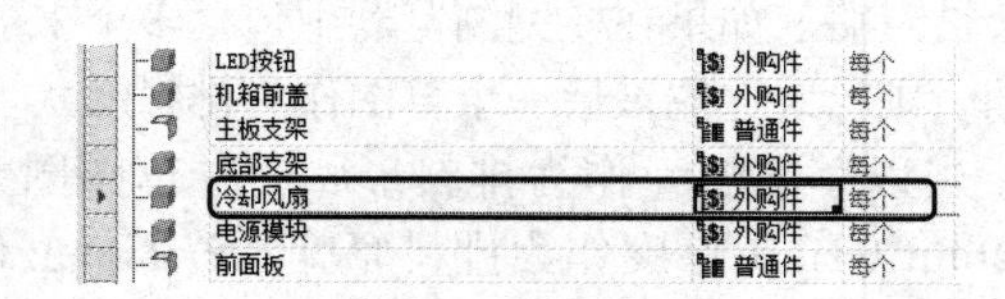

图 7-21　BOM 表结构

7.2.4　修正形状提取错误练习

在此练习中，我们将了解普通零件提取形状的规则。

步骤 1：打开练习文件。打开“第 7 章 Inventor Nesting\ 飞机拼图”文件夹中“形状提取错误 .inest”文件。在排料浏览器中，可以看到一个源文件前有一个感叹号图标，提示源文件形状提取错误，如图 7-22 所示。

步骤 2：查看提取错误。右击“源文件 .11（后支架 错误 .ipt）”，选择“显示提取错误”命令，将弹出“提取错误”对话框，如图 7-23 所示，显示警告分别为：

1）“警告：CAD2MSI：WARNING SHAPE NUMBER 1 DOES NOT CLOSE”：提示图元形状未完全封闭。

2）“警告：MULTIPLE PARTS FOUND”：提示在提取形状时发现多个形状。

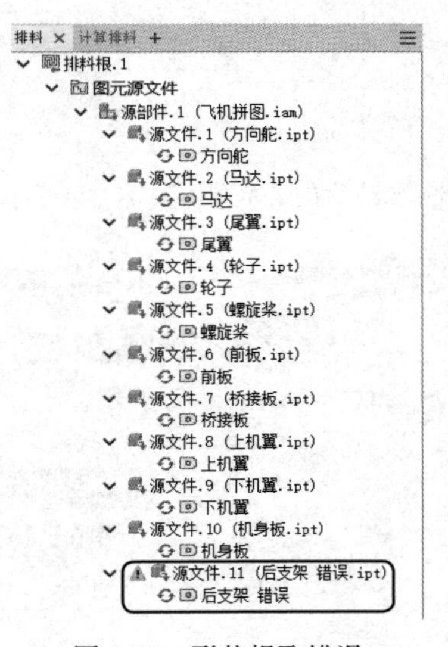

图 7-22　形状提取错误

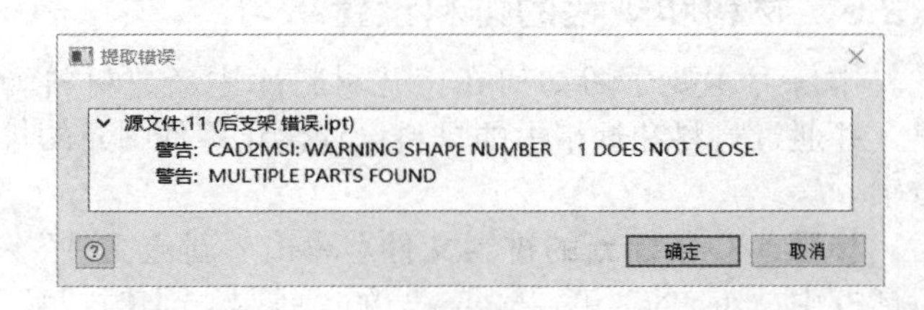

图 7-23　“提取错误”对话框

步骤 3：查找未正确提取的形状。右击“源文件 .11（后支架 错误 .ipt）”，选择“在窗口中查找”命令，将显示未正确提取的形状，如图 7-24 所示。

步骤 4：修复形状轮廓。右击“源文件 .11（后支架 错误 .ipt）”打开该零件。在这里我们需要提取的排料形状需与原模型的外部轮廓保持一致。但是在模型浏览器中可以看到有两个卡槽（“拉伸 2”）与圆角（“圆角 2”）特征是与“拉伸 1”特征做布尔运算得出的。按照排料特性它们必须是在同一个草图内完成，才会被同时提取到同一个形状内（注：本练习针对的是 Inventor Nesting 对普通零件提取形状的规则）。把“拉伸 2”和“圆角 2”特征删除，然后修改“拉伸 1”中的“草图 1”，如图 7-25 所示。

完成草图回到零件环境，查看模型浏览器中只有两个特征，分别是“拉伸 1”和“孔 1”，保存文件。打开“飞机拼图 .iam”部件并更新，修复出现的约束错误，然后保存部件。

返回“形状提取错误 .inest”文件，可以看到浏览器中“源部件 .1”和“源部件 .11”文件名称前有更新符号，右击“源部件 .1”，选择“刷新”命令，如图 7-26 所示。刷新后，可以查看“源文件 .11”的提取形状。

右击“源文件 .11”，选择“显示提取错误”命令，此时对话框为空白状态，错误已被修复，但浏览器中警告提示未被消除。再次右击“源文件 .11”并取消选择“已启用”命令，如图 7-27 所示。

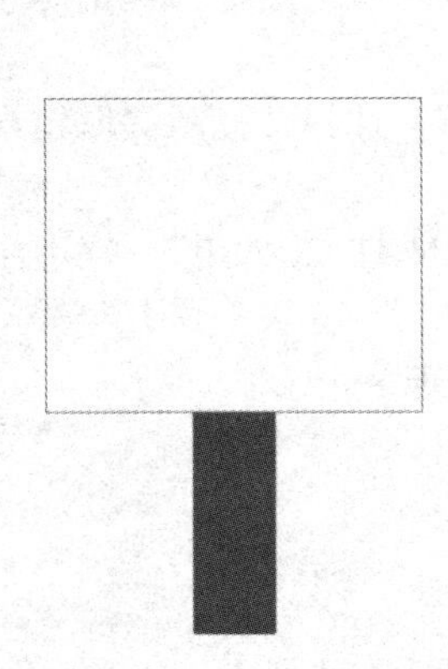

图 7-24　未正确提取的形状

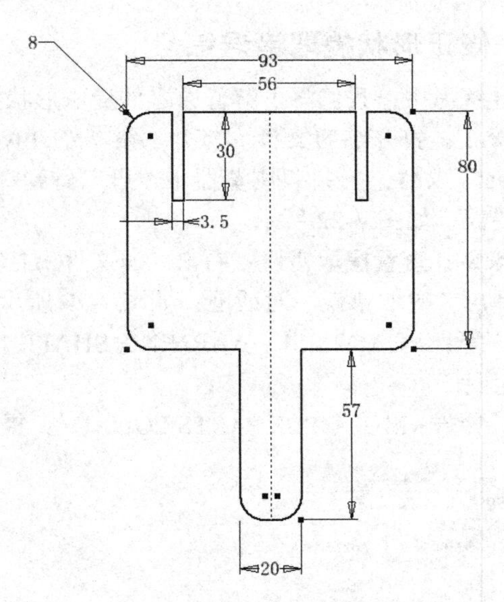

图 7-25　修改后的“草图 1”

重复上一步操作并重新选择“已启用”命令，此时警告提示消失，完成并保存文件。

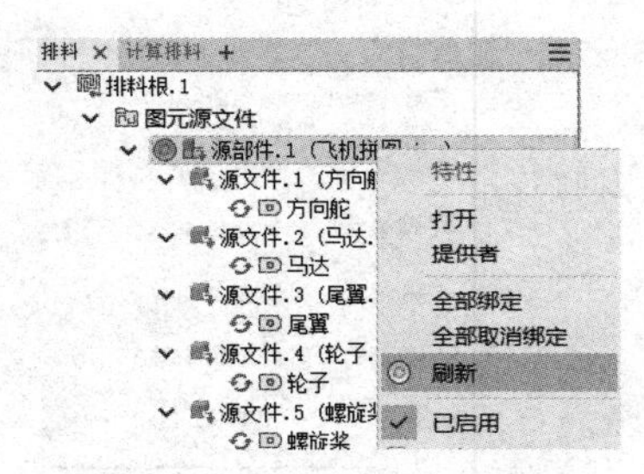

图 7-26　“刷新”命令

7.2.5　材料和规格的排料设置练习

本练习主要学习如何在工艺材料库中新建材料和规格，并通过材料和规格中的排料设置优化零件图元的排料方案。

步骤 1：创建新的排料文件。单击“新建文件”，在对话框中“zh-CN”下“Metric”的“排料 - 创建排料”选项组中找到“Standard（mm）.inest”模板，如图 7-28 所示，单击“创建”进入排料环境。

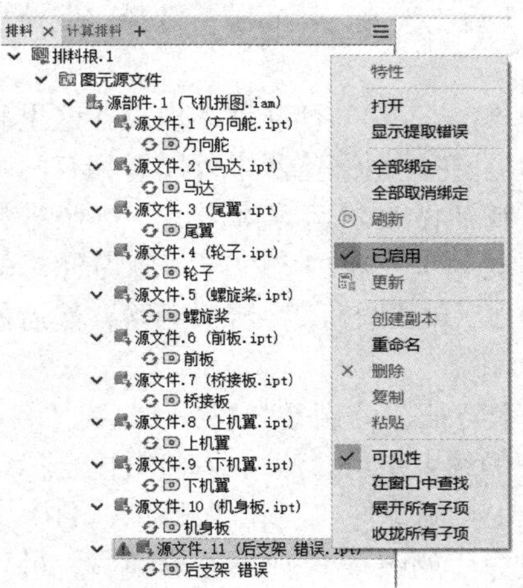

图 7-27　“已启用”命令

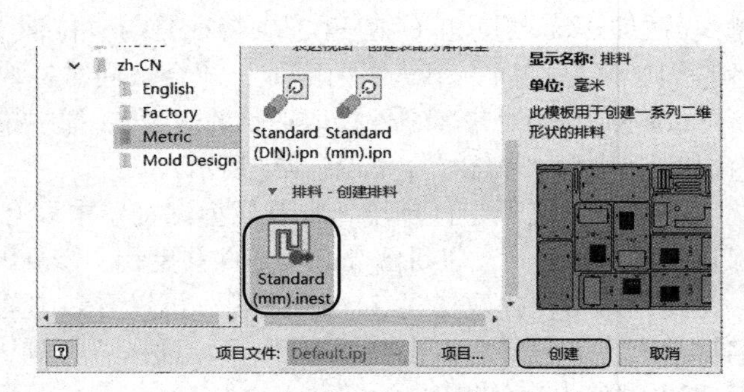

图 7-28　排料模板

步骤 2：添加排料“源”。在“排料”选项卡“形状”选项组中选择“源”命令，单击“源文件”打开“融合 .ipt”零件文件，在弹出的“材料映射”对话框（图 7-29）中单击“是”（单击“是”之后工艺材料库中将自动创建映射的材料和规格），再单击“确定”。

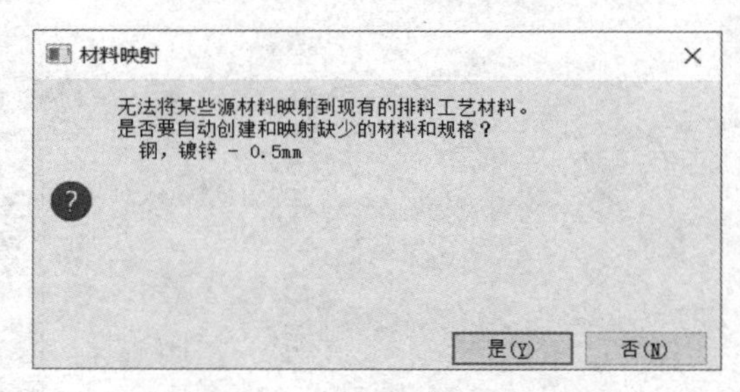

图 7-29　“材料映射”对话框

步骤 3：创建排料方案。选择“创建排料方案”命令，在“方案”选项卡“工件数量”中选择“单值”数量为“100”；在“全局参数”选项卡“余量优化”中设置“最小化长度 × 宽度”，单击“确定”，如图 7-30 所示。查看排料方案结果，在生产的工件数量为“100”时默认的材料规格过大，排料效率仅为 12%。

步骤 4：添加材料和规格。在“排料”选项卡“管理”选项组中选择“工艺材料库”命令，在对话框的“材料和规格”中选择“钢，镀锌 -0.5mm”，选择“规格”选项卡，单击“添加”，在“规格 .3”中设置长度、宽度各为“1000mm”，如图 7-31 所示，单击“确定”。

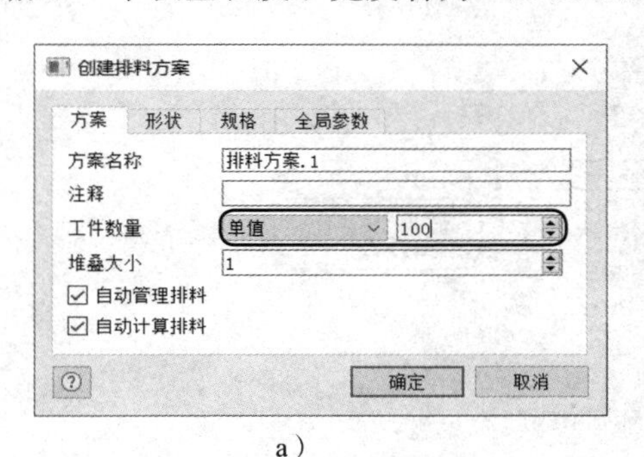

a）

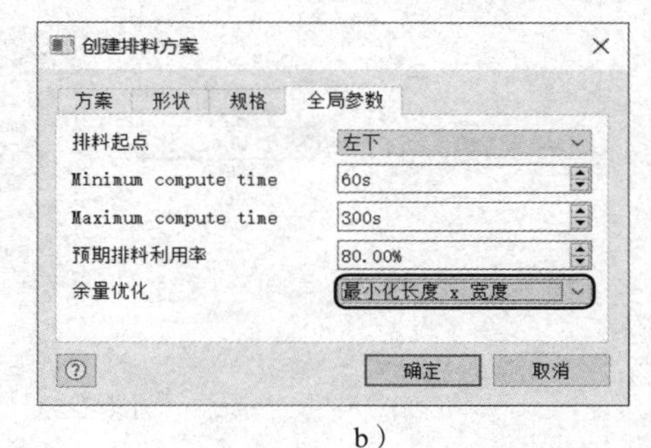

b）

图 7-30　“创建排料方案”对话框

图 7-31　添加“规格 .3”

步骤 5：编辑排料方案。再次选择“创建排料方案”命令，选择“规格”选项卡，在“可用”列表中把“规格 .3”添加到“已使用”列表中，将“已使用”列表中的“规格 .3”上移，如图 7-32 所示（注：“材料使用方法”默认为“按排列顺序”，并且库存为无限多），单击“确定”。查看排料计算结果，钣材中仍有较大留白未利用的空间，且间隙过大。

步骤 6：调整排料的定位方式。打开“融合 .ipt”查看零件结构尺寸，零件凸台尺寸小于凹槽尺寸，我们可以充分利用这个空间进行排料并节省足够多的材料。在“工艺材料库”对话框中选择“钢，镀锌 -0.5mm”，再选择“排料”选项卡，如图 7-33 所示。朝向调整：选择“旋转 90”；定位方式：边框宽度设置为“5mm”，项目间隔设置为“2mm”。

步骤 7：重新生成排料方案。双击浏览器中的“排料方案 2”，工件数量的值设置为 342，单击“确定”，排料方案重新计算并生成如图 7-34 所示结果。可以看到排料结果充分利用了零件凹槽的位置。保存并关闭文件。

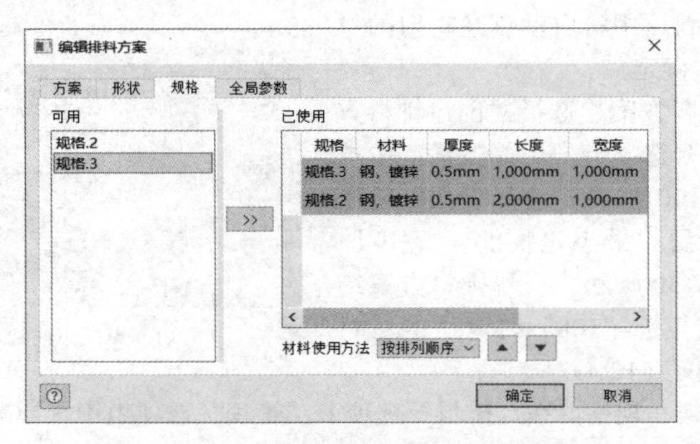

图 7-32 “编辑排料方案”对话框

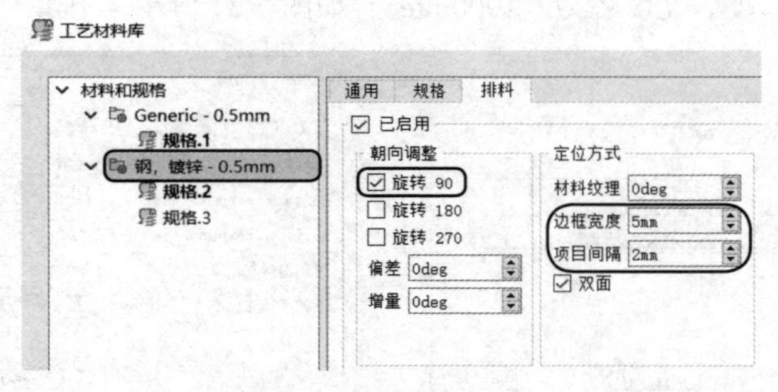

图 7-33 排料设置

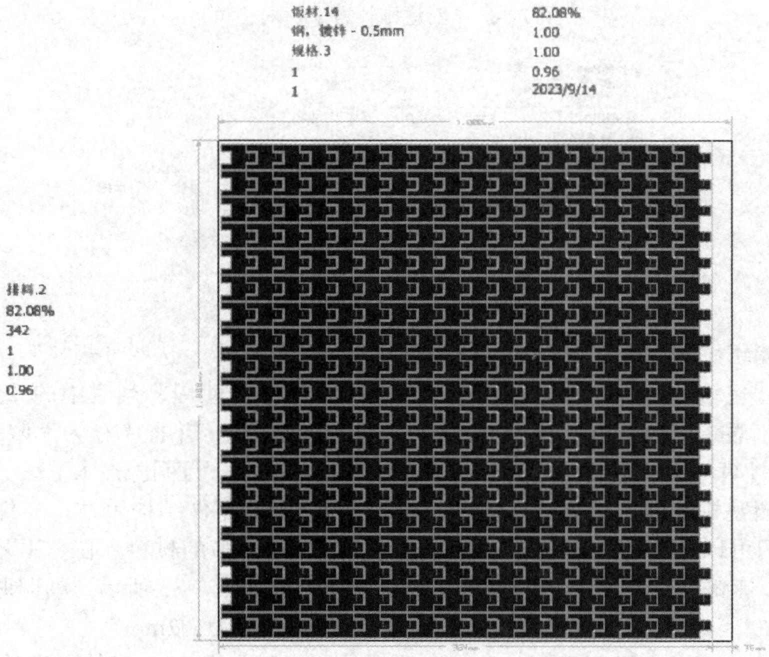

图 7-34 排料结果

7.2.6　为部件创建排料方案练习

本练习主要学习如何为部件创建排料方案。部件中包括钣金零件或普通零件，且具有多种材料规格，在本练习中需要筛选出可进行排料的零件。

步骤 1：打开练习模型文件。打开“第 7 章 Inventor Nesting\ 电脑机箱 \ 电脑机箱 .iam”，查看部件中的零件类型包括钣金零件和普通零件（注：模型浏览器中可以通过图标来区分钣金零件和普通零件，如图 7-35 所示）。

在模型浏览器中选中所有普通零件，右击选择“隔离”选项，查看隔离的零件，如图 7-36 所示。可以看出除了“模块保护盖板：1”具备排料零件的典型特性外，其余零件均不符合用于排料的零件特点（具有平整面的 Inventor 实体）。在本练习中我们只筛选钣金零件进行排料。

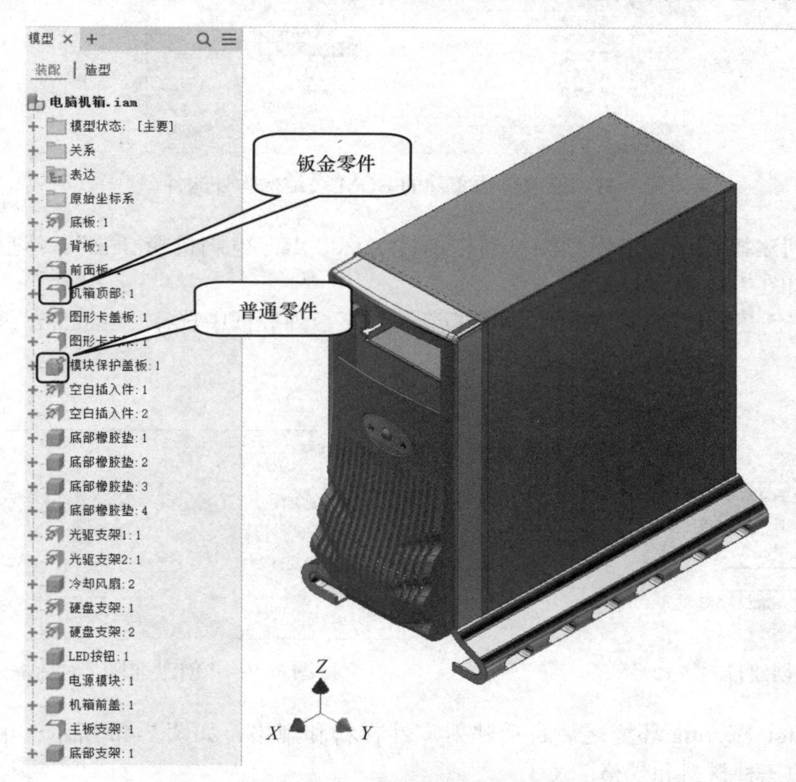

图 7-35　钣金零件和普通零件图标

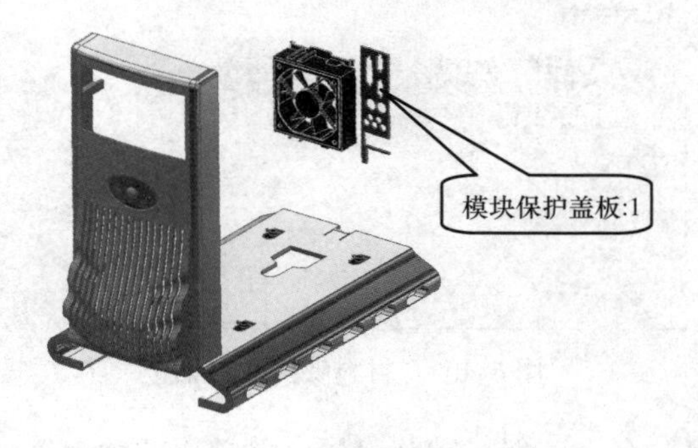

图 7-36　隔离的零件

步骤 2：设置“BOM 表结构”排除排料零件。按 <Ctrl+Z> 键返回上一步，选择“装配”选项卡“管理”选项组中的“BOM 表”命令，双击对应零件的“BOM 表结构”项，在下拉列表框中，把所有普通零件的“普通件”设置为“外购件”，如图 7-37 所示，单击“完毕”。

图 7-37　修改普通零件的 BOM 表结构为外购件

步骤 3：创建排料。右击模型浏览器中部件名称节点“电脑机箱.iam”，然后选择“创建排料”命令，如图 7-38 所示。

在弹出的“创建排料”对话框的“从模板新建”下拉列表框中选择“Standard（mm）.inest”，如图 7-39 所示。

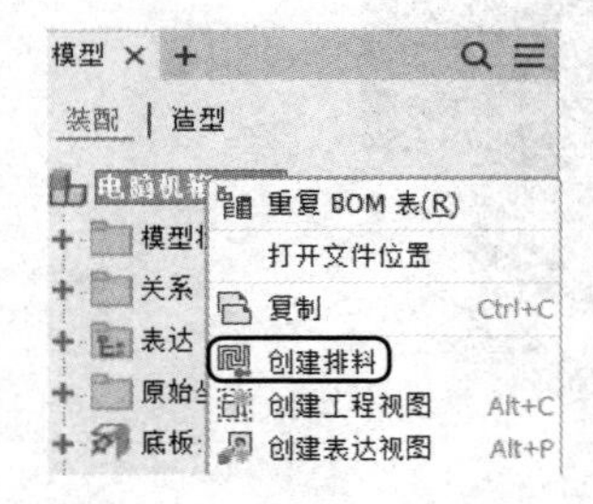

图 7-38　“创建排料”命令

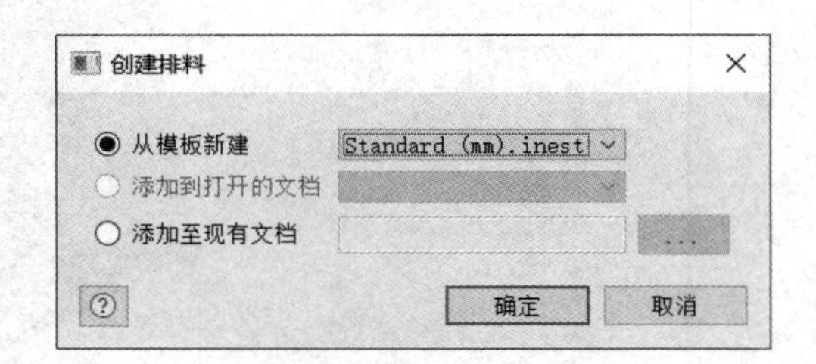

图 7-39　“创建排料”对话框

进入 Inventor Nesting 环境之后自动映射零件材料和规格，如图 7-40 所示，单击“是”将自动创建图示的三种材料和规格。

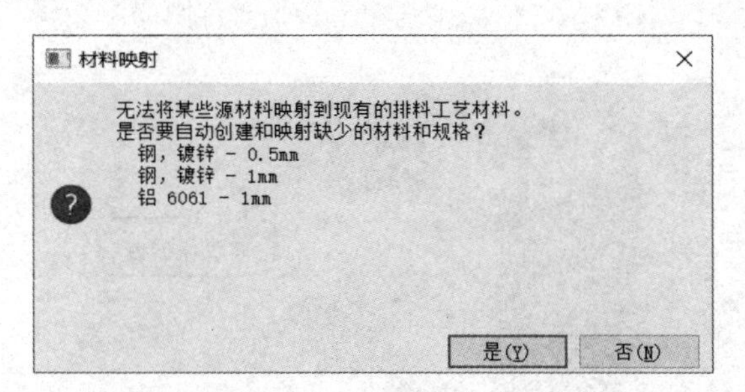

图 7-40　“材料映射”对话框

选择“创建排料方案”命令，保持默认设置，并单击“确定”，软件会自动生成三种钣材的排料结果，如图 7-41 所示。

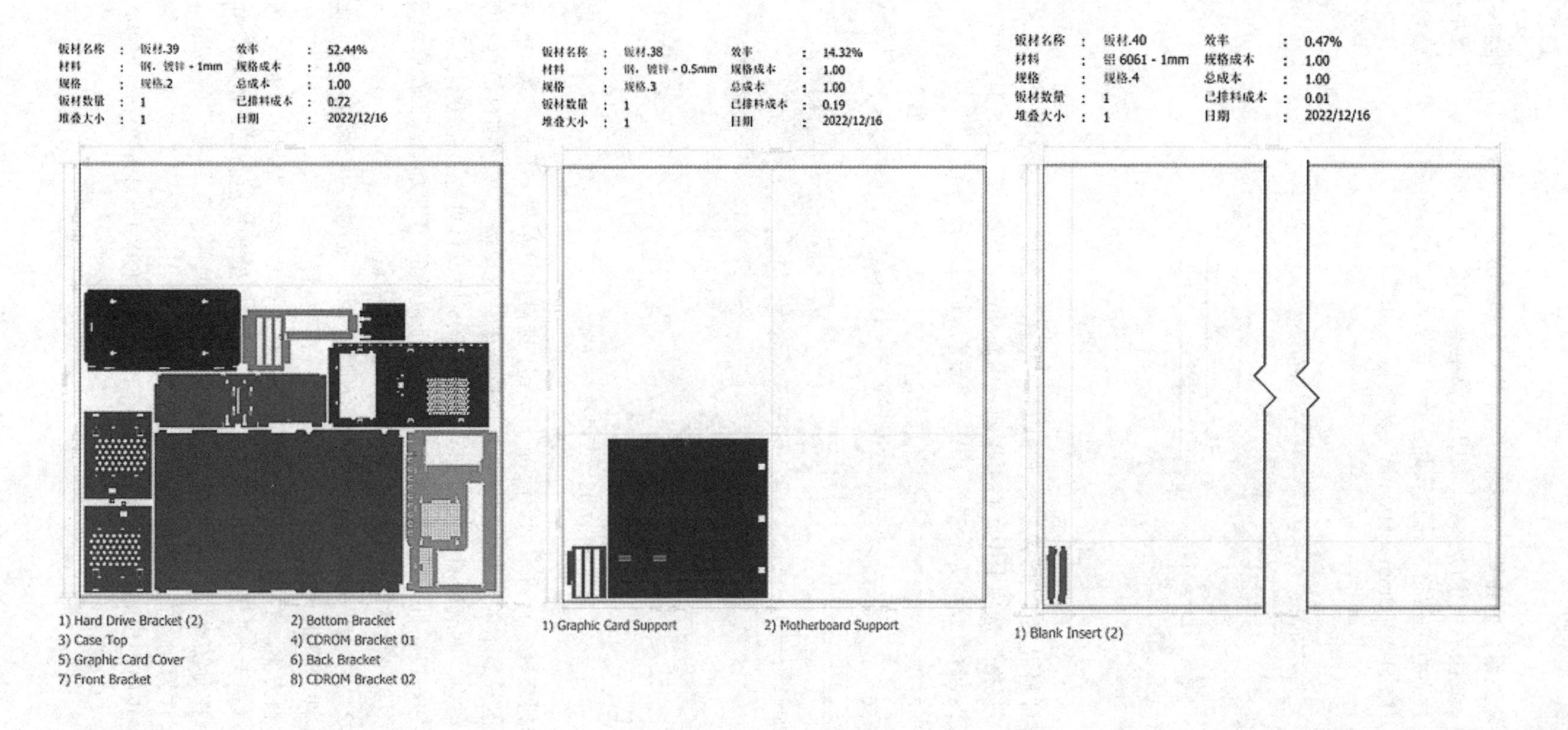
钣材名称 : 钣材.39
材料 : 钢，镀锌 - 1mm
规格 : 规格.2
钣材数量 : 1
堆叠大小 : 1
效率 : 52.44%
规格成本 : 1.00
总成本 : 1.00
已排料成本 : 0.72
日期 : 2022/12/16
1) Hard Drive Bracket (2)
2) Bottom Bracket
3) Case Top
4) CDROM Bracket 01
5) Graphic Card Cover
6) Back Bracket
7) Front Bracket
8) CDROM Bracket 02
钣材名称 : 钣材.38
材料 : 钢，镀锌 - 0.5mm
规格 : 规格.3
钣材数量 : 1
堆叠大小 : 1
效率 : 14.32%
规格成本 : 1.00
总成本 : 1.00
已排料成本 : 0.19
日期 : 2022/12/16
1) Graphic Card Support
2) Motherboard Support
钣材名称 : 钣材.40
材料 : 铝 6061 - 1mm
规格 : 规格.4
钣材数量 : 1
堆叠大小 : 1
效率 : 0.47%
规格成本 : 1.00
总成本 : 1.00
已排料成本 : 0.01
日期 : 2022/12/16
1) Blank Insert (2)

图 7-41　排料方案结果

步骤 4：设置堆叠数量，创建排料方案。当前是一个机箱所需生产的零件的排料结果，但是在实际的生产过程中往往不止生产一套。如果需要生产 10 套这个机箱，可以设置堆叠数量。打开“工艺材料库”，设置新的规格（注：实际生产中按实际钣材规格进行设置），在材料“钢，镀锌 -1mm”的规格下添加“700mm × 600mm”新规格，如图 7-42 所示。

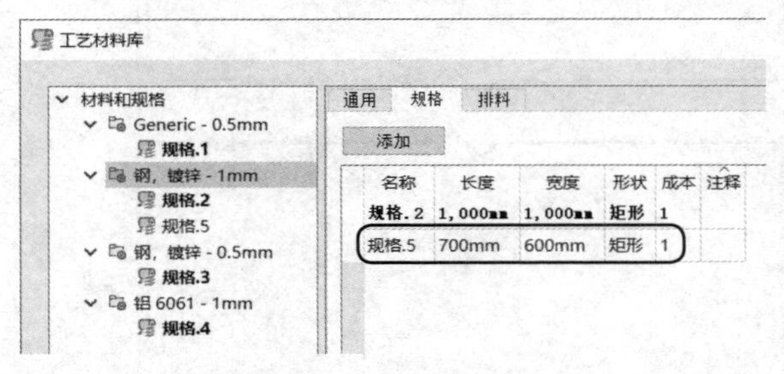

图 7-42　添加钣材新规格

再次选择“创建排料方案”命令，“工件数量”设置为“10”，“堆叠大小”设置为“5”，如图 7-43a 所示。在“规格”选项卡中，将可用列表中新建的“规格 .5”添加到已使用列表中，然后将“规格 .2”的库存数量设置为“5”，单击“确定”，如图 7-43b 所示。

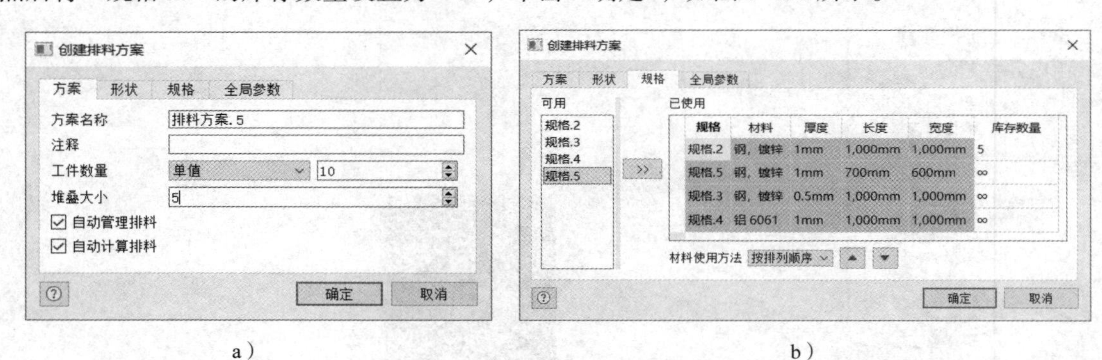

a）　　　　　　　　　　　　b）

图 7-43　新的排料方案

步骤 5：查看排料结果。查看“钢，镀锌 -1mm”排料计算结果。新的方案中已经应用了新的规格进行排料，但只显示了两套模型的钣材排料结果。这里需要注意排料信息的解读，结合两者信息，即可理解为，两套钣材的排料方案，各重叠 5 块钣材进行一体切割并最终获得 10 套机箱生产所需的零件。以零件“机箱顶部”为例，一个机箱的用量为“1”，在单块钣材中可切割出 2 个，那么堆叠 5 块钣材即有 10 个，即 10 个机箱的用量。

查看“排料方案 2”中“铝 6061-1mm”钣材的排料结果，如图 7-44 所示。从排料结果看，钣材足够排放 10 个零件，因此不需要设置“堆叠大小”。

步骤 6：更新排料方案。右击浏览器中的“排料 .6”，然后选择“特性”命令，在“编辑排料”对话框中将“堆叠大小”设置为 1，如图 7-45 所示，自动计算更新后，查看排料方案。

如果想在钣材空白地方生成部分零件的备用件，该如何修改个别零件的数量？这里以“0.5mm”厚的机箱零件为例。查看“排料方案 .2”特性，将“工件数量”设置为“多值”，单击“详细信息”，由于我们是从部件中创建排料的，不可以在排料方案中单独指定某些零件的数量，单击“取消”。

图 7-44　排料结果

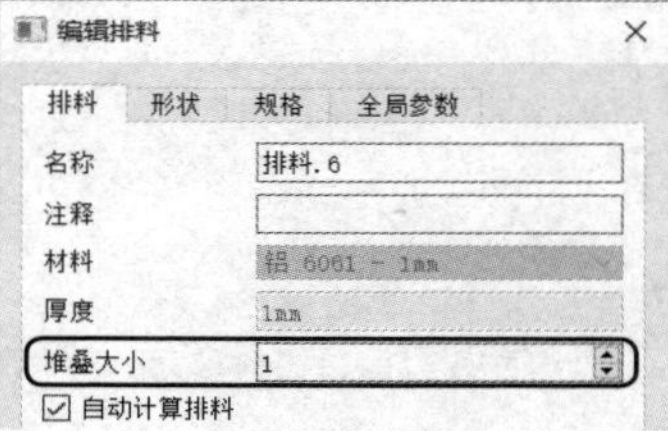

图 7-45　“编辑排料”对话框

右击“排料 .5”，然后选择“特性”命令，在“编辑排料”对话框中选择“形状”选项卡，将零件“图形卡支架”数量设置为“145”，零件“主板支架”数量设置为“20”，如图 7-46 所示，单击“确定”。

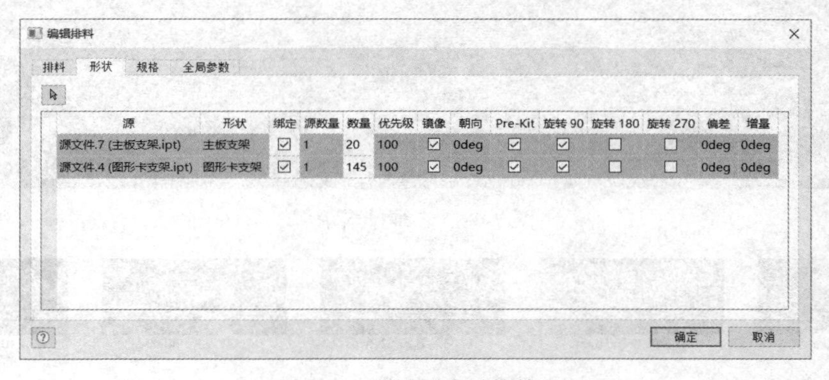

图 7-46　设置部分零件数量

步骤 7：查看排料结果。自动计算排料结果如图 7-47 所示，保存并关闭文件。

7.2.7　为 DWG 文件创建排料方案练习

本练习主要学习如何为 DWG 文件中的二维图元进行排料，完成后将了解 Inventor Nesting 在提取 DWG 文件中二维图元时的规则。

步骤 1：打开 DWG 文件。在 AutoCAD 中打开“第 7 章 Inventor Nesting\ 二维排料示例 \ 二维排料示例 .dwg”，如图 7-48 所示。

步骤 2：拆分各轮廓。该文件中包含了多个轮廓。Inventor Nesting 导入 DWG 文件的规则是：只支持单个封闭形状，如出现多个形状将无法被 Nesting 识别，所以在开始排料之前需要将此文件中的各个轮廓进行拆分，如图 7-49 所示（具体的拆分过程这里不再赘述）。

步骤 3：设置材料、规格及排料。打开默认的排料模板，选择“工艺材料库”命令，设置材料名称为“铜 -10mm”，“通用”“规格”和“排料”选项卡的设置如图 7-50 所示。

钣材名称	:	钣材.17	效率	:	72.67%
材料	:	钢，镀锌 - 0.5mm	规格成本	:	1.00
规格	:	规格.3	总成本	:	5.00
钣材数量	:	1	已排料成本	:	4.85
堆叠大小	:	5	日期	:	2022/12/16

排料名称	:	排料.5
排料效率	:	85.41%
零件数量	:	165
钣材数量	:	5
总排料成本	:	5.00
已排料成本	:	4.85

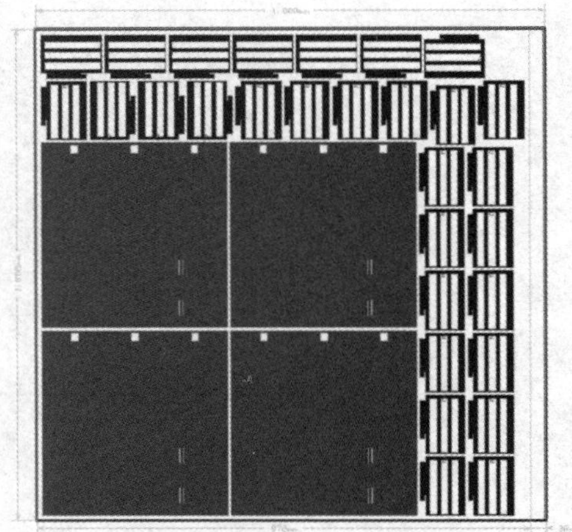

图 7-47　自动计算排料结果

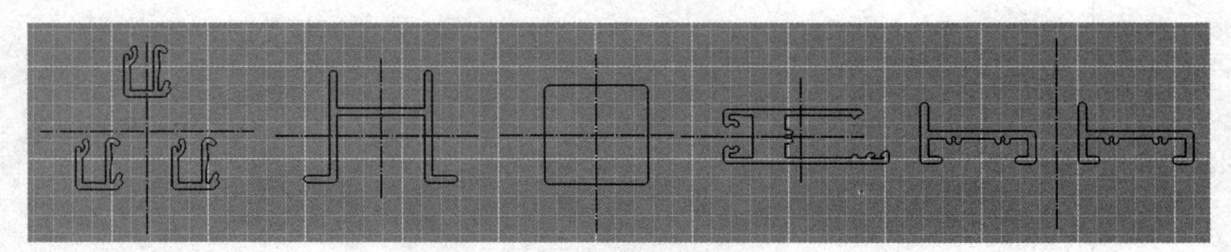

图 7-48　二维排料示例

C96825-880x3.dwg

D3025-1460.dwg

E181A-1460x2.dwg

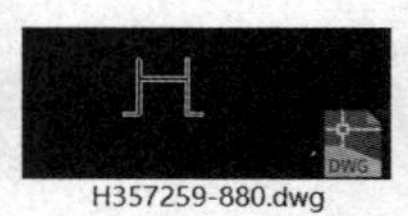
H357259-880.dwg

K102-1460.dwg

图 7-49　拆分的轮廓

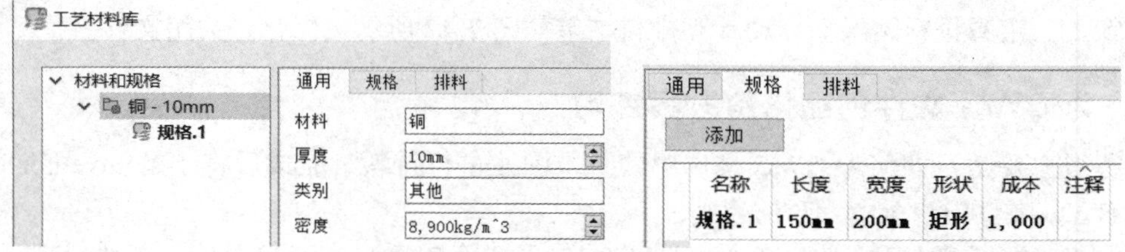

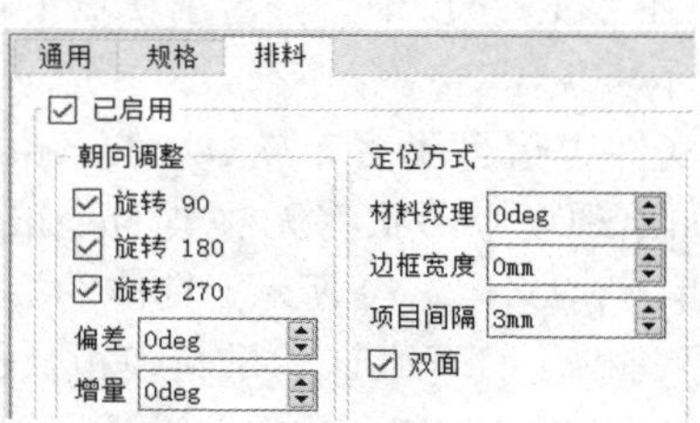

图 7-50　工艺材料库设置

选择材料“铜 -10mm”下的“规格 .1”，再选择“排料”选项卡，设置如下参数，确定钣材修剪范围，如图 7-51 所示。

步骤 4：保存模板。选择“文件”菜单“另存为”中的“保存副本为模板”，将文件另存为模板，名称为“10mm 铜板”，如图 7-52 所示。

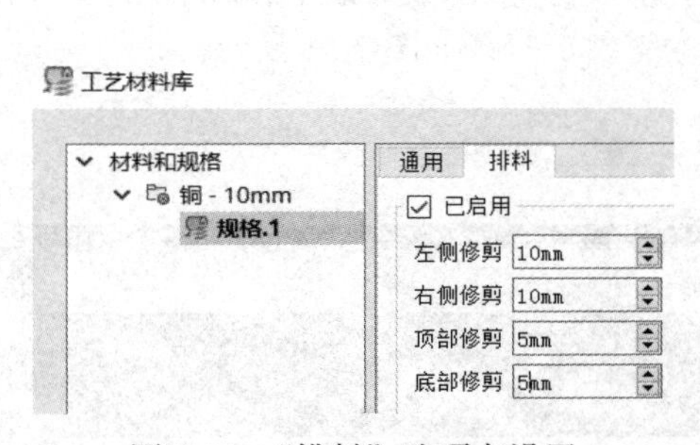

图 7-51　“排料”选项卡设置

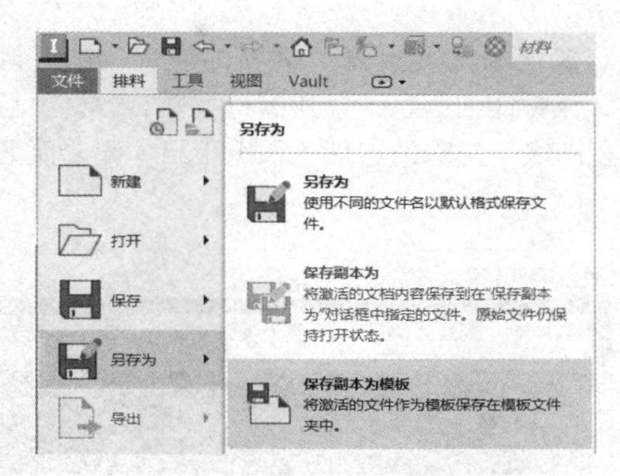

图 7-52　保存副本为模板

步骤 5：创建 DWG 文件的排料方案。使用上一步保存的模板，新建文件，选择“源”命令，再选择“源文件”命令，选中之前拆分出的 DWG 文件，单击“确定”。然后选择“创建排料方案”命令，在“方案”选项卡中设置“工件数量”为“多值”，单击“详细信息”，在弹出的对话框中设置工件数量，如图 7-53 所示。

单击“确定”，排料方案如图 7-54 所示，保存并关闭文件。

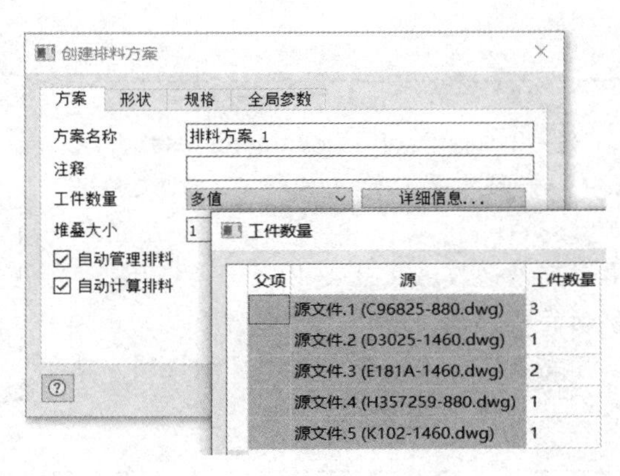

图 7-53　工件数量设置

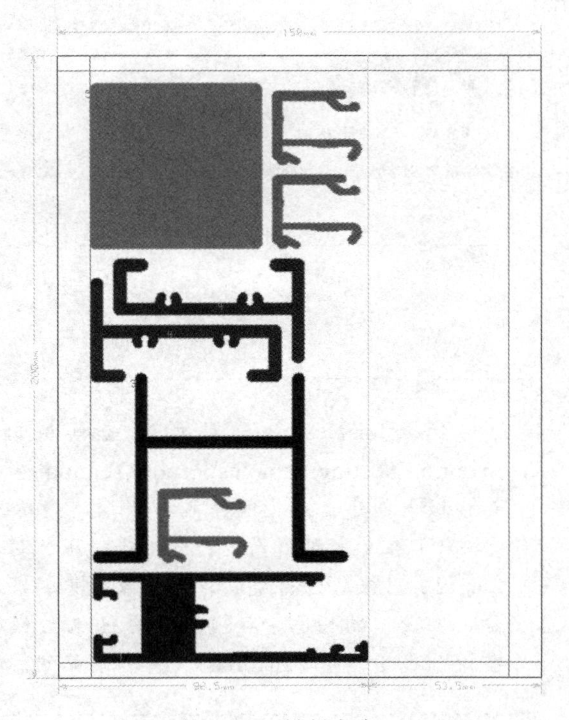

图 7-54　排料方案

7.3 创建排料报告

在每次成功创建排料方案之后，都会自动生成 HTML 报告，并可以在浏览器对应的排料列表中找到，双击报告即可查看，如图 7-55 所示。

排料.3
报告.1
钣材.1 (1)

图 7-55 排料报告

默认的排料报告包括零件预览、排料特性摘要、源零件、库存、钣材详细信息（包括钣材特性、钣材项目）、钣材、零件计数图表、效率和成本图表、钣材面积图表、排除的零件（如由于尺寸限制而无法排料的零件）等，如图 7-56 所示。

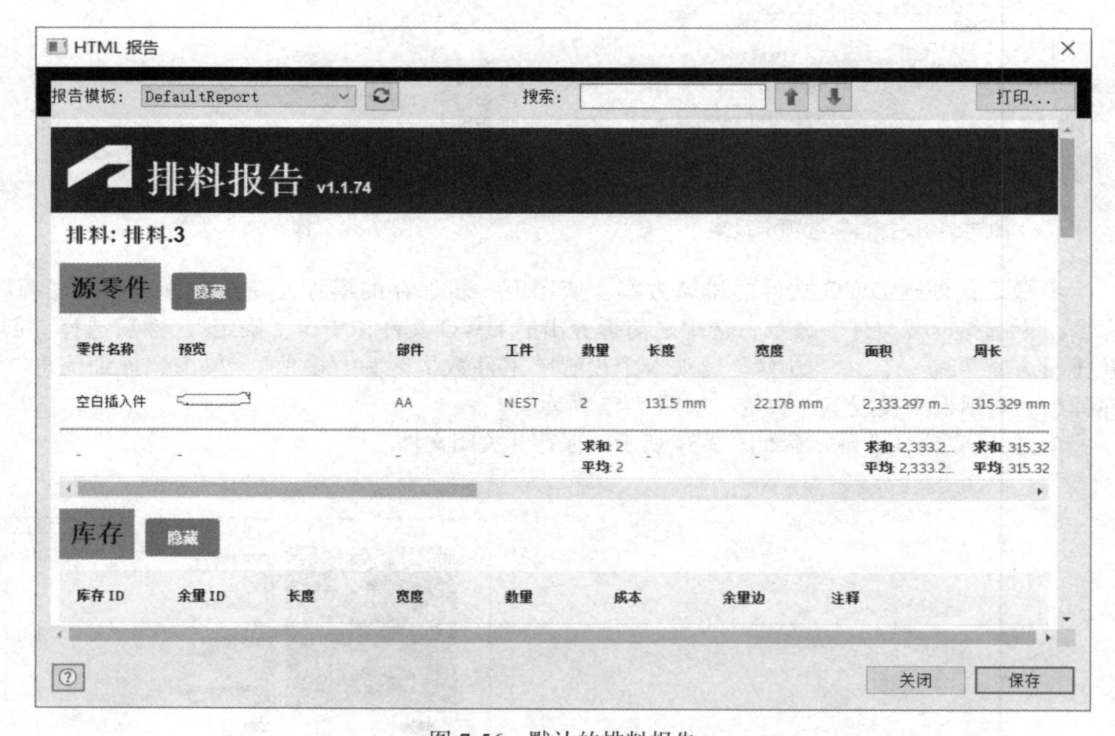

图 7-56 默认的排料报告

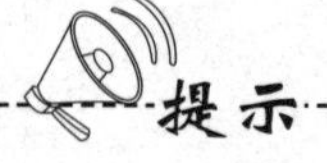

提示

Inventor Nesting 默认的报告模板储存在“C：\Users\Public\Documents\Autodesk\Inventor Nesting\Samples\Report Templates”目录中，如果需要自定义模板可以此文件作为模板来创建自定义报告。

1）在文本编辑器中打开报告模板，另存新名称到默认模板文件夹中。

2）对报告进行更改，如更改数据的顺序、移动的各部分、默认情况下隐藏或显示部分、要使用的颜色等。模板中的 HTML 代码包含有关如何修改报告内容的详细说明。这些说明位于每个“div class”部分前面的注释文本中，如图 7-57 所示。

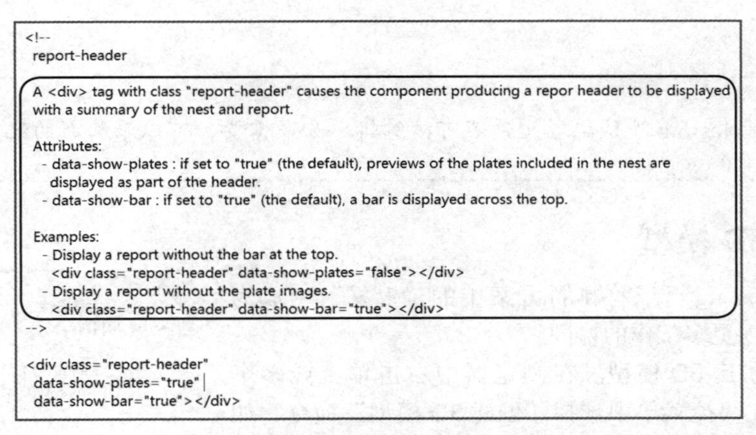

```
<!--
report-header

A <div> tag with class "report-header" causes the component producing a repor header to be displayed
with a summary of the nest and report.

Attributes:
  - data-show-plates : if set to "true" (the default), previews of the plates included in the nest are
    displayed as part of the header.
  - data-show-bar : if set to "true" (the default), a bar is displayed across the top.

Examples:
  - Display a report without the bar at the top.
    <div class="report-header" data-show-plates="false"></div>
  - Display a report without the plate images.
    <div class="report-header" data-show-bar="true"></div>
-->

<div class="report-header"
  data-show-plates="true"
  data-show-bar="true"></div>
```

图 7-57　修改报告内容详细说明

7.4　导出排料数据

右击浏览器“排料”节点中的“钣材”，选择“导出”命令，如图 7-58 所示，导出排料数据，以便在其他应用程序中进行后处理和创建刀具路径。

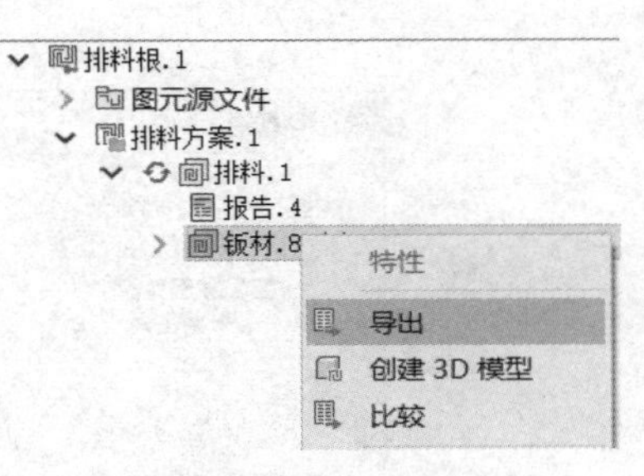

图 7-58　“导出”命令

可以导出 DXF 和 MSI 两种文件格式。

1）DXF（AutoCAD）文件。在 AutoCAD 中将这些数据用于 CAM 以生成刀具路径，或者将 DXF 文件导入到 Inventor 以将其拉伸为 3D 模型，并使用 Inventor CAM 创建刀具路径。

2）MSI（TruNest）文件。使用 Autodesk 的专用排料软件 TruNest 后处理和创建刀具路径（注意：从 2021 年 7 月 25 日起，Autodesk 已不再为 TruNest 提供新的订阅服务）。

可以在“选项”对话框中的“提取”与“导出”选项卡，通过“提取配置编辑器”和“导出配置编辑器”对话框分别对导出的配置文件进行修改，如图 7-59 所示。

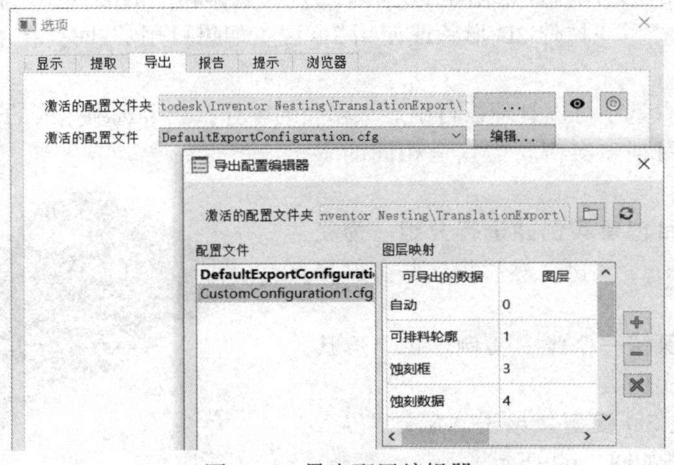

图 7-59　导出配置编辑器

提示

Inventor Nesting 默认配置文件不可被编辑。如果需要，可以添加新的配置文件。

7.5 生成 3D 模型

Inventor Nesting 可以将排料方案中的“钣材”生成为 3D 模型，以实现更多工作的协同。

步骤 1：创建 3D 模型。在浏览器中右击单个或多个“钣材”，然后在快捷菜单中选择“创建 3D 模型”命令，如图 7-60 所示。

步骤 2：选择 3D 模型的类型。可以选择生成“多实体零件文件”或“部件文件”，如图 7-61 所示。

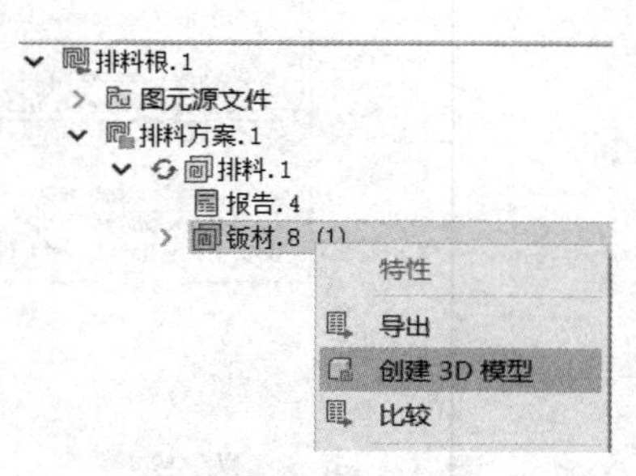

图 7-60　创建 3D 模型

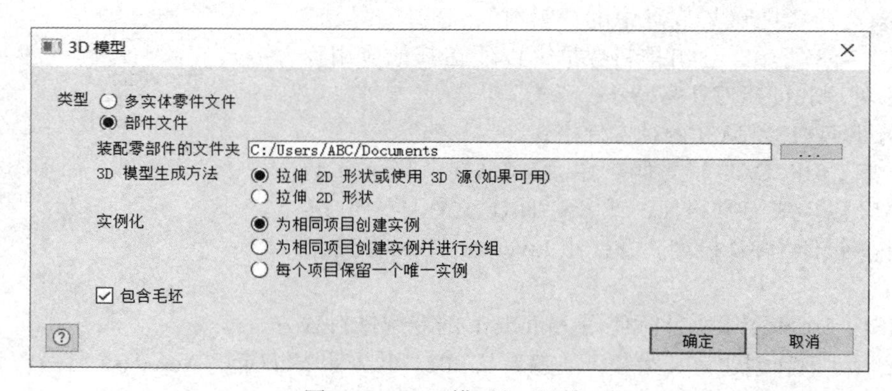

图 7-61　“3D 模型”对话框

当选择“部件文件”类型时，“3D 模型生成方法”与“实例化”为可选项。如果选择了“拉伸 2D 形状”，则仅使用拉伸来创建 3D 模型特征。若排料中的形状 3D 源涉及了其他建模特征并可用，则在选择了“拉伸 2D 形状或使用 3D 源（如果可用）”时，在生成 3D 模型的时候将会被识别。

通过“实例化”选项可以管理钣材中形状相同的零件，三个选项生成的部件区别如下。

1）为相同项目创建实例。为完全相同的零件创建一个实例。

2）为相同项目创建实例并进行分组。为完全相同的零件创建一个实例，然后将这些实例分组集中到文件夹中。

3）每个项目保留一个唯一实例。每个形状都创建一个单独的实例。

步骤 3：生成 3D 模型。单击“确定”后，生成的 3D 部件模型如图 7-62 所示。

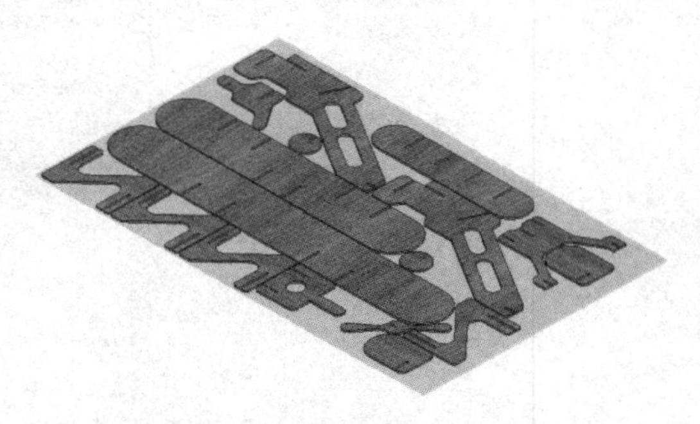

图 7-62　生成的 3D 部件模型

注意生成的部件模型中的零部件，除了毛坯默认是固定的，其余零部件均未被约束，可以拖动到任意位置；若不需要移动可以在创建 3D 模型时选择生成多实体零件，或生成部件后把所有零部件固定，防止误操作移动零部件位置从而影响生成排料结果的切割刀路。

Inventor Nesting 用于优化排料方案，提高材料利用率。数据上，可以对二维轮廓、三维钣材或钣金件进行排料。针对实际应用中的材料和规格，添加配套的材料属性，并以该基础自动按材料分配。排料完成后，软件中有配套的 CAM 软件，可以转入进行切割编程。

第 8 章

Inventor CAM

【学习目标】

1）熟悉 Inventor CAM 的使用方式。

2）掌握基本的铣加工。

3）了解后处理方式。

8.1 Inventor CAM 概述

Inventor CAM 是作为独立插件存在的，需要单独安装。插件安装后，会有一个独立选项卡，用于进入“CAM”的操作环境，如图 8-1 所示。

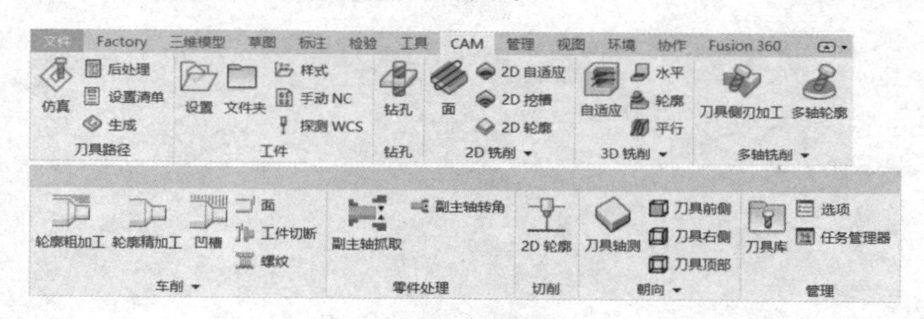

图 8-1 “CAM”选项卡

从图 8-1 所示的命令可以知道，CAM 模块支持车削、铣削、车铣复合、多轴铣削等各种常规的加工。由于它和三维建模部分混合成一体，因此通过模型的修改，来实现相互之间交互较为轻松，也减少了模型在转换过程中可能出现的问题。

在加工中，软件一般会有两个方向：一种是以加工工件为主要目的，它讲究的是操作便捷，生成刀路更为便捷；另一种是以更好的加工曲面为主要目的，加工时关注更多的是曲面生成的质量。Inventor CAM 更倾向于前者，对后者也有不错的支持，使用中可以按需关注，本书更多介绍的是工件的加工及相关操作。

在加工中，*Z* 轴都是作为刀具进给方向存在。刀路生成时，*Z* 轴作为基准方向存在，许多命令也是基于这个方向产生。例如，在机床中，会有 2.5 轴机床，其在 *Z* 方向不能进行联动。

8.2 操作选项卡

CAM 的操作选项卡有刀具路径、工件、钻孔、2D 铣削、3D 铣削、多轴铣削、车削、零件处理、切削、朝向、管理几个选项组。

1）**刀具路径**。用于走刀的仿真以及后期刀路的生成。

2）**工件**。工件、毛坯相关的设置以及刀路的复制、阵列等。

3）**钻孔**。钻孔命令，普通孔、螺纹孔都由该命令完成。

4）**2D 铣削**。Z 轴方向无坡度的加工命令，适合 2.5 轴的铣削。

5）**3D 铣削**。Z 轴方向有坡度的加工命令，对应机床需要 3 轴联动。

6）**多轴铣削**。多轴加工方式，需要 3 轴以上联动的机床。

7）**车削**。车床加工命令，包括车铣复合中的使用。

8）**零件处理**。多主轴机床使用的命令。

9）**切削**。用于线切割、激光切割、火焰切割等相关的命令。

10）**朝向**。操作过程中的视图方向，可以用 Inventor 的视角代替。

11）**管理**。刀具库、任务等管理工作。

在软件操作过程中，完全可以按实际的应用需要学习局部的功能，这样能更好地获得软件的使用体验。同样，本书以工件加工为主要目的，学习的功能偏向于日常常见工件的加工，部分命令将不进行详细介绍。下面将按照日常流程，来介绍一下基本命令。

8.2.1　工件

当模型进入加工环境后，首先需要制定毛坯和加工坐标系，这里用的都是“工件”选项组中相关的命令。选项组中包含“设置”“文件夹”“样式”“手动 NC”“探测 WCS”命令。

选择“设置”命令，会进入当前工件的设置环境，如图 8-2 所示。可以看到左侧是“设置”“毛坯”“后处理”三个选项卡，右侧是对应选择下的模型显示，图 8-2 中的外框显示的就是毛坯。

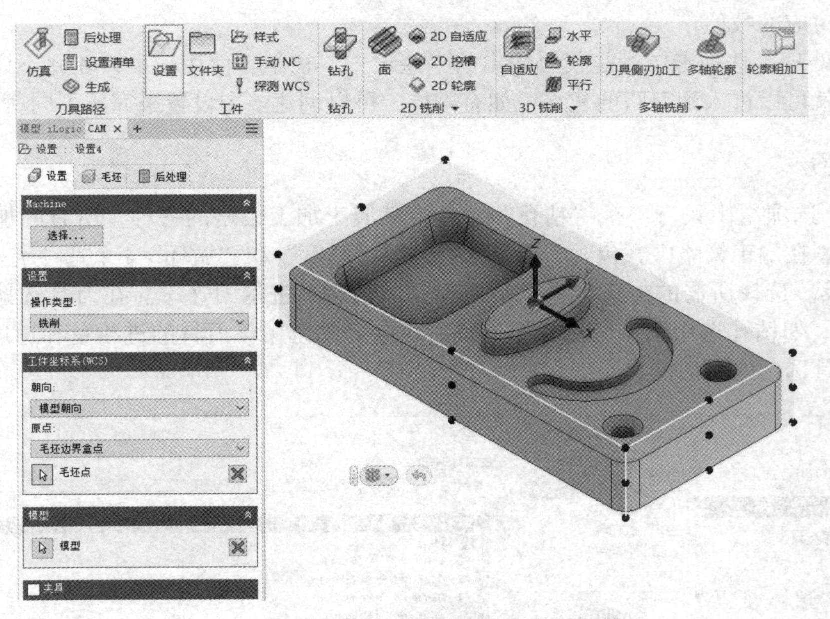

图 8-2　设置环境

设置中“Machine”是用来选择机床，选择合适的机床能更好地匹配对应的策略。选择机床后，编辑命令就可以打开，可以按需要编辑当前机床，并进行保存或加载。

操作类型有“铣削”“车削或铣削 / 车削”和“切削”，如果选了机床，这里会跟随机床的设置。没有选择机床，则在这里选择操作类型。铣削加工选择“铣削”；车削或车铣复合选择“车削或铣削 / 车削”；线切割或火焰切割选择“切削”。

工件坐标系用于定义加工原点及朝向，“模型朝向”是按模型位置定坐标系，如果有需要，可以按 X、Y、Z 三轴中的两个轴来确定坐标系。在 Inventor 中，定位特征有 UCS，坐标系也可以按对应的 UCS 来选用。

原点就是设置的加工原点，也就是对刀点，可以选择毛坯边界盒点、模型上某点或模型边界盒点。一般选择都是上方毛坯的中心点，如图 8-2 所示的选择方式，这个位置一方面是对刀比较方便，另一方面是到哪一位置的距离都比较近，节约加工时间。

“模型”选项组和下侧的“夹具”选项组都属于相关的定义，定义了加工模型和夹具，刀路就能按模型关系生成，加工过程中夹具的碰撞、部件的一体加工等都可以在这里指定。

“毛坯”选项卡主要指定对应的毛坯件，如图 8-3 所示。这里的毛坯可以指定为方体、圆柱体、圆管。在“模式”下拉列表框中可以进行毛坯选择。如果是异形的毛坯，就需要选择“来自实体”，也就是需要预先建立毛坯模型。圆柱体和圆管的区别就是中心部分是不是空心，因此，圆管多出一个内径尺寸。在“模式”上，还能选择固定尺寸或相对尺寸，这个用于毛坯的外形及定位。图 8-3 所示为相对尺寸，就是在当前工件上各个方向增加对应的数值。

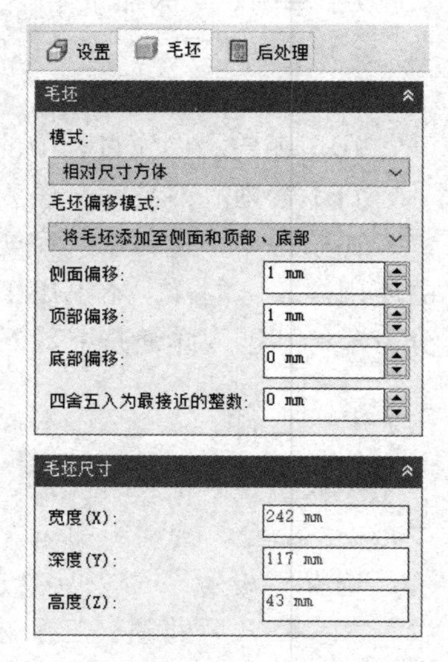

图 8-3　毛坯设置

在“后处理”选项卡中，是代码输出的一些设置，初学者使用较少，在此不详细说明。设置完成后，就可以进入到刀路的建立，如有需要，可以创建多个设置来完成不同所需。

8.2.2　钻孔

“钻孔”选项组中只有一个“钻孔”命令，其属于加工策略的一种，所有的加工策略都有类似的命令。在加工策略中，包含“刀具”“形状”“高度”和“循环”4 个选项卡。

1）刀具。选择所需的加工刀具，给定刀具的转速及进退刀速率。在刀具选择时，会和加工策略匹配，如钻孔选用钻头。选择好刀具后，会自动选用该刀具的进给量和速度。图 8-4 所示右侧为刀具选用的对话框。

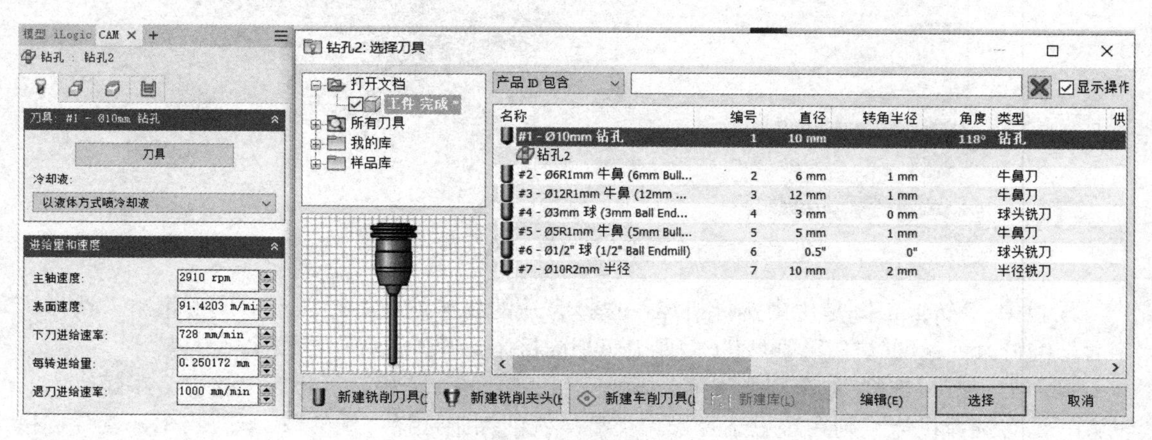

图 8-4　刀具选择

2）**形状**。选择加工的形状或者加工的对象。“选择模式”下拉列表框中有“选择的面”“选择的点”“选择范围”三个选项，分别表示按面来选孔、按点来选孔、按给的直径范围来选孔。选择“选择相同直径”可以把与当前选择的孔直径相同的孔都进行选择。

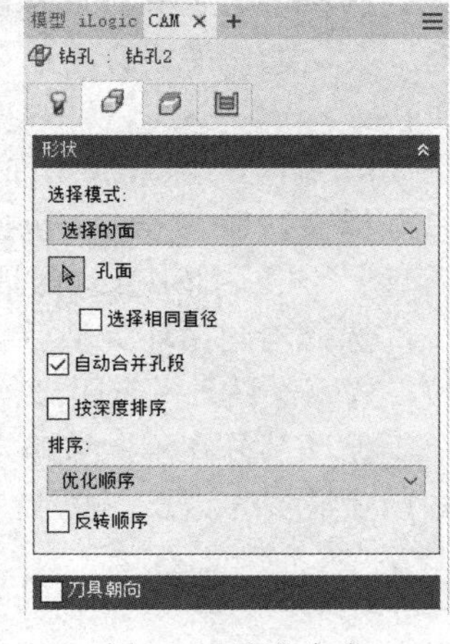

图 8-5　钻孔命令

“自动合并孔段”一般用于加工已有的沉头孔，在加工该孔时，做下刀起始位置的定义，如图 8-5 所示。选择该选项则会把默认孔（把沉头部分和孔部分合并）的位置作为下刀参考，不选择则把所选择孔的位置作为下刀参考。

“按深度排序”用于有台阶孔时，选择该选项则先加工同一平面上相同深度的孔，然后加工另一个平面上相同深度的孔，依次完成。

“排序”用于所有孔的加工顺序，可以按选择来，也可以按 *X*、*Y* 坐标来，或者按内外来，它和上面的“按深度排序”形成两个体系。

“刀具朝向”是用来更改刀具坐标系的，当刀具方向发生改变，就相当于加工件发生旋转，对于车铣复合这种加工，这个选择会有用。

3）**高度**。定义当前加工策略的几个位置，包括“安全高度”“退刀高度”“进给高度”“顶部高度”和“底部高度”，如图 8-6 所示。

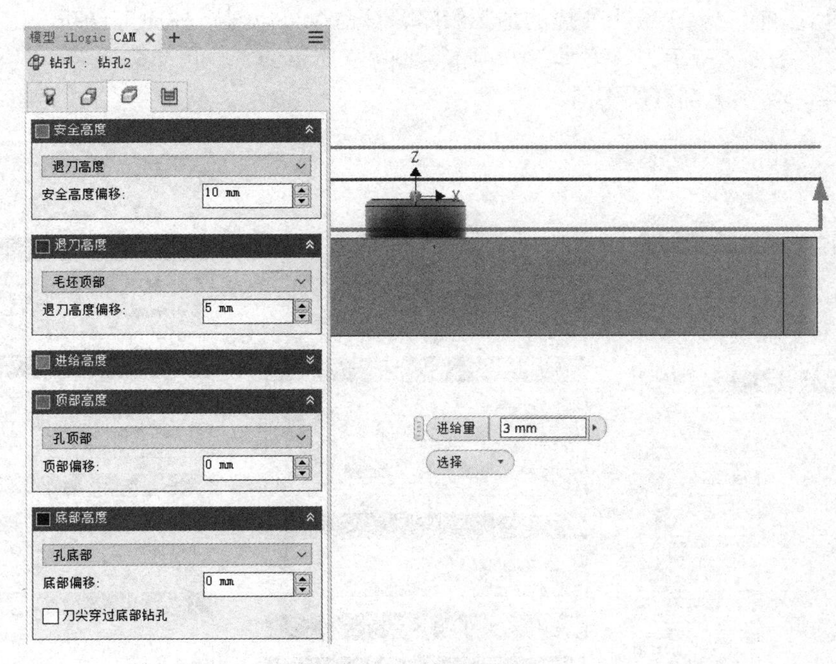

图 8-6　高度设置

①“安全高度”。快速移动所在的高度，基本上相当于换刀高度。

②“退刀高度”。退刀后刀具所在的高度，同一刀具多次退刀所在位置。

③“进给高度”。刀具到这里，开始以进给速度进行加工。

④“顶部高度”。加工模型的顶部位置。

⑤“底部高度”。加工模型的底部位置，该位置往下将不会被加工到。

选择“刀尖穿过底部钻孔”，在底部高度和零件底面平齐时，会钻透该平面；不选择，当钻头尖部到底面，就结束钻孔工作。

4）循环。循环属于加工中的选择，如图 8-7 所示。钻孔可以选择多种加工方式，包括螺纹、镗孔、铰削，基本上先直下后直上的相关加工方式都是由钻孔完成。

选择不同循环类型后会有不同的选项，如选择断屑，就可以设置每次钻入一定距离，做一些停留或退刀。

循环部分在不同策略下都有各自的设置，其属于加工策略中选项最多的部分，也是在各种加工方式中有最多设置的地方。

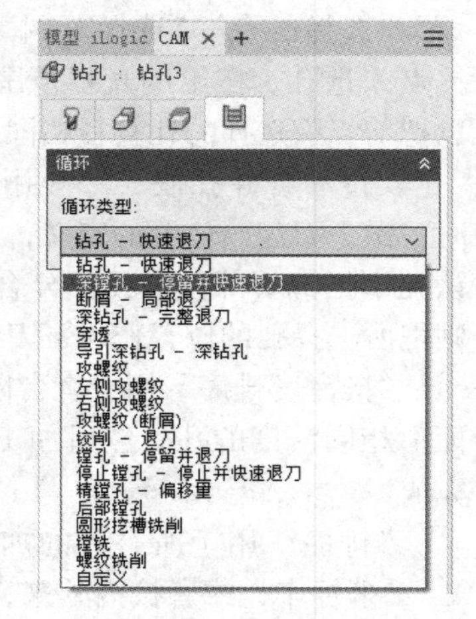

图 8-7　钻孔方式

8.2.3　2D 铣削

2D 铣削属于在铣削内容上操作最为简单的方式。如果工件比较方正，用这个模式来生成刀路，既快又简单。2D 铣削包括的命令有“面”“2D 自适应”“2D 挖槽”“2D 轮廓”“窄槽”“追踪”“螺纹”“圆形”“镗孔”“雕刻”“倒角”。这些命令的对话框和钻孔的对话框基本类似，多出了一个“连接”选项卡。该选项卡主要定义刀具的进刀方式和退刀方式。

“2D 自适应”命令属于最为便捷的加工策略，该命令可以对多种加工自动进行判断，并实现相关的操作。图 8-8 所示为“刀具”选项卡、图 8-9 所示为“形状”选项卡、图 8-10 所示为“高度”选项卡，命令上都有所不同。

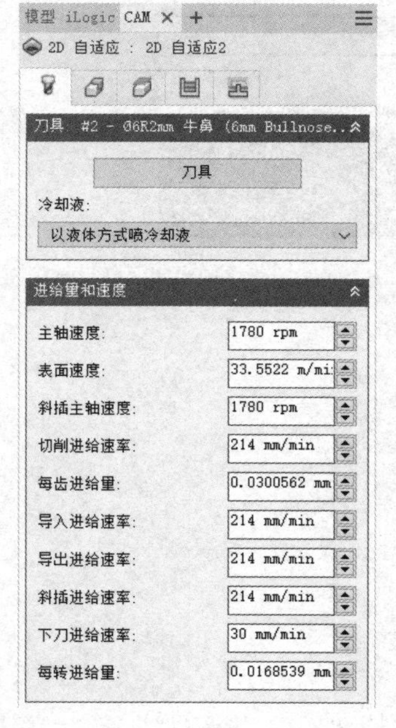

图 8-8　“刀具”选项卡

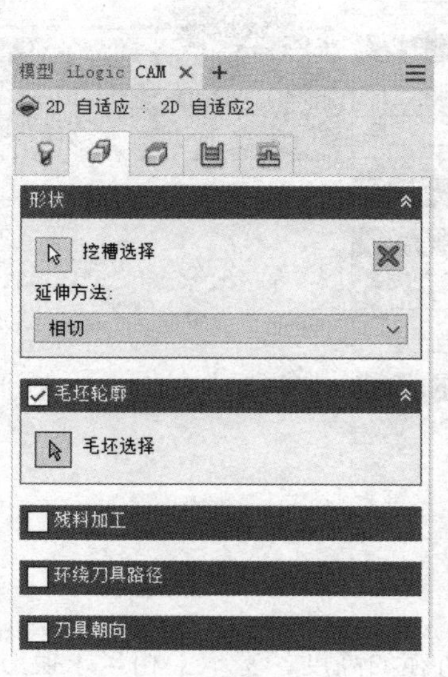

图 8-9　“形状”选项卡

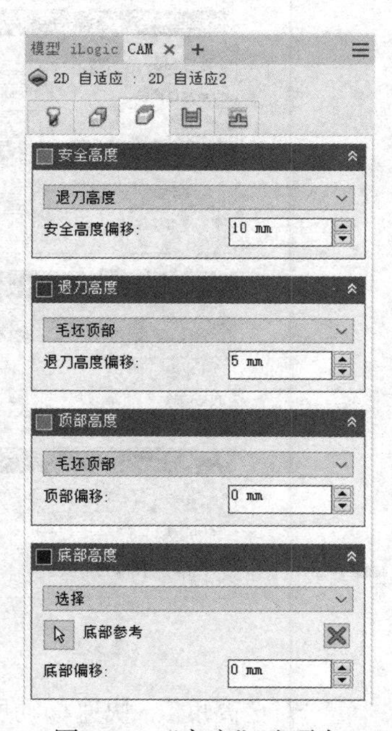

图 8-10　“高度”选项卡

“刀具”选项卡选的刀一般是球头刀或牛鼻刀。刀具的速度多出了斜插主轴速度，说明在垂直进刀时，它会自动考虑斜插方式。导入、导出、下刀三个进给速率可以各自设置，这里的导入是指刀具进给到工件，导出是指刀具离开工件，下刀是指垂直向下进行加工，一般导入、导出进给速率相同。

“形状”选项卡可以选择多个切削位置，一次性来完成切削。当挖槽选择到内部面封闭区域时，就自动以斜插方式下刀；当选择的区域是开放的（到工件外），会从开放区域进行导入；当选择的是边界线时，就会以该边界线加工内侧或外侧（凹槽或凸台）。选择的位置为加工的底部，自动忽略相关的孔及没有选择的凹槽。“毛坯轮廓”是指是否用毛坯，选择了就会使用默认的毛坯，可以单独选择，以增大或减少走刀范围。

“残料加工”是指前一把刀具加工完成后，换一把小直径的刀具来去除因刀具直径过大不能切削的部分，因此该选项需要给定前一把刀具对应的直径。“环绕刀具路径”用于选择圆柱面来形成环绕刀具路径，该命令会改变加工刀具的下刀方向。

“高度”选项卡中少了进给高度，底部高度就选择最低区域面。

和钻孔不相同的是后面两个选项卡，2D 自适应有“加工路径”和“连接”两个选项卡，如图 8-11 和图 8-12 所示，2D 及 3D 加工策略的选项卡基本相同。

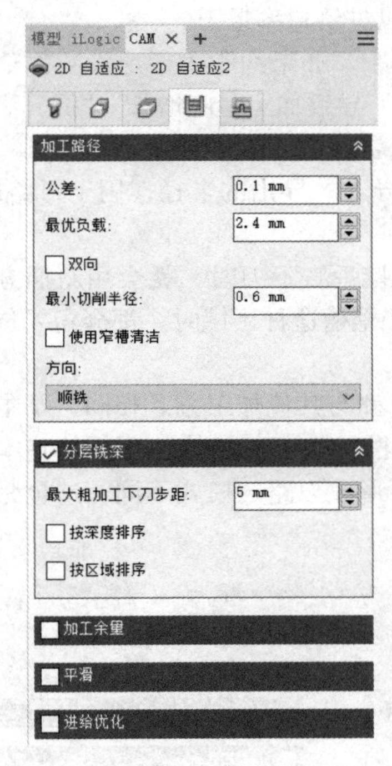

图 8-11 “加工路径”选项卡

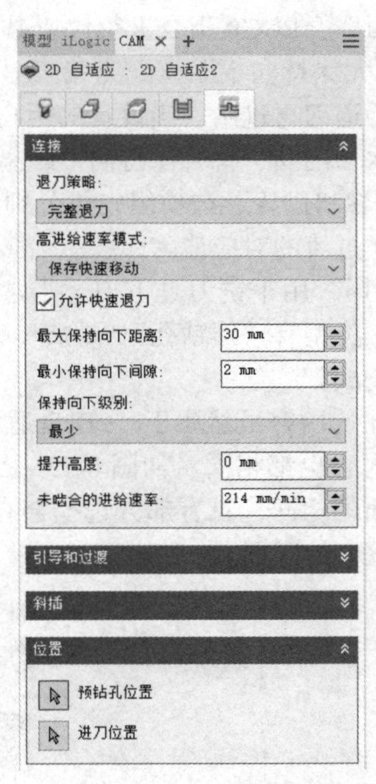

图 8-12 “连接”选项卡

在“加工路径”选项卡中，“公差”是指样条曲线和椭圆曲线与加工路径的拟合度。图 8-11 所示的“0.1mm”表示刀具直线与弧线的最大弦高。公差设置越小，加工精度越高，G 代码指令行数也就越多。“最优负载”是指加工过程中，刀具切削最大值的控制，调整路径让负载控制在所给值之下。选择“双向”可以让刀具支持顺铣和逆铣，提高加工速度。“最小切削半径”是指刀具在锐角中，生成路径的最小半径，过小的设置可能让刀具强制进入极限的锐角。使用“窄槽清洁”会在加工时，先走一个用于后续连续切削的窄槽，然后通过改槽进行拓展性加工，此项对于封闭区域的加工比较有用。

“分层铣深”用于把默认的一刀加工模式，改为按一定的下刀步距来完成。当粗加工选择策略时，一般都需要选择该项，按刀具适合的加工深度，来定义每次下刀的距离。“按深度排序”和“按区域排序”是指加工时，是按 Z 轴一层层来加工还是按单区域加工完成后换区域加工。

“加工余量”能够让工件留出一定的余量用于精加工，余量分为径向和轴向两种，按给定数值来定义，可以给定负值，这种情况下会加工到模型尺寸内。

“平滑”是移除一定的加工中途点，并用公差范围内的圆弧来拟合当前的路径，该选项通过计算，减少加工代码行数量，使走刀更为流畅。

“进给优化”用于减少转角处的进给量，来优化加工刀路。

“连接”选项卡主要用于进刀和退刀之间的连接关系，在“退刀策略”下拉列表框中有“完整退刀”“最小退刀量”“最短路径”三个选项。“完整退刀”是指两次进刀之间，刀具退回到退刀平面；“最小退刀量”则是退到一定的安全距离，然后进刀；“最短路径”不进行退刀，直接以直线距离到达下一个进刀点。

“高进给速率模式”是指在刀具指令中，快速移动输出的是 G0 还是 G1。默认设置中都是以 G0 指令进行快速移动，如果有需要，可以把该部分指令局部或整体都改为 G1。选择“允许快速退刀”会以 G0 指令进行快速退刀，不选择该选项会以进给速率退刀。

“最大保持向下距离”是指刀具加工时，两切削的间距。如果间距大于所设置的值，会自动转变为退刀再进给。当设置的距离过小，会大量的退刀，导致加工时间增长。“提升高度”就是指两次切削间，符合保持向下距离时，把刀具抬升到所需位置。

“引导和过渡”选项组中可分别设置水平或垂直方向导入、导出的半径，用于刀路进退时，圆弧方式过渡的对应值。

“斜插”用于铣刀具下刀。当常用铣刀具不能全部直接垂直下刀时，就会用斜插方式来完成下刀，类型有“预钻孔”“螺旋”等多种方式，对应加工挖槽这种区域时，都会需要选定对应方式来完成。

上述的内容虽然属于“2D 自适应”，但大部分的设置都与其他加工方式相同，基本的设置方式和内容也都相同。如图 8-13~ 图 8-15 所示是“2D 挖槽”加工的相关选项。其基本的命令都与前面的相同，只有部分选择会有所不同，主要是它所形成刀路的模式不同，这也是各种加工方式主要的区别。

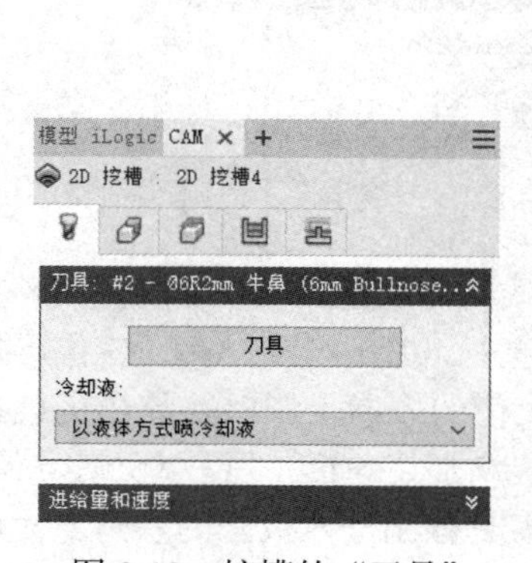

图 8-13　挖槽的“刀具”选项卡

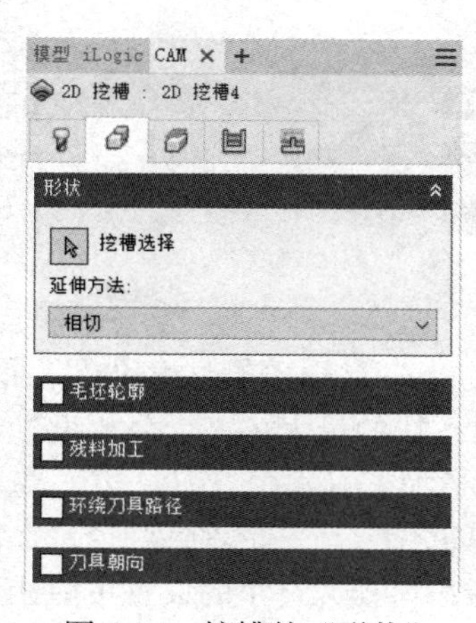

图 8-14　挖槽的“形状”选项卡

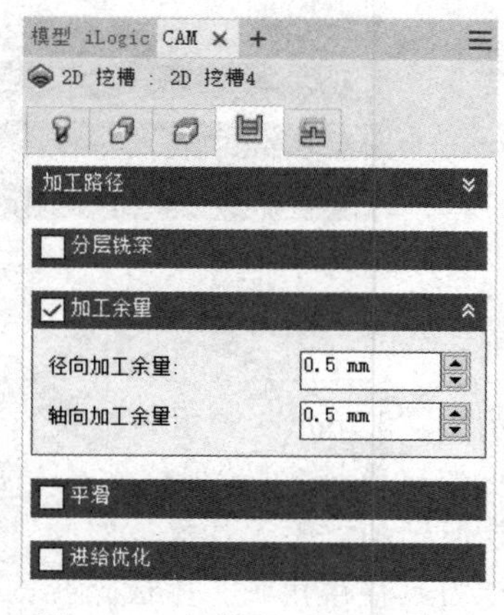

图 8-15　挖槽的“加工路径”选项卡

1）2D 自适应。2D 自适应属于相对综合的加工命令，各部分都可以自由形成，要快速生成刀路可以选择使用该方式。

2）**面**。平面切削一般用于整个面区域的去除，无斜插功能，不支持封闭区域的挖槽。

3）**2D 挖槽**。它是内部区域加工各种凹槽的主要命令，其具有最多的斜插方式，来完成各种大小区域的处理。

4）**2D 轮廓**。它是沿着选定的轮廓线进行加工，单线的槽、与铣刀等宽的各种路径方式以及倒角或圆角都可以选用该加工方式完成。

5）**窄槽**。选择的对象为槽形状的内容，并在其中心线的位置进行加工，与 2D 轮廓选择绘制好的中心线比较类似，但轮廓方式不支持不带补偿方式。

6）**追踪**。加工方式与 2D 轮廓类似，允许在带或不带左右补偿方式下进行加工，选定曲线后，刀具的路径最为自由。

7）**螺纹**。在圆面上，用形刀来加工内螺纹或外螺纹，它与钻孔的螺纹选择不一样，其依靠选用的刀具。

8）**圆形**。通过选择圆柱面或圆锥面，来进行圆面的加工，会按选择的命令自动生成切削的分层刀路。

9）**镗孔**。与圆形操作命令相似，在加工路径中定义了节距，用于镗孔加工。

10）**雕刻**。选择封闭区域，生成文字雕刻路径。

11）**倒角**。用刀具的倒角刃部分，进行倒角加工操作。

2D 的刀具偏向于刀路的垂直方向没有斜度。这种方式的加工对于常规模型基本能够满足，也能满足 2.5 轴的机床。当需要更多的加工方式时就会用到 3D 加工，实际使用时，混用的情况比较多。

8.2.4　3D 铣削

3D 铣削主要针对垂直方向有一定斜度，或本身带有曲面的模型加工。当模型有斜度或者曲面，又需要考虑曲面的加工面要求时，就需要使用 3D 铣削方式来完成。它的加工方式有许多，包括“自适应”“水平”“轮廓”“平行”“挖槽”“环绕等距”“交线清角”“径向”“环切”“依外形环切”“斜插”“ 投影”“依外形加工”“流线”。

3D 铣削基本上以 3 轴联动为基础，同时加工命令中会有一部分精加工命令，这些精加工命令更多考虑的就是如何走刀让曲面的效果更好。

在加工选择上，3D 铣削也有一定的变化。2D 加工都要求选择加工的面，来确定加工的位置要求。3D 加工更多偏向自动类型，并指定范围来完成，以“水平”为例：水平加工是指针对平面进行切削，默认是平面就会自动被选上，并且按平面的形状来走刀，因此它偏向半精加工或精加工命令。图 8-16 和图 8-17 所示内容是和 2D 命令有区别的部分。

在“形状”选项卡上有“加工边界”选项，其含义是在这个边界范围进行加工，选项有“无”“边界盒”“轮廓”“选择”4 种，含义如下。

1）**无**。无限制加工毛坯，只要在毛坯内，都进行加工。

2）**边界盒**。加工的范围以加工工件 Z 方向投影，X、Y 方向外接长方形为标准。

3）**轮廓**。以加工工件 Z 方向投影区域为加工范围。

4）**选择**。选择指定的边界作为加工边界。

如果选择“无”，就不会有刀具加工范围了。刀具加工范围是指限定刀具的走刀范围。刀具位于边界以内是指整个刀具在加工范围内；边界之上是指刀具中心和边界重合；边界之外是指刀具刚刚过加工范围。在“其他偏移”中可以设置偏移的值，可以设定为负值。

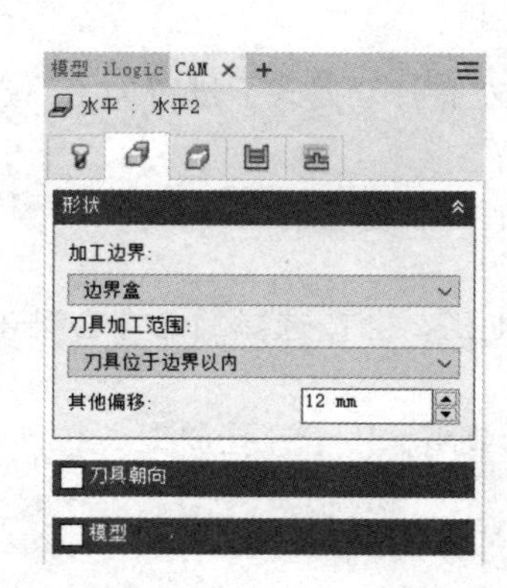

图 8-16　水平的“形状”选项卡

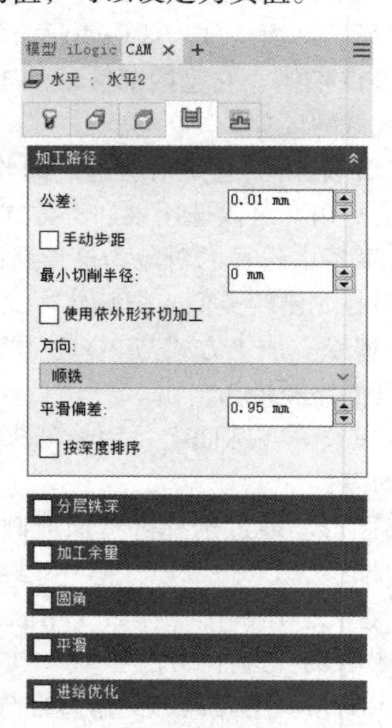

图 8-17　水平的“加工路径”选项卡

“加工路径”选项卡比较类似，一些相关的设置更多是确保加工的面更为合适，如依外形环切加工，这里也有分层铣深，因此加工命令上并不区分一定属于粗加工或精加工，精加工更多的是刀路能让工件面加工更好，当然相对应的刀路按需要会有一定的复杂，加工时间也就相对较长。

3D 加工选择方式的变化，可以更方便地完成软件的操作，大部分的命令都可以在选择对应的刀具后，轻松生成刀路。下面简单说明一下各种命令。

1）**自适应**。粗加工的最好选择，可以轻松把毛坯件切割成需要的外形，由于其走刀方式随意，不建议用其作为精加工的使用命令。

2）**水平**。自动识别模型中的平面，并按平面对应的外形进行刀路的生成，以精加工为主。

3）**轮廓**。对零件的斜面进行加工，一般建议相对较为陡峭的坡度，以精加工为主。

4）**平行**。对零件平面进行加工，按平面形状进行铣削，以精加工为主。

5）**挖槽**。对零件的凹槽进行加工，自动识别斜面，以粗加工为主。

6）**环绕等距**。以等距离，沿选定的方向做规则加工，常用于精加工或残料清理。

7）**交线清角**。交线位置、小角度或半径位置的残料清理，精加工后角位的残料清理。

8）**径向**。从中心点以圆方式发散加工，属于面的加工方式。

9）**环切**。以中心点往外螺旋式进行加工，圆形平缓曲面建议使用，和轮廓方式互补。

10）**依外形环切**。环切的方式按外形进行，最后一刀就是区域的外边框。

11）**斜插**。类似轮廓加工，*Z* 轴不用等高方式走刀，刀具持续贴合加工面。

12）**投影**。选择曲线或文字，以在工件表面投影方式加工，用轴向偏移来定义深度。

13）**依外形加工**。有方向性选择曲线，以曲线为外形进行加工。

14）**流线**。选择面，定切削方向，按给定的步进数量进行面加工。

从上述的内容中可以看到，3D 的加工策略更多是偏向于各种面如何进行加工，各种方式的

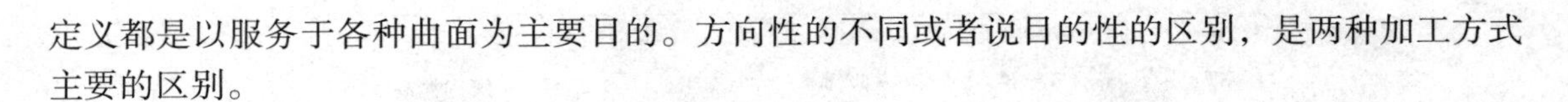

定义都是以服务于各种曲面为主要目的。方向性的不同或者说目的性的区别，是两种加工方式主要的区别。

8.2.5　刀具库

软件中带有默认的刀具库，刀具库的完整更有利于刀路的精确生成，也会关系到后期仿真时加工过程的判断。如果是自动换刀，一个和机床匹配的刀具库，往往是加工编程的第一步。如图 8-18 所示，选择“刀具库”命令，可以打开自带的刀具库。

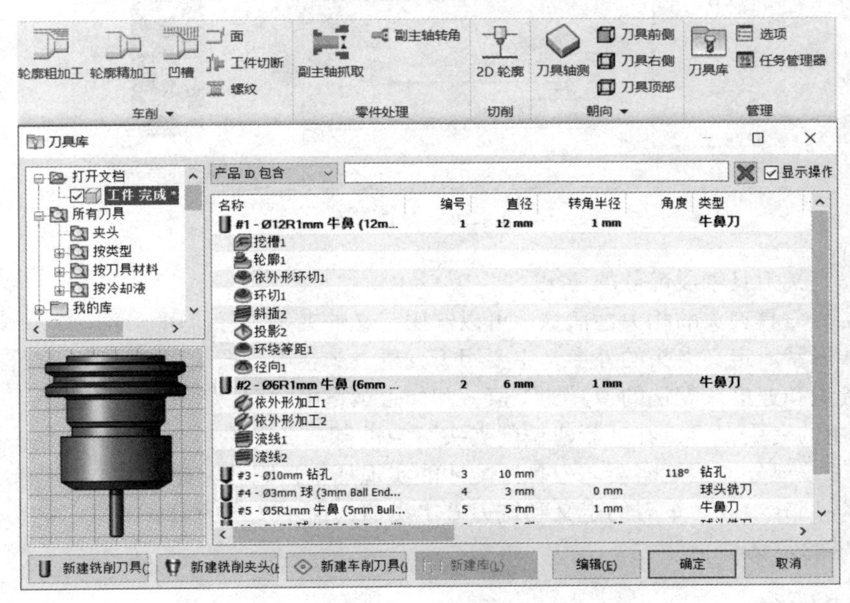

图 8-18　刀具库

在“刀具库”对话框的左上角可以看到，有“打开文档”选项，这里有当前打开的文件，右侧显示的是当前文件使用的刀具，并且在每个刀具下有其用过的加工命令。在文件中，刀具是随着文件保存的，可以找到已编刀路的文件，来复制刀具。

“所有刀具”选项中是库中所包含的刀具，如果有需要，可以按展开的选项来查看对应的刀具。

“我的库”选项是自用刀具库文件，该文件默认保存在“文档 / 我的库”里，以“.hsmlib”格式保存，需要时可以把该库文件复制到所需要的计算机中。默认库里是空的，找到所需要的刀具，可以复制到该库中。这里的库属于和机床匹配的刀具库，如果有多台不同型号的机床，可以建立不同的自定义库，方便对应刀具选用。

对话框下方有“新建铣削刀具”“新建铣削夹头”“新建车削刀具”3 个命令，用于刀具的新建，选择“新建铣削刀具”命令可以打开如图 8-19 所示的刀具界面。

这里有“通用”“刀具”“轴”“夹头”“夹头形状”“进给量和速度”几个选项卡，其中关键的参数需要了解。

1）**通用**。这里设置刀具的编号及默认的冷却方式，最好和设备中一一对应。

2）**刀具**。如图 8-19 所示，这样可以选择刀具的类型，并在图中把各部分的尺寸按实际定义完成，各部分的数字关系到仿真时是否会指示有碰撞等信息。

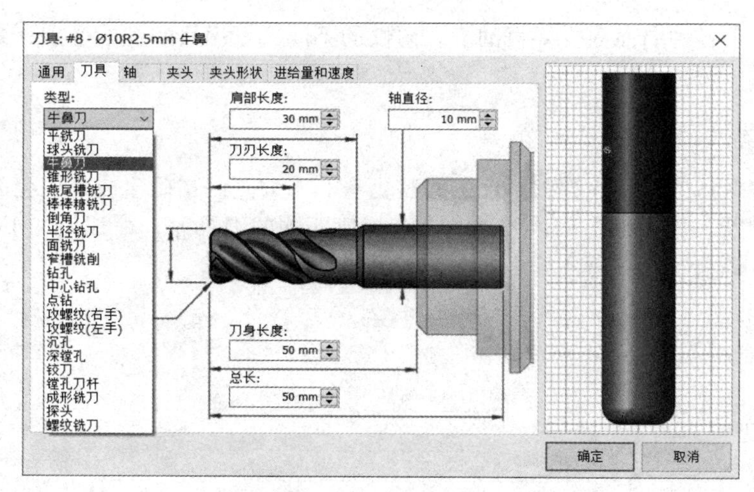

图 8-19　刀具界面

3）**轴**。定义刀具轴段部分的情况。

4）**夹头**。刀具夹头的相关性信息，可以选用定义的夹头进行使用。

5）**夹头形状**。定义夹头的外形，主要用于分析夹头会不会产生碰撞。

6）**进给量和速度**。默认的刀具加工值，和加工策略中“刀具”选项相匹配。

对于常用的夹头，可以在“新建铣削夹头”中进行定义，并在刀具中的“夹头”选项中进行选用。由于一部分加工策略会与刀具匹配才能实现加工，因此，建议以实际使用情况来精确定义刀具的各部分参数。车刀的定义和铣刀基本类似，由于车床的刀塔基本不能影响加工，因此没有其刀塔的定义。

8.2.6　刀具路径

选择合适的刀具，生成对应的刀路，后续就可以观看加工的仿真、输出 NC 代码等，这部分都在“刀具路径”选项组上，该部分有四个命令，分别是“仿真”“后处理”“设置清单”“生成”，如图 8-20 所示。

图 8-20　“刀具路径”命令

选择“仿真”命令，就会进入到加工仿真环境中，如图 8-21 所示。需要注意的是，进入的仿真不一定是所有刀路的，这和选择该命令前的选择有关系，在工件的“CAM”浏览器中，选择了某个设置，就是展示该设置下的所有选项，如选择的是某步加工，仿真也就对应该步加工的仿真。

在加工仿真环境中，可以看到有三个选项卡，分别是“显示”“信息”“统计量”。“显示”选项卡用于各部分内容的可见与隐藏。

“刀具”选项组用于隐藏夹头、刀具轴及刀具，选择“显示透明”就可以让刀具整体以透明方式进行显示。

“刀具路径”选项组主要显示的是刀具路径；在“刀具路径模式”下拉列表框中可以选择要显示路径的部分内容或全部；“显示点”选项会把加工的每个起点和终点都显示出来。

“毛坯”选项组就是定义毛坯的状态，包括它的颜色、是否透明等；“碰撞时停止”选项可以让加工仿真过程中，在发生碰撞时暂停，方便对碰撞的观察。

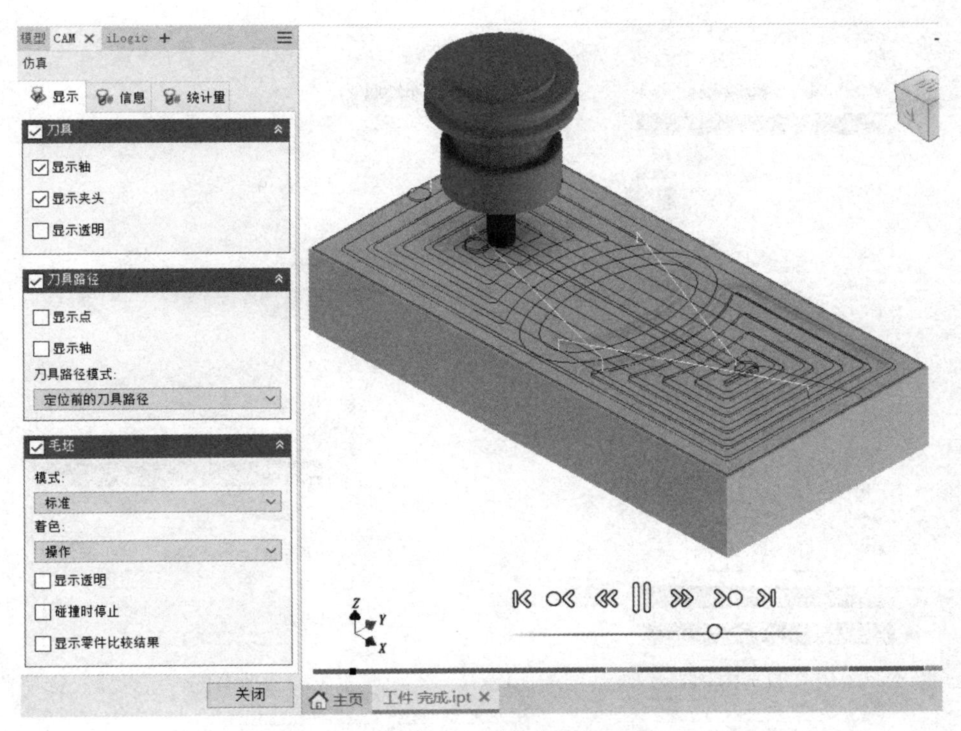

图 8-21　加工仿真环境

在视图空间中可以看到加工的动画，视图的下方是播放该仿真的按钮，分别对应的是播放 / 暂停、快进 / 快退、上 / 下一个操作步骤、起始 / 结束。按钮的下方是仿真速度，越往右滑，仿真速度越快。仿真速度下方是时间条，把鼠标放在上面，可以看到在对应时间的操作及相关信息，上面的红色条纹表示该时间中发生了碰撞。

仿真的“信息”选项卡和“统计量”选项卡，如图 8-22 和图 8-23 所示，两个都是数据显示内容，“信息”选项卡显示的是仿真走刀过程中，刀具顶尖的位置、主轴速度、属于哪一步操作、机床的情况、碰撞的数量和体积等；“统计量”选项卡是给出加工时间和加工距离等相关信息。

“后处理”命令用于生成与机床连接的代码文件，选择该命令后，弹出“后处理”对话框，如图 8-24 所示。在这个对话框中，有“配置文件夹”“后处理配置”“程序设置”三个选项组。

后处理器定义机床对代码的要求，一般来说，一个机床型号对应一个后处理器，当然，部分机床指令通用，那么后处理器也就一样。“配置文件夹”就是指定保存后处理器的位置，默认后处理器是“.cps”文件。如果默认软件中没有需要的厂商和型号，可以到官网下载，下载的文件保存到库文件夹位置即可，对话框左下的链接就是官网对应的网址。

“后处理配置”选项组是在上述文件夹找到的后处理器中进行选择。每个后处理器有厂商和型号可以选择，选择一个合适的后处理器用于刀路到代码的转换。“输出文件夹”用于选择保存代码文件的位置。单击“打开文件夹”可以直接打开该位置，看到生成的代码。

“程序设置”选项组用于代码中部分内容的选择，包括单位及一些相关特性。这里所有的设置都和机床相关，建议对机床要有一定了解，这样操作更为实际。

如果需要把当前定义的信息输出，方便在机床上的操作，如比对一下刀具的编号和机床是否统一等信息，可以选择“设置清单”命令，该命令会把当前刀路的相关信息做一个汇总，以网页格式输出。

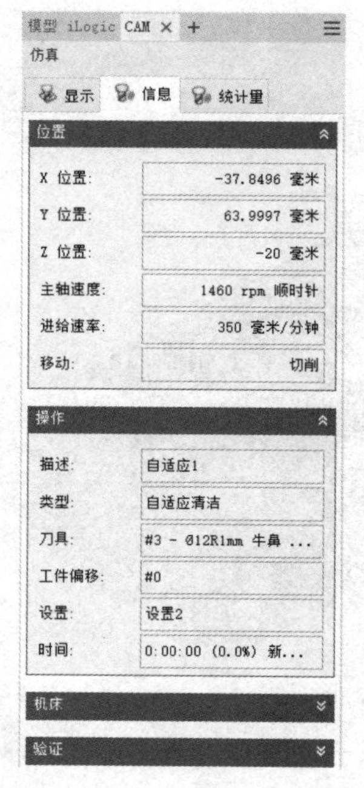

图 8-22 仿真的“信息”选项卡

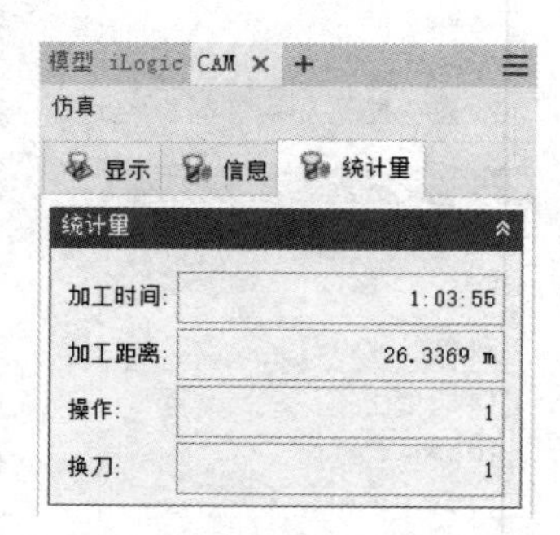

图 8-23 仿真的“统计量”选项卡

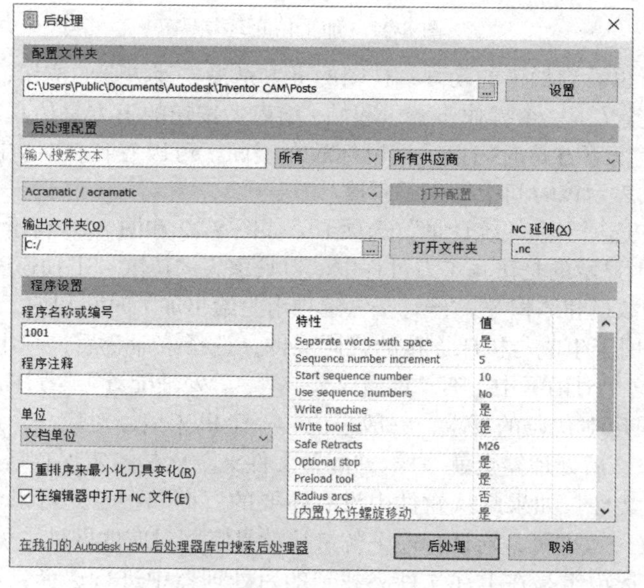

图 8-24 “后处理”对话框

8.3 CAM 的操作练习

这里将做一个操作练习，练习包括 CAM 操作的整个流程，练习中会以 2D 铣削和 3D 铣削分别对工件进行加工，来了解一下整个过程中的设置和操作。

步骤 1：打开文件。在项目文件夹中，打开“工件 .ipt”文件，选择“CAM”选项卡，进入到 CAM 环境中，如图 8-25 所示。

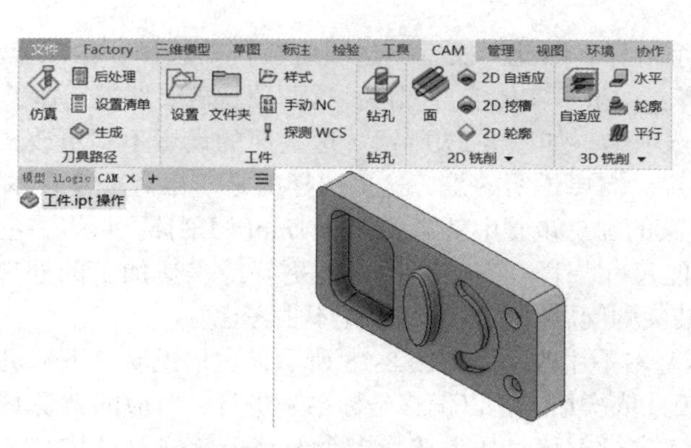

图 8-25 CAM 环境

步骤 2：设置加工环境。选择“工件”选项组的“设置”命令，进入设置环境中，如图 8-26 所示。可以看到，在视图窗口中，工件上有一个坐标系和一个长方体外框，这里需要把设置修改成图中样子。“Machine”选项组用于设置机床，这里直接跳过；“操作类型”默认就是“铣削”，符合当前选择；“工件坐标系”默认是文件的坐标系，因此先把朝向改为“选择 *Z* 轴/平面和 *X* 轴”，单击与 *Z* 轴垂直的面，或者工件中转换后为 *Z* 轴方向的线，就可以把 *Z* 轴方向改为图中位置，*Z* 轴转换好后，*X* 轴按需要来选择，如果满意当前位置，可以不用选择。*X* 轴的选择，主要考虑的是工件的装夹位置以及机床两边的行程。“原点”默认是“毛坯边界盒点”，这个不需要更换。选择下方的“毛坯点”命令，再选择椭圆台中心位置的毛坯点。这里把加工原点放在毛坯的中心，属于使用上的习惯，可以按需进行。

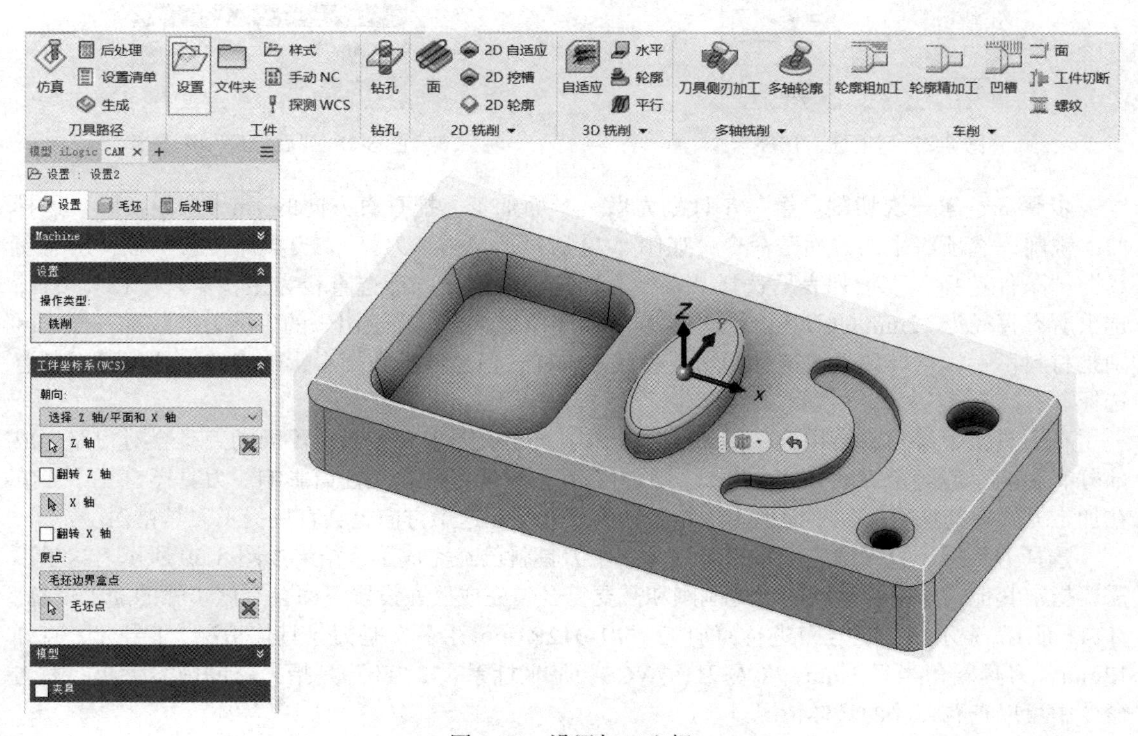

图 8-26 设置加工坐标

由于模型只有一个工件，因此“模型”选项组会自动选择；由于模型中没绘制夹具，“夹具”选项也就不用选择。如果多实体或者部件，这两项就需要按需选择了。

切换到“毛坯”选项卡，如图 8-27 所示。这里面的设置不用更改，如果数字不一样，按图 8-27 所示的数值给定。需要说明的是，这里选择的是“相对尺寸方体”，在顶部和四周都留了 1mm 切割量，在后续的加工步骤中就需要把这 1mm 切割掉。可以在毛坯上不设这 1mm，考虑到实际情况，不可能尺寸一样，有多余的量能更好地表达加工的处理。另外，除了多余的 1mm，实际中还会有装夹的问题，在本练习中先不去考虑。

“后处理”选项卡基本不用改动，如图 8-28 所示，这里说明一下“机床 WCS”的作用。它的作用就是相同的多工件依次加工，以偏移坐标系来进行，对应的就是 G54~G59 指令。当设置为 1 时，就是应用 G54 进行偏移，如果选择多个偏移，就按数量从 G54、G55、G56…依次往下走，这里说明功能，不进行相关练习。

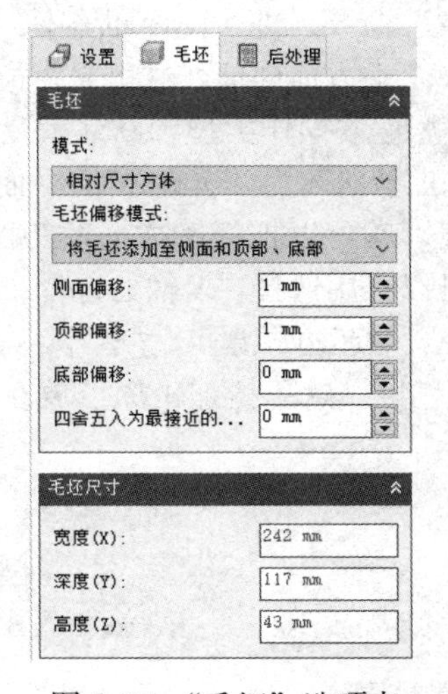

图 8-27 “毛坯”选项卡

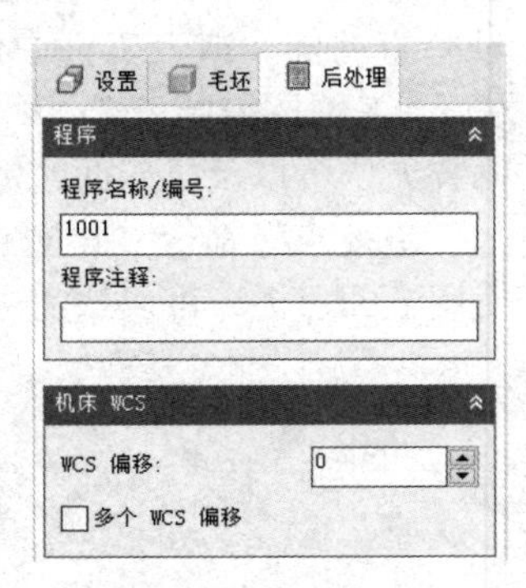

图 8-28 “后处理”选项卡

步骤 3：第一次切削。第一步计划先做一个面加工，把垂直方向的 1mm 余量切除，选择“2D 铣削”选项组中的“面”命令，如图 8-29 所示。单击“刀具”，刀具库位置选择“所有刀具”，“条件选择”下拉列表框选择“直径为”选项，这样以筛选直径为主，输入“12”，就筛选出所有直径为 12mm 的刀具，按图 8-29 所示选择牛鼻刀，筛选出来的牛鼻刀参数都一样，区别是材料不一样，导致加工速度和切削参数不一样，但这些参数不会影响刀路，这里可以任意选择。

在刀具上，练习将会用到牛鼻刀、球头刀、自定义形刀和钻头，不同的刀具会对刀路生成部分有影响，但对走刀的方式和其操作影响不大，对学习基本无任何影响。刀具还有一个影响在加工方式上的选择，如平面加工不能用钻头，软件在这个方向上会直接提示刀具错误。

选择刀具后，直接确定，可以看到第一个刀具就已经完成了，结果如图 8-30 所示。这里不需要指定其他，是由于默认的设置刚刚和需要符合。完成后在设置下面会有该步骤的加工信息：“[T1] 面 1”表示用的 1 号刀进行面加工；“#1-ϕ12R1mm 牛鼻”是刀具具体情况，1 号刀，直径 12mm，刀具圆角半径 1mm，牛鼻刀；“WCS”是坐标系；“2.7kb”是指刀路的内容大小，右击命令中可以查看刀路的具体情况。

图 8-29　刀具的选择

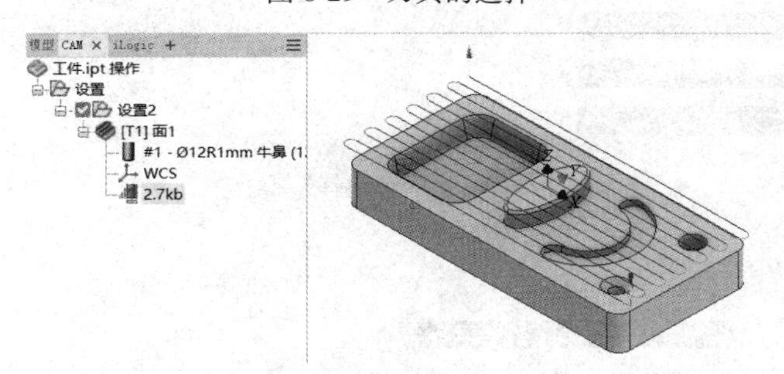

图 8-30　面加工

面加工中的几个选项卡如图 8-31~ 图 8-33 所示，可以看到毛坯轮廓是选择加工面域，当前没有选择，那么就是当前这个毛坯；在“高度”选项卡上，底部高度为“模型顶部”，则面加工会到当前零件的顶部，形成如图 8-30 所示切削位置；在“加工路径”选项卡中，可以设置加工的方向，也可以分层铣深，留加工余量，这里都是按默认进行，因此就是平行方式的切削，一刀切除多余部分，无加工余量。

步骤 4：自适应铣削。选择“2D 自适应”命令，刀具会默认沿用上一次的刀具，因此这里不做更改。“形状”选项组这里需要做选择，如图 8-34 所示，选择中间椭圆台的底边，其他的默认。这个选择会让椭圆区域外的工件都作为加工区域，2D 自适应的毛坯轮廓默认是整个毛坯，也就是不会考虑已经切除的 1mm，但对当前模型影响不大。

“高度”选项卡如图 8-35 所示，左侧的定义和右侧一一对应。从内容上可以看到，安全高度是退刀高度再偏移 10mm；退刀高度是毛坯顶部高度再偏移 5mm；顶部高度是加工的上限，这里是毛坯顶部；底部高度是加工的下限，这里是“选择的轮廓”，是指图 8-34 所示的位置。如果按这里的选择，工件的槽是不进行加工的。

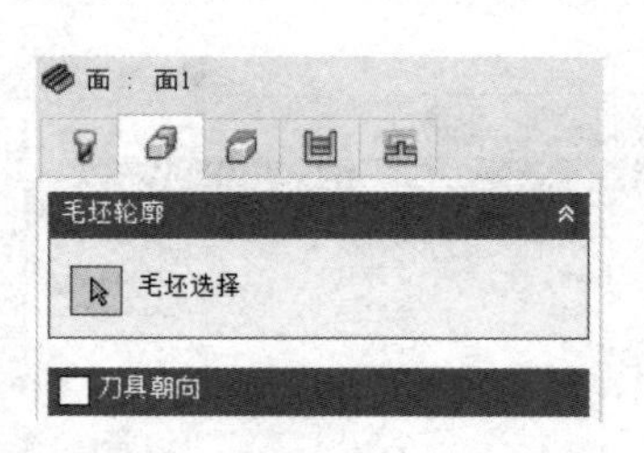

图 8-31　面的“形状”选项卡

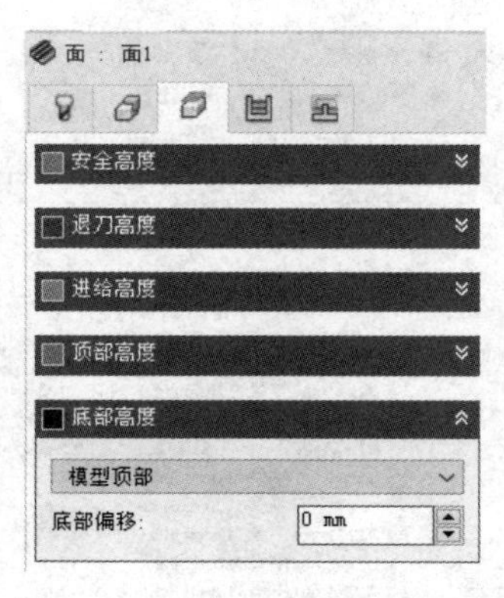

图 8-32　面的“高度”选项卡

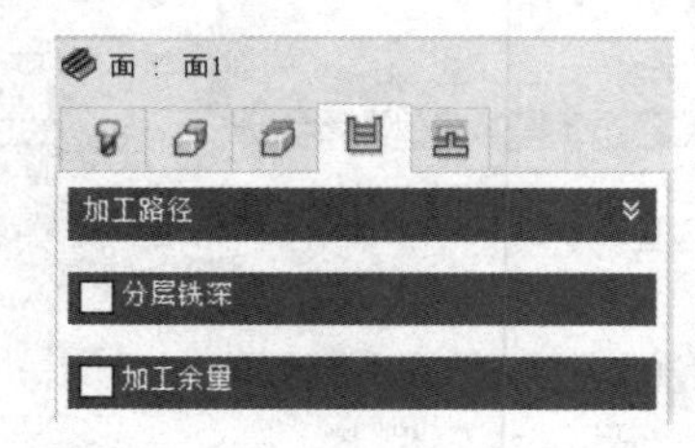

图 8-33　面的“加工路径”选项卡

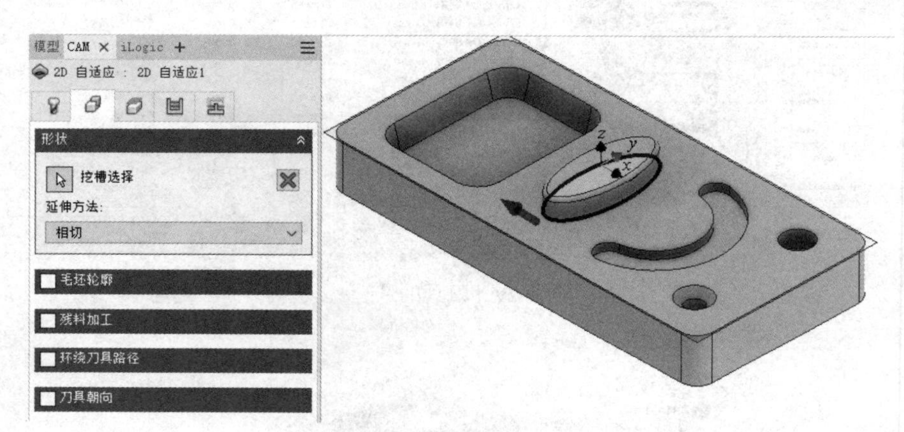

图 8-34　“挖槽选择”操作

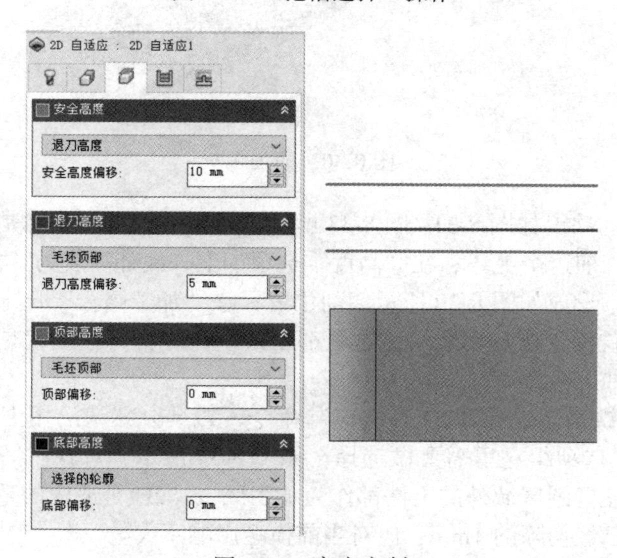

图 8-35　高度定制

如果槽部分需要一起加工，需要在“形状”选项组上把“挖槽选择”上加上槽底面来确认自适应里增加的操作内容。直接修改底部高度，会导致切削位置的识别错误，影响刀路。

“加工路径”选项卡如图 8-36 所示。最优负载是默认给出的，是按刀具的直径给出的建议值；选择“双向”，让刀具支持顺铣和逆铣，刀具路径会更加流畅；“分层铣深”选项组中给定最大粗加工下刀步距为“4mm”，这会让切削每 4mm 一次，如图 8-37 所示，分为四次加工来完成，最后一次切削余量比较小；在“加工余量”选项组中，径向留了 0.5mm 的余量用于椭圆台外圆面的精加工，轴向余量为 0mm，因为对平面无须再次精加工。

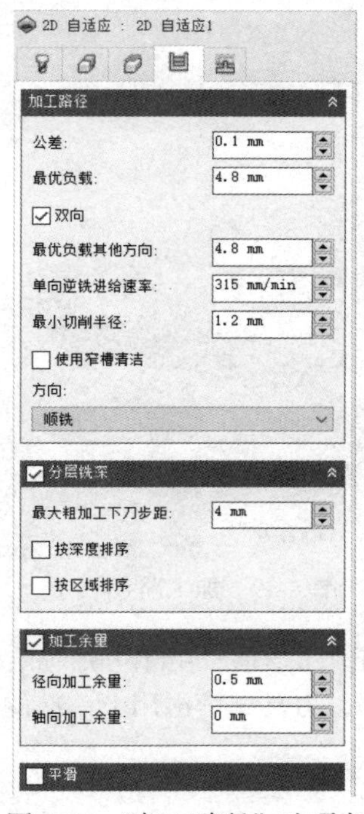

图 8-36　“加工路径”选项卡

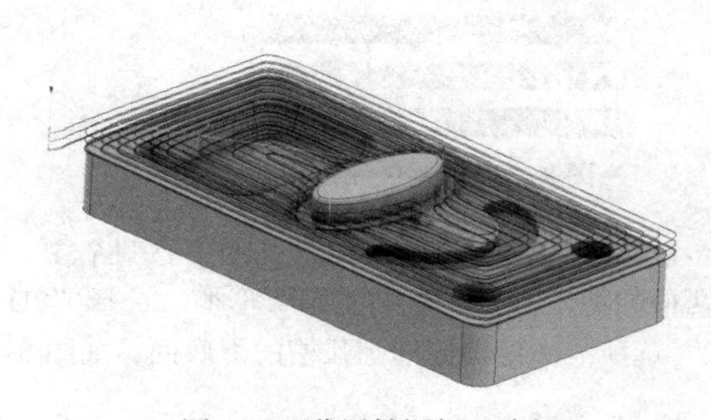

图 8-37　分层铣深加工路径

其他的都按默认设置，完成该步骤的命令设置。即使有部分不相同，对刀路的整体影响不会太大。当前因设置的下刀步距是 4mm，会分四层切削，修改到 5mm，就会分三层切削，这个主要是影响是否把最后一次加工作为精加工进行以及该步骤加工的时间。

本步骤不在平面上留余量的一个原因是 2D 的加工方式不存在一个同时能铣削椭圆台立面又能加工平面的方式，因此就把余量直接切掉，把这种方式当精加工用。

步骤 5：椭圆台立面处理。选择“2D 轮廓”命令，对椭圆台立面进行加工，如图 8-38 所示。

刀具继续沿用上一次的刀具，加工的选择为椭圆台的下方椭圆线，侧边的余量只有 0.5mm，可以一次性把它铣削完成。图 8-38 中是用分层的方式，选择“分层铣深”，最大粗加工下刀步距设置为 3mm，以 3mm 为一层进行切削；精加工下刀步距中，一个是使用的最少次数，一个是下刀深度，分别设置为 2 和 0.3mm，完成该步加工，加工路径如图 8-39 所示。

提示

“2D 轮廓”命令偏精加工，只要是沿某条线进行加工的，基本都可以使用该命令进行处理。使用时，加工的选择也比较多，文字、轮廓这些都可采用该命令来处理，当前只是针对这个操作形成加工路径，有兴趣的可以深入研究。

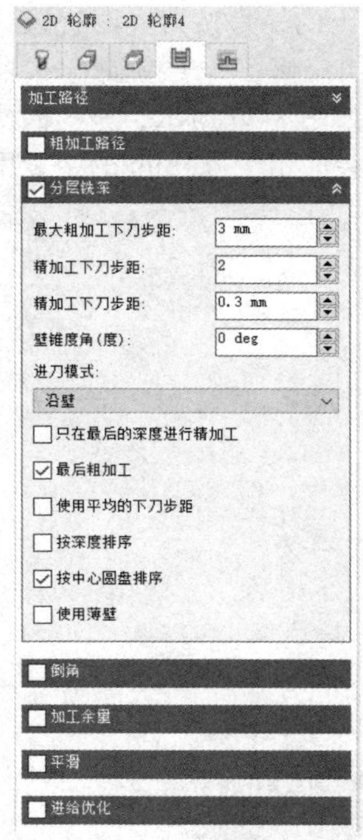

图 8-38　分层铣深设置

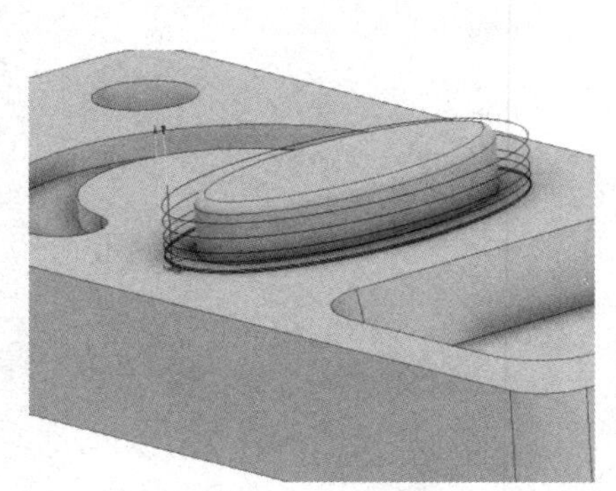

图 8-39　加工路径

步骤 6：挖圆弧形槽操作。工件中有两个槽，即方形槽和圆弧形槽，由于方形槽有斜度，因此两槽的加工分开，先加工圆弧形槽。选择“2D 挖槽”命令，刀具继续沿用上一次的刀具，“形状”选项卡中挖槽选择圆弧槽的下底面，如图 8-40 所示。

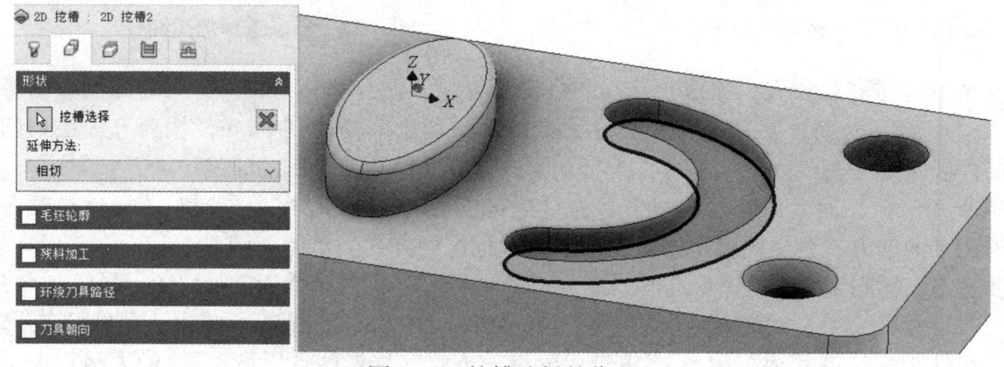

图 8-40　挖槽选择的位置

这个步骤需要调整一下“高度”选项卡。由于 2D 加工基本都不考虑毛坯被切削的部分，默认几个高度会有比较多的空走刀，因而在这里做一下调整，如图 8-41 所示。这里修改顶部高度，顶部高度是加工的上限，前面步骤切割后，就是当前模型的槽的上表面，把下拉列表框选项改为“选择”，单击该表面为“顶部参考”。

其他的保持默认，“斜插”的选择软件会自动处理，空间大会用“螺旋”，空间小改为“轮廓”，这里就自动切换成轮廓，这个详细内容在挖方形槽步骤再说明。

步骤 7：挖方形槽操作。工件中的方形槽带有一个斜度，这个斜度用测量工具可以获得为 15°。选择“2D 挖槽”命令加工时，需要考虑斜度处理。在“2D 挖槽”命令中，刀具继续沿用上一次的刀具，在“形状”选项组中“挖槽选择”是槽的上方开口线，这个选择既是加工范围，也是加工位置，如图 8-42 所示。

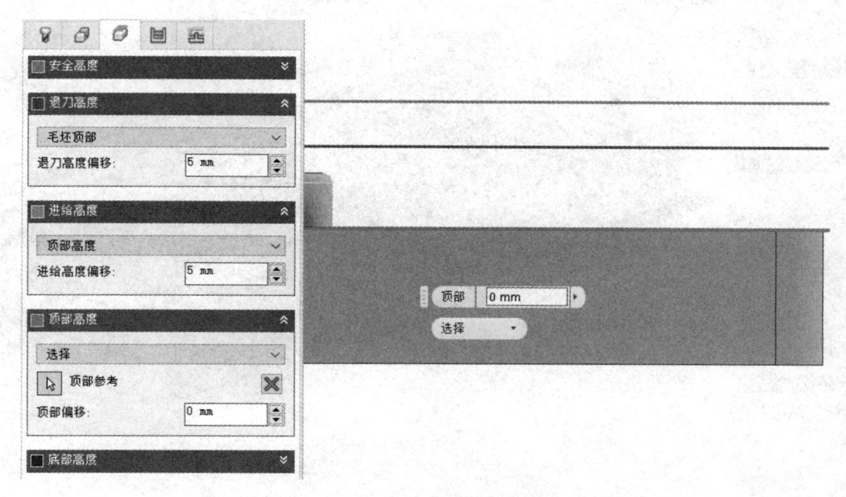

图 8-41　高度的调整

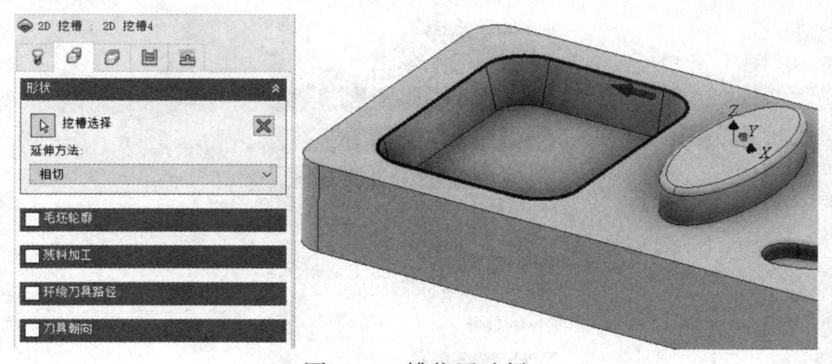

图 8-42　槽位置选择

在“高度”选择上，由于前面选择上侧的位置，默认的底部高度就是该选择的位置，这样的高度位置不能进行挖槽。在“底部高度”选项组中，把下拉列表框选项改为“选择”，选择槽的底平面，如图 8-43 所示；“顶部高度”选择槽的上平面；因槽的深度为 15mm，计划分层加工，把退刀高度定为顶部高度偏移 5mm。

在“加工路径”选项卡中，如图 8-44 所示，设置了“分层铣深”，最大粗加工下刀步距设置为 4mm，精加工下刀设置为 1（精加工走 1 刀），步距设置为 0.2mm（精加工的背吃刀量），壁锥度角设置为 15°，和工件一致。在加工余量上，径向留了 0.5mm，轴向不留。图 8-45 所示为“连接”选项卡，这里基本都是默认设置，在“斜插”选项组中可以看到，默认方式就是“螺旋”，这里的数值都属于默认设置，如有需要，可以按需修改。

单击“确定”后，刀路如图 8-46 所示，这里可以清晰地看到刀具的走刀路径。从图中可以看到，按 4mm 一层的加工方式进行分层切削，很显然对斜壁需要并不满足（会有台阶），前面径向留了余量，计划在后面再做一次切削，清除多余部分。如果分层比较密集，切削量过少，会影响加工速度；如果不加斜度，部分位置余量会很厚，也会影响后期余量切削。工件如果需要透明来看刀路，可以直接更改“外观”属性，选择一个透明的外观来实现。

安全高度
退刀高度
安全高度偏移:
10 mm
退刀高度
顶部高度
退刀高度偏移:
5 mm
进给高度
顶部高度
进给高度偏移:
5 mm
顶部高度
选择
顶部参考
顶部偏移:
0 mm
底部高度
选择
底部参考
底部偏移:
0 mm
底部
0 mm
选择

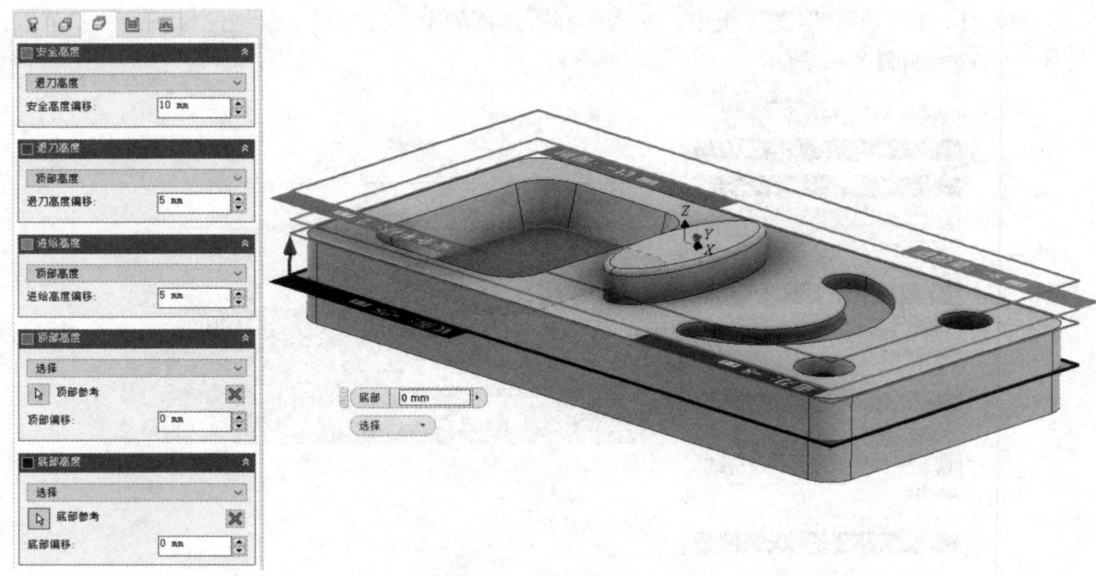

图 8-43　高度的处理

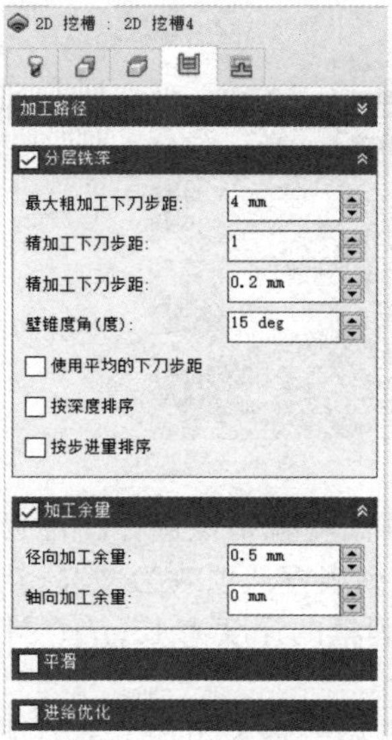

2D 挖槽 : 2D 挖槽4
加工路径
分层铣深
最大粗加工下刀步距:
4 mm
精加工下刀步距:
1
精加工下刀步距:
0.2 mm
壁锥度角(度):
15 deg
使用平均的下刀步距
按深度排序
按步进量排序
加工余量
径向加工余量:
0.5 mm
轴向加工余量:
0 mm
平滑
进给优化

图 8-44　分层铣深设置

2D 挖槽 : 2D 挖槽4
连接
引导和过渡
斜插
斜插类型:
螺旋
斜插角度(度):
2 deg
最大斜坡下刀步距:
25 mm
斜插安全高度:
2.5 mm
斜插径向安全高度:
0 mm
螺旋斜插直径:
9.5 mm
最小斜插直径:
9.5 mm
位置
预钻孔位置
进刀位置

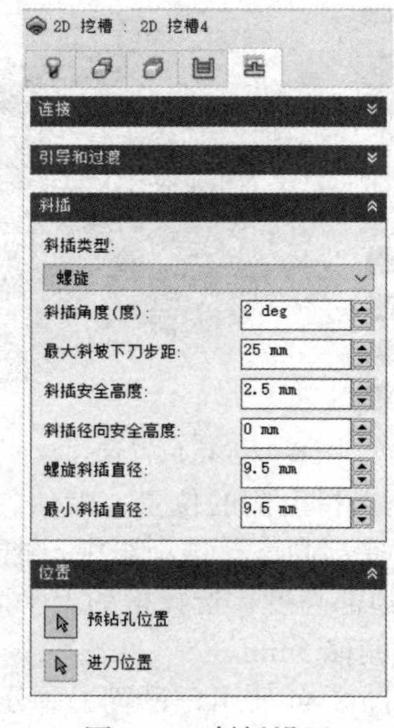

图 8-45　斜插设置

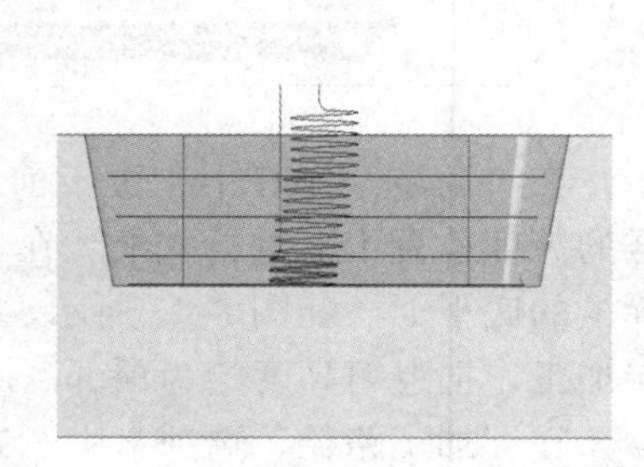

图 8-46　刀路

步骤 8：钻孔。测量工件中两个孔的直径为 11mm，选择“钻孔”命令，刀具换成直径为 11mm 的钻孔刀具。“形状”选项组上选择两个孔面，如图 8-47 所示。

在“高度”选项卡上需要调整钻孔的起始位置和确定是否整个钻透的问题。修改“顶部高度”，改为孔的起钻面，默认因为选择了孔面，会以该面的位置为顶部高度；修改“底部高度”，这里选择“刀尖穿过底部钻孔”整个孔就钻通了，操作如图 8-48 所示。这里不考虑机床下侧夹具等问题，更多是对应的实际应该如何处理。孔一次钻到位，不考虑钻后再做扩孔这种处理方式。

步骤 9：镗孔。对于沉头孔加工，这里选择“镗孔”命令。在“2D 铣削”的下拉列表框中选择“镗孔”命令，选用的刀具是 ϕ8mm 平铣刀，选择的面就是沉头圆面，因加工时间比较短，高度上不用进行调整，加工位置上选择沉孔圆面时已经确定。

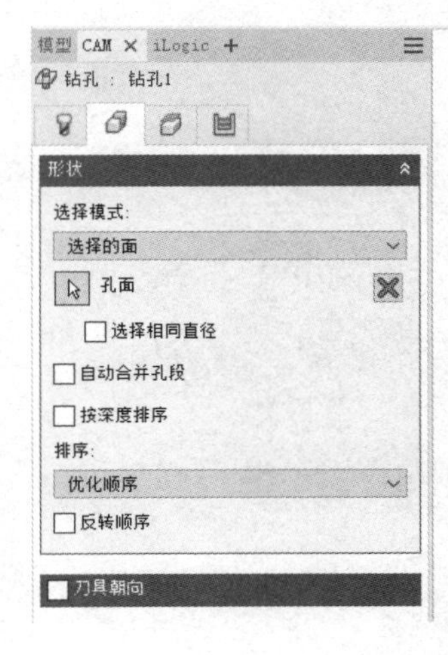

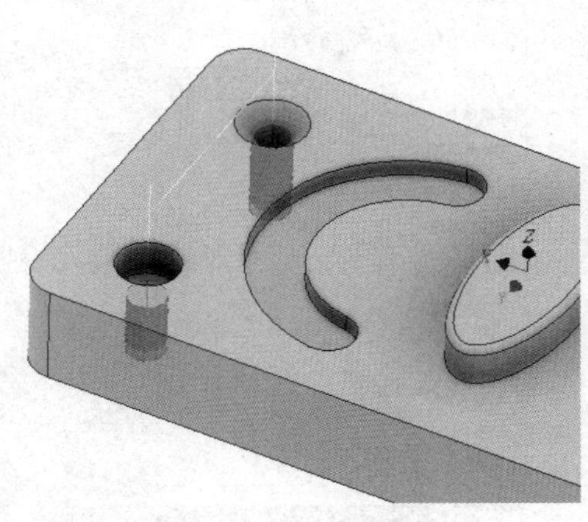

图 8-47　钻孔

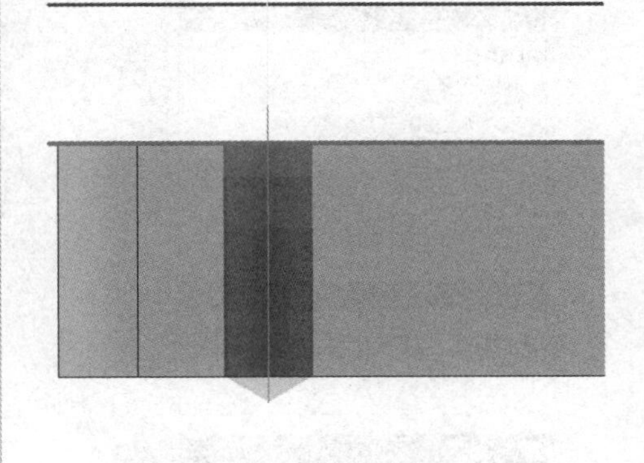

图 8-48　钻孔高度设置

“加工路径”选项卡上的选择如图 8-49 所示，这里“节距”设置为 1mm，刀具走一周，下刀的距离为 1mm；选择“多个加工路径”，设置“步距的数量”为 2、步距为 2mm，表示走 2 次，两次距离为 2mm；选择“精加工路径”，步距设置为 0.8mm，含义是最后一次精加工，切削 0.8mm。如图 8-49 所示，两个螺旋对应的是“多个加工路径”，外圈是最后的精加工走刀。

步骤 10：倒角孔加工。处理倒角孔上方的圆锥面，选择“圆形”命令，进行圆锥面加工，这里的刀具选择 ϕ6mm 球刀。刀具的选择会影响面的加工质量，最好的选择是与形状对应的形刀，通常会选用球刀，选择的刀具直径较小，走的刀路密集，面质量也能提高。

在选项卡的设置上，“形状”选项卡上直接选择圆锥面，“高度”选项卡上选择默认，“加工路径”选项卡上选择“分层铣深”，“最大粗加工下刀步距”设置为 1mm，设置完成后，如图 8-50 所示。

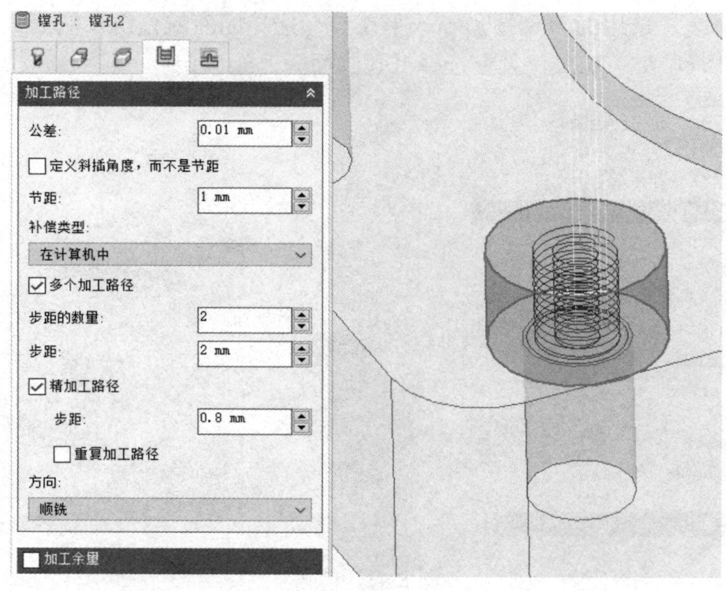

图 8-49　镗孔加工路径

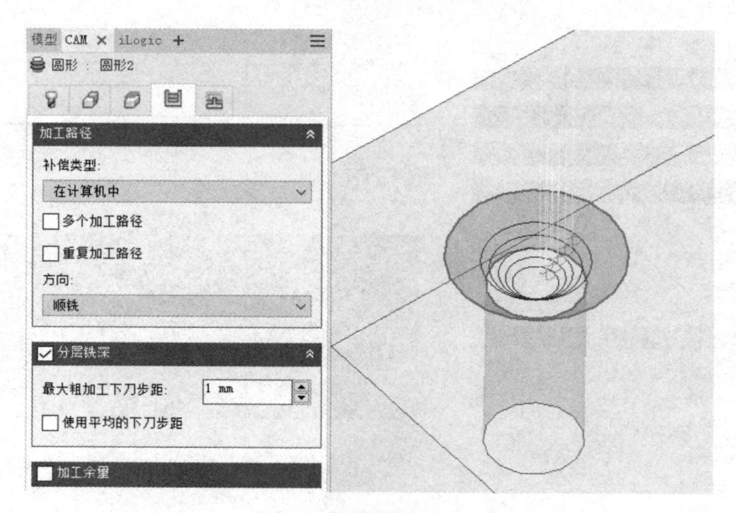

图 8-50　圆锥面加工

上述两步的加工方式很类似，都能够加工圆柱面和圆锥面，在一定程度上也可以相互替换。区别是“镗孔”走的是螺旋线，用节距进行下刀；“圆形”走的是层圆，用分层铣削进行下刀。

步骤 11 ：方形槽斜面加工。方形槽斜面有一定的余量，需要再次进行加工，选择“2D 轮廓”命令，这里的操作与前面的“2D 挖槽”类似，如图 8-51 所示。

在“刀具”选项卡的选择上，这里选择的是 ϕ14mm 的球刀；在“形状”选项卡的轮廓选择上，选择方形槽上方的边线；在“高度”选项卡上，需要定义“顶部高度”和“底部高度”，分别选择槽的上侧和下侧；在“加工路径”选项卡上，选择“分层铣深”，按“1mm”的步距进行加工，设置“壁锥度角”为 15°。这里的相关设置都和“2D 挖槽”类似，完成设置后生成的刀路如图 8-52 所示。

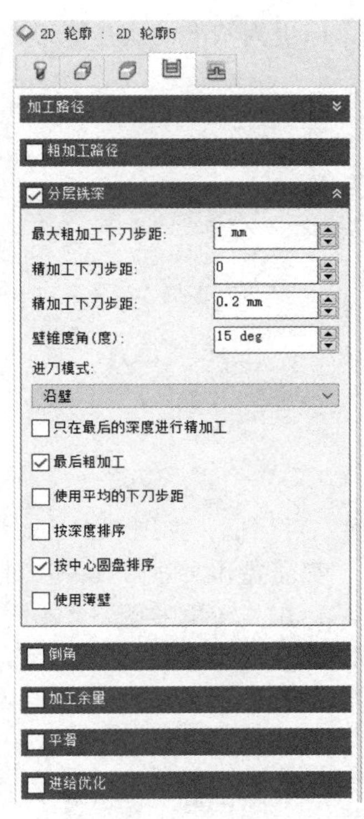

图 8-51 方形槽余量加工

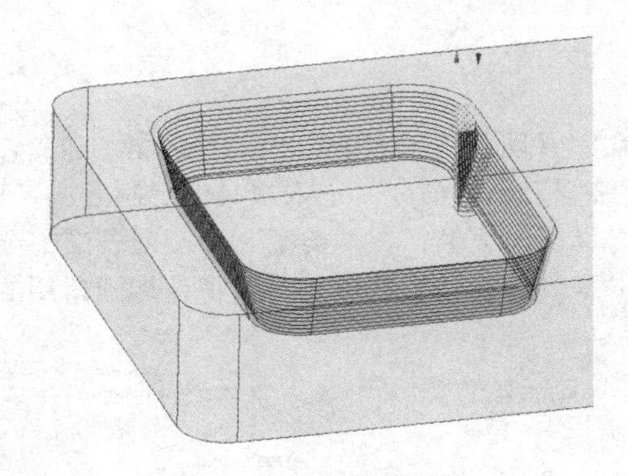

图 8-52 生成的刀路

步骤 12：工件外侧壁加工。外侧壁加工是一个带圆角的整个外形面加工，是一个立面，这个加工和上一步基本类似。右击上一步骤加工工序，选择“创建副本”命令，就可以获得上一步骤的内容，如图 8-53 所示。

在复制的“2D 轮廓”上，右击选择“编辑”命令，回到相关的刀路设置上，这里要修改的有“形状”“高度”和“加工路径”选项卡。

“形状”选项卡：把原有选择删除，选择工件的外轮廓。

“高度”选项卡：修改“底部高度”，选择工件的底面，并偏移 -2mm，偏移的原因是球刀有圆弧度，会导致底面切削有余量，ϕ14mm 的球刀理论应该偏移 -7mm 才能完整切完，但工件的加工高度是 30mm，刀具的刃长是 32mm，为了保证能正常加工，这里设置为 -2mm，如果需要完整切完，可以考虑换把刀具，这里不再详细说明该操作。

“加工路径”选项卡：主要把“壁锥度角”修改为 0°，并按需要更改下刀步距，这里可以把最大粗加工下刀步距改为 3mm。完成后的刀路如图 8-54 所示。

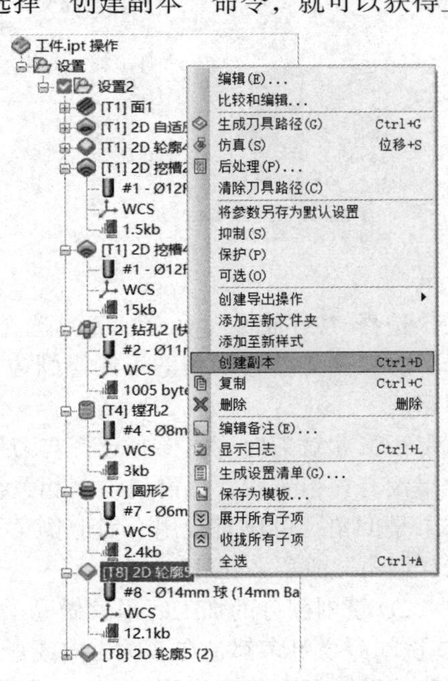

图 8-53 刀路的复制

步骤 13：椭圆台圆角加工。用测量工具可以获得，椭圆台圆角的半径是 2mm。圆角的加工可以用层切方式，但更为精准的还是形刀加工，这里选择定制一把“半径铣刀”。

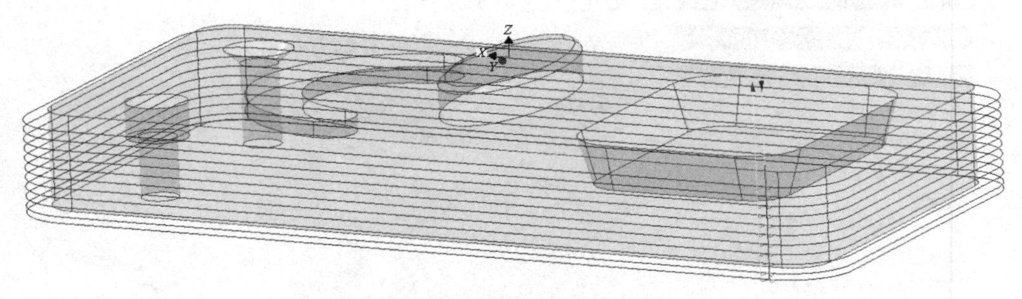

图 8-54　外侧壁的刀路

在“管理”选项卡中选择“刀具库”命令，进入“刀具库”对话框，如图 8-55 所示。选择“新建铣削刀具”命令，进入刀具的定制环境。选项卡有多个，都需要和实际刀具一一对应。选择“刀具”选项卡，在“类型”下拉列表框中选择“半径铣刀”，在“转角半径”文本框中设置“2mm”，其他保持默认设置，这把处理圆角用的铣刀就定制完成了。

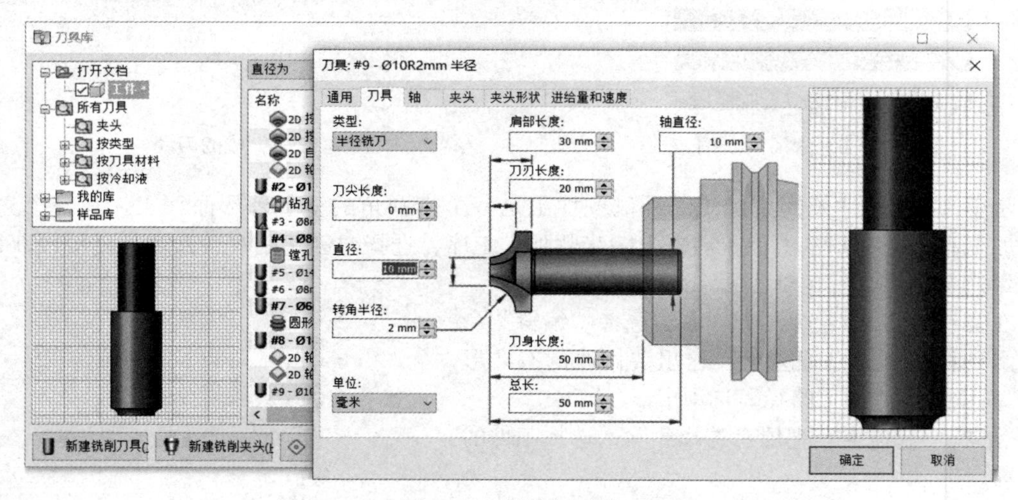

图 8-55　创建新刀具

选择“2D 轮廓”命令，刀具选择定制好的“半径铣刀”。在“形状”选项卡中，“轮廓选择”对象为椭圆台圆角的下侧椭圆边，如图 8-56 所示，其他都保持默认设置，确定即生成该刀路。

用形状铣刀时，主要是选择与刀尖平齐的轮廓线进行加工，就可以完成对应的加工路径，如果没有该位置线，就需要绘制相关线的草图，或更改刀具的刀尖长度来配合有的相关轮廓。如果是倒角，可以直接用有对应倒角刃的刀具，选择“2D 轮廓”命令中的“倒角”选项，或“2D 倒角”命令来处理。

2D 铣削部分的加工练习就做完了，其他的几个命令在操作上和这些命令都有一定的类似，2D 铣削命令更多都是在 Z 轴方向或者 XY 平面一个维度来进行，操作方式的自由度比较低，但刀路的思路很清晰，上手和使用也非常方便，对日常的简单处理极为有用。

下面部分将介绍一下 3D 铣削加工，同样以该工件做相关练习。

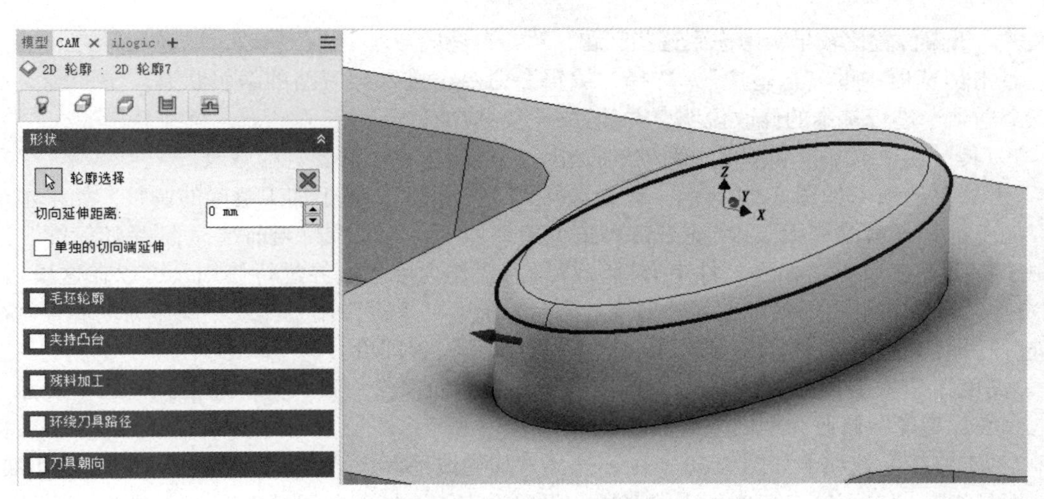

图 8-56 圆角轮廓的选择

步骤 14：复制设置。现在需要基于工件的设置，来做另外一套加工刀路，因此把整个设置复制一份，并把该设置做一个“抑制”，这样就获得一个新的在设置状态的加工工件了，操作的命令都在“设置”中，右击选择来完成，如图 8-57 所示。先选择图 8-57 所示“创建副本”命令，然后选择“抑制”选项，就可以完成“设置”的复制。如果有需要，可以更改设置的名称或者删除设置下的刀路，让结构树更为清晰。

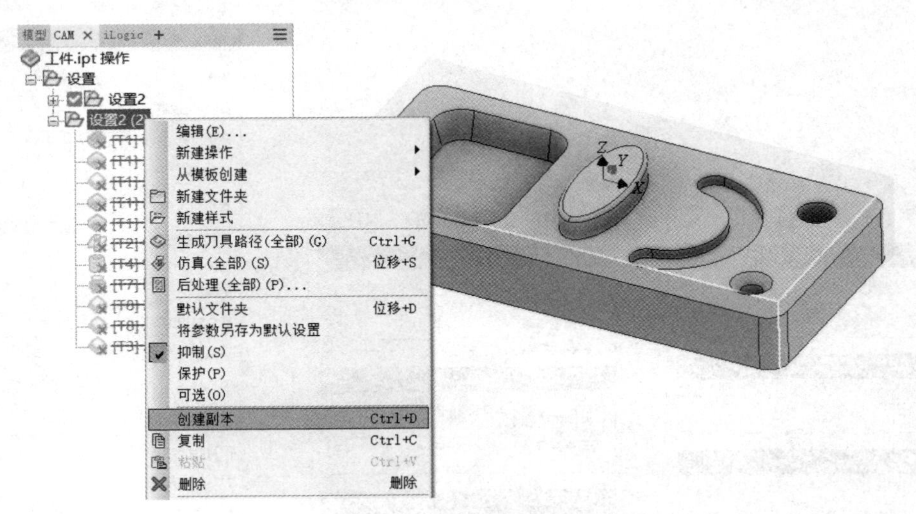

图 8-57 设置的复制

步骤 15：粗加工切余量。选择“3D 铣削”选项卡中的“自适应”命令，选择 ϕ12mm 的牛鼻刀，直接单击“确定”，可以看到刀路就已经生成。“3D 铣削”中大部分的命令都可以用这种方式进行操作，它们都是针对其特有的特征进行加工，使用时可以先用命令处理完成，后看一下不符合的位置，再进行调整。

可以看到，选择“自适应”命令后，形成的刀路会做一系列加工，包括大部分余量的切除，工件的最外侧面进行了加工，同时也把两个槽都进行了加工。考虑到这把刀的切削刃只有 25mm 长，并且这样的切削方式肯定会有一定余量，计划外侧面下半截就不深入加工；自适应挖的槽分层太多，下刀位置比较早，考虑到这些问题，对“自适应”命令进行修改，以满足需要。

右击浏览器中的“自适应”，选择“编辑”命令，进入到刀路的编辑状态。下面会对设置的三个选项卡进行基本的修改说明，并简述一下对应的目的。

“刀具”选项卡基本和前面一系列的操作一样，这里也不需要进行修改。

“形状”选项卡如图 8-58 所示。首先选择“加工边界”，属于加工范围的调整，如果整个工件都加工，选择就是“无”，当前是针对整个工件加工，所以维持当前选择；“毛坯轮廓”选项组用于指定毛坯边界，如果工件中有部分线段需要作为毛坯边界进行使用，可以在这里指定；“残料加工”选项组用于确定毛坯外形或者剩余外形，如果需要用实体或零件作为毛坯，就在这里进行选择，由于当前是第一步操作，这里保存默认设置即可。

“高度”选项卡如图 8-59 所示，选项的操作和前面操作一致。为了加工到槽的上表面，这里把“底部高度”修改为槽的上表面。

“加工路径”选项卡如图 8-60 所示。选择“加工浅平面区域”可以对浅平面定制细化加工，浅平面是指有一定深度但角度不大的区域，可以设定该区域的分层精细度；“加工型腔”就是挖槽功能，在加工范围内有可加工的槽，就会自动进行挖槽加工，这两个选项可以简单地认为自适应同时包含类似轮廓和挖槽的功能，可以不需要挖槽，因此不选择“加工型腔”。“最大粗加工下刀步距”和“精加工下刀步距”两个在分层加工时使用，有一定斜度的加工位置作为精加

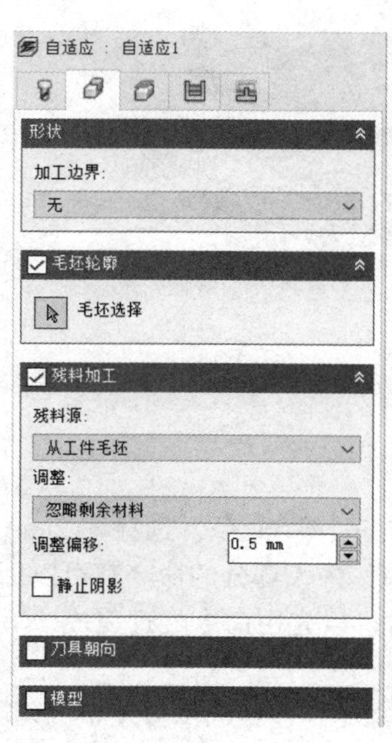

图 8-58　自适应的“形状”选项卡

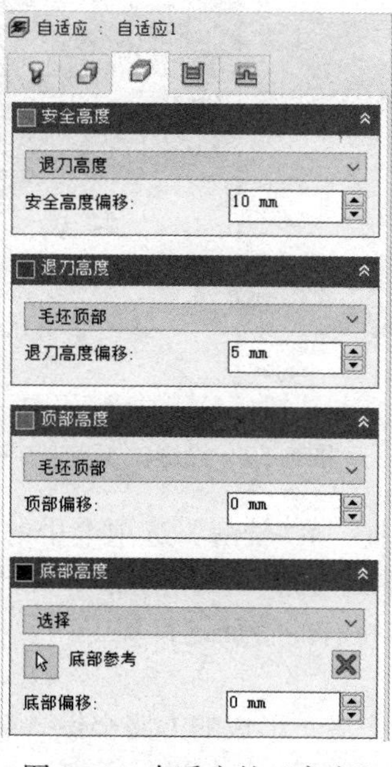

图 8-59　自适应的“高度”选项卡

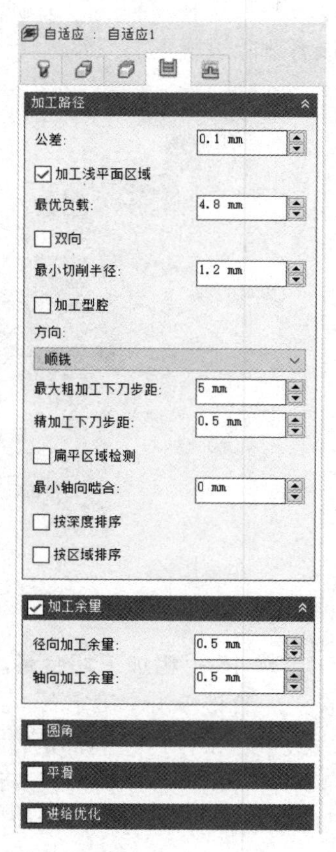

图 8-60　自适应的“加工路径”选项卡

工下刀区域，这就是倒角位置和方形槽都会精加工的原因，这里把粗加工设置为“5mm”，精加工设置为“0.5mm”，如果希望加工都比较粗，可以把精加工改大，由于加工余量也是 0.5mm，这里精加工为 0.5mm，可以让加工余量有一定的统一。

设置按图修改后，自适应的走刀结果如图 8-61 所示。在实际中，完全可以按需要进行调整，做到工件在各方面的余量统一，也让加工时间更为节省。

图 8-61　自适应的走刀结果

步骤 16：挖槽。按 3D 的挖槽特点，两种槽可在一个命令中同时进行，选择“挖槽”命令，继续用上一把刀具，直接确定，挖槽也就完成了。这里同样可以先生成刀路，再处理刀路的具体参数。

“形状”选项卡如图 8-62 所示，修改“残料加工”选项组，把“从工件毛坯”改为“从先前操作”，这样软件会考虑上一个步骤以及切削的区域，减少空走刀。

“高度”选项卡如图 8-63 所示，由于 3D 加工都是自动识别，没有“进给高度”，因此修改“顶部高度”，把“顶部高度”改为槽的上平面，有利于减少斜插的空走刀，当然，空走刀的时间不长，也可以保持原参数。

“加工路径”选项卡如图 8-64 所示，修改“最大粗加工下刀步距”。这个步距太大会导致余量过多，太小会导致加工时间太长，这里设置值为“3mm”。设置加工余量为 0.5mm。

挖槽 : 挖槽3
形状
加工边界:
边界盒
刀具加工范围:
刀具中心位于边界之上
其他偏移: 0 mm
毛坯轮廓
残料加工
残料源:
从先前操作
调整:
忽略剩余材料
调整偏移: 0.5 mm
刀具朝向
模型

挖槽 : 挖槽3
安全高度
退刀高度
安全高度偏移: 10 mm
退刀高度
毛坯顶部
退刀高度偏移: 5 mm
顶部高度
选择
顶部参考
顶部偏移: 1 mm
底部高度
模型底部
底部偏移: 0 mm

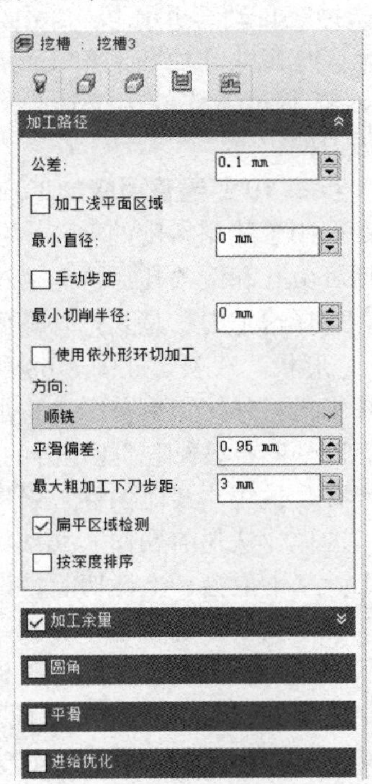

图 8-62　挖槽的“形状”选项卡　图 8-63　挖槽的“高度”选项卡　图 8-64　挖槽的“加工路径”选项卡

挖槽的走刀结果如图 8-65 所示。可以看到，这里的“挖槽”命令会自动考虑斜面，同时两槽一起处理，并且选用了两种斜插，也不会把孔作为其加工对象。

步骤 17：平面精加工。该步骤是对整体平面进行精加工操作，切除 Z 轴方向的余量，选择“水平”命令，继续使用上一把刀具。直接确认后，可以看各平面的刀路都已经生成，并且会按平面的外形来进行走刀，如图 8-66 所示。

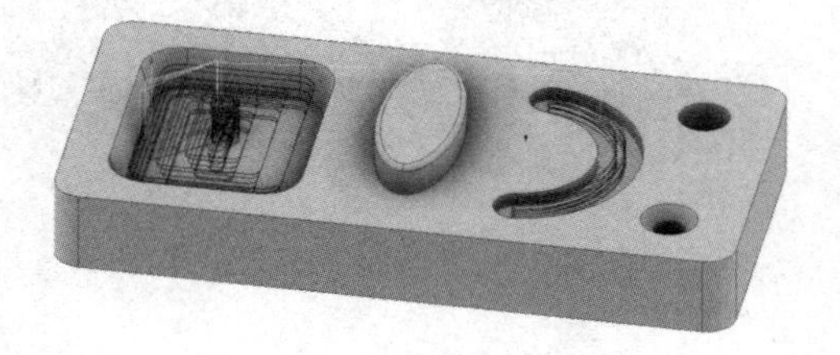

图 8-65　挖槽的走刀结果

图 8-66　“水平”面加工

由于当前工件属于全加工，又属于余量的全部切除，因此都符合默认设置。如有需要，该方式的加工可以选择“分层铣深”和“依外形环切”。依外形环切加工能够让刀具以加工的外形为基准，逐渐往内进行层次切削。

步骤 18：钻孔。这里使用的“钻孔”命令和前面操作基本上完全相同，为了不去改动“高度”，可以在“形状”选项组中选择“自动合并孔段”，并在孔面的选择上，把沉头孔面和倒角孔面都选上，如图 8-67 所示。软件会按选择的位置，抬高进刀的位置。

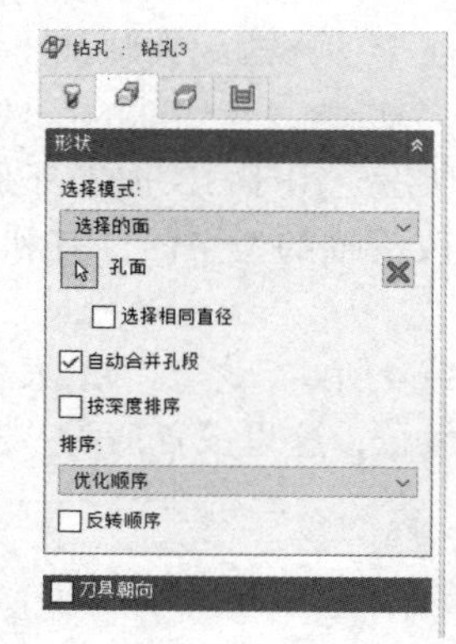

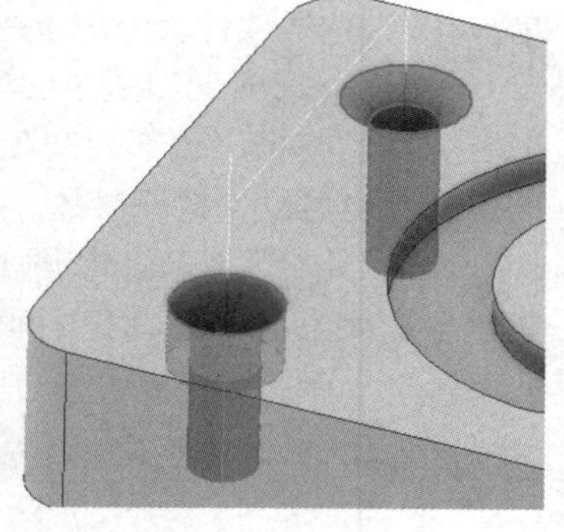

图 8-67　钻孔处理

步骤 19：竖直面精加工。“轮廓”命令专门用于陡峭斜度的加工，包括垂直面。当前工件中留下来要加工的面，基本上都是这种面，包括沉头孔和倒角孔。这里对这些面一次性进行加工。选择“轮廓”命令，刀具选用 ϕ14mm 球刀。选择这把刀，是要把外侧面也一次处理了。同样可以确定生成刀路后进行细节调整。

“形状”选项卡如图 8-68 所示，这里“加工边界”默认选项是“边界盒”，会以工件的最大外轮廓投影外接矩形范围进行加工。“刀具加工范围”是指控制刀具走刀范围，选择“刀具位于边界以外”，这样刀具能走刀的范围是外切于边界盒。由于毛坯在边界盒以外，加上下刀时的进给半径，这里“其他偏移”设置为“4mm”，用于外侧空间。在“残料加工”选项组中，“残料源”选择“从先前操作”，会以上一个步骤加工完成的毛坯进行当前加工。由于该步骤是面的精加工，基本上会一次性切除，设置对当前的刀路影响很小。

在“高度”选项卡中，把“底部高度”下降 2mm，原因和前序步骤一样。

“加工路径”选项卡如图 8-69 所示，这里选择“加工浅平面区域”，主要是为了加工倒角孔，由于该孔没有粗加工来预先切除部分，一次性进行精加工，因此如果不选择该选项的话，会有下刀碰撞问题，按图 8-69 所示给定数值或默认就可以。最大下刀步距设置为“1mm”，这样有利于斜面及椭圆台的圆角。这里使用该加工方式后，不再需要用形刀来处理这个圆角了，外形基本符合实际需要，竖直面精加工的刀路如图 8-70 所示。

本步骤加工后，斜面及圆弧面的效果都已经比较好了，因此圆角上不再使用半径铣刀来处理。另外，可以看到，由于刀具圆角比较大，在切削角落里会有大量的残余。

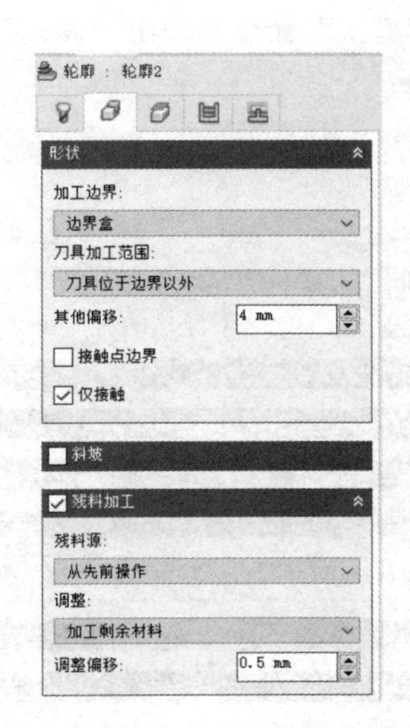

图 8-68　轮廓的“形状”选项卡

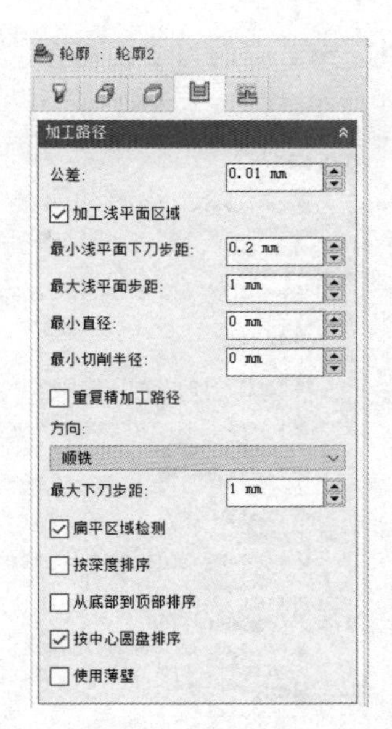

图 8-69　轮廓的“加工路径”选项卡

步骤 20：清除内角残余。由于前面加工用的刀具直径比较大，会导致在内角位置出现切削的残余，这种情况在球刀加工时出现尤为正常，一般会用半径比较小的刀具在精加工后，在对应的位置做一次切削，用的命令就是“交线清角”命令。

在“3D 铣削”选项卡的下拉列表框中选择“交线清角”命令，选择刀具为 ϕ6mm 的球刀。可以选择其他刀具，选用这把刀具的原因是它属于已用的刀具中半径比较小的刀具。不做其他选择，直接确定，获得所需要的刀路，如图 8-71 所示。

图 8-70　竖直面精加工的刀路

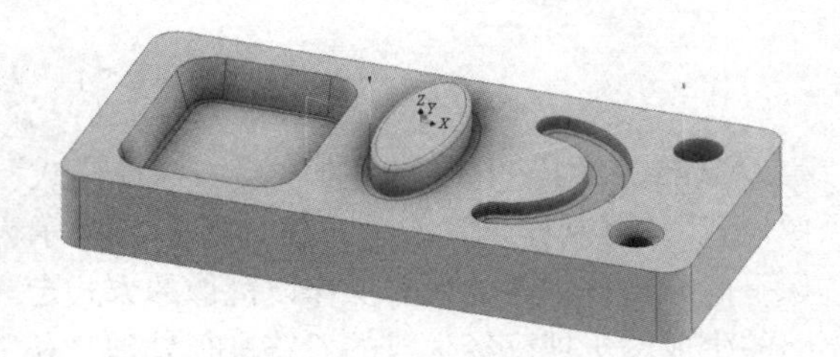

图 8-71　“交线清角”的刀路

到这步骤结束后，需要的刀路基本上都已经完成，观察一下刀路情况，并对部分做一下修改，满足使用的需要。

步骤 21：刀路处理。如图 8-72 所示，可以看到这是后半部分做的刀路的所有内容，能看到“轮廓 2”（操作不同，带的数字不一定相同）的加工信息为“1.5Mb”，这个加工就是竖直面精加工，加工信息内容这么大的原因是有大量的螺旋切削方式，这个太大会导致后期走刀文件也增大，因此对该步骤做调整。

右击该步骤，选择“编辑”命令，回到它的“加工路径”选项卡，如图 8-73 所示。选择“平滑”选项，确定后可以看到大小缩到 370KB 左右。这个步骤，就是把三维空间中的走刀路径改为用圆弧线来拟合，减少路径中的点。

如有需要，可以对已生成的同类刀路进行复制，如当前的工件有个镜像刀路要处理，先在浏览器中选择对应的刀路，再在“工件”选项卡中选择“样式”命令，弹出“样式”对话框，如图 8-74 所示。

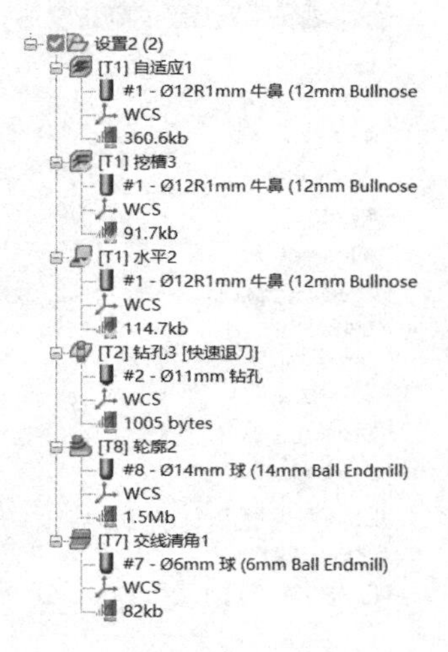

图 8-72　刀路数据

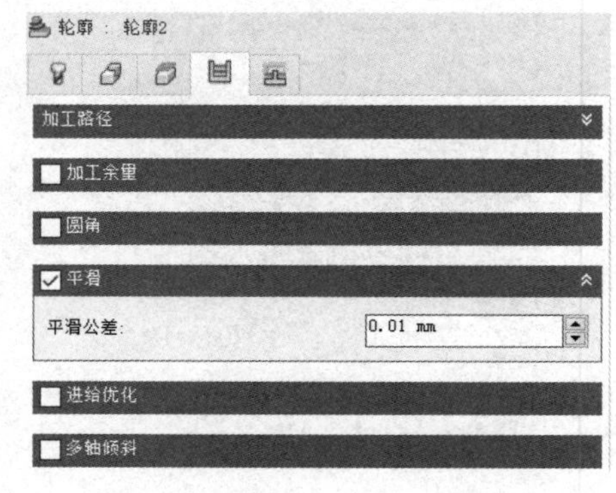

图 8-73　平滑处理

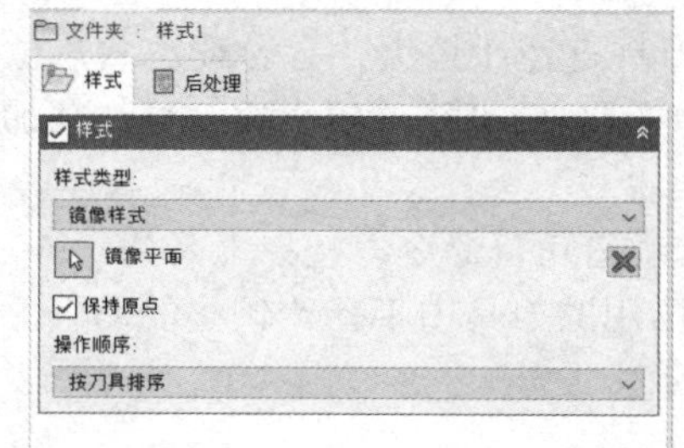

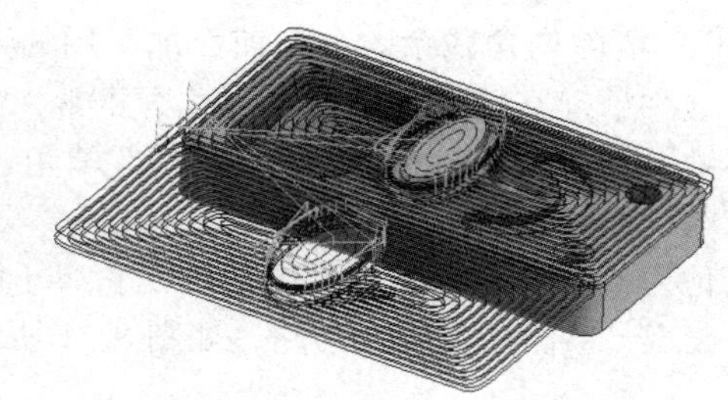

图 8-74　“样式”命令使用

“样式类型”下拉列表框中有“线性样式”“圆形样式”“镜像样式”“复制样式”四个选项。图 8-74 所示为镜像，选择了镜像平面后，该步骤的所有操作以镜像的方式走一次刀路。这种刀路的生成属于把已经生成的刀路进行处理，和工件没有关系。这种操作可以用在工件内，也可以用在多工件上。

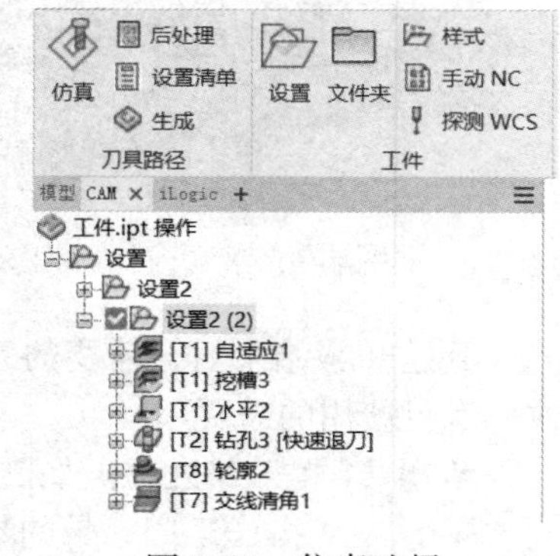

图 8-75　仿真选择

步骤 22：仿真。仿真的目的是按照所有的设置在软件内进行加工过程的模拟。如果选择某个加工步骤，就会模拟该步骤；如果选择“设置”，就会模拟整个步骤。在浏览器中，选择“设置 2（2）”（名称可能不相同），再选择“刀具路径”选项卡中的“仿真”命令，如图 8-75 所示。

弹出“仿真”对话框后，可以看到如图 8-76 所示界面，在图中左侧位置选择需要显示的内容，包括“刀具”“刀具路径”“毛坯”三个选项组。

“刀具”选项组有轴是否显示、夹头是否显示、是否透明，通过选择，有显示轴、显示轴和夹头、都不显示几种组合，并确定是否透明。

“刀具路径”选项组有多种路径的显示模式，可以显示当前加工位置的前、后等各种路径。

“毛坯”选项组可以把毛坯显示出来，来观看整个切削过程中毛坯到工件的转变。当模式是"标准"时，可以选择"碰撞时停止""显示零件比较结果"两个选项。

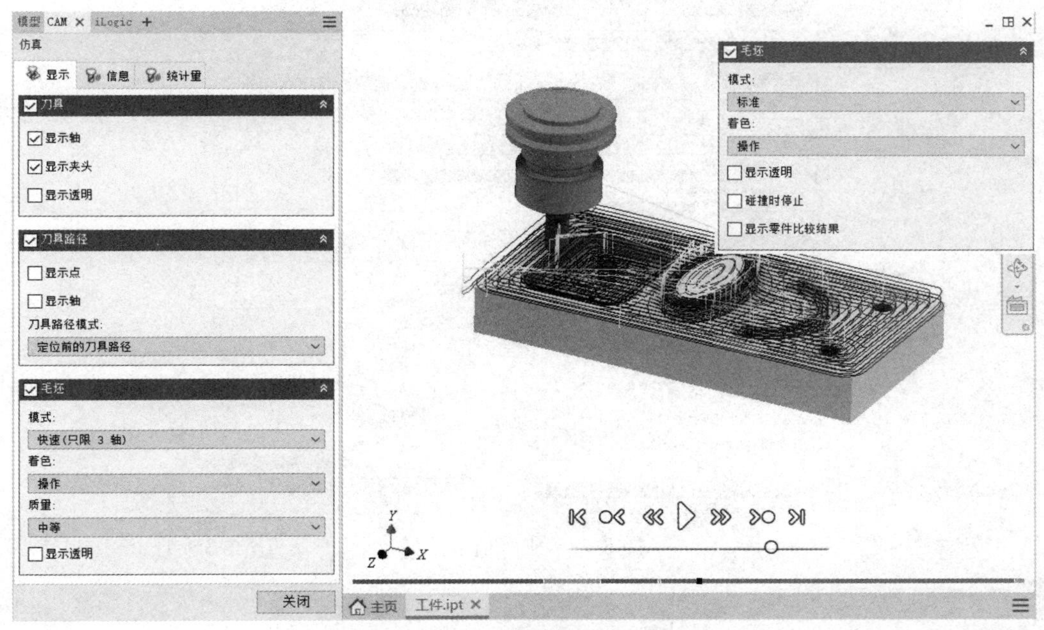

图 8-76　仿真内容显示

单击"播放"，可以观看整个加工过程，注意下方的显示是否存在碰撞，如果完全按过程操作应该是不会有碰撞的，但可以看到工件底部上会有切削剩余（ϕ14mm 球刀的切削刃长度不够）。

在"统计量"选项卡中（图 8-77 和图 8-78）可以看到加工所需要的时间，这个时间与实际时间基本相同，除非机床的设置与实际不符合。从 2D 加工和 3D 加工的统计对比可以看到，3D 加工距离多了近 20m，该部分更多是轮廓加工导致的，更小间距的分层让加工距离更长，可以考虑把斜度和垂直分开处理；时间上，花费更多的是 2D 加工，因为过于复杂的处理，有了更多的步骤，也增加了加工时间。

显示　信息　统计量

统计量

加工时间:	2:08:56
加工距离:	52.879 m
操作:	11
换刀:	6

图 8-77　2D 加工的统计

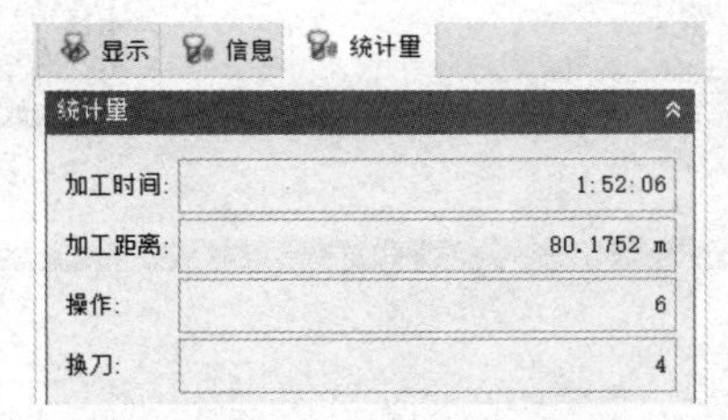

图 8-78　3D 加工的统计

步骤 23：后处理。选择"后处理"命令，弹出"后处理"对话框，如图 8-79 所示。这里可以直接按自己熟悉的机床进行选择，或者选择"FANUC"机床进行后处理输出。

输出后，软件会自动使用"HSM Edit"软件来打开输出的后处理文件。在软件中，主要是针对输出的后处理文件进行相关的编辑、仿真、传输给机床等操作，如图 8-80 所示。

图 8-80 所示右下角就是针对代码的仿真，也可以把已有编辑代码加载后进行仿真。如果需要打开该应用，到 Autodesk\Inventor CAM 2024\editor\ AutodeskHSMEdit.exe 中打开。

后处理

配置文件夹

C:\Users\Public\Documents\Autodesk\Inventor CAM\Posts　　设置

后处理配置

输入搜索文本　所有　Fanuc

FANUC / fanuc　打开配置

FANUC (with G91) / fanuc incremental
FANUC / fanuc
FANUC Turning / fanuc turning
FANUC with subprograms / fanuc with subprograms

NC 延伸(X)　.nc

程序设置

程序名称或编号　1001

程序注释

单位　文档单位

重排序来最小化刀具变化(R)

在编辑器中打开 NC 文件(E)

特性	值
8 Digit program number	否
Separate words with space	是
Sequence number increment	5
Start sequence number	10
Show notes	否
Use sequence numbers	Yes
Write machine	是
Write tool list	是
Safe Retracts	G28
Allow 3D arcs	否
Force IJK	否

在我们的 Autodesk HSM 后处理器库中搜索后处理器　后处理　取消

图 8-79　机床信息选择

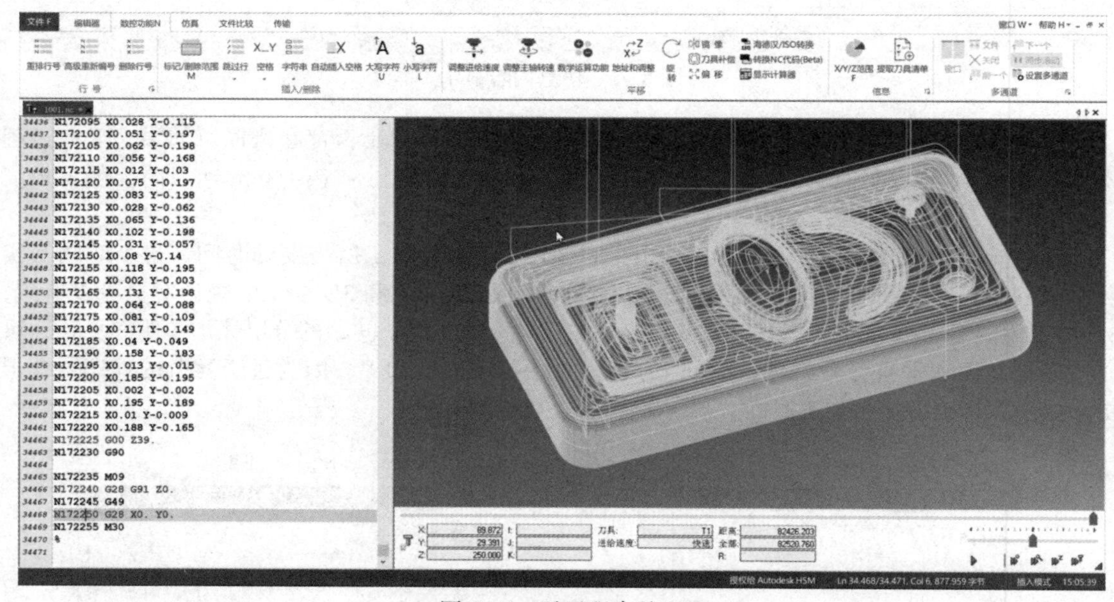

图 8-80　后置程序处理

Inventor CAM 属于使用很方便且很容易上手的加工模块。它的操作模式很贴合实际应用，并能基于现有的模型来进行处理。教程中主要针对铣削加工，以具体的操作来说明铣削大部分命令及相关应用，其他命令都有类似设置，因此在其他命令中并没有太多要深入的部分。

常规的铣削、车削、线切割属于 CAM 中最为普遍的部分。在这几部分中，铣削相对有一定的操作要求，这是选择该部分内容进行说明的主要原因，也是软件相对重点的方向。在铣削中，主要介绍了 2D 铣削和 3D 铣削两部分，2D 适合加工的内容是二维方式，不会考虑异形毛坯等问题，而 3D 就能把这些问题都考虑在内。在使用过程中，实际上是 3D 的加工方式更为简单，配合需要用到的 2D 方式，才是编辑刀路最为方便的模式，当然得考虑机床的支持。

第 9 章 Factory 与工厂布局

【学习目标】

1）熟悉 Factory 模块的使用。

2）定制资源库。

3）了解 Factory 在二维与三维中的交互。

9.1 Factory 概述

Factory 是作为一个插件来使用的，需要单独安装。插件安装后，会在 ACM（AutoCAD 机械版本）和 Inventor 中都增加一个选项卡。图 9-1 所示为在 ACM 中的“Factory”选项卡；图 9-2 所示为在 Inventor 中的“Factory”选项卡。

图 9-1　在 ACM 中的“Factory”选项卡

图 9-2　在 Inventor 中的“Factory”选项卡

从命名的布局上，两个软件比较统一，也都类似。ACM 的“在 Inventor 中打开”和 Inventor 的“在 AutoCAD 中打开”两个命令对应，用于两个软件中模型的相互切换。软件会以当前图形为基准，生成对方软件对应的图形。

两个软件中存在相互操作，更多的是为了满足工厂布局方式中的应用。在工厂布局中，需要二维布局图，而且大部分情况下用得更多的还是二维布局图；三维方式偏向于更好地展示布局的效果，或者和其他三维数据一起来观看整体的效果。所以使用布局时，二维偏向于图样上的显示，三维能更好地展示效果。软件中把二维和三维在这里混用，更多的是解决两方面综合的效果，让使用更加灵活。

在实际应用中，工厂布局大多用在生产线的布局、仓库布置等场合。在这种场合下，会有各种设备较多、关注的是整体尺寸、不需要太精细、要求位置的合理性比较强等特点。与之相结合的是软件在使用过程中，更多的是以库内容为主，尽可能减少绘制内容，因此操作所需要的是如何使用库内容以及相关内容位置的放置，界面上的命令也都是为此而对应设置的。

在 ACM 中多出了一个“物料流”选项组，这里的命令用于定义产品在车间中的流程，计算每一个工作站中的使用效率，简单的设备计算可以使用该部分来完成。

9.2 操作选项卡

Factory 的操作选项卡有“工具”“跨产品工作流”“Factory 资源”“布局”“点云”“实用程序”等选项组，下面简要进行说明。

1）**工具**。包含各种操作选项，如浏览器、特性等。

2）**跨产品工作流**。软件与其他软件交互，需安装相关产品，命令才会亮显。

3）**Factory 资源**。包括资源库相关命令，用于资源的定义。

4）**布局**。用于空间上地板等相关设置及部分文件的读入。

5）**点云**。用于点云数据的处理，ReCap 是处理点云的软件。

6）**实用程序**。用于定位、连接等相关处理，是处理资源库文件的位置。

7）**BOM 表**。用于 BOM 表相关的统计和调整。

8）**选项**。用于当前环境的相关设置，包括插入资源时的捕捉设置。

这些选项组都属于 Inventor 的内容，其中和 ACM 一样的选项组，含有的命令及作用都比较相似。ACM 单独有的就是“物料流”选项组，由于它要按摆放的位置来计算距离，该部分在 Inventor 中是不存在的，需要使用时必须用 ACM。在“跨产品工作流”中，另外一个应用程序是 Navisworks，其主要用于模型数据的审核。它可以承接二维或三维的数据，实现浏览、碰撞分析、时间轴动画制作等功能。

9.2.1 “工具”选项组

“工具”选项组中的“选项板”命令有一个下拉菜单，包含四个选项，分别是“资源浏览器”“布局浏览器”“Factory 特性”和“Factory 资源预览”，打开后都有各自的对话框，如图 9-3 所示。

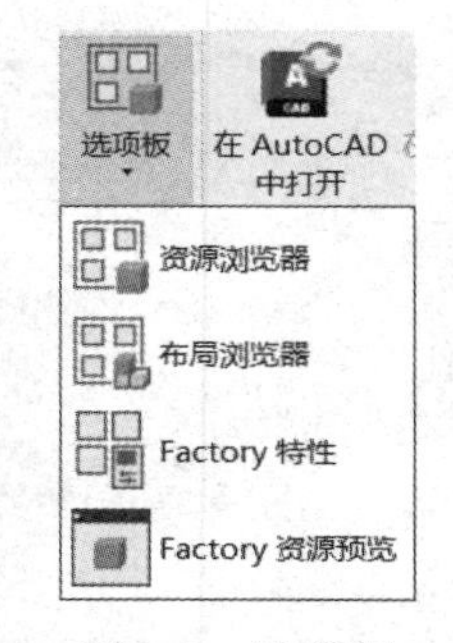

图 9-3　选项板

1）**资源浏览器**。用于资源中心的浏览，是插入内容的主应用对话框。

2）**布局浏览器**。使用 Factory 模块后，文件保存后会有两个文件：一个是本身的数据文件（Inventor 中是 .iam，ACM 中是 .dwg）；另一个是 LayoutData 文件，保存 Factory 里对应的数据，用于 Factory 中增加的内容，这种文件的打开就是使用布局浏览器。

3）**Factory 特性**。用于资源浏览器放置的各种“设备”相关特性的更改。

4）**Factory 资源预览**。预览资源中心的内容，方便资源的定位。

常用的是“资源浏览器”和“Factory 特性”，一个用于所需“设备”的插入，一个用于插入“设备”特性的更改。

选择“资源浏览器”命令，弹出“资源浏览器”对话框，如图 9-4 所示，其中包括检索、内容显示方式等内容。对话框右上角的云图标表示在线连接，当如图 9-4 所示状态时，属于在线模式。在该状态下，检索及内容都包括线上资源。

资源包括三类，如图 9-4 所示，有三种情况：第一种是“链式”，这种资源可以按选择的草图线来进行铺设，图形中以多零件样式来显示；第二种资源有一个圆圈符号，表示该资源在云端，需要下载到本地才能使用；其余最多的就是普通的资源。

右击资源，选择“预览”命令，就可以弹出“Factory 资源预览”对话框，用来查看对应的资源图形以及相关的信息。

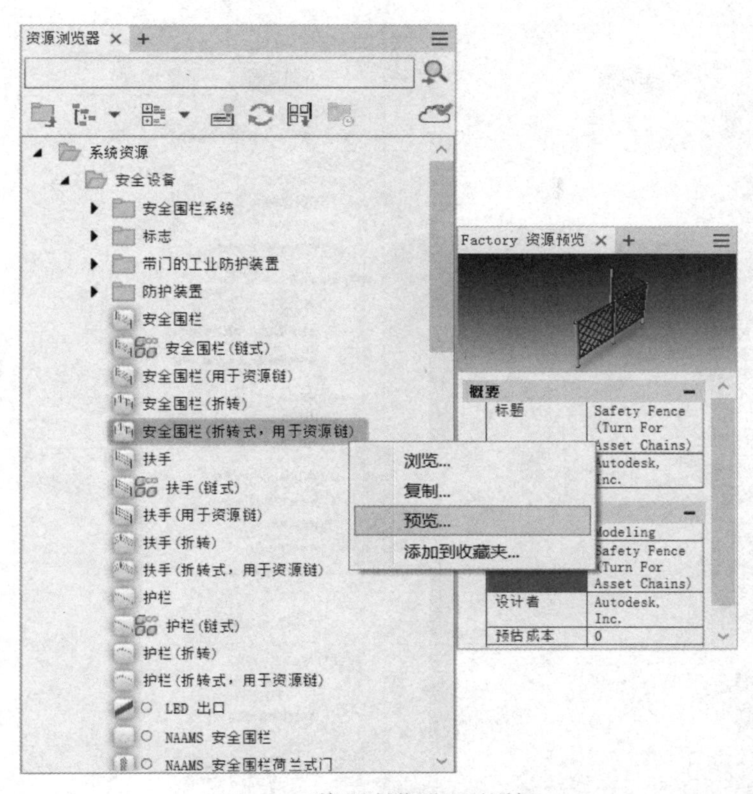

图 9-4　“资源浏览器”对话框

9.2.2　选项设置

“选项”选项组中有 Factory 特有的两个命令可以进行设置，单击“选项”的下拉列表框，就可以看到，如图 9-5 所示，对应的命令分别是“地板 / 网格设置”和“Factory 选项”。

图 9-5　“选项”中的命令

在 Factory 操作中，会有一个存在的默认地板，并会以网格方式显示。“地板 / 网格设置”就是针对该项的设置，选择该命令，就可以弹出对话框，如图 9-6 所示。

地板所对应的平面是 *XY* 平面，用于和 ACM 软件统一。默认的地板是一个带黑黄边界的面。在“地板设置”中，可以选择是否可见，并定义尺寸，默认设置为“自动调整尺寸”，会按放置的资源文件自动调整边界的位置。厚度“200mm”是把地板转换成实体时，对应的厚度尺寸。在“地板样式”中，可以设置地板边界是否显示及地板的颜色。在“网格设置”中，可以设置辅网格的间距，并选择显示哪些网格线及设置对应的颜色。网格可以用于对应的捕捉，也可以用于在放置资源时快速定位。

“Factory 选项”对话框如图 9-7 所示。其中包括模板文件位置设置、捕捉设置、资源保存位置设置和放置资源的一些处理设置，以及资源定制时的部分设置。这里的捕捉设置最为复杂，大部分设置可以在“捕捉类型”里进行调整，图 9-7 所示是默认的选项。

其他选项组中的命令大部分都和具体使用相关，在后续的练习中将明确对应的使用以及目的。部分与其他软件交互的命令暂不进行说明。

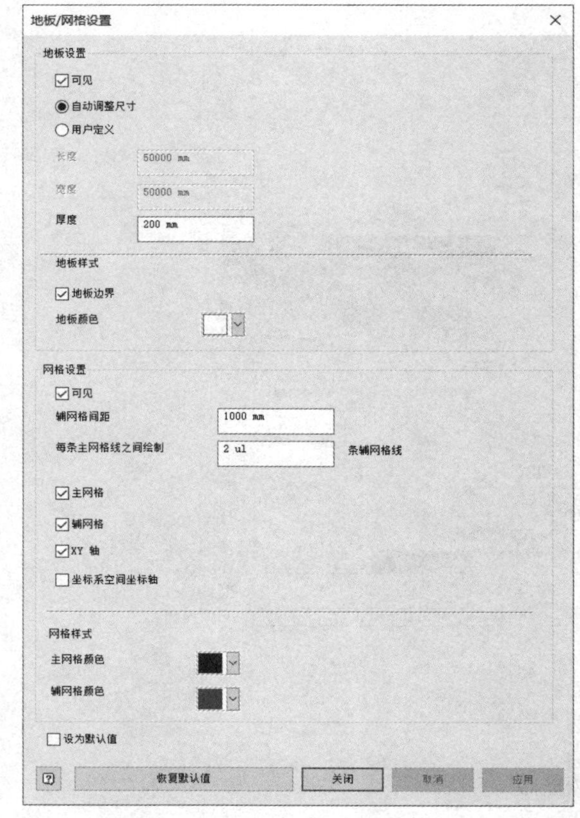

图 9-6 “地板 / 网格设置”对话框

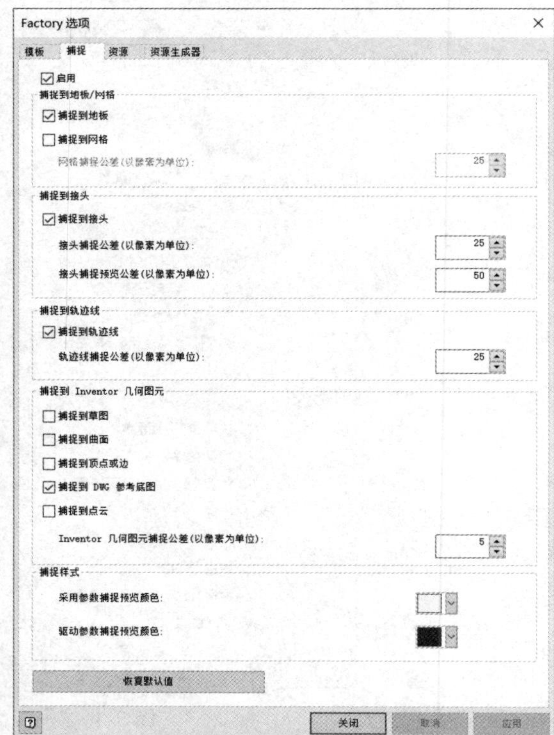

图 9-7 “Factory 选项”对话框

9.3 Factory 的操作练习

本练习会介绍 Factory 的操作流程，并介绍一些命令的用处。以一个新建布局的方式，来展示整个流程的操作过程。由于 Factory 更多的是内容的放置，因此在练习中重复的部分会做一定的减少，自由度也相对比较高。

步骤 1：新建文件。在“新建文件”对话框中，选择“StandardFactoryLayout.iam”部件，进入 Factory 环境，如图 9-8 所示。如果需要在 Inventor 中进入 Factory 环境，只能以该方式进入，普通的部件无法转换到 Factory 环境，需要时也只能进入 Factory 环境后，再把该部件插入。如果在当前项目中没找到该部件文件，通常原因是当前项目文件的模板位置更改了，可以在菜单上找到“Factory”选项卡，进入“Factory 选项”里，就能看到模板的默认存放位置，然后到那里复制模板到当前模板位置即可使用。也可以把项目改为“Default”，对应位置肯定会有该模板。单击“创建”后，进入 Factory 环境中。

步骤 2：插入布局。图 9-9 所示为一张规划图的简图。它以 .dwg 文件格式存在，图样中是设备大致的摆放位置。下面以它为基础来创建基本对应的工厂布局。

在“布局”选项组中，选择“添加 DWG 参考底图”命令，选择练习文件中的“规划 .dwg”文件，如图 9-10 所示，把布局插入当前 Factory 空间。

插入的 .dwg 图样会按坐标系方式和当前环境重合，并且保留与 AutoCAD 内容中一模一样的特征。在左侧的浏览器中可以找到对应的图样，右击选择“图层可见性”命令，可以把当前 .dwg 文件的图样按层进行可见性选择。

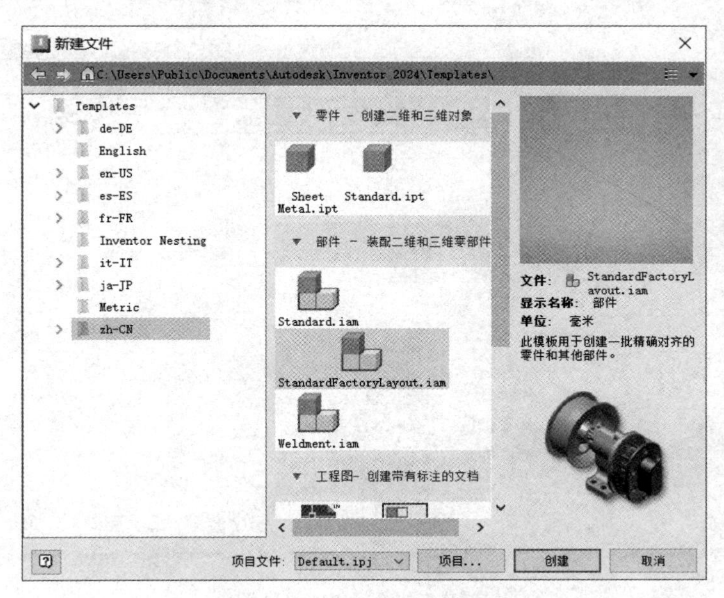

图 9-8 新建 Factory 部件

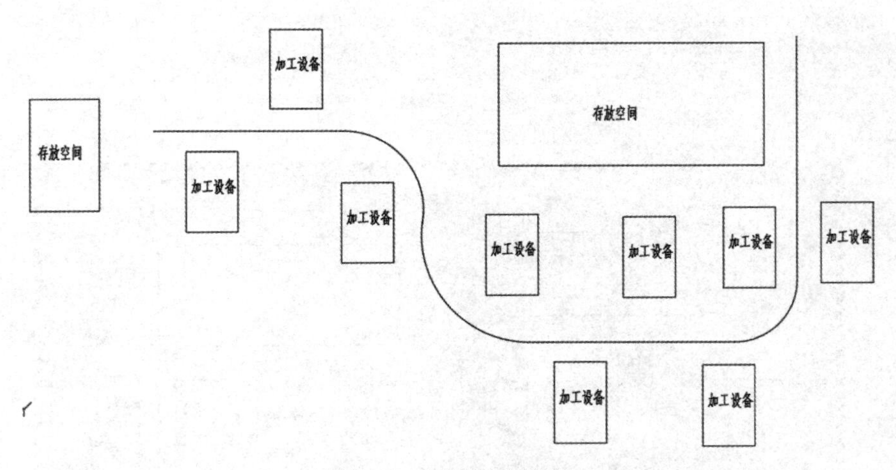

图 9-9 规划图的简图

插入的 .dwg 文件，由于原点的原因，其位置是偏置在一个角落的，选择“调整地板尺寸”和“重新定位地板”两个命令来调整地板的位置，如图 9-11 所示。其中，“调整地板尺寸”是调整地板的边界位置；而“重新定位地板”是调整地板的坐标系。调整到合适位置后，右击选择“完成”命令，把当前的地板位置保存下来。此处调整的是地板的外形尺寸，和坐标原点没有任何关系。该地板用于视图中的显示，能更方便地进行观察。

当前地板属于一个显示的面，如果需要实体，可以选择图 9-11 所示的“创建实体地板”命令，软件就按“地板 / 网格设置”的厚度来生成实体。生成的实体一般用于实体内容的观察，当前样式的地板只能在 Inventor 软件中看到。

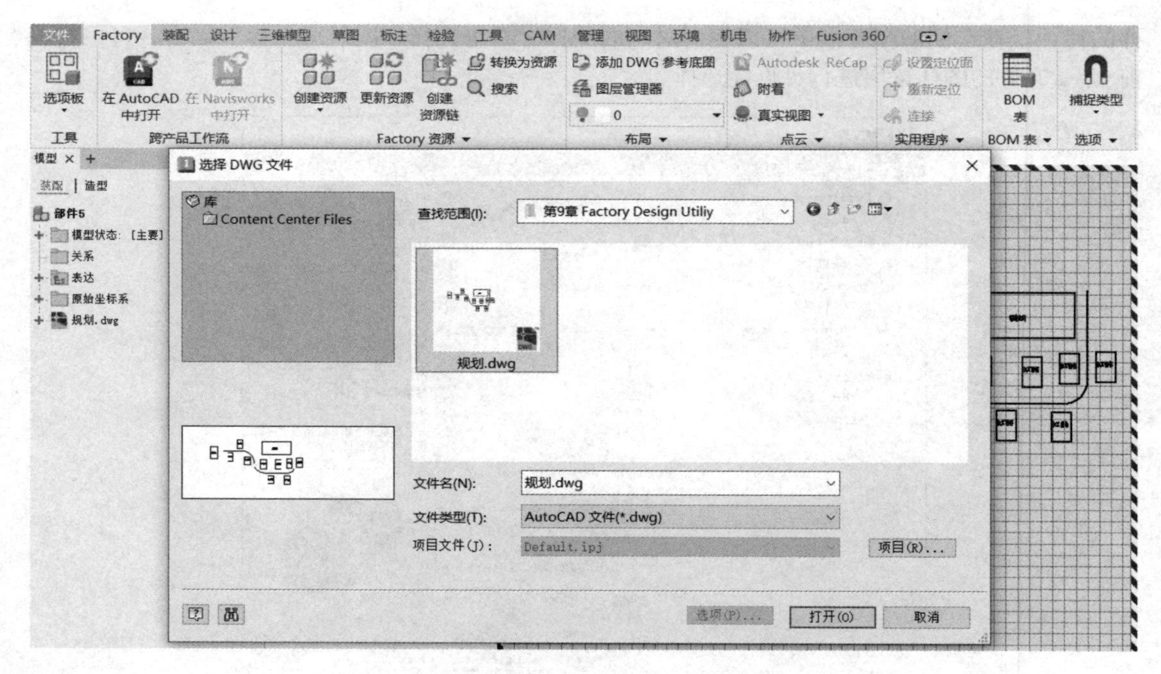

图 9-10　插入 AutoCAD 底图

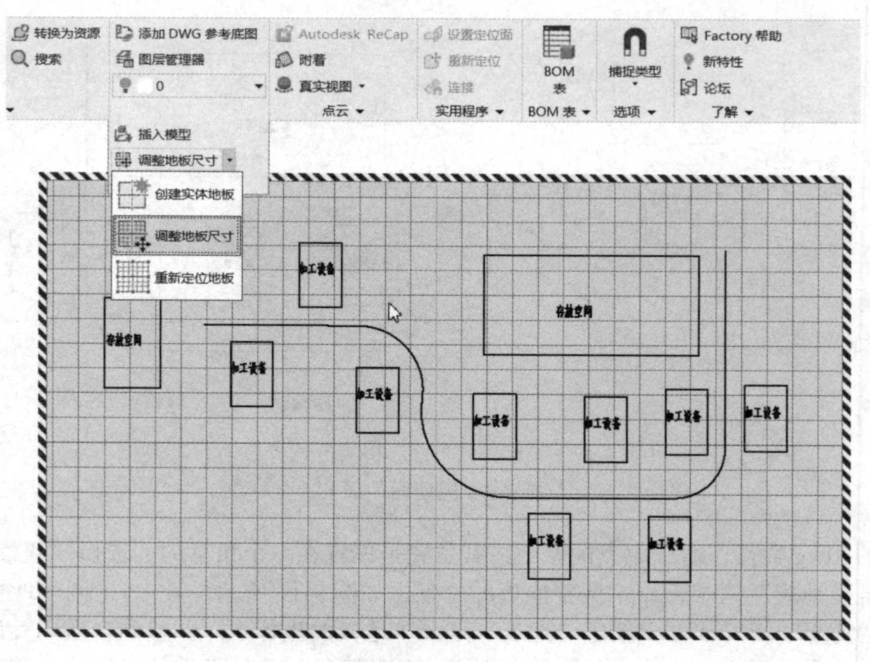

图 9-11　地板尺寸调整

步骤 3：插入资源。单击“资源浏览器”，打开对应的浏览器。先插入图中的加工设备，这里搜索“加工中心”，在搜索结果中右击“数控加工中心”，选择“下载资源”命令，把当前数据从网络下载到本地，如图 9-12 所示。在 Factory 中，最重要的就是资源库的内容，丰富的内容才是使用的良好基础，因而搜索功能能够在云端搜索，资源分享也能把内容分享到云端。搜索时使用英文搜索，能获取更多合适的内容。

从图 9-12 中可以看到，可以对资源进行复制。浏览到本地位置，把对应的内容直接移动，就能直接移动相关资源，实现资源库的共享，这种使用方式可以扩展本地库。

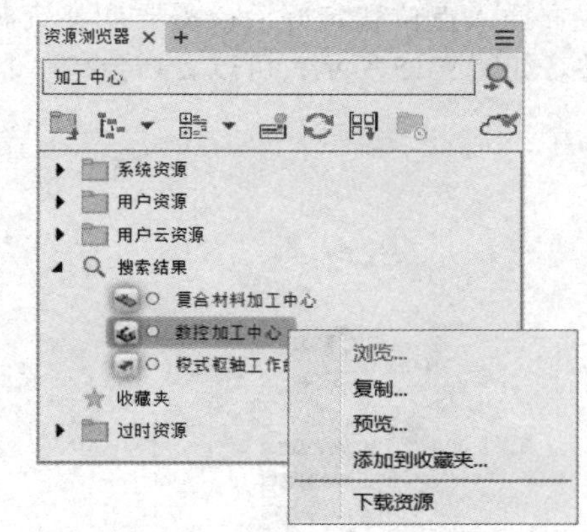

图 9-12　获取在线资源

这里操作了一下如何从网上把数据放到本地。如果没有网络，可以找“工作台”来替代，不影响操作，但网络上的数据是库的好多倍，建议使用网络方式。

单击选择的资源，拖动到工作空间，就可以开始资源的放置。如图 9-13 所示，把模型放置到角点的位置，放置过程中按 <Tab> 键可以更换预定义的插入点。

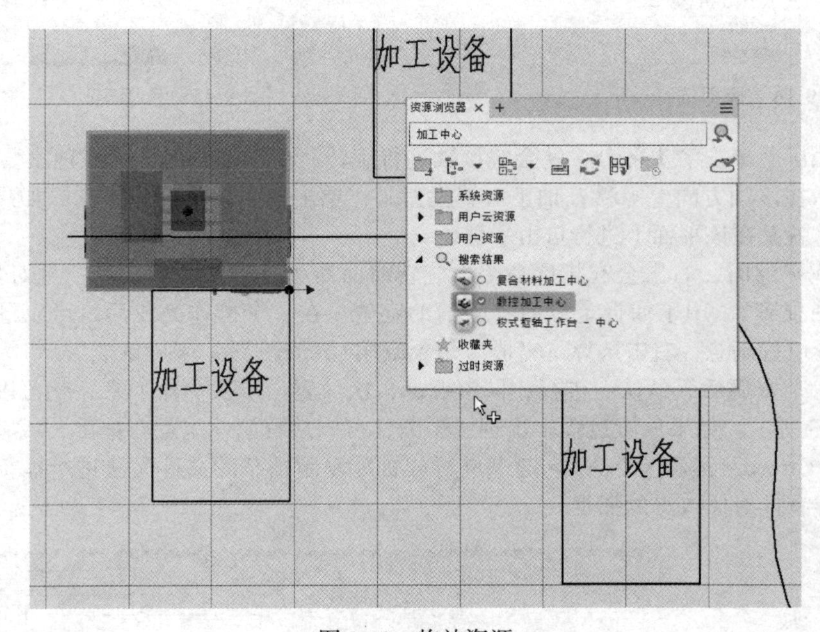

图 9-13　拖放资源

在默认的设置中，有针对 .dwg 底图进行捕捉的选项，用于定位到相关的图形上，并且关键位置可以捕捉端点和中点。如果在操作过程中需要捕捉特殊位置，可以选择“捕捉类型”命令，在下拉列表框中选择所需要的捕捉，如图 9-14 所示。

默认“捕捉类型”中选择了“捕捉到地板”，所有放置的资源都会定位到地板；“捕捉到网格”用于捕捉图中的网格线，若需要快速定位可以选择；“捕捉到草图”可以针对创建的草图进行捕捉，它和“捕捉到 DWG 参考底图”用于放置进来的 .dwg 文件，属于常用的二维图形捕捉；“捕捉到接头”是指捕捉到资源的接头位置；“捕捉到曲面”和“捕捉到顶点或边”用于放置到其他资源或模型相关的面、点、边位置；“捕捉到轨迹线”用于在已经捕捉到点的情况下，在垂直和水平方向的延伸线上放置；“捕捉到点云”用于点云数据。这些捕捉设置只和放置资源相关，和 Inventor 中的其他操作无关。

插入点位置定好后，需要调整资源的方向。由于放置在三维空间，允许各个方向进行调整。如图 9-15 所示，可以看到会有一个坐标系显示在插入点上。

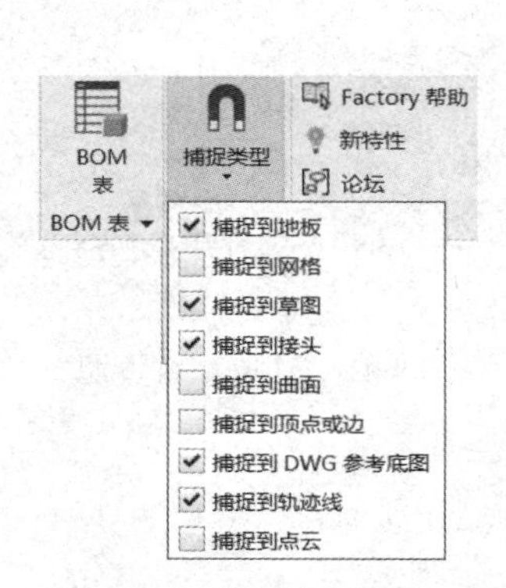

图 9-14　捕捉选择

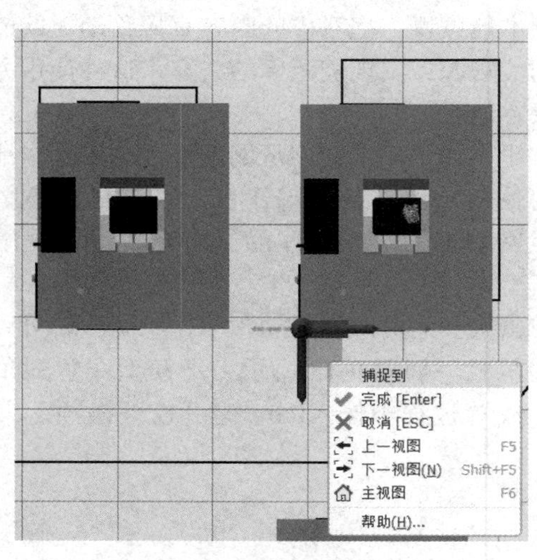

图 9-15　资源定位

在坐标系中，单击箭头部分，就会绕该轴进行旋转；单击轴段部分，该轴段会如图 9-15 所示粗显，表示在该轴方向上平移；轴正对着视角时，单击轴心就是旋转操作；如果单击的是坐标轴的平面，就是在该平面上进行自由平移。

在旋转或平移时，右击会有扩展命令，旋转时命令为“增加角度”和“绝对角度”；平移时命令为“捕捉到”，用于捕捉定位内容来辅助定位。在一个操作完成后，可以继续下一个操作，直到放置位置满意，右击选择“完成”命令或按 <Enter> 键，来确认放置。

放置好一个资源后，默认会进行相同资源的再次放置，依次操作下来，就可以放置所有资源，如图 9-16 所示。如果放置过程中出现了中断，可以从资源库里重新拖出，或者单击现有的资源，配合 <Ctrl+C> 键和 <Ctrl+V> 键来进行放置。复制粘贴的文件无法进行捕捉定位，使用左键拖动则会有针对插入点的捕捉。

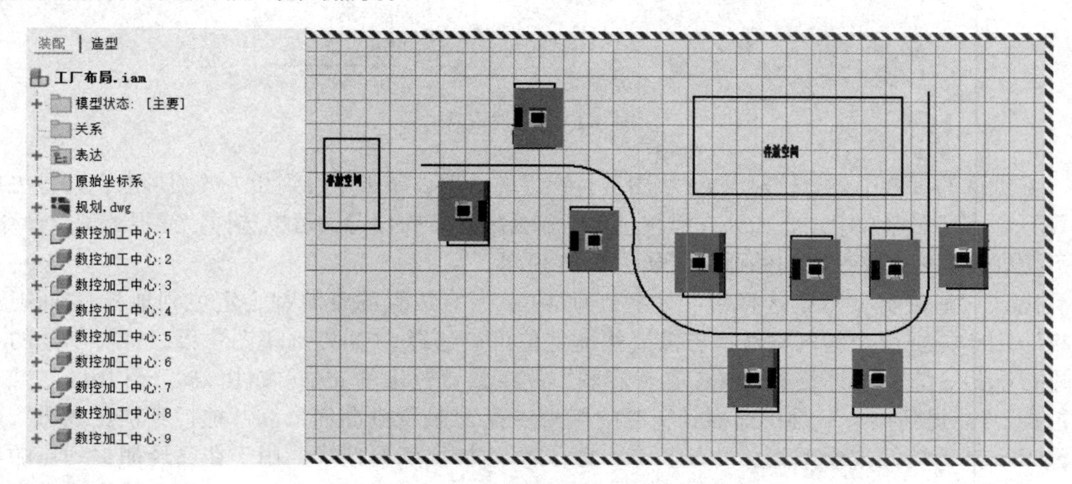

图 9-16　设备放置后显示

放置的资源都是可以移动的，这样有利于后期的挪移。利用这个特点，放置时可以先处理角度的对齐，然后利用复制和粘贴来完成快速放置，其操作类似于 AutoCAD 中块的操作。如果需要固定位置，和普通零件一样，右击选择“固定”命令来实现。

插入或复制的资源，鼠标拖动只能在地板平面上平移，如果需要旋转或者在其他方向移动，就需要回到前面的坐标系操作状态。选择“实用程序”选项组中的“重新定位”命令，选择要操作的资源，如图 9-17 所示，就可以回到坐标系操作状态。

选择“重新定位”命令后，需要选择资源。这里资源是可以多选的，选择完成后，右击选择“完成”命令以表示资源选择完成。然后需要选定坐标位置，选择的位置必须是点、边、圆心、轴等位置，放置完成后就进入坐标系操作状态。

在“重新定位”命令上方的命令是“设置定位面”。该命令用于选择模型的任意面，让它和地板面重合。执行方式为，选择该命令，再选择模型（可以多选）中要与地板重合的面，然后右击选择“完成”命令。

展开“实用程序”选项组，其中包含“对齐”命令，用于模型的对齐操作，如图 9-18 所示。在“对齐”对话框中，“零部件”用于选择要平移的模型，“参考”用于选择位置参考的模型，“对齐位置”有顶部对齐、居中对齐、底部对齐等 6 种，“对齐方向”有 2 种。

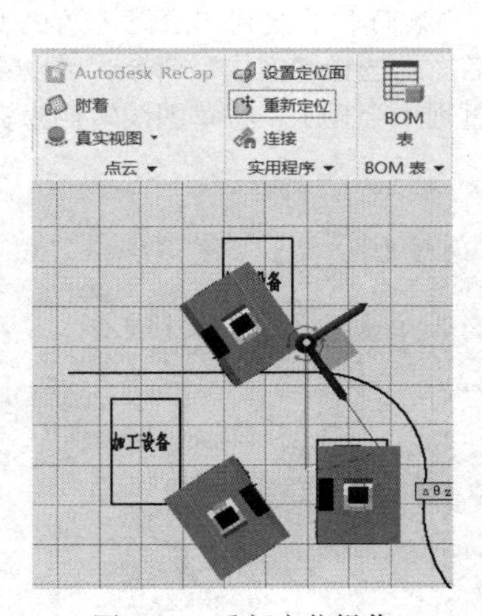

图 9-17　重新定位操作

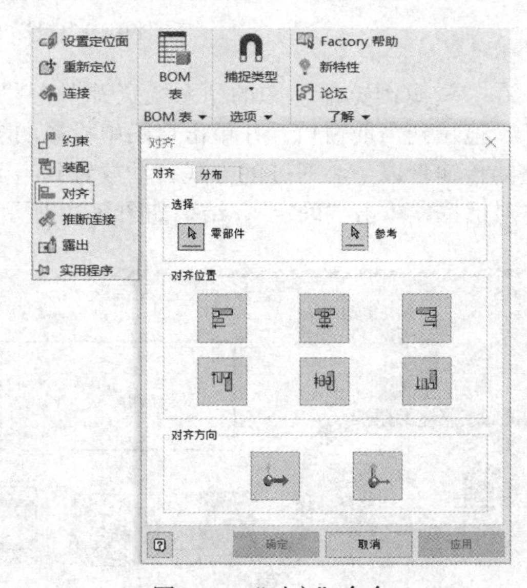

图 9-18　“对齐”命令

“对齐”对话框中还有“分布”选项卡，用于模型位置的均分。上述几个命令都是在放置模型后用于位置的调整，将模型放置到合适位置。

步骤 4：放置传输带。图 9-9 中的曲线图形属于传输带的简易表达，需要把传输带简图转换成真实的模型。

选择“草图”选项卡，在地板所在平面——“*XY* 平面”创建草图。创建的草图在部件上，因此对应的草图需要属于该部件。在草图的“投影”下拉列表框中选择“投影 DWG 几何图元”命令，并单击图中的直线或圆弧，整体多段线就会投影到当前草图，显示的颜色与原图会有明显区别，如图 9-19 所示。如果需要，可以自由绘制草图内容。选择“完成”命令，退出草图环境，并切换回 Factory 环境中。

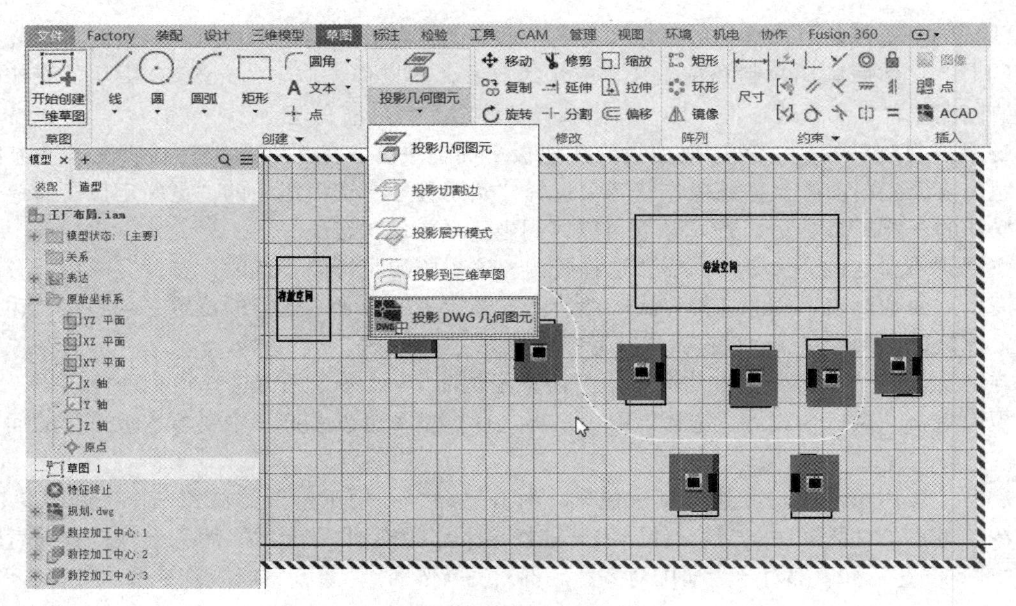

图 9-19　投影 DWG 几何图元

在“资源浏览器”中的“系统资源”→“输送机”→“滚筒”下找到“滚筒输送机（链式）”，拖拉到当前窗口，并单击草图中投影的多段线，然后右击选择“完成”命令，可以看到完整的传输带以中心对齐的方式自动放置到当前环境中，过程中会显示“将草图线转换为资源链”对话框，单击“确定”，结果如图 9-20 所示。

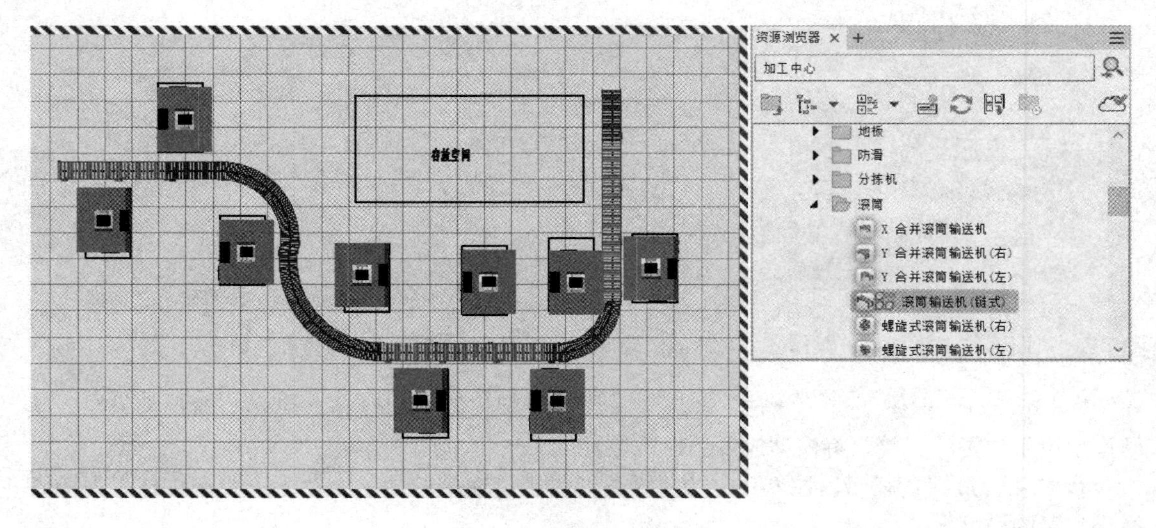

图 9-20　链式资源放置

如图 9-20 所示，生成的传输带分为两种颜色，这是设备中的标准样式和非标准样式的区别。标准样式是指长度属于标准长、转角为 90°，其余的就属于非标准样式。在规划图中不会详细考虑标准化问题，以及传输带和设备碰撞的问题，这些问题需要在设计后期解决，因此练习中就不再关注了。

“将草图线转换为资源链”对话框是为 ACM 中的操作服务的，有显示资源和单独资源两种方式，在 Inventor 中只能是转换成一个个单独资源。该对话框的出现只是用于提示一下会以该结果呈现，可以忽略或不显示对话框。

链式资源放置需要依靠地板平面和对应的草图，因而对应的草图只能放置到 *XY* 平面，如果把草图放置到其他位置，使用它就无太大意义。

步骤 5：放置货架。在规划图中有两个存放空间，计划放置两个货架。在“资源浏览器”中搜索“托盘货架”，可以找到对应名称的资源，下载该资源，并拖入当前环境中放置，如图 9-21 所示。

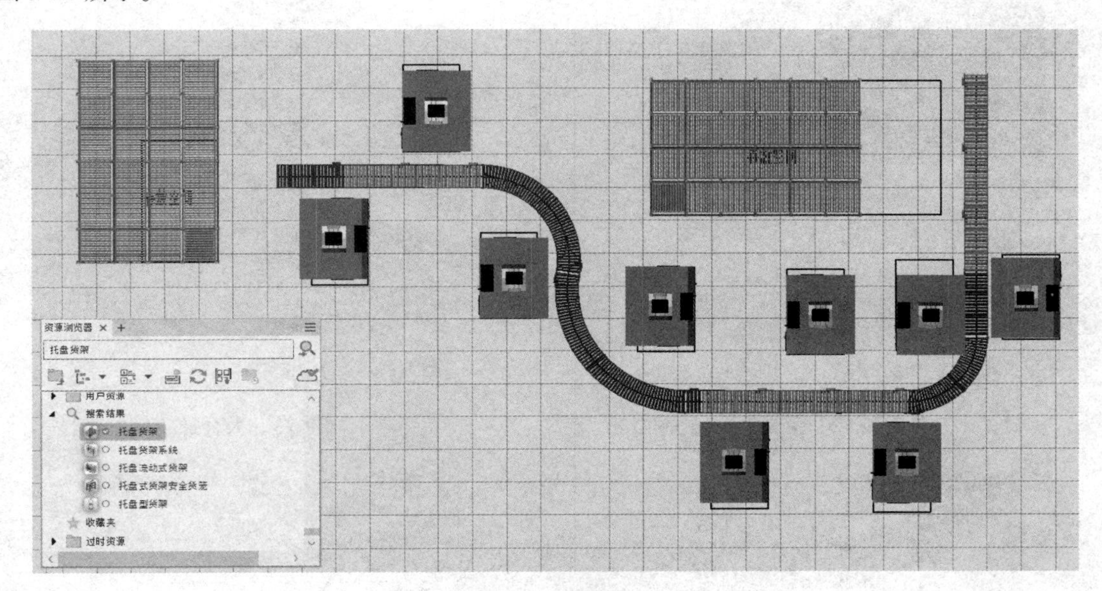

图 9-21　放置货架

可以看到，左侧的货架尺寸比规划的大了许多，而右侧的货架尺寸比规划的小。在“选项板”中选择“Factory 特性”命令，弹出“Factory 特性”对话框。

单击左侧的货架，对话框中会显示货架的具体信息，包括长宽高、货架数、排数等相关特性。查看模型和特性数值可以知道，对应的储货柜是个正方体，那么针对图形的样式，只需要调整“货架数”和“排数”即可。如图 9-22 所示，把小存放空间的“货架数”改为“4”，“排数”改为“2”；把大存放空间的“货架数”改为“8”，如图 9-23 所示。

特性的修改是放置内容调整的常用手段，其特性都是预设好的内容，可将实际中能用的几种可能做好定义，方便快速使用。

步骤 6：放置安全围栏。下面在放置安全围栏的操作过程中，重点介绍一下连接点的应用。安全围栏放在右下方的两台加工设备侧面，形成一个封闭空间。在“资源浏览器”中的“系统资源”→“安全设备”下面找到“安全围栏”，如图 9-24 所示。安全围栏除去链式，只有两种，一种是直的，一种是折转的。按图中大致的位置，先拖出一个直的安全围栏进行放置，在放置时可以看到两个件之间会自动吸附，这个吸附点就是连接点。

连接点用于资源相互之间的连接，一般资源都有多个连接点，相互间会按连接点的坐标系相互配合。这里依次放置“安全围栏”和“安全围栏（折转）”两种，组成如图 9-25 所示的安全围栏。由于安全围栏的折转部分一长一短，因此需要进行调整。在“Factory 特性”对话框中可以看到“截面长度”“数目”“折转长度”几个特性，前面两个特性组成了长边。把两个折转部分的“数目”改为“1”，基本上就满足图中的需要。注意在多个资源修改同一个特性时，可以按 <Ctrl> 键进行多选，并一次性修改。

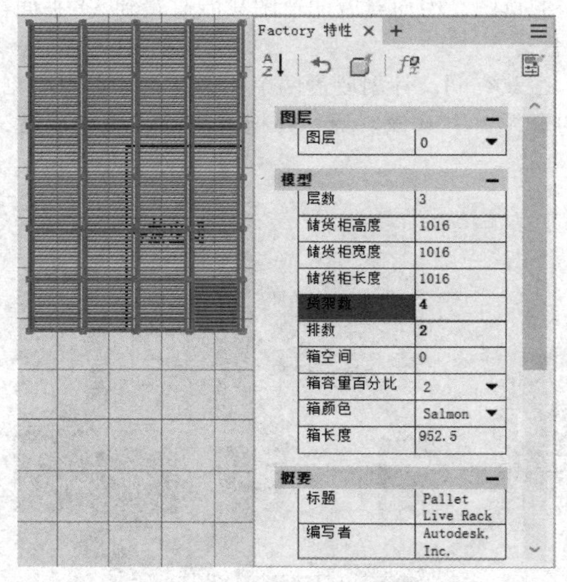

图 9-22　小存放空间的特性

图 9-23　大存放空间的特性

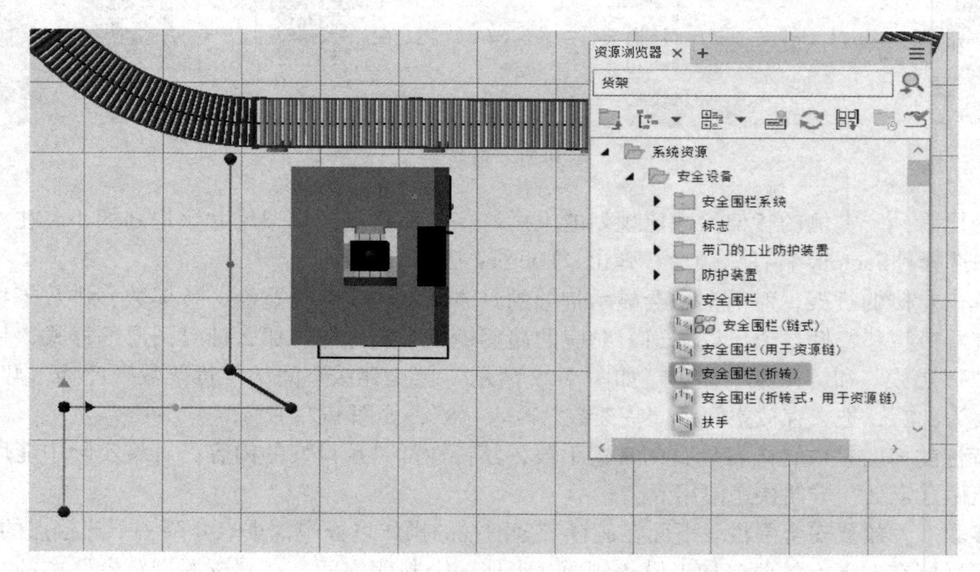

图 9-24　安全围栏放置

插入时，形成吸附显示的，就会把连接点合在一起，形成一个整体。在这个整体中，有些特性会进行传递，如图 9-25 所示的“高度”特性，这个特性中的一个修改后，所有相连接的资源都会发生变化。这种特性需要特殊设置，并由连接点依次传递来完成。

当连接点形成后，相连的资源就会变成一个整体。再次拖动时，相连接的内容会一起被拖动，拖动的坐标系以数据点选择的零件定位坐标系为基准。

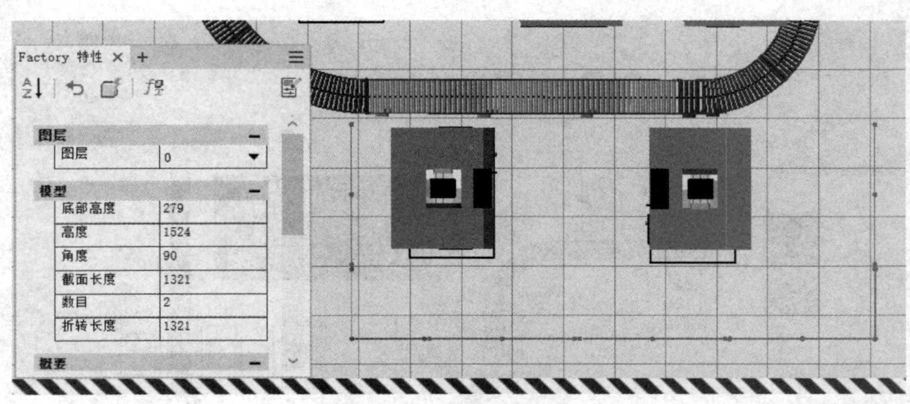

图 9-25　安全围栏特性

连接在一起的几个资源，默认就作为一个整体来使用了。如果需要把某个资源单独拿出来，并保留接头关系，建议使用 <Ctrl+X> 键和 <Ctrl+V> 键来实现，尤其是左右都有连接资源时，这种方式更为简单。

对有连接点的操作，在“实用程序”选项组中还有三个命令，分别是“连接”“推断连接”和“露出”。“连接”命令是手动单击两个连接点，并让两个连接点合到一起，在连接点不好把控时使用比较合适；“推断连接”命令会把靠近到一定位置但没有连接关系的接头的连接关系加上；“露出”命令是把接头放到可用状态，主要是把子布局（相当于子部件）中的连接点放置到当前环境下，允许进行连接。

至此，Factory 的布局使用基本介绍完了。如果需要观察人的位置，可在资源里查找“人”资源；如果想查看叉车通过情况，也可以把“叉车”资源放入环境中。所有相关内容都依靠资源来完成。

选项组中还有几个可能用到的命令。如图 9-26 所示，“导出特性”命令会把当前布局中所有资源的信息，包括与资源对应的文件名称、资源的位置坐标、Factory 特性等导出为 Excel 表格。修改后，可以把表格再导入回来。图 9-27 所示为“BOM 表”选项组，主要用于统计所用资源及部分信息的读写权限等。

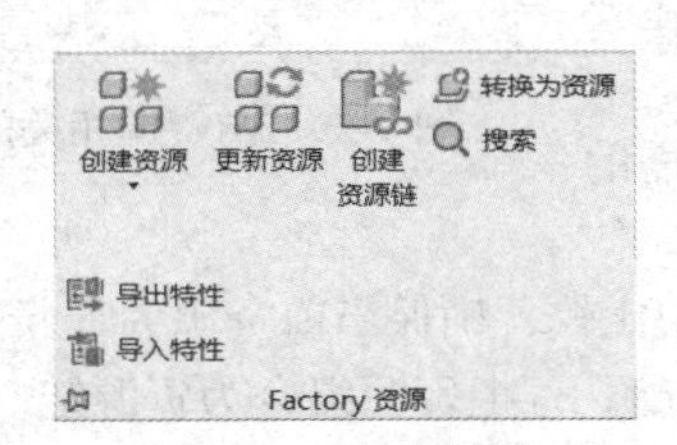

图 9-26　导出特性

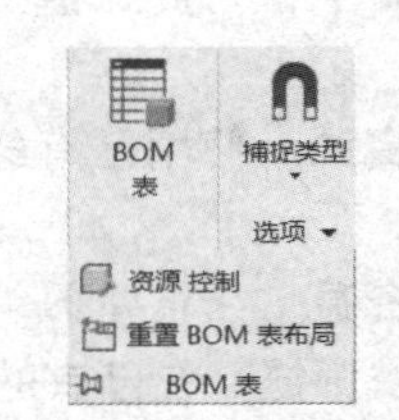

图 9-27　“BOM 表”选项组

步骤 7：在 ACM 中打开。选择“在 AutoCAD 中打开”命令，等待软件的自动处理，软件会自动打开 AutoCAD，并加载当前的布局，结果如图 9-28 所示。

在二维环境中，所有资源会转换为对应的块。在资源定制时，会自动产生与三维对应的二维图形。在用到相互间转换时，处理的过程就是把与之对应的内容，按指定的位置，一一对应的实现替换。

二维中各命令基本上和三维空间相同，多出来的“物料流”是用于分析设备工作效率的，有兴趣的读者可以自行尝试。

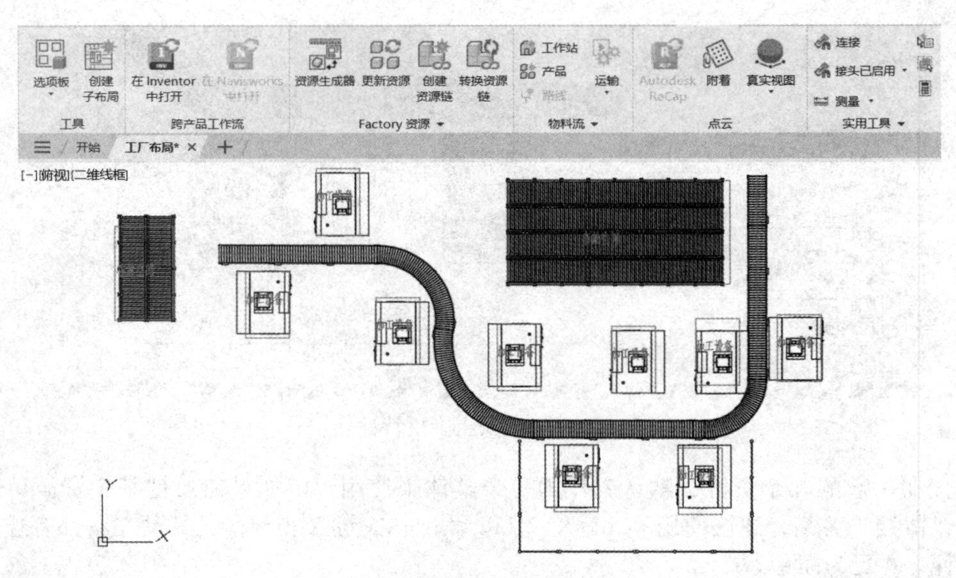

图 9-28　在 ACM 中打开

Inventor 本身有出二维图的功能，和 AutoCAD 交互更多的是满足在使用过程中的自由性和习惯，现在绝大部分规划一开始都是以绘制简单的二维图为主。

9.4　资源的定制

Factory 最大的特点就是资源的内容和快速布置，自定义资源也就成为使用最多的应用。资源通常分为两类：一类是需要相互对接的，如传输带就是最好的例子，这种资源需要一系列数据关联，或者需要做成链资源；另外一类是单独应用的，如各种设备，其相互间连接比较少，但往往原文件会比较大，在使用前会做一些简化，以便在使用中更为便捷。这两类资源在使用过程中的方式不同，从而决定了定义资源的方式不同。

在 Factory 中，与资源相关的命令如图 9-29 所示，其主要作用如下。

图 9-29　与资源相关的命令

1）**创建资源**。使用已有的文件或新建文件来创建所需的资源文件。

2）**更新资源**。在布局下，把用到的资源和库中内容做比较，确保当前资源为最新版本。

3）**创建资源链**。在已有的资源上（直线加转角两种资源），把资源组合为资源链。

4）**转换为资源**。把普通的 Inventor 文件转换为资源文件。

5）**搜索**。搜索当前布局中的资源，找到符合要求的 Factory 特性值部分。

由上可知，资源可以创建，也可以用当前的数据进行转换。资源链属于普通的资源组合，由普通资源拼凑来实现。

9.4.1　带相互连接资源的定制

绝大部分资源都会带有相互间的连接，包括资源有对应的系列，这里的区分主要是应用方向上的偏差以及后期能修改的相关参数。这些方面的差别决定了数据内容操作上的不同。如

图 9-30 所示，定制一个资源。在这个资源中，长度有 2000mm、2500 mm、3000 mm 三个系列，高度有 1000mm、1200 mm 两个系列，宽度跟随高度变化，有 800mm、1000 mm 两个系列，其他参数保持默认，地面为支腿底面。具体操作步骤如下：

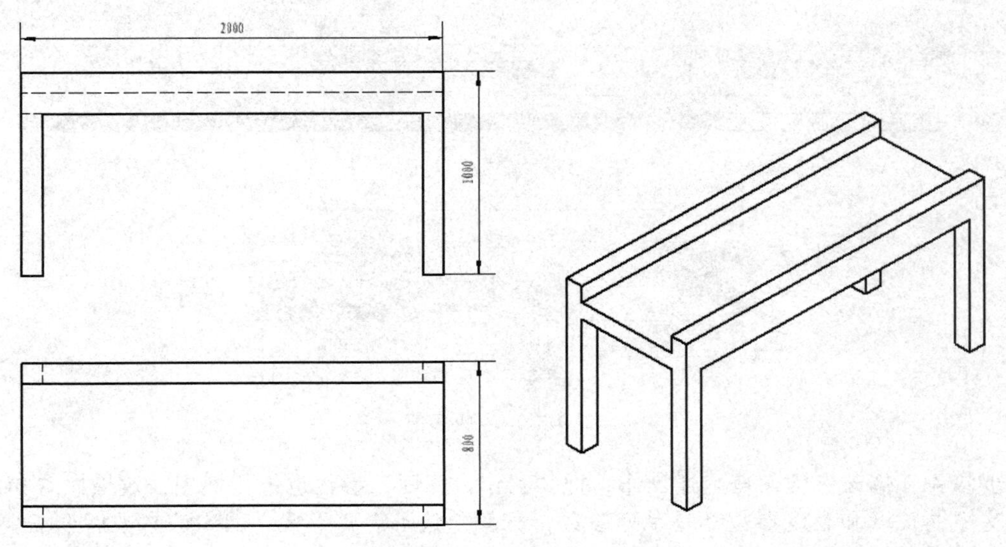

图 9-30　资源尺寸

步骤 1：创建资源。如图 9-31 所示，选择“Factory”选项卡中的“创建资源”，下拉列表框中可以选择几个命令，分别是“模型作为零件”“模型作为部件”“导入 DWG 实体”和“导入模型”。如果要创建零件，就选择“模型作为零件”；如果要创建部件，就选择“模型作为部件”；如果是从第三方导入，就选择“导入模型”。这里要创建一个零件，因而选择“模型作为零件”命令。这个命令在“Factory”选项卡任意状态下都可以选用，只不过命令所在的位置可能不同。这里创建库零件选用的模板相当于图 9-31 对应的几个选项，如果需要修改单位等参数，可以修改对应的模板文件。

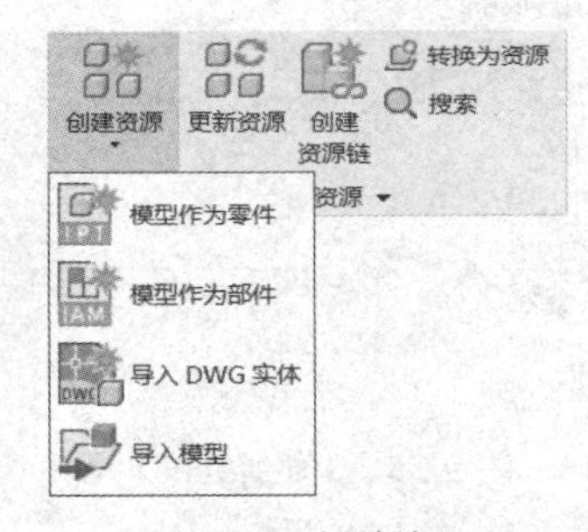

图 9-31　创建资源

步骤 2：设置参数。对于需要控制的参数，最好在创建零件前定义好，方便绘图过程中随时调用。选择如图 9-32 所示右上角的“*fx*”命令，弹出如图 9-33 所示的“参数”对话框。在对话框中分别建立“工作台长度”“工作台宽度”和“工作台高度”三个参数，并按图输入对应的值。选择“关键”参数，其在后面可以直接调用。这种设置参数的方法是一般绘图中常用的方法，方便后期在这里修改模型数值。虽然在 Inventor 绘图过程中，每个加入的参数都可以在这里修改，但是这种预定义的方法能让绘图更加清晰，推荐使用这种方法。

图 9-32　“*fx*”命令

步骤 3：定义参数系列。参数输入完成后，因工作台长度有三个尺寸，在该参数上右击，选择“生成多值”命令，如图 9-34 所示，弹出“值列表编辑器”对话框，在“添加新项”中输入需要的其他值，单击右侧“添加”，就可以把参数变成多选方式，如图 9-35 所示。

参数

参数名称	使用者	单位/类型	表达式	公称值	公差	模型数值	关键	导	注释
模型参数									
用户参数									
工作台长度		mm	2000 mm	2000.000000		2000.000000			
工作台宽度		mm	800 mm	800.000000		800.000000			
工作台高度		mm	1000 mm	1000.000000		1000.000000			

图 9-33　“参数”对话框

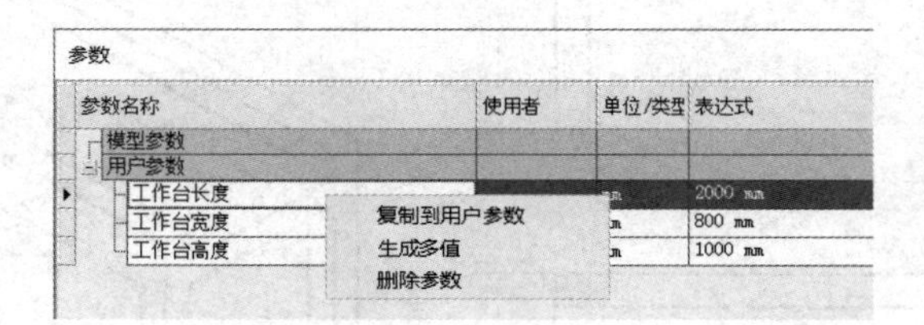

图 9-34　生成多值

步骤 4：修改参数。按上述操作，把“工作台高度”参数也进行处理，效果如图 9-36 所示。这里的长度和高度参数都是系列参数，宽度参数不需要设置，因为该参数后期需要跟随高度参数而变化。

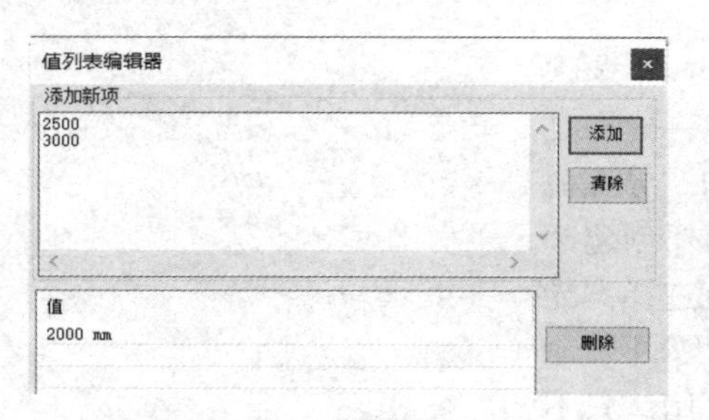

图 9-35　“值列表编辑器”对话框

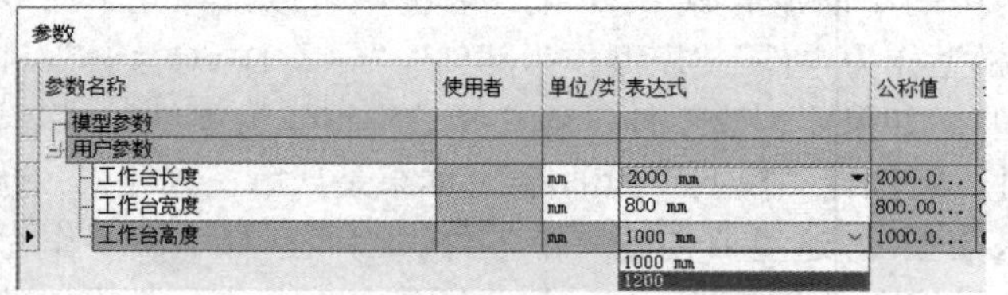

图 9-36　参数定义后效果

步骤 5：绘制草图。如图 9-37 所示绘制草图，这个草图由三个矩形组成。标注长度和高度时，在“编辑尺寸”对话框中单击“>”符号，选择“列出参数”命令，上一步定义的参数就可以在这里选择。剩余的尺寸就可以按需要输入，可以关联其他尺寸，也可以直接给定值。当界面右下角显示“全约束”时就说明所有参数都标注完成了。

步骤 6：做成实体。完成草图后，选择“拉伸”命令，分两次拉伸草图。第一次拉伸如图 9-38 所示，单击“距离 A”右侧“>”符号，选择“列出参数”，再选择“工作台长度”。第二次拉伸支腿部分，如图 9-39 所示，需把左边结构浏览器中的“拉伸 1”下的草图设为可见，并且拉伸方向和上一个拉伸一致，在“距离 A”中输入需要的值，为了做关联，图中设置的距离为“工作台宽度 /8”。

步骤 7：阵列支腿。选择“矩形阵列”命令来完成支腿的阵列，如图 9-40 所示。在阵列中，距离参数分别设置为“工作台长度 -100”和“工作台宽度 -100”。这样设置的好处是，当工作台在参数作用下发生修改时，支腿的阵列距离也会随着变化，确保位置的正确。100mm 是支腿两个方向的厚度，按实际绘图尺寸需要可以进行调整。

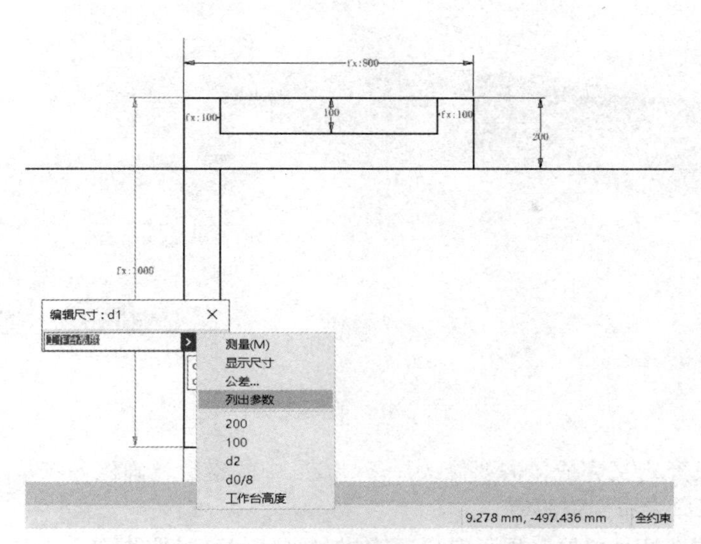

图 9-37　在草图中使用参数

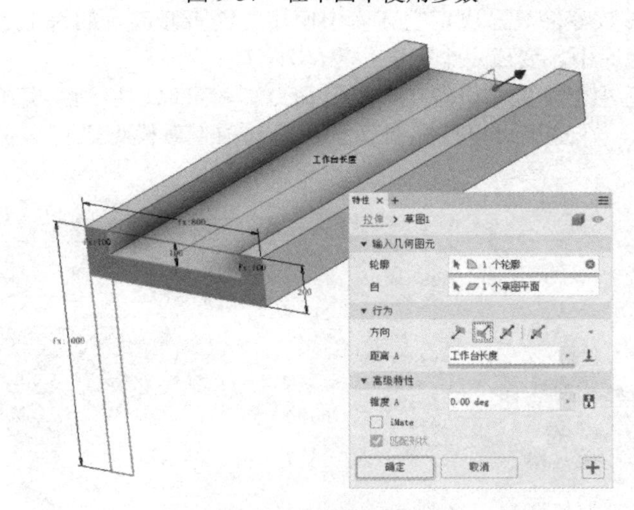

图 9-38　拉伸工作台

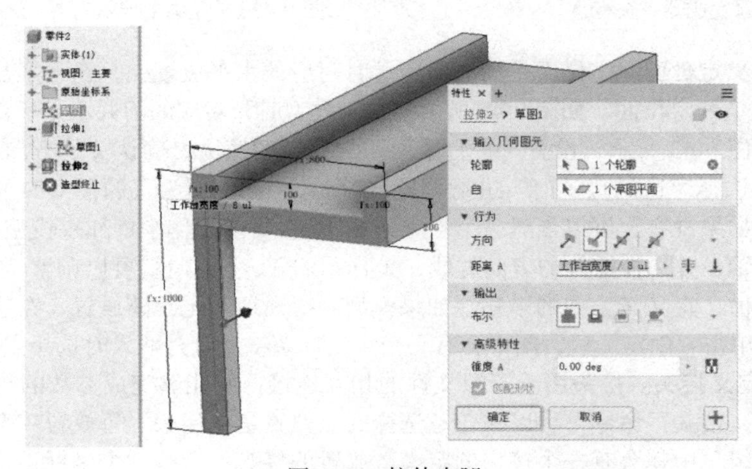

图 9-39　拉伸支腿

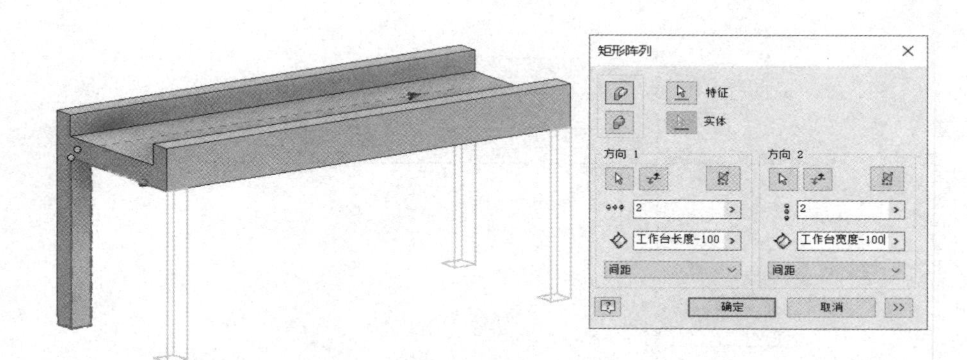

图 9-40 阵列支腿

参数化零件已经定义完成，需要修改一下“fx”中的参数，确保各参数下模型的变化都是正确的，然后就可以发布到资源库。

步骤 8：在“资源生成器”界面定义。完成的零件就可以按步骤定义其各个属性，并放置到资源库中。是否是参数零件只是决定它在库中使用时能否修改，如果不需要修改，任意的零部件都可以发布到资源库中，变成一个标准化零部件。

选择“Factory”选项卡中的“资源生成器”命令，就可以切换到“资源生成器”界面，如图 9-41 和图 9-42 所示。在这里可以按需要任意切换选项卡对模型进行编辑，然后回到“资源生成器”界面继续定义。

图 9-41 “资源生成器”命令

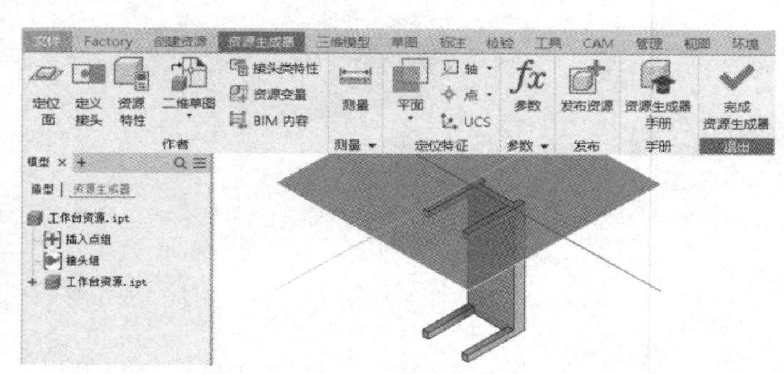

图 9-42 “资源生成器”界面

步骤 9：定义定位面。定位面是插入该资源时对应的水平放置面，在大多数情况下就是地面。*XY* 平面是默认的定位面。如图 9-42 所示，绘制模型时，对应的面并不是所需面。选择“定位面”命令，如图 9-43 所示，设置“平台平面”为支腿的底面，确认 *Z* 的方向（蓝色），如果位置反了，可以选择旁边的“反向”进行调整。“插入点”是作为资源插入时的捕捉点，选择需要的点位置（如果没有，可以创建一个点来选择）。在当前操作中，如果模型位置需要旋转，可以单击对应的轴，并选择需要的方向的线，坐标系的 *X*、*Y* 方向就可以调整。在“平面偏移”文本框中填入数值，定义 *Z* 方向的平移。如果模型需要离地一定距离放置，在这里定义对后期使用比较方便。单击“确定”后，图中会有一个小坐标系，这就是插入时选择点的位置。

步骤 10：定义接头。接头用于资源文件的相互连接，并能够完成参数的传递。如图 9-44 所示，选择“定义接头”命令，可以在任意选择的点位置定义接头。每放置一个接头，在左边浏览器的“接头组”中就会有一个接头的定义。放置的接头处会有一个坐标系，两个接头就以坐标系的相互对接来完成连接。因此在放置接头时，要注意轴的方向。大箭头表示连接的方向，一对方向相反的箭头会组成一个连接。除大箭头所对应的坐标系方向外，其他的坐标系方向决定了放置时资源的朝向。方向设定完成后，连接位置就确定了。

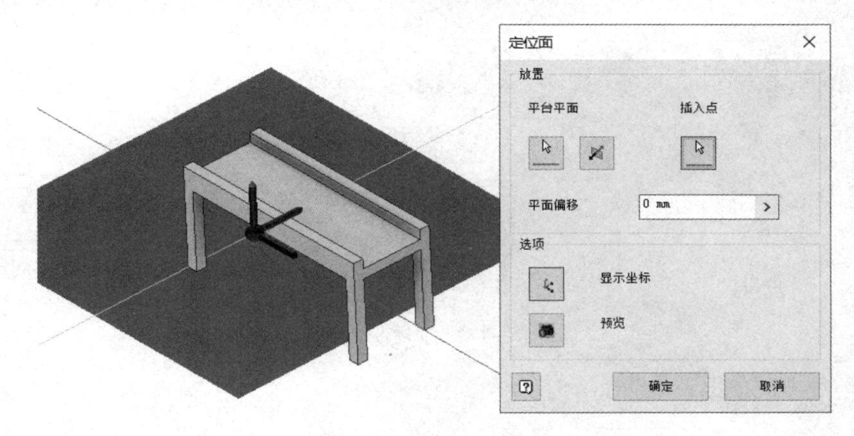

图 9-43　定义定位面

如图 9-44 所示，默认箭头定义方式会导致放置时零件相反，需要修改其中一个箭头的方向。修改的规则是：单击要修改的坐标系，然后选择它要朝向的点，坐标系就会修改箭头方向。

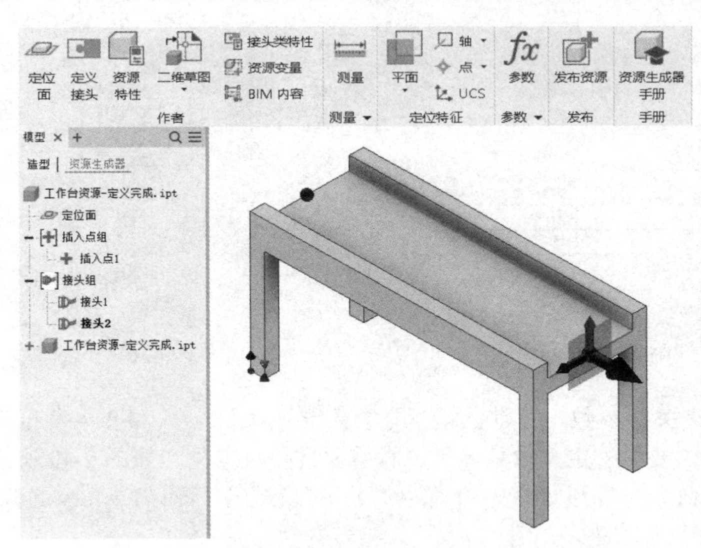

图 9-44　定义接头

步骤 11：定义资源特性。资源特性主要用于资源应用时，填写相关属性内容。选择“资源特性”命令，弹出“资源特性”对话框，如图 9-45 所示。这个对话框中的各个属性都可以在使用时显示。在填写参数时，可以引入参数，如图 9-46 所示的“零件代号”就属于这种定义。注意，带“*”的属性在资源放置后不能进行编辑。

步骤 12：定义资源变量。选择“资源变量”命令，弹出如图 9-47 所示对话框，在该对话框中可以定义需要用的参数及参数组形成的变量。如图 9-48 所示，在该资源使用时，资源左上角的“②”表达资源有两个系列，右击资源，在“资源变量”中可以按需要进行选择。

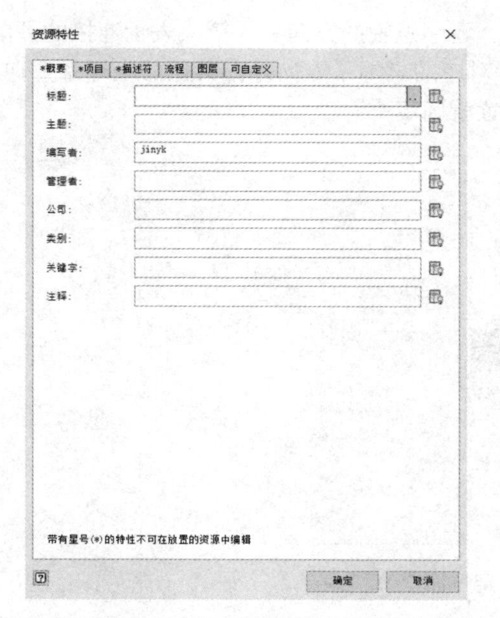

图 9-45 “资源特性”对话框的“概要”选项卡

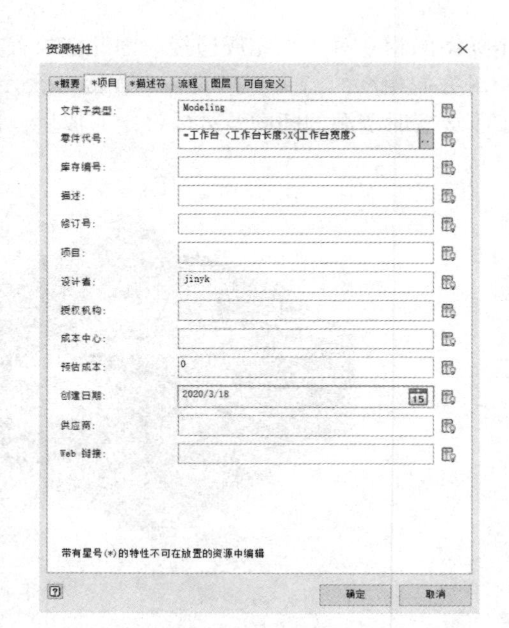

图 9-46 “资源特性”对话框的“项目”选项卡

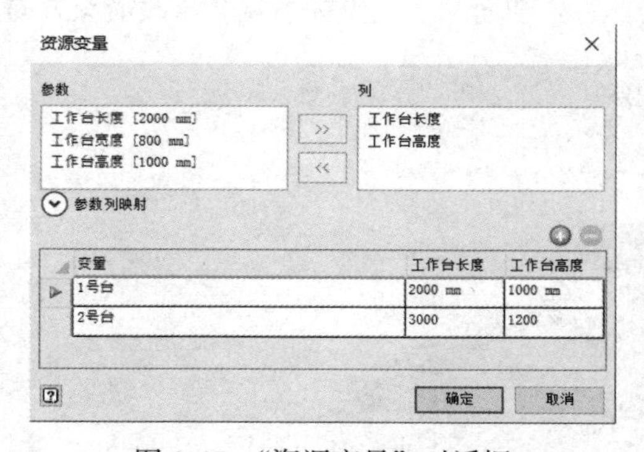

图 9-47 “资源变量”对话框

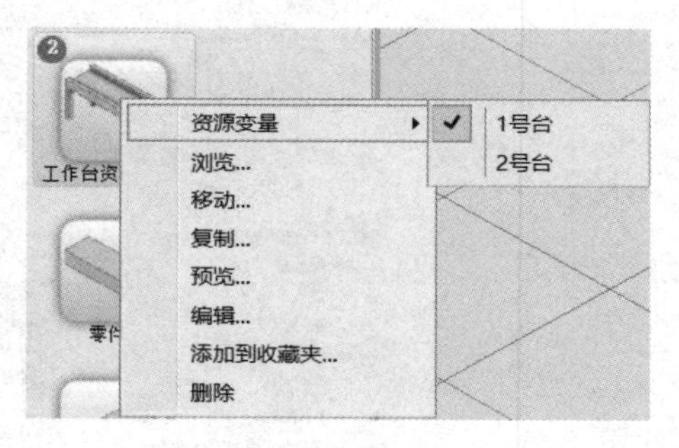

图 9-48 “资源变量”选择

步骤 13：定义关键参数。在默认情况下，定义的关键参数都会在发布后放置到资源的特性对话框中。如果需要另外定义参数名称，就需要进行自定义。如图 9-49 所示，单击“+”号，选择“关键参数”命令，打开如图 9-50 所示“关键参数”界面，“Factory 名称”属性可以定义，填入的参数和资源特性对应。

图 9-49 浏览器的“关键参数”命令

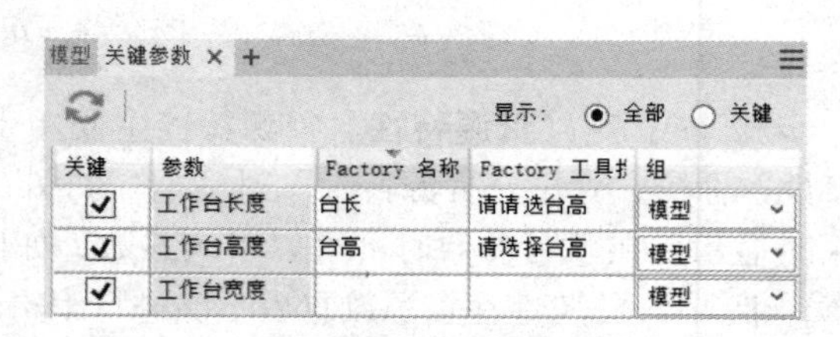

图 9-50 定义关键参数

步骤 14：发布资源。完成相关定义后，可以把内容放置到资源中心。选择“发布资源”

命令，弹出如图 9-51 所示“发布资源”对话框，按需要填入资源名称，选择存放的位置。“三维选项”和“二维选项”两个选项卡都是视图上的设置，单击“确定”就可以发布到对应文件夹。

至此，能够进行基本参数修改的模型就发布完成了。在资源调用时，右击选择“浏览”命令就可以看到保存的位置及内容，里面包含零件、二维图等。如果有资源需要复制、移动，都可以在调用时进行调整，来完成资源的整理。

图 9-51　“发布资源”对话框

9.4.2　定义复杂的部件

在实际中有更为复杂的零部件，如第三方的数据、多零件之间需要关联修改、零部件需要有动作（如开关门）等。在上述的零件定义中，做了高度和宽度的关联，实现的仅仅是三个参数的调整。下面的练习中将介绍一下相对复杂的处理方式。

步骤 1：导入第三方数据。要将第三方的数据输入，可以在 Inventor 中选择“打开”命令。如图 9-52 所示，在“文件类型”中选择“STEP 文件”，打开“机床 .stp”文件。打开文件后会弹出“导入模型”对话框，按默认设置导入即可。

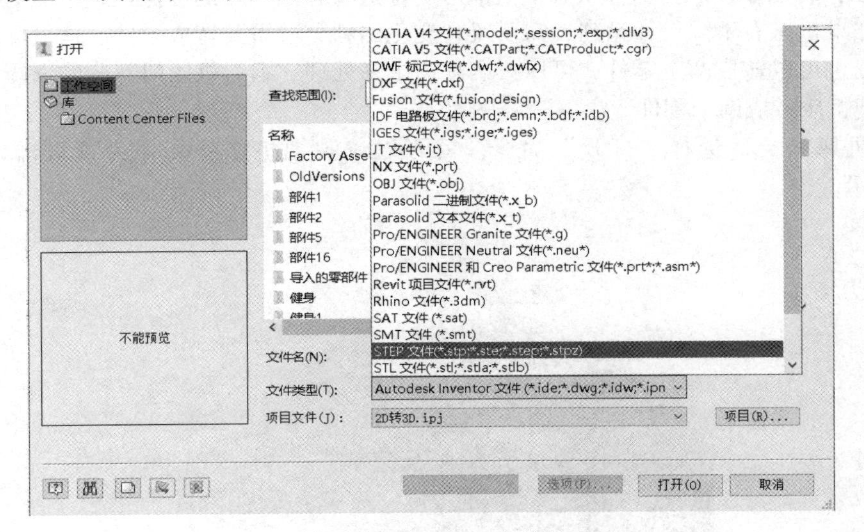

图 9-52　导入第三方数据

提示

在“导入模型”对话框中，可以做一些导入选择，如当导入类型为“参考模型”时，数据将会随着 .stp 文件修改而自动更新，这对关联修改比较有用；“对象过滤器”则可以对需要导入的元素进行选择。

步骤 2：清理数据。导入数据后，右下角可以看到两个数字，分别为总零件数和当前打开的零件数，可以看到数量都比较大。如果以这个数据为基础，做成的资源数据也会非常大，因此需要对数据进行清理，让使用数据更为轻松。这台机床模型包含多个部件，在布局使用中表达设备为机床，因此外壳就足够了，机床内部模型可以删除。如图 9-53 所示，结构树上依次为外壳、门、内部模型，留下外壳和门即可，内部模型可以直接删除。

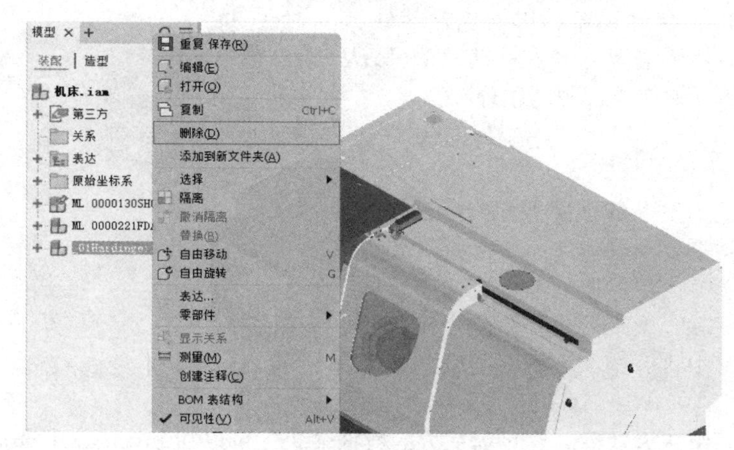

图 9-53　删除内部模型

步骤 3：转成零件。在部件状态下只能对零件进行移动、装配等操作，不能对零件进行尺寸修改。如果机床有不同尺寸系列，需要尺寸变化的部分就需要转成零件。这里可以整体作为一个零件，也可以转成两个零件，可以按实际需求来处理。因为机床门部分的选择和操作较方便，所以把机床转成两个零件。

右击机床外壳，选择“打开”命令，就可以单独把机床外壳作为顶级部件打开，如图 9-54 所示。

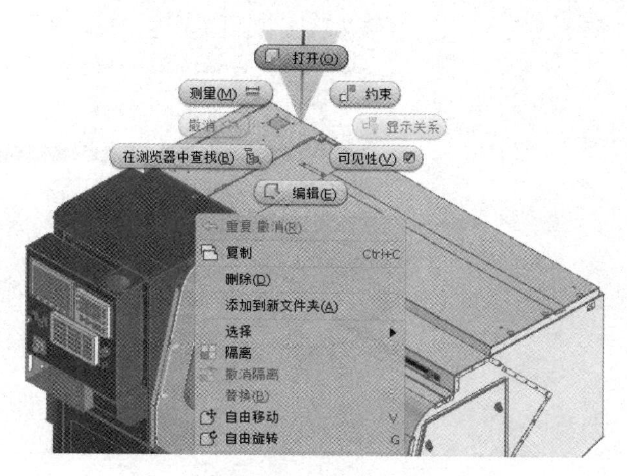

图 9-54　打开外壳部分

在“简化”选项组中选择“简化”命令（图 9-55）。该命令可以把顶级部件转成一个单独的零件。

在“特性”对话框中选择“替换为包覆面”，定义“替换”的方式，在此选择“无”（该选择会以最接近的长方体来替换模型）；选择"输出"，给定所需要的零件名称和保存的位置，在"样式"中选择"多实体"，用于调整后期的局部控制；取消选择"断开关联"，让生成的零件与原来的部件没有任何关系；其他选项可以按图 9-56 所示选择，对后面的模型影响不会太大。

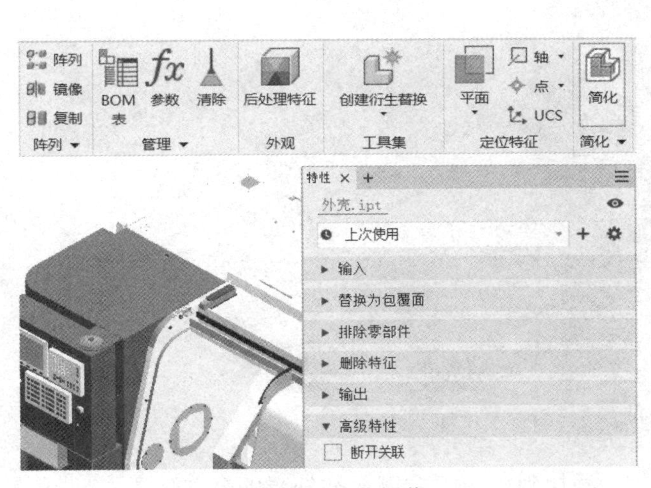

图 9-55　简化操作

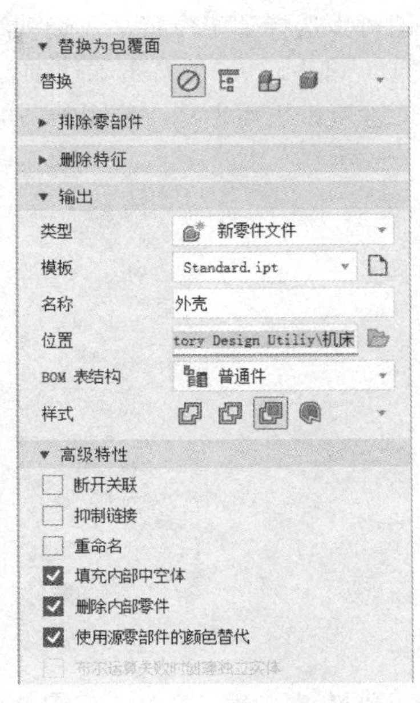

图 9-56　简化设置

以同样的方法来处理机床门这个部件，也生成一个单独的零件，结果会得到两个新零件。在这个过程中，仅仅是利用部件生成两个新的零件，完成后注意保存零件。

步骤 4：零件替换。两个外形像机床的零件生成后，回到"机床"部件。如图 9-57 所示，右击对应的部件，选择"零部件"下的"替换"命令，用生成的两个零件把它替换掉。由于新零件就是该部件生成的，所以位置是一模一样的。这里"ML 0000130SH09-F：1"换成了"外壳：1"；"ML 0000221FDA：1"换成了"机床门：1"。

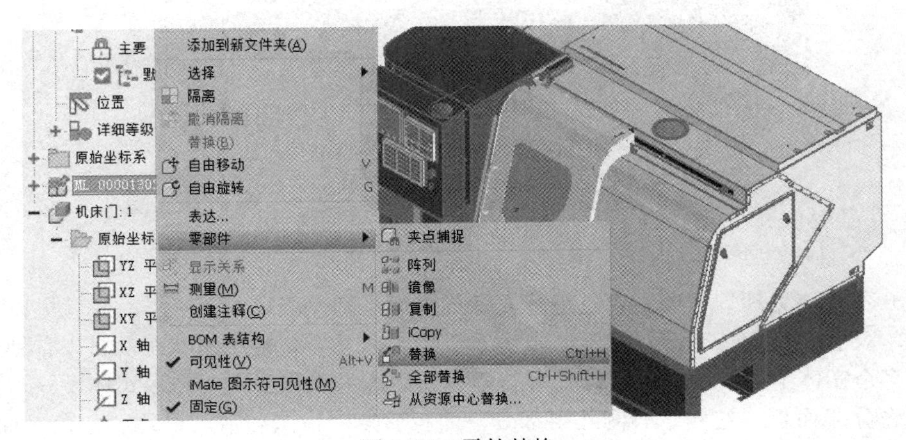

图 9-57　零件替换

步骤 5：添加约束。替换完成后，部件转成两个零件的部件。默认外壳会继承原来该部件的“固定”特性，也可以右击，选择“固定”命令来实现。机床门需要做打开的动作，由于 .stp 格式转过来的文件不会存在相互间的关系，因此该关系需要重新添加。

从实际结构及位置看，需要的是机床门的水平运动。因外壳属于固定件，只要让门实现平移即可。选择“定位特征”选项组上的“轴”命令，在机床门上选择两条水平线，创建两个工作轴（图 9-58），再右击工作轴，选择“固定”命令。因创建的两条轴线位置固定，机床门也只能沿着轴进行平移。关闭轴的可见性，机床门的位置平移已经实现。

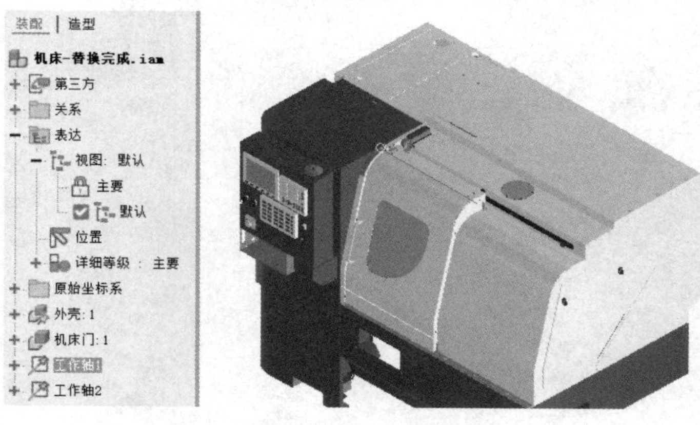

图 9-58　约束工作轴

选择“约束”命令，如图 9-59 所示，添加到机床门左侧面和外壳的合并位置。“偏移量”就是该机床门开关的大小，如果值为“0”，就是关闭状态。值的大小也是门打开的大小，当值为“600”时，就可以理解为机床门是打开的状态了。

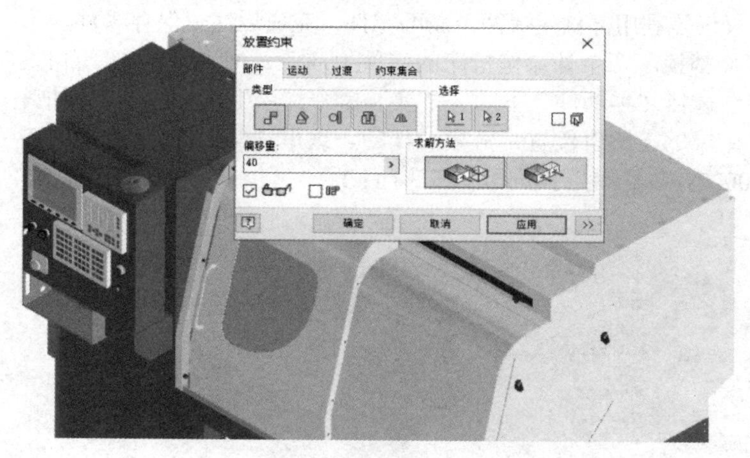

图 9-59　机床门设置

步骤 6：外壳处理。下面主要是把外壳做成多个系列，当尺寸不一样时，就可以在这里做修改调整。双击“外壳”零件，如图 9-60 所示，会进入该零件的编辑状态。可以看到，这个零件由 600 多个实体组成。这里的实体太多，不方便后续的操作，需要把多实体做一下合并。按思路，外壳分成面板、左侧、右侧几个部分，面板后期可以进行旋转处理，左侧（面板接触）可以保持原样，右侧计划进行长度的变化。

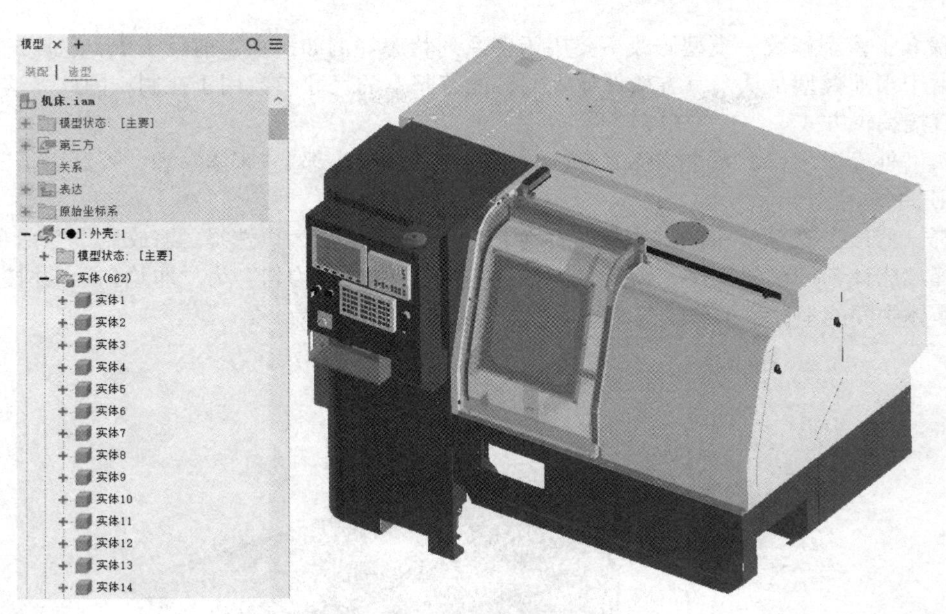

图 9-60　多实体外壳规划

步骤 7：合并实体。本步骤会把多个实体合并成三个。由于合并的零件比较多，如果需要去除小实体，可以回到步骤 3，在“排除零部件”选项中给定要求，把小零件删除，这样转换后小实体也就删除了。

由于已经确定合并为三个实体，先考虑把实体较少的部分合并，然后把剩下的所有实体合并，这样操作相对比较轻松。

选择“合并”命令，如图 9-61 所示，“基础视图”只能选择一个实体，“工具体”可以多选，选择时可调整合适的视图，进行框选较方便。对于比较小的实体，可以不用去管，直接合并到最后那个实体上。小尺寸实体在视图上的影响很小，即使不合并也无大碍。

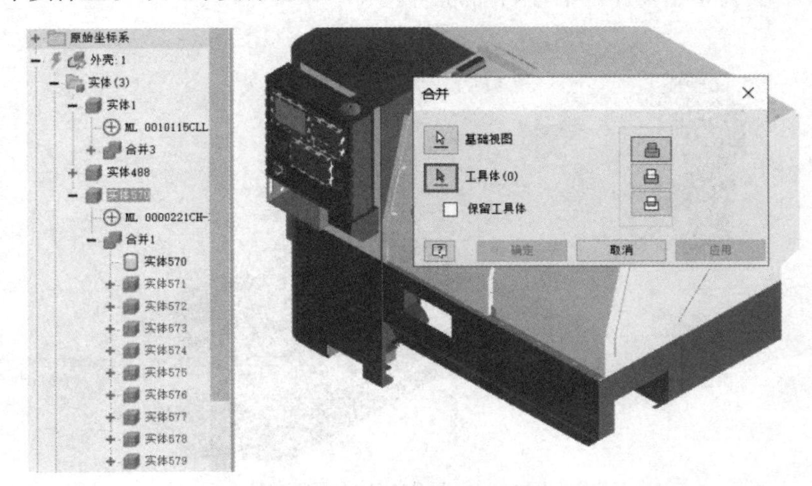

图 9-61　合并实体

按上述方式依次合并实体，合并完成后，浏览器上会显示合并完成的 3 个实体。单击各实体，确定数据合理。

步骤 8：模型修改。模型修改主要用于多系列状态。例如，在当前例子中，机床的尺寸有两种。由于当前模型是从第三方软件导入的，没有基本的尺寸参数用于控制，因此，这里采用实体的直接编辑方式 。

编辑“外壳”零件的几个实体名称，分别改为“机床头部”“床体”和“控制面板”，以备后续使用。

选择“修改”选项组中的“直接”命令，如图 9-62 所示，再选择“缩放比例”命令，“实体”选择“床体”（“缩放比例”命令只能针对实体），修改“均匀”为“非均匀”，并按坐标系方向（实体中间的坐标系）修改机床长度方向（*Z* 方向）比例为“2”。

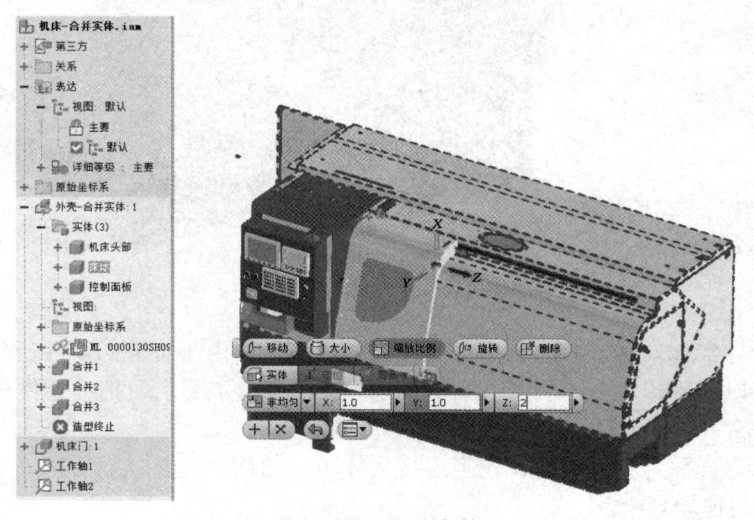

图 9-62 缩放床体

上一步修改后会出现如图 9-63 所示情况，原因是缩放命令的执行过程是以零件原点为坐标系原点来完成的，会使整个实体都偏置到一侧。

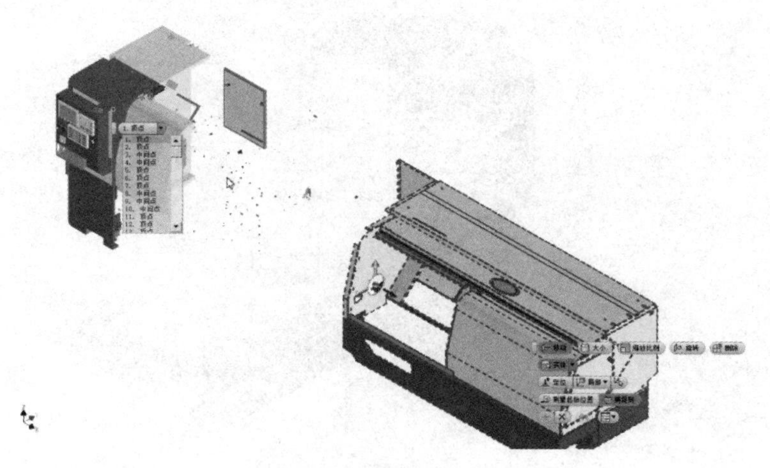

图 9-63 调整床体位置

选择“移动”命令，再选择“床体”实体（选择实体对象，不是面），把坐标系放置到如图 9-63 所示位置（“定位”命令可以帮助定义坐标系位置，将坐标系放置到“床体”的左侧面）。选择“捕捉到”命令，单击“机床头部”右侧面任意一点（移动是按坐标系的箭头方向，按需要单击该方向坐标系，就可以按对应方向移动；点的位置随便，只会按单击的方向移动），即可把“床体”移动到合适位置。

如图 9-63 所示，多个点（鼠标箭头位置）属于小零件，这些零件相对机床尺寸比较小；在床体中，部分圆孔成为椭圆孔。这些都是在这种处理过程中形成的一些问题，相对于机床尺寸，这些问题都是可以忽略的。

修改完成后，打开“参数”对话框，如图 9-64 所示，其中的几个参数就是“直接”命令的编辑参数。修改“d3”值为 1 或 2，就能够看到模型在原尺寸和 2 倍缩放中变化。

参数

参数名称	使用者	单位/类	表达式	公称值	公差	模型数值	关键	注释
模型参数								
d0		ul	1.000 ul	1.000000	○	1.000000	☐	☐
d1		ul	1.0 ul	1.000000	○	1.000000	☐	☐
d2		ul	1.0 ul	1.000000	○	1.000000	☐	☐
d3		ul	2 ul	2.000000	○	2.000000	☐	☐
用户参数								

添加数字　更新　清除未使用项　重设公差　<< 更少
链接　☑立即更新　完毕

图 9-64　床体缩放参数

需要同样处理方式的还有“机床门”这个零件。按相同方式来设置“机床门”的两种尺寸。由于“机床门”零件的变化可能会导致用于定位的轴的定位出错，如果出错，需要删除对应的轴，重新添加。

步骤 9：定义控制参数。下面定义参数来控制机床尺寸以及机床门的变化。回到部件，选择“*fx*”命令，弹出“参数”对话框。

如图 9-65 所示，选择“添加文本”，定义“机床门”参数，值为多值，分别为“开”和“关”；定义“机床尺寸”参数，值为多值，分别为“标准”和“大尺寸”。两个参数均设为“关键”。

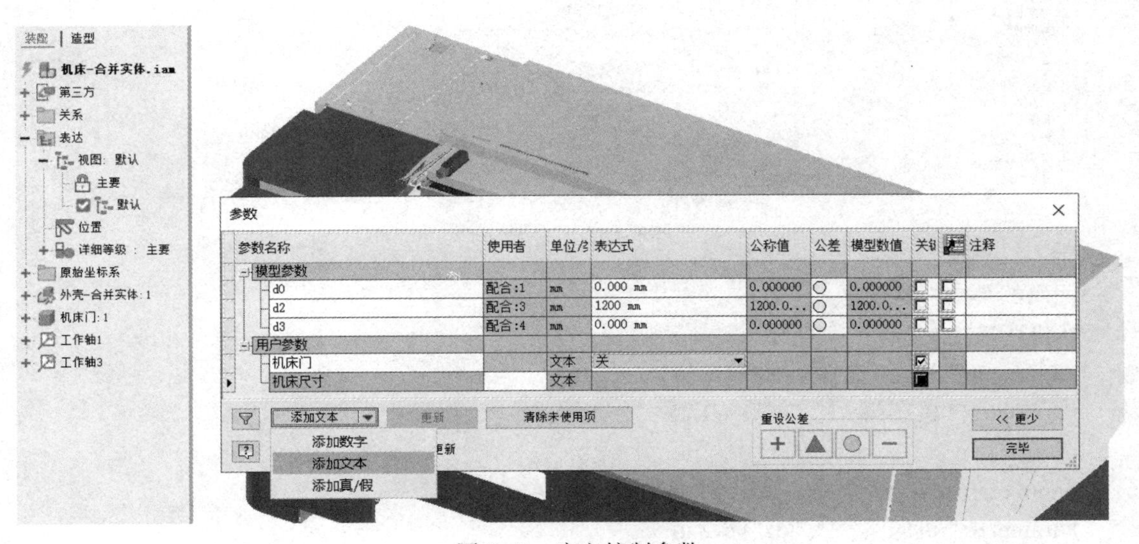

图 9-65　定义控制参数

步骤 10：定义参数关联。参数设置完成后，就需要把参数和具体的数值关联到一起。当机床尺寸为“标准”时，前面“缩放尺寸”的值为“1”，否则对应的值为“2”；当机床门为“开”时，那么在“标准”状态下，机床门的配合值为“600”，“大尺寸”状态下配合值为“1200”，否则，对应值为“0”。

如图 9-66 所示，单击模型旁边的“+”，选择“iLogic”命令，打开“iLogic”窗口。在该窗口下，右击部件，选择“添加规则”命令，如图 9-67 所示，可以在部件中增加一个规则。

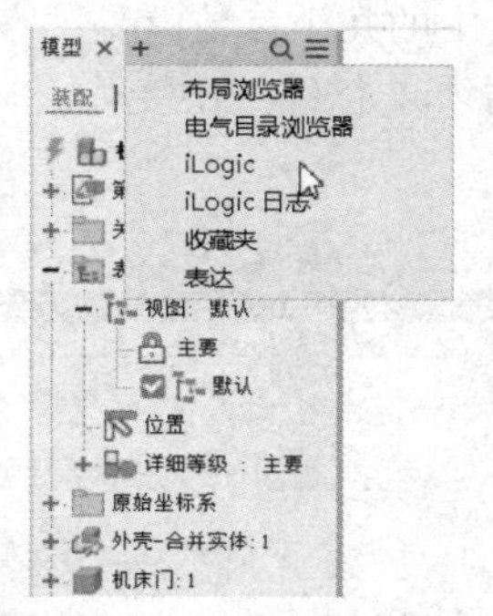

图 9-66　选择“iLogic”命令

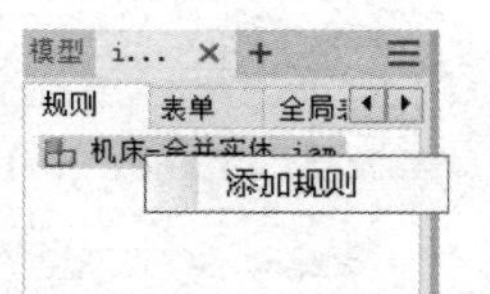

图 9-67　添加规则

定义规则名称，弹出如图 9-68 所示对话框，输入代码，即可完成对应的动作。对应的代码段都可以在浏览器中找到。

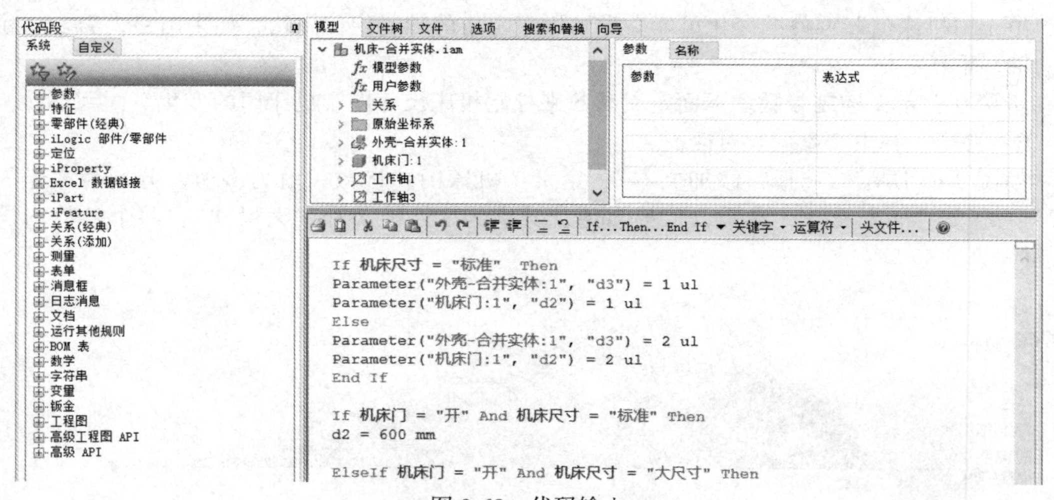

图 9-68　代码输入

代码的具体内容如下。

```
If 机床尺寸 = " 标准 " Then
Parameter(" 外壳 - 合并实体 : 1", "d3") = 1 ul
Parameter(" 机床门 : 1", "d2") = 1 ul
Else
Parameter(" 外壳 - 合并实体 :1", "d3") = 2 ul
Parameter(" 机床门 : 1", "d2") = 2 ul
End If
```

说明

以上这段是处理机床尺寸的，如果操作不相同，对应的名称和值或许不同。

```
If 机床门 = " 开 " And 机床尺寸 = " 标准 " Then
d2 = 600 mm
ElseIf 机床门 = " 开 " And 机床尺寸 = " 大尺寸 " Then
d2 = 1200 mm
Else
d2 = 0 mm
End If
```

说明

以上这段是处理机床门的，由于控制的参数是属于部件的，因而在代码上有所不同。

步骤 11：发布与调试。修改 *fx* 参数，确定变化后的效果，都合适后就可以发布到资源库中。发布的操作和零件相同，有区别的是这里对应的数据是部件。

完成发布后，在新建的 Factory 环境下，引用发布的资源，修改“Factory 特性”下的“机床尺寸”和“机床门”，就能看到对应的状态，如图 9-69 所示。

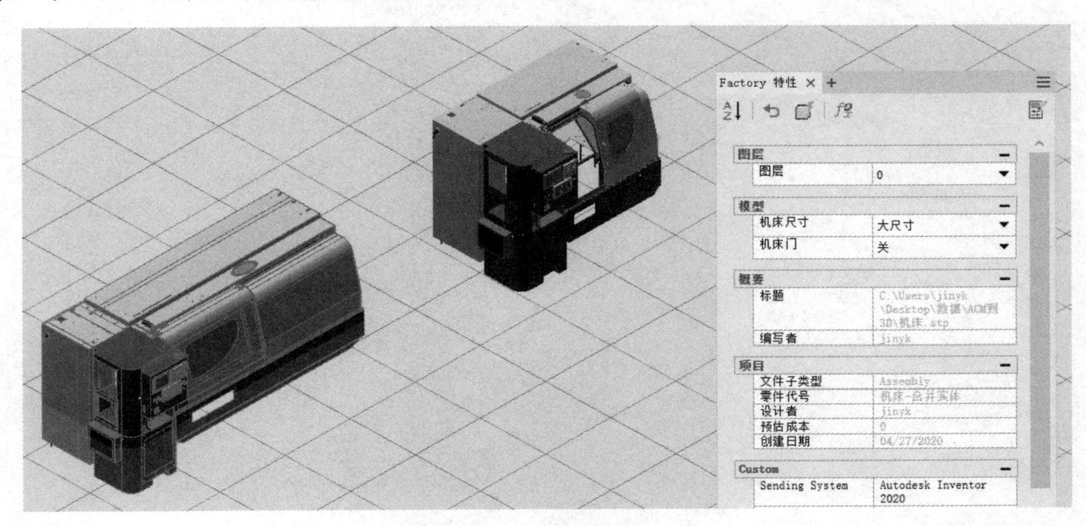

图 9-69　测试效果

这部分是对需要变化的零部件进行处理，例子中介绍了零件和部件两种情况下的处理方法。

对于 iLogic，可以利用它完成多种参数化操作，一般的运动变化、尺寸修改、特征有无都可以用它进行参数关联。